Sören Weißermel
Die Aushandlung von Enteignung

ERDKUNDLICHES WISSEN

Schriftenreihe für Forschung und Praxis

Begründet von Emil Meynen

Herausgegeben von Martin Coy, Anton Escher, Thomas Krings
und Eberhard Rothfuß

Band 163

Sören Weißermel

Die Aushandlung von Enteignung

Der Kampf um Anerkennung und Öffentlichkeit im Rahmen des Staudammbaus Belo Monte, Brasilien

Umschlagfoto: Betroffene fordern ihre Anerkennung während eines Protests vor dem
Gebäude des Baukonsortiums in Altamira, Brasilien
© Weißermel 2015

Bibliografische Information der Deutschen Nationalbibliothek:
Die Deutsche Nationalbibliothek verzeichnet diese Publikation in der Deutschen
Nationalbibliografie; detaillierte bibliografische Daten sind im Internet über
<http://dnb.d-nb.de> abrufbar.

Dieses Werk einschließlich aller seiner Teile ist urheberrechtlich geschützt.
Jede Verwertung außerhalb der engen Grenzen des Urheberrechtsgesetzes
ist unzulässig und strafbar.
© Franz Steiner Verlag, Stuttgart 2019
Druck: Hubert & Co., Göttingen
Gedruckt auf säurefreiem, alterungsbeständigem Papier.
Printed in Germany.
ISBN 978-3-515-12223-8 (Print)
ISBN 978-3-515-12224-5 (E-Book)

Às guerreiras do Xingu

INHALTSVERZEICHNIS

INHALTSVERZEICHNIS 7

ABBILDUNGSVERZEICHNIS 11

TABELLENVERZEICHNIS 12

VORWORT 13

ZUSAMMENFASSUNG 15

SUMMARY 17

1 EINLEITUNG 19
    1.1 Ziel der Arbeit und Fragestellungen 21
    1.2 Aufbau der Arbeit 23

2 ENTEIGNUNG: EINE ANNÄHERUNG AN DEN BEGRIFF 25
    2.1 Primitive Akkumulation und accumulation by dispossession 25
    2.2 Accumulation by extra-economic means 29
    2.3 Development-induced displacement and resettlement 31
    2.4 Zwischenfazit 33

3 ENTEIGNUNG, ANERKENNUNG, ÖFFENTLICHKEIT: EINE RELATIONALE PERSPEKTIVE 35
    3.1 Worüber reden wir eigentlich? Eine hegelsche Annäherung an den Begriff des Eigentums 35
    3.2 Eigentum und die Verortung des Privaten und Öffentlichen bei Arendt 42
    3.3 Die Einforderung von Öffentlichkeit und Intelligibilität: Der duale Enteignungsbegriff und Widerstand bei Butler und Athanasiou 48
    3.4 Enteignungen aushandeln: Die Politik der (Nicht-)Anerkennung 60
        3.4.1 Honneths Kampf um Anerkennung als Perspektive auf soziale Konflikte 61
        3.4.2 Gerechtigkeit, Anerkennung und die Notwendigkeit alternativer Öffentlichkeiten bei Fraser 66

3.5 Eine (nicht nur) brasilianische Perspektive auf Enteignung und
Anerkennung 70
    3.5.1 Umweltgerechtigkeit und die Herausforderung dominanter
Epistemologien 71
    3.5.2 Die Anti-Staudammbewegung und der Begriff des
Betroffenseins 79
3.6 Agonistische Perspektiven auf Enteignung, Anerkennung und
Öffentlichkeit 82

4 FORSCHUNGSDESIGN UND METHODISCHES VORGEHEN 89

4.1 Der theoretische Analyserahmen 89
4.2 Eine postkoloniale, hermeneutisch-rekonstruktive Perspektive auf die
Aushandlung von Bedeutungsstrukturen 93
4.3 Ethnographie und qualitative Interviews als methodisches Design 95
4.4 Die Datenerhebung 98
    4.4.1 Erster Feldaufenthalt: Exploratives Vorgehen 98
    4.4.2 Zweiter und dritter Feldaufenthalt: Ethnographisches
Eintauchen in Alltagswelten 99
4.5 Die Datenauswertung 103
4.6 Kritische Reflexion 104

5 EINORDNUNG DES UNTERSUCHUNGSPHÄNOMENS: ALTAMIRA, XINGU UND BELO MONTE 109

5.1 Die Region Altamira und Xingu 109
5.2 Entwicklungspolitischer Hintergrund des Amazonasgebietes und der
Region Xingu 113
5.3 Das Grossprojekt Belo Monte 119
    5.3.1 Das Lizensierungsverfahren 120
    5.3.2 Aufbau und Daten des Komplexes Belo Monte 123
    5.3.3 Akteursstruktur 124
5.4 Die rechtliche Bestimmung von Grundeigentum in Brasilien und
Grundstücksregulierung im Kontext Belo Montes 128

6 DIE AUSHANDLUNG DES BETROFFENSEINS 133

6.1 Direktes und indirektes Betroffensein 133
6.2 Besonderes Betroffensein und der Kampf um Anerkennung 139
    6.2.1 Die indigene Komponente im *Projeto Básico Ambiental* und
die Macht der Zugehörigkeit 139
    6.2.2 „Hier am Xingu gibt es keine Fischer"– die Nicht-Anerkennung
des komplexen Betroffenseins der Ribeirinh@bevölkerung 149
    6.2.3 Der Zusammenbruch des traditionellen Transportnetzes:
Barqueir@s und *carroceir@s* als neue Betroffene 154
6.3 Die Aushandlung des Betroffenseins: Ein Kampf um Deutungshoheit 160

7 DIE AUSHANDLUNG VON EIGENTUM 165

7.1 Enteignung vereinzeln: Die Desintegration von Betroffenen und Nachbarschaften 165
7.1.1 Der Registrierungs- und Entschädigungsprozess und das Unverständnis für die duale Wohnstruktur 165
7.1.2 *Palafitas* vs. modernes Wohnen 171

7.2 Enteignung kollektivieren: Die Einforderung echter Verhandlung und Partizipation 185
7.2.1 Rechtliche und institutionelle Möglichkeiten der Verhandlung und Partizipation 185
7.2.2 Soziale Bewegungen und die Organisierung der Wohnbevölkerung 192

7.3 Eigentum vor dem Hintergrund unterschiedlicher Epistemologien 206
7.3.1 Sérgio und der „Fischer ohne Fluss" 206
7.3.2 Maria und Naldos „bedrohtes Paradies" und das Phänomen der verbrannten Häuser 210
7.3.3 Eigentum, Territorialität und der epistemologische Konflikt 217
7.3.4 Die Wiederansiedlung der Ribeirinh@s: Ein Projekt der Anerkennung alternativer Eigentumsstrukturen? 222

7.4 Die Aushandlung von Eigentum: Vereinzelung vs. Kollektivierung als das Ringen um Öffentlichkeit 230

8 DIE AUSHANDLUNG VON ENTEIGNUNG 233

8.1 Die Vernichtung des Privaten und die Verhinderung von Öffentlichkeit 234
8.2 Der Kampf um Öffentlichkeit und die Performativität des Widerstands 240
8.3 Die Produktion von Gegenöffentlichkeiten als Weg zu partizipatorischer Parität 246
8.4 Das agonistische Spiel und der Kampf um die materielle und symbolische Raumaneignung 253

9 SCHLUSSFOLGERUNGEN 259

LITERATURVERZEICHNIS 267

ANHANG 281

STICHWORTVERZEICHNIS 289

ABBILDUNGSVERZEICHNIS

Abb. 1: Der theoretische Analyserahmen 92
Abb. 2: Der zirkuläre Forschungsprozess 107
Abb. 3: Ländliche Ansiedlungen von Ribeirinh@s in der Umgebung Altamiras vor Beginn der Umsiedlungen 112
Abb. 4: Der Komplex Belo Monte 124
Abb. 5: „Die Ilha da Fazenda und Vila da Ressaca sind von Belo Monte betroffen! Wir fordern eine sofortige öffentliche Versammlung!"... 138
Abb. 6: Die vom Großprojekt Belo Monte betroffenen TIs des Mittleren Xingu und die Umsiedlungsfläche für die Aldeia Boa Vista 140
Abb. 7: Der Standort der *barqueir@s* inmitten der Baustelle des Hafens Porto 6 157
Abb. 8: *Carroceir@s* während der von MAB organisierten Demonstration im März 2015 159
Abb. 9: Das isolierte Haus des Interviewten im *baixão* in Altamira 178
Abb. 10: Durch Bewohner*innen errichtete Mauern um Häuser im RUC São Joaquim 180
Abb. 11: Anbau an Häuser im RUC *Jatobá* 181
Abb. 12: An der *audiência pública* Teilnehmende fordern konkrete Beschlüsse ein 187
Abb. 13: Kinder nehmen eine Terrasse der Niederlassung Norte Energias ein 197
Abb. 14: Eine Zeltplane dient als Sonnenschutz sowie der Raumaneignung 198
Abb. 15: Demonstration der Frauengruppe im Zentrum Altamiras 201
Abb. 16: Die Weigerung von Bewohner*innen des Viertels *Baixão do Tufi*, ihr Grundstück zu verlassen 203
Abb. 17: Maria und Naldo vor dem Haus auf ihrer Insel 210
Abb. 18: Marias „natürliches Fitnessstudio" 211
Abb. 19: Die Reste des verbrannten Hauses auf dem Inselstück von Maria und Naldo 214
Abb. 20: Das Haus des Nachbarn im „Geisterviertel" 216
Abb. 21: Ehemalige Ribeirinh@siedlungen, für die Wiederansiedlung geeignete und eingeschränkte Gebiete im Reservoir des Pimental-Staudamms 223

Abb. 22: Für die Wiederansiedlung ausgewählte Gebiete für Familiennutzung sowie kollektive Nutzung und Naturschutz im Reservoir des Pimental-Staudamms 226

Abb. 23: Die Aushandlung von Bedeutungsstrukturen durch die Erzeugung pluralistischer Öffentlichkeit 257

Abb. A 1: Altamira vor Beginn der Umsiedlungen und die städtischen Sektoren des von Überflutung „direkt betroffenen Gebietes" 281

Abb. A 2: Das Schutzmosaik der *Terra do Meio* 282

Abb. A 3: Die Einteilung in das von Belo Monte direkt betroffene Gebiet sowie die Gebiete direkten und indirekten Einflusses 283

Abb. A 4: Überblick über relevante Ereignisse während des Lizensierungsverfahrens. 284

TABELLENVERZEICHNIS

Tab. 1: Honneths Struktur sozialer Anerkennungsverhältnisse 62
Tab. 2: Liste der Interviewten 285

VORWORT

Während der Arbeit an diesem Forschungsprojekt erfuhr die Region um Altamira mit dem Bau des Wasserkraftwerks Belo Monte eine radikale sozialökologische Transformation. Das Ausmaß der Folgen dieser Transformation für die betroffenen Menschen eröffnete sich mir erst schrittweise anhand der vielen Gespräche und der Teilhabe an ihren Lebenswelten. In der Zeit meiner Forschung verloren diese Menschen viel mehr als ihr Zuhause. Sie verloren ihre sozialräumlichen Referenzen, die ihr Leben ausgemacht hatten und die Substanz ihres Subjektdaseins waren. Einige dieser Betroffenen in dieser Zeit zu begleiten bereitete Momente tiefer Traurigkeit. Doch gleichzeitig offenbarte sich mir die Reichhaltigkeit ihrer Existenz, ihrer Geschichte(n) und ihres Überlebenswillens.

Rückblickend kann ich sagen, dass nicht ich als Forscher einer europäischen Universität es war, der Betroffenen und lokalen Aktivist*innen wegweisende Interpretationen und Inspirationen schenkte. Vielmehr waren es Betroffene und lokale Aktivist*innen, die mich in der Phase der Enteignungen und Umsiedlungen dankeswerterweise an ihrem Widerstandskampf und ihrem Leben teilhaben ließen und von denen ich unglaublich viel lernen konnte und durfte. Sie ließen mich an Momenten tiefster existenzieller Verzweiflung, Traurigkeit und Wut, aber auch an Momenten des konstruktiven Widerstands und der Lebensfreude teilhaben. Ihre Offenheit und ihr Vertrauen mir gegenüber halte ich für keine Selbstverständlichkeit. So gilt mein Dank insbesondere den zahlreichen vom Staudammbau Betroffenen, mit denen ich mich unterhalten durfte und die mit mir diese Momente und ihre reiche(n) Geschichte(n) teilten. Mit einigen von ihnen durfte ich viel Zeit verbringen, darunter insbesondere mit den in dieser Arbeit anonymisierten Protagonist*innen Sergio, Gabriela, Maria und Naldo, die mich allesamt mit ihrem Kampf, ihrer Ausdauer und Willensstärke zutiefst beeindruckten. Ganz besonderer Dank gilt auch den *Guerreiras* von Xingu Vivo, Ikonen des Widerstands – allen voran Dona Antônia –, die mich an ihrem Widerstandskampf teilhaben ließen, meine ständigen Fragen geduldig beantworteten und mich als Freund in ihren Kreis aufnahmen. *Obrigado demais!*

Als sehr wichtig und bereichernd erwiesen sich darüber hinaus die Kontakte und freundschaftlichen Beziehungen zu Akteur*innen unterstützender Organisationen, allen voran Thais Santi vom MPF, den Kolleg*innen des ISA und insbesondere auch Kena Chavez und Leticia Artuzo von der Fundação Getúlio Vargas. Mein Dank gilt ebenso den Mitarbeiter*innen des Geographischen Instituts des UFPA-Campus Altamira mit ihrem Arbeitsgruppenleiter Prof. Dr. Herrera, bei denen ich arbeiten und mit denen ich viel Zeit verbringen und viele inspirierende Diskussionen führen durfte. Prof. Dr. Saint-Clair von der UFPA in Belém und Prof. Anderson aus Altamira leisteten vor allem anfängliche und daher elementar wichtige Unterstützung.

Das Rückgrat eines solchen Forschungsprojekts bilden die Kolleg*innen, Freund*innen und die Familie zuhause. Mein großer Dank gilt dabei zunächst meinem Doktorvater Prof. Dr. Rainer Wehrhahn, der mich immer unterstützte und mir Vertrauen schenkte, mir dadurch viele Türen und Tore öffnete, mich ermutigte und mir große Freiheiten ließ. Ich freue mich auf eine weitere produktive Zusammenarbeit! Bedanken möchte ich mich auch bei meinem Zweitkorrektor Prof. Dr. Florian Dünckmann und die gemeinsamen Diskussionen, die für wichtige theoretische Inspirationen sorgten. Ein Dank gilt auch Prof. Dr. Martin Coy von der Universität Innsbruck für die bereitwillige zusätzliche Begutachtung der Arbeit.

Darüber hinaus waren es die Kolleg*innen und Freund*innen der eigenen Arbeitsgruppe – Dominik Haubrich, Angelo Gilles, Verena Sandner Le Gall, Frederick Maßmann, Anna Lena Bercht, Sergei Melcher, Jesko Mühlenbehrend, Zino Hathat, Jan Dohnke, Corinna Hölzl, Juli Kasten, Michael Helten, Tobias Laufenberg, Niklas Heintz – und der Kulturgeographie – Sebastian Ehret, Sylvie Rham, Benno Haupt und Jens Reda –, die mit ihrer Art und durch die vielen bereichernden Gespräche und Diskussionen für eine inspirierende, offene und freundschaftliche Arbeitsatmosphäre in Kiel sorgten und die einen großen Anteil am Entstehen dieses Buches haben. Ein ganz besonderer Dank gilt dabei Dominik Haubrich für seine verlässliche Korrekturarbeit selbst in Zeiten, in denen gar keine Zeit war sowie Petra Sinuraya für ihre verlässliche und geduldige Arbeit an den Karten und Abbildungen dieses Buches. Auch möchte ich Oke Hansen und Sven Rathje für ihre Hilfe bei der Formatierung dieses Buches danken.

Beim Franz Steiner Verlag möchte ich mich für die nette und reibungslose Zusammenarbeit und Veröffentlichung bedanken. Dieser Dank gilt insbesondere den Herausgebern Martin Coy, Anton Escher, Thomas Krings und Eberhard Rothfuß für die Begutachtung und Annahme dieser Arbeit sowie Susanne Henkel und Simone Zeeb für die Beratung und Betreuung im Verlauf der Publikation.

Ferner bedanke ich mich beim DAAD für die finanzielle Unterstützung während einer zentralen Phase meiner empirischen Forschungstätigkeit.

Zu guter Letzt gilt mein tiefster Dank meiner Familie: meinen Eltern, meiner Schwester und ganz besonders Juli, die immer zu mir stand, mich unterstützt hat und mit der ich mit Nora nun diese wundervolle kleine Familie sein darf.

ZUSAMMENFASSUNG

Das Wasserkraftwerk Belo Monte im brasilianischen Amazonasgebiet ist Sinnbild einer Wirtschaftsideologie des *neo-developmentalism*, in der große Entwicklungsprojekte eine strategische Rolle in der Integration und kapitalistischen Inwertsetzung ressourcenreicher, geographisch meist peripherer Regionen einnehmen. Wie im Fall Belo Monte betrifft dies häufig eine ländliche Bevölkerung, die eine auf natürlichen Ressourcen basierende Subsistenzlandwirtschaft betreibt und auf deren Lebensformen Enteignung und Umsiedlung entsprechend komplexe Auswirkungen haben. Dieses Phänomen des *development-induced displacement and resettlement* (DIDR) ist Gegenstand eines breiten Forschungsfeldes, das Einblicke in die Komplexität der Risiken und Folgen von Enteignung und Umsiedlung gibt, *best-practice*-Modelle für Umsiedlungen entwickelt oder mit einem Fokus auf die *politics of dispossession* Akteurskonstellationen sowie Strategien des Widerstands gegen Enteignung analysiert. Konzeptionelle Ansätze wie *accumulation by dispossession* oder *accumulation by extra-economic means* untersuchen die politisch-ökonomischen Interessen und Dynamiken, in die Enteignung eingebettet ist.

Diese Ansätze vermitteln wichtige Eindrücke komplexer Konfliktkonstellationen und der sowohl materiellen als auch immateriellen Dimension von Enteignung. Wie Enteignung jedoch konkret gemacht und ausgehandelt wird, das heißt, welche Handlungen der jeweiligen Akteur*innen auf welche Weise Verlauf und Dynamik sowie Wahrnehmungen des Enteignungsprozesses beeinflussen und inwieweit die unterschiedlichen Dimensionen von Enteignung sich wechselseitig bedingen, können diese Ansätze aufgrund einer fehlenden Konzeptualisierung des Enteignungsbegriffs nicht hinreichend beantworten. In Bezug auf die Reproduktion der Lebensformen umgesiedelter Bevölkerungsgruppen und hinsichtlich einer generellen Urteilsfähigkeit über die Durchführbarkeit derartiger Großprojekte ist solch ein Verständnis jedoch erforderlich.

Mithilfe einer relationalen theoretischen Perspektive auf Enteignung, Anerkennung und Öffentlichkeit und in Verknüpfung mit den empirischen Daten soll in der vorliegenden Arbeit eine Konzeptualisierung des Enteignungsbegriffes unternommen werden, die ein erweitertes Verständnis des Wesens von Enteignungsprozessen und dessen Strategien, Mechanismen und Wirkungen ermöglicht. Es zeigt sich in dieser Perspektive das wechselseitig konstitutive Verhältnis von Aneignung, Eigentum und Anerkennung und dessen Bedeutung für die Subjektbildung. Die notwendige Anerkennung durch andere erhält das Subjekt nur über eine ständige Bezugnahme auf die diskursive Ordnung, durch die es verständlich wird. Die Notwendigkeit der Anerkennung auf Basis diskursiver Bezugnahme konstituiert das Subjekt jedoch auch als eine grundlegend enteignete Existenz und ist wesentlich dafür, dass der Entzug der Lebensgrundlage, des Hauses oder von Rechten als eine Aberkennung der Gültigkeit der eigenen Lebensweise und Wirklichkeit empfunden wird. Widerstand gegen Enteignung ist demnach immer ein Kampf um die Anerkennung alternativer Wirklichkeiten. Da Wirklichkeit durch die Aushandlung von Bedeutungsstrukturen in der öffentlichen Sphäre produziert wird, muss Widerstand in der Lage sein, über performative Effekte Öffentlichkeit zu erzeugen und die Betroffenen darin als gleichberechtigte Teilnehmende an den Aushandlungen zu positionieren. Nur auf diese Weise kann eine Ausweitung der Grenzen der Intelligibilität der diskursiven Ordnung und letztendlich der gesellschaftlichen Anerkennungsstrukturen geschehen.

Die empirischen Ergebnisse zeigen die begrenzten Möglichkeiten der Betroffenen, an solch einer öffentlichen Aushandlung teilzunehmen. Die Nicht-Anerkennung und Entwirklichung ihrer komplexen Eigentumsstrukturen und damit verbundener Lebens- und Wissensformen bedingten einen Enteignungsprozess, der sowohl auf materieller als auch auf diskursiver und epistemischer Ebene stattfand und im Sinne eines komplexen Prozesses der Deterritorialisierung die Vernichtung des privaten Raumes provozierte. Durch Protesthandlungen konnten Gruppen von Betroffenen zwar temporäre Öffentlichkeit erzeugen und sich darin als wahrnehmbare Akteur*innen performativ positionieren. Widerstand blieb jedoch viel zu punktuell, als dass tatsächliche Bedeutungsverschiebungen innerhalb der diskursiven Ordnung provoziert werden konnten. Am Beispiel der betroffenen Bevölkerung der Flussbewohner*innen (Ribeirinh@s) zeigt sich demgegenüber das Potenzial einer strukturell verstetigten Gegenöffentlichkeit, die die jeweiligen Akteur*innen zur Produktion von Gegendiskursen und Identitäten befähigt und sie dazu ermächtigt, sich in der Konfrontation mit der dominanten, bürgerlichen Öffentlichkeit als Gleichberechtigte zu positionieren. Auf diese Weise entsteht eine pluralistische Öffentlichkeit, in der ein Aufdecken struktureller sozialer Ungleichheit und die Demonstration alternativer Wirklichkeiten Bedeutungsverschiebungen innerhalb der diskursiven Ordnung erzeugen und langfristig zu einer Ausweitung der Grenzen der Intelligibilität und ihrer inhärenten Anerkennungsstrukturen führen können. Die Aushandlung von Enteignung lässt sich demnach als ein relationaler, agonistischer Konflikt um Öffentlichkeit und Deutungshoheit begreifen, in dem um die materielle und symbolische Aneignung des Raumes gekämpft wird.

Eine relationale Perspektive auf Enteignung, Anerkennung und Öffentlichkeit und ihre Einbettung in diskursive Ordnungen ermöglicht es, Machtstrukturen und -dynamiken sowie die Herausforderungen sozialen Protests in ihrer Komplexität zu begreifen. Sie erweist sich damit als eine wichtige ergänzende Analyseebene bei der Untersuchung von Umweltkonflikten und *development-induced displacement and resettlement* sowie allgemein enteignenden Prozessen und Widerstand.

SUMMARY

The hydroelectric facility Belo Monte in the Brazilian Amazon is emblematic for an economic ideology called neo-developmentalism, which favors large-scale development projects with the objective of integrating and valorizing resource-rich, but often peripheral regions. As in the case of Belo Monte, this frequently affects rural populations that practice subsistence agriculture based on natural resources. Accordingly, their way of life is heavily impacted by dispossession and resettlement. This so-called development-induced displacement and resettlement (DIDR) is the subject of a diverse academic field that provides insight into the complexity of displacement, develops best-practice models for resettlement or focuses on the politics of dispossession, that is, the respective actor constellations and resistance strategies. Within this context, the concepts of accumulation by dispossession or accumulation by extra-economic means examine the politicaleconomic interest and dynamics behind dispossession.

These approaches convey important insights into complex conflict constellations as well as the material and immaterial dimension of dispossession. However, in avoiding to conceptualize the term of dispossession, they leave the central question unanswered of how dispossession is actually made and negotiated. Thus, they are unable to explain in what way the actions of the respective actors influence the course and dynamics as well as the perceptions of the dispossession process and to what extent the different dimensions of dispossession determine each other. Regarding the reproduction of the ways of life of resettled groups as well as a general judgement of the viability of large-scale projects, such an understanding is, however, indispensable.

The present study applies a relational theoretical perspective on dispossession, recognition and the public sphere. In connecting this perspective with the empirical data, the study undertakes a conceptualization of the term of dispossession and thus enables an enhanced understanding of the substance of dispossession processes and its strategies, mechanisms and effects. Subsequently, this perspective shows the mutually constitutive relation between appropriation, property and recognition and its significance for the subject formation. Only by constantly referring to the symbolic order, the subject can be recognized by others and is thus constituted as an intelligible, yet essentially dispossessed existence. Thus, the privation of livelihoods, homes or rights can mean the invalidation of one's way of life and reality. Therefore, resistance against dispossession is always a struggle for the recognition of alternative realities. As reality is produced through the negotiation of meaning in the public sphere, resistance must be able to performatively produce a public where the affected can appear and position themselves as equal participants. Only in this way, the limits of intelligibility of the symbolic order and, hence, the recognition structures of a society can be expanded.

The empirical results show the limited possibilities of the affected to participate in this negotiation. The non-recognition and invalidation of their complex property structures, their related ways of life and forms of knowledge caused a dispossession process that took effect on both the material as well as the discursive and epistemic level. It meant a complex process of deterritorialization that provoked the destruction of their private sphere. Through protests, affected groups were able to produce temporary publics and performatively place themselves as perceivable actors. However, resistance remained too isolated to provoke effective shifts of meaning in the symbolic order. In contrast, the example of the affected riverine population shows the potential of a structurally perpetuated counterpublic. Such a counterpublic enables the respective actors to produce counter-discourses and identities and position themselves as equals through the confrontation with the dominant, bourgeois public sphere. In doing so, a pluralistic public is produced, where the uncovering of structural social inequality and the demonstration of alternative realities can cause a widening of the limits of intelligibility and its inherent recognition structures. The negotiation of dispossession, thus, is to be conceived as a relational, agonistic conflict about public life and the prerogative of interpretation, in which a struggle about the material and symbolic appropriation of space occurs.

A relational perspective on dispossession, recognition and the public sphere as well as on their embeddedness in symbolic orders enables to conceive both power structures and dynamics as well as the difficulties and challenges of social resistance. It thus provides an important additional level of analysis for research on environmental conflicts, development-induced displacement and resettlement as well as on dispossessing processes and resistance in general.

1 EINLEITUNG

Am 29. September 2015 nahmen in Altamira, im brasilianischen Bundesstaat Pará, hunderte traditionelle Flussbewohner*innen (Ribeirinh@s[1]) an einer öffentlichen Versammlung teil, die von dem regionalen Büro des Ministério Público Federal (MPF) – der Bundesstaatsanwaltschaft – organisiert wurde. Altamira ist die größte Stadt im Umkreis des zukünftig weltweit viertgrößten Wasserkraftwerks Belo Monte, welches am Fluss Xingu, dem größten Nebenfluss des Amazonas liegt. In den Monaten vor der Versammlung verlor der Großteil der Ribeirinh@familien ihre Wohnorte sowohl auf ihren Inseln als auch in der Stadt Altamira. Diese duale Wohnform widersprach dem vom Baukonsortium Norte Energia S.A. vertretenen Wohnmodell, das von einem unilokalen Wohnort ausging und das Recht auf lediglich ein neues Haus in einer der vom Konsortium errichteten kollektiven Siedlungen oder eine finanzielle Entschädigung vorsah. Der zweite Wohnort wurde entsprechend eines geschätzten Wertes der Baumaterialien meist mit einer sehr niedrigen finanziellen Summe entschädigt. Nach Monaten der Verhandlungen und Unsicherheiten wurden die Betroffenen aus ihren Häusern vertrieben, die anschließend zerstört oder in einigen Fällen niedergebrannt wurden. Viele sahen sich gezwungen, ihre Boote zu verkaufen und die Fischerei aufzugeben. Als das MPF Kenntnis von diesen Umständen nahm, organisierte es eine Gruppe aus staatlichen und zivilgesellschaftlichen Akteur*innen, die im Juni 2015 eine Studie durchführte, in der sie Aussagen von betroffenen Ribeirinh@s aufnahm und das Vorgehen des Konsortiums evaluierte. Die Ergebnisse zeigten große Inkonsistenzen gegenüber den vertraglich festgeschriebenen Bedingungen des Kraftwerkbaus und zwangen die Umweltbehörde Ibama, das Konsortium Norte Energia S.A. dazu zu verpflichten, die duale Wohnform der Ribeirinh@s formal anzuerkennen und den betroffenen Familien einen zweiten Wohnort am Ufer des Xingu anzubieten. Die Präsentation des Projekts der Wiederansiedlung in der Versammlung im September bedeutete für die Ribeirinh@s die erste formelle Anerkennung ihrer Lebensweise durch den Lizenzgeber Ibama.

---

1   Da sich die in dieser Arbeit verwendete genderneutrale Schreibweise nicht auf den aus dem Brasilianischen übernommenen, eingedeutschten Begriff ‚Ribeirinhos' anwenden lässt, wird auf die Schreibweise mit dem Zeichen ‚@' zurückgegriffen (Ribeirinh@s; später auch *carroceir@s* und *barqueir@s*). Die Diskussion um genderneutrale Sprache wird auch in Brasilien in Bezug auf das generische Maskulinum (Endung ‚o' im Singular und ‚os' im Plural) immer wichtiger. Neben einer genderneutralen Umschreibung von Bezeichnungen ist insbesondere in sozialen Bewegungen und an Universitäten auch die Verwendung von ‚x' oder ‚@' anstelle des maskulinen ‚o' in Fällen üblich, in denen diese Umschreibung nicht möglich ist (vgl. Diskussion in Blogueiras Feministas, 2013; A. Castro, 2014; M. d. Moraes, 2015; vgl. auch Franco und Cervera, 2006).

Belo Monte ist hinsichtlich seiner komplexen sozialen und ökologischen Auswirkungen exemplarisch für große Entwicklungsprojekte, die in vielen lateinamerikanischen Ländern seit Beginn des 21. Jahrhunderts an Bedeutung gewonnen haben. Es handelt sich dabei vor allem um *top down*-Extraktivismus wie Minenprojekte, große Wasserkraftwerke oder die Förderung von Agrobusiness sowie damit verbundene Infrastrukturprojekte, die von den Links- oder Mitte-Links-Regierungen dieser Länder gefördert wurden und werden. Aufgrund der Analogien dieser Wirtschaftspolitik zu dem *developmentalist state* der 1960er und 1970er Jahre wurde das Modell unter dem Begriff *neo-developmentalism* bekannt (vgl. Ban, 2013; Morais und Saad-Filho, 2012; A. Hall und Branford, 2012). Während es erneut der starke Staat ist, der Investitionen fördert und auf diese Weise die einheimische Industrie unterstützt, unterscheidet sich das Modell von seinem Vorgänger durch die Kombination mit einer Ideologie des freien Marktes sowie mit sozialen Umverteilungsprogrammen zur Förderung des Binnenkonsums (vgl. Ban, 2013). Großprojekte werden meist in geographisch peripheren, ressourcenreichen Regionen realisiert, in denen ein Großteil der – meist ländlichen – Bevölkerung Subsistenzlandwirtschaft betreibt. Durch erzwungene Umsiedlungsmaßnahmen oder die Förderung kapitalistischer Strukturen haben solche Projekte häufig erhebliche Auswirkungen auf die Lebensform dieser Bevölkerung (vgl. Alimonda, 2012; Gómez, A. et al., 2014; A. Hall und Branford, 2012).

Signifikant erscheinen die Auswirkungen im Fall Belo Monte insbesondere hinsichtlich der Ribeirinh@- sowie der lokalen indigenen Bevölkerung, deren Lebensunterhalt von den Ressourcen eines intakten Flusssystems abhängt. Anders als die indigene Bevölkerung der Region wurde die Ribeirinh@bevölkerung nie formal als besondere Gruppe anerkannt und fand im zwischen dem Baukonsortium, dem Lizenzgeber Ibama und der staatlichen Indigenenbehörde FUNAI ausgehandelten Vertrag weder bezüglich ihrer dualen Wohnform, noch als Gruppe an sich eine gesonderte Erwähnung. Mit Beginn der Enteignungen und Umsiedlungen wurde die soziokulturelle und ökonomische Bedeutung der Lebensform der Ribeirinh@s für die Region offensichtlich. Ein ganzes Transportsystem brach zusammen, das auf Strukturen wie den *barqueir@s*, den Bootsführer*innen, aufbaute, die die Ribeirinh@s zu ihren Inseln und zum Festland brachten und die *carroceir@s* miteinschloss, die in ihren Pferdewagen die Produkte der Fischer*innen zu den jeweiligen Verkaufsorten transportierten. In der Mehrzahl der Familien der von Überflutung betroffenen Tiefebene Altamiras, dem *baixão*, wurde Fischerei praktiziert und hatte sowohl eine existenzsichernde als auch eine soziokulturelle Bedeutung. Diese Familien erlebten mit ihrer Enteignung und Umsiedlung nicht nur die Destrukturierung ihrer komplexen Gemeinschaftsstrukturen, sondern auch das Ende ihrer Fischerei, deren Fortführung sowohl durch die Umsiedlung in weit vom Flussufer entfernte Siedlungen als auch durch die Verschlechterung der Wasserqualität infolge der Bauarbeiten und der Stauung nicht möglich war. Sukzessive äußerten sich die Dimensionen des Enteignungsprozesses, der den Verlust der komplexen soziokulturellen Strukturen provozierte, die die Nachbarschaften im *baixão* und die territorialen Beziehungen der Ribeirinh@s im *beiradão* – den Uferzonen und auf den Inseln des Xingu – bis dato charakterisiert hatte und die Fischereikultur der Region vorerst beendete. Neben ökonomischen Folgen äußerten sich diese Verluste bei einer Vielzahl der Enteigneten in Form von psychosozialen Problemen.

1.1 ZIEL DER ARBEIT UND FRAGESTELLUNGEN

Die Auswirkungen großer Entwicklungsprojekte und Umsiedlungsmaßnahmen wurden seit den 1950er Jahren ausführlich untersucht. Diese Studien lassen sich grob in den Themenbereich des *development-induced displacement and resettlement* (DIDR) einordnen. Sie geben einen guten Eindruck der Risiken und Folgen von Enteignung, entwickeln *best-practice*-Modelle für Umsiedlungen (vgl. Cernea und Guggenheim, 1993; Cernea, 1997; Oliver-Smith, 2009; Scudder, 2009) oder beschäftigen sich mit den sogenannten „politics of dispossession" (Said, 1995) – den politischen und ökonomischen Kräften hinter diesen Projekten und den Zielen, Strategien und Akteurskonstellationen von Widerstand gegen Enteignung (Oliver-Smith, 2001; Fisher, 2009; Levien, 2013a; Borras und Franco, 2013). Der Enteignungsbegriff wird in diesen Studien als gegeben angenommen und nicht weiter konzeptualisiert. Konzeptionelle Ansätze wie das von Harvey (2003) viel diskutierte *accumulation by dispossession* oder das daran angelehnte *accumulation by extra-economic means* (vgl. Glassman, 2006; Levien, 2012) gehen analytischer an das Phänomen der Enteignungsprozesse heran und erkennen darin ökonomische und politische Systematiken. Sie sind jedoch ebenfalls nicht in der Lage, den Enteignungsbegriff selbst konzeptionell zu fassen. Angesichts des komplexen Charakters von Konflikten um Entwicklungsgroßprojekte stellt sich vor dem Hintergrund unterschiedlicher und kulturell determinierter Konzepte von Eigentum daher zunächst die Frage, **was** überhaupt enteignet wird. An eine Identifizierung der in der Kategorie des Eigentums enthaltenen Dimensionen anknüpfend, gilt es zu untersuchen, **wie** sich diese Dimensionen wechselseitig bedingen und **wer** und **was** sich im Prozess der Enteignung **wie** auf diese Dimensionen und Beziehungen auswirkt. Letztendlich spielt auch die Frage nach dem **warum**, also den jeweiligen Motiven und Interessen, eine analytische Rolle.

Mithilfe einer relationalen theoretischen Perspektive auf Enteignung, Anerkennung und Öffentlichkeit und in Verknüpfung mit den empirischen Daten soll in der vorliegenden Arbeit eine Konzeptualisierung des Enteignungsbegriffes unternommen werden, die ein erweitertes Verständnis des Wesens von Enteignungsprozessen und dessen Strategien, Mechanismen und Wirkungen ermöglicht. Am Fallbeispiel Belo Monte zeigt sich der Aushandlungscharakter von Enteignung, der innerhalb einer komplexen Akteurskonstellation anhand der Kategorien Betroffensein und Eigentum geschieht. An der Kollision unterschiedlicher Epistemologien innerhalb dieser Konstellation wird deutlich, dass es bei der Aushandlung um verschiedene, umkämpfte Bedeutungsstrukturen geht, die den Kategorien zugrunde liegen. Diese Aushandlungen bestimmen den Verlauf und die wechselseitigen Wirkungen innerhalb des Enteignungsprozesses.

Die zentrale Frage dieser Arbeit lautet daher folgendermaßen:

- Wie wird im Rahmen des Großprojekts Belo Monte Enteignung über die Bedeutungsstrukturen der Kategorien Betroffensein und Eigentum ausgehandelt?

Aus der zentralen Frage leiten sich folgende Unterfragen ab:

- Welche Deutungen und Wirklichkeiten liegen den jeweiligen Kategorieverständnissen zugrunde? Wie versuchen die Betroffenen, sich als Akteur*innen zu positionieren und Anerkennung zu erreichen und welche Rolle spielt dabei Öffentlichkeit?
- Wie beeinflussen die Handlungen der jeweiligen Gruppen die Wahrnehmung der Enteignungsstrukturen durch die Betroffenen?

Ein erweitertes Verständnis von Enteignung, das durch die Konzeptualisierung in dieser Arbeit gewonnen werden soll, erscheint einerseits in Hinblick auf Programme zentral, die den Enteigneten ermöglichen sollen, ihre Lebensform auch nach der Implementierung des Projektes weiterzuführen, beziehungsweise so weit wie möglich zu reproduzieren. Nur wenn in dieser Hinsicht Verständnis erreicht wird, kann solch eine Zielsetzung, wie sie in den Empfehlungen multilateraler Institutionen wie der Weltbank und bei einem Großteil solcher Entwicklungsprojekte mittlerweile formell vorherrscht, auch erfolgreich sein. Andererseits soll dies auch eine kritische Perspektive auf Entwicklungsprojekte dieser Art und die dahinterstehenden Interessen- und Machtstrukturen eröffnen. So können Erkenntnisse über die Funktionsweise hegemonialer Ordnungen, Logiken und Mechanismen von Anerkennungsstrukturen erlangt werden, die gleichzeitig jedoch betroffene Akteur*innen nicht als passive Opfer darstellt, sondern ihnen selbst in repressiven Kontexten produktive Handlungsmacht und Einfluss auf den Verlauf solcher Prozesse zugesteht. Auf diese Weise können eine solche Perspektive und das zugrundeliegende Verständnis Möglichkeiten des Widerstands und der Transformation aufzeigen.

Mit der Untersuchung von Enteignungs- und Umsiedlungsprozessen im Rahmen eines Entwicklungsgroßprojektes lässt sich die vorliegende Arbeit thematisch im breiten sozial- und politikwissenschaftlichen Feld der Studien über *development-induced displacement and resettlement* (DIDR) verorten. Disziplinär ordnet sie sich einer kritischen Humangeographie zu, die in machtspezifische Kontexte eingebettete raumbezogene Handlungen und Diskurse aus einer poststrukturalistischen Perspektive betrachtet. Im foucaultschen Sinne ist damit eine Perspektive auf Macht- und Diskursformationen sowie Widerstände gemeint „[which] favors the particular, the local, and their articulation with the whole" (Peet, 2006, S. 230). Als Ergänzung zu einer mehrheitlich politisch-ökonomischen oder politisch-ökologischen Ausrichtung innerhalb der DIDR-Studien bietet solch eine poststrukturalistische Perspektive Einblicke in die Sinn- und Bedeutungskonstruktionen innerhalb von Entwicklungspolitiken und -diskursen sowie sozialem Widerstand. Eine die räumlichen Wechselwirkungen dieser Sinn- und Bedeutungskonstruktionen einbindende Perspektive auf solche „geographies of dispossession" (Sparke, 2013) zeigt starke Überschneidungen mit beziehungsweise Einflüsse von kritischen *development studies* wie Escobars (1992) postmodernem Konzept des *post-development* sowie den *postcolonial studies*, *subaltern studies* und ihrer Analyse der Rolle westlicher Epistemologien in der Legitimierung und Durchsetzung (neo-)kolonisierender beziehungsweise entwicklungspolitischer Programme (vgl. Spivak, 1994; Said, 1995; Grosfoguel, 2008).

1.2 AUFBAU DER ARBEIT

Zunächst soll in Kapitel 2 ein Überblick über die aktuelle wissenschaftliche Diskussion um Enteignung und die Auswirkungen großer Entwicklungsprojekte gegeben werden. Dabei ist besonders Harveys Konzept der *accumulation by dispossession* wichtig, das in den Sozialwissenschaften sehr kontrovers diskutiert wird. Anschließend wird auf gängige Kritik an diesem Konzept und entsprechende Modifizierungen und Erweiterungen eingegangen. Wie oben bereits angedeutet, fällt bei der Betrachtung dieser Ansätze auf, dass diese zwar einen Eindruck der Kapital- und Akteursdynamiken ermöglichen können, die solche Projekte bedingen, jedoch keine Konzeptualisierung des Enteignungsbegriffs bieten.

In Kapitel 3 werden daher unterschiedliche theoretische Ansätze vorgestellt und erläutert, mit denen eine solche Konzeptualisierung unternommen werden kann. Zunächst sollen die Begriffe des Eigentums und des Eigenen untersucht werden. Dazu wird der phänomenologische Ansatz von Hegel (1987 [1807], 2015 [1820]) gewählt, der diese Begriffe in Zusammenhang mit Prozessen der gegenseitigen Anerkennung setzt und sie so in Strukturen der Alterität einbettet. Diese Verständnisgrundlage ist für die darauffolgenden Abschnitte entscheidend. Arendt (2015 [1976]) nimmt den Aspekt wechselseitiger Anerkennung auf, wenn sie am Beispiel der griechischen Polis das Wesen politischen Handelns erklärt und dieses als konstitutiv für Öffentlichkeit erkennt. Ihr Ansatz bietet eine Möglichkeit der Verortung des Öffentlichen und Privaten und schließlich des Eigentums im Privaten. Ihre normative Betrachtung von Eigentum gibt einen Eindruck der grundlegenden Bedeutung desselben für die Möglichkeit sozialer Existenz und öffentlicher und politischer Teilhabe, die sie in der Aktualität infolge der Enteignung des Privaten als gefährdet, beziehungsweise grundsätzlich eingeschränkt betrachtet. Aufbauend auf einem hegelschen Verständnis von Unterordnung als Notwendigkeit für Anerkennung und soziale Existenz erkennen Butler und Athanasiou (2013) Enteignung als mehrschichtigen Prozess, der, bedingt durch die dominanten Normen der Intelligibilität, einigen Lebensformen Gültigkeit und somit Anerkennung zuspricht und diese anderen versagt. In dem performativen Effekt wirklichkeitskonstituierender Handlungen erkennen sie jedoch Möglichkeiten des Widerstands, also der Herausforderung intelligibler Normen und damit der Ausweitung der Anerkennungsmuster.

Um diese Ausweitung von Anerkennungsmustern geht es auch im darauffolgenden Teilkapitel 3.4. Dieser Abschnitt vermittelt anhand der Konzepte von Honneth (2016 [1994]) und Fraser (2008) ein konzeptionelles Verständnis von Anerkennung, der Hegel so eine große Rolle in Bezug auf Eigentum und An- beziehungsweise Enteignung zuspricht. Diese Konzepte bieten eine Grundlage für ein analytisches Verständnis der Idee und der Strategien der Bewegung für Umweltgerechtigkeit, die nach einer allgemeineren Erläuterung ihrer Grundlagen mit einem regionalen Fokus auf Brasilien dargestellt werden. In diesem Kontext wird die in Brasilien in Bezug auf Großprojekte sehr relevante Diskussion um die Kategorie des Betroffenseins hinsichtlich ihrer theoretischen Basis und der historischen Genese am Beispiel der Anti-Staudammbewegung erläutert. Es zeigt sich, dass die Aushandlung von Enteignung als ein agonistischer und konflikthafter Prozess betrachtet werden muss, innerhalb dessen es zwischen den unterschiedlichen Akteur*innen um die Verteilung von „recognition capital" geht (Tully, 2000, S. 470; Kapitel 3.6).

Zu Beginn des Methodologie-Kapitels wird aus den in Kapitel 3 vorgestellten theoretischen Ansätzen ein theoretischer Analyserahmen entwickelt und in ein Forschungsdesign übertragen. Anschließend werden die ethnographischen und partizipativen Methoden vorgestellt, die auf Basis eines postkolonialen Verständnisses ausgewählt wurden und während des empirischen Aufenthaltes Anwendung fanden. Kapitel 5 ordnet das Untersuchungsphänomen in seinen gesellschaftshistorischen und politisch-rechtlichen Kontext ein. In Kapitel 6 und 7 findet die Analyse des empirischen Datenmaterials anhand der Aspekte der Aushandlung von Betroffensein und der Aushandlung von Eigentum statt. Danach erfolgt in Kapitel 8 die Interpretation und Diskussion der empirisch gewonnenen Erkenntnisse anhand ihrer Verknüpfung mit dem theoretischen Analyserahmen. In Kapitel 9 werden schließlich die Fragestellungen der vorliegenden Arbeit beantwortet und abschließende Schlussfolgerungen gezogen.

2 ENTEIGNUNG: EINE ANNÄHERUNG AN DEN BEGRIFF

Der Enteignungsbegriff wird in wissenschaftlichen Diskussionen auf sehr unterschiedliche Weise gehandhabt. In der Diskussion um Entwicklungsgroßprojekte hat der Begriff stets eine zentrale Rolle gespielt. Geprägt durch Wirtschafts- und Finanzkrisen in den späten 1990er und den 2000er Jahren hat in jüngerer Vergangenheit die Betrachtung globaler enteignender Dynamiken des Kapitalismus an Bedeutung gewonnen. In vielen Fällen fehlt es dem Begriff der Enteignung jedoch an einer theoretischen Fundierung, weshalb Betrachtungen von Enteignungsprozessen häufig vereinfacht oder zu abstrakt bleiben. Dies ist insbesondere problematisch, wenn es um die Enteignung sogenannter traditioneller Bevölkerungsgruppen geht, das heißt um Menschen, deren Lebensart weitestgehend außerhalb kapitalistischer Reproduktionslogiken einzuordnen ist. Eine westliche Perspektive mit entsprechenden Vorstellungen von Eigentums- und Besitzstrukturen kann die komplexen Dimensionen solcher Prozesse nur schwer fassen, ebenso wie eine romantisierende Perspektive auf die Naturverbundenheit traditioneller Völker diese radikal vereinfacht (vgl. Mann, 2016).

Um Enteignungsprozesse in ihrer Komplexität erfassen zu können, muss es ein Ziel dieser Arbeit sein, eine theoretische Fundierung des Begriffs zu konzipieren. Dieses Kapitel soll zunächst einen Überblick über die sozialwissenschaftliche Diskussion um Enteignung im Kontext kapitalistischer Dynamiken und großer Entwicklungsprojekte geben. Dazu wird Harveys (2003) Konzept der *accumulation by dispossession* betrachtet, das auf Marx' Konzept der primitiven Akkumulation aufbaut und großen Einfluss auf insbesondere marxistische Perspektiven auf Enteignung und Großprojekte übt. Kritik an einer ökonomistischen Perspektive hat zur Weiterentwicklung des Konzepts geführt. *Accumulation by extra-economic means* ist solch eine Perspektive, die zwar auf Harveys Thesen aufbaut, den Fokus aber insbesondere auf politische Prozesse legt und zeigt, dass es nicht das abstrakte Kapital ist, das enteignet, sondern die Handlungen und Entscheidungen konkreter Akteur*innen. Die Perspektive des *development-induced displacement and resettlement* übernimmt diese Annahmen und wendet sie speziell auf große Entwicklungsprojekte an.

2.1 PRIMITIVE AKKUMULATION UND ACCUMULATION BY DISPOSSESSION

In seinem Konzept der *accumulation by dispossession* (ABD) bezieht sich Harvey (2003) auf Marx' Konzept der primitiven Akkumulation. Anders als Marx, der primitive Akkumulation als Wegbereiterin des Kapitalismus und somit zeitlich begrenzten Prozess betrachtete, erkennt Harvey diesen Mechanismus als elementaren Bestandteil aktueller Prozesse der ABD. Als primitive Akkumulation beschreibt

Marx Prozesse der Eingliederung prä-kapitalistischer – wie zum Beispiel bäuerlich-gemeinschaftlicher – Strukturen in die Logik des Kapitalismus, sei es über Prozesse der Industrialisierung innerhalb eines Landes oder über kolonialistische oder imperialistische Eingriffe anderer Staaten (Harvey, 2003, S. 145). Diese Prozesse waren demnach notwendig, um Strukturen für die Ausbreitung und Entwicklung des Kapitalismus in bestimmten Ländern oder Regionen zu schaffen. Dazu gehörte die Vertreibung und Proletarisierung der kleinbäuerlichen Bevölkerung, die Umwandlung von Gemeinschaftsrechten in Privatrechte, die Unterdrückung indigener Nutzungs- und Produktionsformen oder die Aneignung natürlicher Ressourcen (ebd., S. 145). Harvey erläutert, dass diese Prozesse auch noch in jüngerer Vergangenheit im großen Maßstab stattfinden, wie im Fall des Zusammenbruchs der Sowjetunion und der folgenden „Schocktherapie" (ebd., S. 153; eigene Übersetzung) extrinsisch motiviert, oder weitestgehend intrinsisch motiviert, wie im Fall der Marktöffnungen Chinas, Südkoreas und anderer südostasiatischer Länder (vgl. ebd., S. 153 f.). Marx betrachtete primitive Akkumulation als eine zeitlich begrenzte Phase des Kapitalismus. Einmal vollzogen, würde Kapitalakkumulation in den kapitalistisch entwickelten Ländern über „expanded reproduction" (ebd., S. 57), das heißt über Entwicklung und Wachstum von bereits in das kapitalistische System integrierten Sektoren geschehen.

Die weltweite Aktualität anhaltender Prozesse primitiver Akkumulation stellen diese Betrachtung jedoch in Frage. Ressourcenreiche und oftmals periphere Regionen in kapitalistischen Staaten des Globalen Südens sind gerade aufgrund ihrer einseitigen und marginalen Integration über die Ausbeutung, das heißt die An- und Enteignung, Umnutzung sowie Degradierung ihrer natürlichen Ressourcen von zentraler Bedeutung für das nationale und globale Wirtschaftssystem (vgl. Glassman, 2006, S. 613), sodass es vielmehr erscheint, als seien Prozesse primitiver Akkumulation ein dem Kapitalismus immanenter Bestandteil (vgl. ebd., S. 610–613; D. Hall, 2013, S. 1585 f.). Harvey erklärt diese Aktualität und die Bedeutung primitiver Akkumulation mit dem Problem der Überakkumulation. Überakkumulation entsteht in kapitalistischen Ökonomien aufgrund des dem Kapitalismus inhärenten Widerspruchs zwischen der Notwendigkeit der Reinvestition von Kapital einerseits und der begrenzten Absorptionsfähigkeit eines Marktes andererseits. Überschuss an Arbeit und Kapital kann entweder in Form eines sogenannten „temporal displacement" in langfristige Investitionsfelder wie Bildung und Forschung oder eines „spatial displacement" durch die Erschließung neuer Märkte und daraus generierter Produktions- und Beschäftigungsmöglichkeiten absorbiert werden (Harvey, 2003, S. 109). Gelingt dies nicht, kommt es zu einem Zustand steigender Arbeitslosigkeit und ökonomischer Stagnation und Deflation, also der Abwertung von Waren und Kapital. Harvey unterteilt dabei in drei Kapitalkreisläufe. Der erste Kreislauf ist der von direkter Produktion und direktem Konsum. Überschuss in diesem Kreislauf kann recht problemlos gelöst werden, in dem das Kapital in den zweiten – fixes Kapital in Form von materieller Infrastruktur, auch Wohnraum – oder den dritten Kreislauf – Sozialausgaben, Forschung und Entwicklung – transferiert wird. Überakkumulation im zweiten und dritten Kreislauf hingegen birgt die Gefahr von Blasen und größeren, langfristigen Krisen. Kann das Problem der Überakkumulation innerhalb eines bestimmten regionalen Wirtschaftsraumes nicht gelöst werden, müssen externe Investitionsmöglichkeiten gefunden werden (ebd., S. 117). In „conditions of uneven geographical development in which surpluses available in one territory are matched by lack of supply elsewhere" bieten sich dafür vielzählige Möglichkeiten der Erschließung neuer Märkte an (ebd., S. 118). Überschüssige Waren werden in einen anderen Wirtschaftsraum exportiert, woraufhin der entsprechende Wert finanziell oder in Form anderer Waren in die exportierende Region zurückfließt. Langfristig sinnvoller als der Warenexport in andere Wirtschaftsräume ist jedoch der Export von Kapital, also die Investition in und den Aufbau von neuen Absatzmärkten und Handelspartner*innen. Widersprüche innerhalb dieser Logik entstehen dann, wenn die Märkte, die ursprünglich gefördert wurden, ein derartiges Wirtschaftswachstum erreichen, dass sie in ernsthafter Konkurrenz zum ehemaligen Geber- bzw. investierenden Land treten und dessen hegemoniale Stellung gefährden. Als Beispiele dafür nennt Harvey (2003, S. 120 f.) zum einen China, das nach dessen Marktöffnung lange Zeit eine wichtige absorbierende Region für überschüssige US-amerikanische Waren und Kapital war, nun aber zu einem ernsthaften wirtschaftlichen Konkurrenten der USA geworden ist und zum anderen die in den 1960er Jahren wiedererstarkten Ökonomien Europas und Japans (ebd., S. 120 f.). An dieser Stelle tritt die Logik des ABD ins Spiel.

Zur Zeit der Gefährdung der hegemonialen Position der USA durch die Ökonomien Japans und Westeuropas, inmitten der Ölpreiskrise 1973, führte der damalige US-Präsident Nixon eine Deregulierung des US-amerikanischen Finanzmarktes durch. Diese Strategie ermöglichte, dass große Überschussmengen an „Petrodollars" aus den erdölexportierenden Staaten in den US-amerikanischen Kapitalmarkt flossen und von den US-Banken wiederverwertet wurden (ebd., S. 128). Als Pionier in Sachen Deregulierung und mit einem großen Finanzmarkt und starken Institutionen im Rücken wurden die USA zum Zentrum globaler Finanzaktivitäten. Die Wallstreet und das US-amerikanische Finanzregime, wie später auch andere zentrale Finanzstandorte, gewannen derartig an Macht, dass sie begannen globale Finanzinstitutionen wie den IWF oder die Weltbank zu kontrollieren (ebd., S. 128 f.). In der Folgezeit waren die USA dadurch in der Lage, verschuldeten Staaten vor allem Afrikas und Lateinamerikas, die ihre insbesondere für größere Entwicklungsprojekte erhaltenen Kredite nicht zurückzahlen konnten, über die Institutionen IWF und Weltbank wirtschaftliche Strukturprogramme aufzuerlegen. Diese Programme zwangen die Länder, Handelsbeschränkungen abzubauen und ihre Märkte für ausländisches Kapital zu öffnen. Das ausländische Kapital konnte die durch die Schuldenkrise in den jeweiligen Ländern entwerteten Vermögen zu niedrigsten Preisen aufkaufen und profitabel wiederverwerten. Gleichzeitig öffneten sich so neue Märkte für ausländische Industriegüter und Dienstleistungen. Diese neoliberalen Restrukturierungen wurden schließlich zu Aufnahmekonditionen von IWF und WTO und führten zur Liberalisierung des Welthandels und des internationalen Finanzsektors (ebd., S. 129).

Harvey behauptet, dass die Koalition aus globalen (Finanz-)Institutionen und dahinterstehenden wirtschaftlich führenden Staaten seit Beginn dieses Prozesses der „financialization" (Harvey, 2003, S. 147) Expertise darin entwickelte, solche oder ähnliche Krisen zu managen, um so einen kontinuierlichen Transfer von Vermögenswerten von Krisen- und Schuldnerstaaten zu den mächtigen Finanzinstitutionen und Staaten zu ermöglichen. Er stellt die These auf, dass immer wieder sektoral oder territorial begrenzte Krisen inszeniert wurden und werden, um diese Restrukturierung des Systems voran zu treiben (ebd., S. 150 ff.). Dieser Transfer findet jedoch auch über andere Mechanismen und im Binnenmarkt statt. So hat der Finanzsektor eine solch zentrale Position im kapitalistischen System eingenommen, dass über Aktienmanipulation und -betrug, Spekulation von Hedgefonds, gezielte Inflationspolitik oder die Förderung von Verschuldung privater Bürger*innen auch im eigenen Land Vermögenswerte systematisch angeeignet und die ehemaligen Besitzer*innen enteignet werden (ebd., S. 150–153). Doch nicht nur Privatbesitz, auch und gerade öffentliche Güter werden privatisiert und soziale Errungenschaften wie Arbeitsrechte oder Umweltschutzrichtlinien sukzessive gekürzt. Harvey bezeichnet diese Prozesse als eine „new wave of ‚enclosing the commons'", für die der Staat durch die Deregulierung rechtlicher Rahmenbestimmungen als Wegbereiter fungiert (ebd., S. 148).

Prozesse primitiver Akkumulation scheinen demnach nicht mehr auf Regionen des Globalen Südens begrenzt zu sein. Mit Bezug auf die Enteignungsmechanismen des mächtigen Finanzsektors schreibt Glassman (2006, S. 622) von einer „highly visible re-emergence" von Prozessen primitiver Akkumulation im Globalen Norden, die zeigen, dass diese „integral to global capitalist development everywhere" sind. Diese „‚inside-outside' dialectic" (Harvey, 2003, S. 141) ist entweder durch das Vordringen des Kapitalismus in bislang weitestgehend außerhalb kapitalistischer Logiken stehender Bereiche möglich, wie es auch im Globalen Norden über Privatisierungen ehemals gemeinschaftlicher Güter (z.B. Wasserversorgung oder Universitäten) oder die Kommodifizierung kultureller und intellektueller Tätigkeiten wie beispielsweise in der Musikindustrie geschieht (ebd., S. 148). Werden diese äußeren Vermögen jedoch rar, kann der Kapitalismus diese auch selbst produzieren, so Harveys Annahme. In diesem Zusammenhang nennt er die oben erwähnten Manipulationen von Krisen, Spekulation von Hedgefonds, Aktienmanipulation und -betrug, etc. – also Strategien, die die Ent- und Aneignung entwerteter Vermögen ermöglichen. Konnte die Kapitalakkumulation kapitalistischer Staaten bis zur Deregulierung des US-Finanzmarkts in den 1970er Jahren durch expandierende Reproduktion absorbiert werden, sodass primitive Akkumulation in dieser Phase eher eine Nebenrolle einnahm, sind diese Strategien seitdem wieder zu einem zentralen Bestandteil der kapitalistischen Logik geworden (vgl. Harvey, 2003, S. 184 f.). Aufgrund dieser Aktualität von Prozessen der primitiven Akkumulation lehnt Harvey den Begriffsteil „primitiv" ab und schlägt stattdessen den allgemeineren Begriff der *accumulation by dispossession* vor.

Auch D. Hall (2013) kritisiert die in wissenschaftlichen Diskussionen verbreitete Nutzung des Begriffs der primitiven Akkumulation. Insbesondere in der Literatur über Landraub ist demnach die Annahme eines prä-kapitalistischen Charakters enteigneter Subsistenz- oder gemeinschaftlicher Landnutzungen verbreitet, häufig verbunden mit der Konstruktion einer Homogenität solcher Gemeinschaften (vgl. ebd., S. 1597). Er fordert daher die genaue Analyse dieser Gemeinschaften, der Art und Weise ihres Landerwerbs sowie lokaler Märkte, die häufig bereits mit kapitalistischen Strukturen verknüpft sind oder mit diesen koexistieren. Anders als der Begriff der primitiven Akkumulation suggeriert, so die Argumentation, handelt es sich in den meisten Fällen eher um eine Expansion des Kapitalismus, der durch die Mobilisierung von bereits in lokalen Wirtschaftskreisläufen verankerten Elementen und Strukturen geschieht (vgl. ebd., S. 1597 f.). Hall geht dabei auch auf den Prozess der *financialization* ein, der sich ihm zufolge zumeist auf die Enteignungen oder den Transfer von Dingen bezieht, die sich zuvor im Besitz von bereits kapitalistisch agierenden Eigner*innen befanden. Insbesondere auf die Privatisierung öffentlicher Güter bezogen, kritisiert er die Konstruktion des Innen und Außen in Harveys „inside-outside dialectic", deren Kategorisierung sehr von der eigenen Wahrnehmung des Kapitalismus abhänge (vgl. ebd., S. 1598).

Der Staat nimmt in Prozessen der ABD mit seinen komplexen „financial and institutional arrangements and powers" (Harvey, 2003, S. 127) eine entscheidende Vermittlungsfunktion ein. Es sind also konkrete Institutionen und Akteur*innen staatlicher Regierungen, die die Interessen privater Akteur*innen und die kapitalistischen Dynamiken bis zu einem gewissen Grad steuern und ermöglichen. „The developmental role of the state" (ebd., S. 145) war und ist vor allem in der kapitalistischen Transition von Staaten und Regionen offensichtlich. Doch auch in Zeiten der Finanzialisierung nimmt der Staat mit seinem Gewalt- und Rechtsmonopol eine entscheidende Rolle als ermöglichender, fördernder und vermittelnder Akteur ein. Hinsichtlich dieser konkreten Rolle staatlicher und institutioneller Regime geht Harvey im weiteren Verlauf von *The New Imperialism* sowohl auf lokale als auch weltweite, teils gewaltsame Proteste ein, die sich beispielsweise bei Gipfeln der G7/G8-Staaten, der WTO, des IWF oder der Weltbank gegen diese komplexen Akteursgefüge richten (vgl. ebd., S. 188 f.). Dennoch wird Harveys Thesen und Analysen häufig eine zu einseitig ökonomistische Perspektive vorgeworfen. Aus solch einer Kritik ging der Begriff der *accumulation by extra-economic means* hervor, der die Rolle politische-ökonomischer Handlungen und Interessen von konkreten staatlichen und privaten Akteur*innen in den Fokus rückt.

2.2 ACCUMULATION BY EXTRA-ECONOMIC MEANS

Glassman (2006) ist ein Vertreter dieses Ansatzes der *accumulation by extra-economic means*. Er bezieht sich dabei auf die von Harvey erwähnte Rolle des Staates als Ermöglicher und Förderer kapitalistischer Prozesse, der explizit Forschung und Entwicklung sowie die Weiterbildung von Arbeitskräften in bestimmten Bereichen fördert und spezielle Infrastruktur und andere Leistungen bereitstellt (vgl. ebd., S. 616 f.). Darüber hinaus betont er die für das Funktionieren kapitalistischer Dynamiken voraussetzenden „gendered and racialized forms of accumulation within social reproduction" (ebd., S. 617). „[T]he patriarchal control of women's bodies" (ebd., S. 617), die die geschlechtliche Arbeitsteilung produzierte und so neben der unbezahlten und gesellschaftlich entwerteten weiblichen Arbeit im Haushalt die Freistellung und Reproduktion männlicher Arbeitskraft ermöglichte, war und ist demnach Voraussetzung primitiver Akkumulation. „[G]endered and racialized forms of accumulation" beziehen sich darüber hinaus auf die Ausbeutung von weiblicher Arbeitskraft sowie Arbeitsmigrant*innen, die meist aus Konfliktregionen stammen und unter prekären Bedingungen – Glassman nennt das Beispiel der kalifornischen Landwirtschaft – arbeiten müssen (vgl. Glassmann, 2006, S. 617 ff.).

Levien (2012) knüpft an diese Einschätzungen an und äußert Kritik an Harveys primär ökonomischer Perspektive auf *accumulation by dispossession*. Im Gegensatz dazu bezeichnet er ABD als „fundamentally a political process in which states – or other coercion wielding entities – use extra-economic force to help capitalists overcome barriers to accumulation" (Levien, 2012, S. 940). D. Hall (2013) nimmt dieses Verständnis von Levien auf und erwähnt juristische, politische und schließlich physische Polizei- und Militärgewalt, die Anwendung findet, um materielle Enteignung zu ermöglichen, selbst wenn diese von privaten Unternehmen durchgeführt wird (vgl. ebd., S. 1586). So ist der Transfer von Land, wenngleich die ehemaligen Besitzer auch Entschädigungen erhalten, keine marktwirtschaftliche Transaktion, die auf Einverständnis beruht, sondern vielmehr das Zeugnis eines unvollkommenen Marktes (ebd., S. 1592). Dieser politische Prozess tritt dann ein, wenn die Besitzer entweder nicht freiwillig in den Verkauf einwilligen und/oder wenn Nutzung und Besitz kein juristisches Eigentum unterliegt – so wie es bei Gemeinschaftstiteln oder staatlichem Land der Fall ist. Solche Enteignungsvorgänge nicht als konkrete Formen des Klassenkampfes zu analysieren suggeriere einen „fetishistic character assumed by capital's normalization, or the ordinary run of things" (De Angelis 2007, 139, zit. in Levien, 2012, S. 940). Nur über den Fokus auf extraökonomische Enteignung, so Levien, bietet das Konzept des *accumulation by dispossession* analytische Relevanz. Denn die Berücksichtigung und Betrachtung von für das neoliberale System zentraler „direct and transparent extra-economic intervention into the appropriation of value" (ebd., S. 941) hat entscheidenden Einfluss auf unser Verständnis von staatlichen, politischen und ideologischen Strukturen und Praktiken.

Diese Darstellungen deuten bereits die schwierige Trennung ökonomischer und extra-ökonomischer Bedingungen an. D. Hall (2013) macht diesbezüglich deutlich, dass Märkte selbst selten Orte freien ökonomischen Austauschs sind, da Bedingungen und Preise meist durch politische Interventionen beeinflusst werden. Dies ist aufgrund der speziellen Interessenlage besonders bei Landfragen der Fall, die wiederum eine zentrale Rolle bei großen Entwicklungsprojekten spielen (vgl. ebd., S. 1593). So liegen ökonomischen Transaktionen von Land nicht selten implizite Androhungen zugrunde, wenn beispielsweise nach einer gescheiterten Übereinkunft eine Beschlagnahmung des Landes droht. Betrug und nicht eingehaltene Versprechen sind häufig auftretende Phänomene, die in der wissenschaftlichen Literatur bislang kaum konzeptionell betrachtet wurden. D. Hall (2013) erwähnt diesbezüglich im Kontext von Großprojekten finanzielle oder materielle Entschädigungen bis hin zu infrastrukturellen Leistungen wie dem Bau von Schulen oder Straßen, die zwar vorher ausgehandelt, anschließend aber nicht realisiert werden. Was es so schwierig macht, die Verantwortlichen zur Rechenschaft zu ziehen, sind häufig der ungleiche Zugang zu juristischer Unterstützung oder auch missverständliche Formulierungen und fehlende Unterschriften in Verträgen (vgl. ebd., S. 1594). Die Grenze zwischen ökonomischen und extra-ökonomischen Bedingungen ist somit insbesondere bei Landfragen selten eindeutig auszumachen, weswegen Hall dafür plädiert, diese beiden Möglichkeiten weniger dichotom, sondern vielmehr als ein Kontinuum zu betrachten.

Für eine ähnliche Perspektive setzt sich Sparke (2008) ein, der das Potential des Konzepts der *accumulation by dispossession* betont, gerade weil es dazu einlade „to examine the role played by racial, sexual and other social power dynamics in co-determining capitalist dispossession through extra-economic oppression" (ebd., S. 426). Über die Sensibilisierung für solche extra-ökonomischen Zwänge und Enteignungen kann nicht nur der latent im Konzept enthaltene ökonomische Reduktionismus überwunden werden. Es ergibt sich zudem die Möglichkeit einer umfassenden Perspektive auf diese Prozesse als globales Phänomen. Dies eröffnet gleichzeitig den notwendigen Blick geographischer Analysen auf globale Widerstände als Proteste gegen diese Enteignungsprozesse und für soziale Gerechtigkeit und verschiebt die Perspektive von Prozessen der Enteignung – *geographies of dispossession* – auf Prozesse der Wiederaneignung von Räumen – *geographies of repossession* (ebd., S. 425). Sparke nimmt dabei Bezug auf Hart (2006) und ihren Hinweis auf die Notwendigkeit, das Verständnis von kapitalistischen Enteignungsprozessen mit „concrete understandings of specific histories, memories, meanings of dispossession" zu durchziehen (ebd., S. 988). Solch ein Verständnis von Enteignung als „historically and geographically specific, as well as interconnected" (ebd., S. 988) hat entscheidende Bedeutung sowohl für analytische als auch für politische Arbeit (vgl. Sparke, 2008, S. 426). Während Harvey also globale Gemeinsamkeiten und Regelhaftigkeiten kapitalistischer, enteignender Dynamiken herausarbeitet, sind es hier die konkreten regionalen und lokalen Spezifika, Akteurskonstellationen und Ungleichheiten, die Enteignung als einen komplexen und höchst relationalen Vorgang erscheinen lassen.

2.3 DEVELOPMENT-INDUCED DISPLACEMENT AND RESETTLEMENT

Zwangsenteignungen und Umsiedlungen, die im Zusammenhang mit ABD im Rahmen von Großprojekten geschehen, werden in der sozialwissenschaftlichen Diskussion meist als *development-induced displacement and resettlement* (DIDR) bezeichnet[2] (vgl. Wet, 2006). In vielen Ländern des Globalen Südens nehmen staatlich geförderte Großprojekte noch immer oder wieder eine zentrale Rolle ein, seien dies staatlich gefördertes Agribusiness oder andere Formen des Neo-Extraktivismus oder aber explizit neoliberale Projekte wie *special economic zones* (Levien, 2012;

---

[2] Als DIDR Literatur wird hier im Folgenden nicht nur diejenige bezeichnet, die diesen Begriff explizit verwendet, sondern allgemein die Literatur, die sich mit Enteignung und Widerstand im Kontext entwicklungspolitischer Großprojekte – zumeist im Globalen Süden – beschäftigt.

Levien, 2013b, vgl.). Es hat sich ein breites, interdisziplinäres Forschungsfeld entwickelt, das sich mit DIDR befasst. Bereits in den 1950er Jahren beschäftigten sich Colson und Scudder mit den Folgen der Umsiedlung von 57.000 Menschen beim Bau des Kariba Damms im Sambesi entlang der Grenze von Simbabwe und Sambia im südlichen Afrika. Darauffolgend erschienen zahlreiche Publikationen von ihnen, in denen sie auf Basis der Analyse dieser Umsiedlungen ein Vier-Stufen *best-practice* Modell zur Analyse von Umsiedlungsprogrammen entwickelten (vgl. Colson und Scudder, 1982). Diese Publikationen und das Modell übten großen Einfluss auf ähnliche anthropologische Forschungen bei anderen Staudämmen sowie auf *development studies* im Allgemeinen aus (vgl. Terminski, 2015, S. 71). Von großer Bedeutung sind auch die Studien von Cernea aus den 1980er und 1990er Jahren, die in Kooperation mit der Weltbank erschienen und deren Analysen mehrerer Fallbeispiele und der Entwicklung eines *impoverishment risks and reconstruction* (IRR)-Modells die konzeptionelle Basis für die Entwicklung neuer Umsiedlungspolitiken der Weltbank legten (vgl. Cernea, 1985; Cernea und Guggenheim, 1993; Cernea, 1997). Mithilfe solcher *best-practice* Modelle sollten die Schäden für die Betroffenen minimiert und die Reproduktion der Lebensformen ermöglicht werden.

Als Reaktion auf die indische Anti-Staudammbewegung Narmada Bachao Andolan, die in den 1980er Jahren mit ihrer Strategie der Transnationalisierung (d.h., der Zusammenarbeit mit internationalen *non-governmental organizations*-NGOs) große mediale Aufmerksamkeit erhielt und wegweisend für künftigen DIDR-Widerstand wurde (vgl. Khagram, 2004; Nilsen, 2011; Levien, 2013a; Levien, 2015) und der hohen Medienpräsenz und Vernetzung der Widerstandskämpfe indigener Gruppen in den 1990er Jahren, begann eine wachsende Anzahl von DIDR-Studien sich mit den „politics of dispossession" (Said, 1995) – den politischen und ökonomischen Kräften hinter diesen Projekten und den Zielen, Strategien und Akteurskonstellationen von Widerstand gegen Enteignungen – zu beschäftigen. Dabei spielen ebenso öffentliche Widerstandspraktiken und -konstellationen eine Rolle wie auch Praktiken der Bewusstseinsbildung, wie Gadelha und Ernandi (2011) am Beispiel der Landlosenbewegung MST in Brasilien untersuchen (vgl. auch Mukherjee et al., 2011). Letztere betonen das Potential sogenannter *grass roots*-Bewegungen sowie die Notwendigkeit endogener kollektiver Lernprozesse anhand populärer Bildung und unterschiedlicher bewegungsrelevanter Theorie. Dabei spielen auch ungleiche Machtkonstellationen und Bevormundungen durch internationale NGOs eine Rolle, die zu ernstzunehmenden Problemen innerhalb transnationaler Widerstandsallianzen führen können (vgl. Routledge et al., 2013). Diese Studien üben teils heftige Kritik an dem jeweils dominanten Entwicklungsmodell und den damit verbundenen sozialen und ökologischen Kosten (vgl. Oliver-Smith, 2001; Oliver-Smith, 2009; Levien, 2012; Levien, 2013a; Borras und Franco, 2013). Hierbei spielen auch Diskurse lokaler Gruppen und (über-)regionaler sozialer Bewegungen eine zentrale Rolle, die gemeinsam mit nationalen und internationalen NGOs und anderen zivilgesellschaftlichen Akteur*innen mit Konzepten wie dem der Umweltgerechtigkeit oder des *socioambientalismo* in Brasilien Gegenentwürfe zu hegemonialen Ideologien wie *(neo-)developmentalism* oder Neoliberalismus geschaffen haben (vgl. Acselrad et al., 2004; Cavedon und Vieira, 2011; Porto, 2012b, vgl. Kap. 3.5.1).

Ganz im Sinne des Ansatzes der *accumulation by extra-economic means* berücksichtigt die Perspektive auf die *politics of dispossession* die konkreten Interessen- und Machtkonstellationen, die hinter solchen Projekten stehen. Levien (2015) bezeichnet diese historisch spezifischen Strukturen politisch-ökonomischer Konstellationen und Ideologien eines Staates, der gemeinsam mit privaten Akteur*innen aus Wirtschaft und Industrie vor dem Hintergrund spezifischer Klasseninteressen bestimmte Bevölkerungsgruppen systematisch enteignet, als „regimes of dispossession" (ebd., S. 147). Indem diese Perspektiven die „concrete understandings of specfic histories, memories, meanings of dispossession" (Hart, 2006, S. 988) in das Zentrum der Betrachtung rücken, stellen sie eine konstruktive Kritik von Harveys Konzept der ABD und ähnlicher Analysen dar, die durch zu einseitige Betrachtung kapitalistischer Logiken in einen ökonomischen Reduktionismus verfallen und so die Gefahr bergen, Enteignungsprozesse zu naturalisieren (vgl. Kap. 2.2). Über die Anwendung auf konkrete Fallbeispiele kann das Konzept aus seiner abstrakten Sphäre bei Harvey herausgeholt und sowohl dessen Grenzen als auch das Potential, das es über die Erweiterung auf *extra-economic means* erfährt, verdeutlicht werden.

2.4 ZWISCHENFAZIT

Harveys Konzept der *accumulation by dispossession* (ABD) und das Konzept der primitiven Akkumulation behandeln den Enteignungsbegriff analytisch auf seine Einbettung in makroökonomische Vorgänge. Enteignung bezieht sich dabei meist auf die materielle Ebene, bleibt insgesamt jedoch sehr abstrakt. So beschränkt sich die Analyse auf die wirtschaftlichen und zum Teil auch politischen Hintergründe von Enteignungsprozessen, der Begriff selbst wird jedoch nicht weiter analysiert und reflektiert. Der Ansatz der *accumulation by extra-economic means* knüpft an diese Konzepte an und überträgt den Enteignungsbegriff aus dem abstrakten Raum rein ökonomischer Vorgänge in konkrete Macht- und Interessenkonstellationen. So bezeichnet Levien (2012) ABD im Gegensatz zu Harveys ökonomischer Perspektive als einen primär politischen Prozess, der durch das konkrete Eingreifen staatlicher Akteur*innen erst ermöglicht wird. Nur über diesen politischen Fokus, so Levien, biete das Konzept überhaupt analytische Relevanz (vgl. Kap. 2.2). D. Hall (2013) unterstützt die Relevanz dieses Perspektivwechsels mit seinem Hinweis auf im Rahmen von Großprojekten gängige Formen der Missachtung und des Betrugs seitens staatlicher oder privater Akteur*innen sowie ungleiche Strukturen juristischer Unterstützung, die diese Vorgänge erlauben. Diese und andere Analysen aus dem Bereich der DIDR Literatur deuten auf immaterielle Aspekte wie Machtlosigkeit und Rechtsentzug Betroffener hin, die Bestandteil und Folge von Enteignungsprozessen sein können. Oliver-Smith (2001) erwähnt in diesem Zusammenhang Widerstand als Reaktion auf den Entzug von Grundrechten und hebt den potentiellen Verlust des Rechts auf Selbstbestimmung als die prinzipielle Bedrohung von

DIDR hervor. Entsprechend können widerständige Praktiken gegen Rechtsverlust als „acts of empowerment" (Oliver-Smith, 2001, S. 102), also in gewisser Weise als Form oder Versuch der Wiederaneignung betrachtet werden. Diese Perspektive auf die *politics of dispossession* betrachtet die konkreten Akteur*innen hinter Enteignungsprozessen. Die Betroffenen werden aus ihrer passiven Rolle herausgeholt und als aktive, widerständige Akteur*innen positioniert.

Die in diesem Kapitel dargestellten Konzeptualisierungen eröffnen einen wichtigen Einblick in die sozialwissenschaftliche Diskussion um Enteignung und kapitalistische Dynamiken. Insbesondere bieten sie einen Überblick über kapitalistische Dynamiken und strukturelle Faktoren, die hinter Enteignungsprozessen stehen können. Dabei sind es vor allem die konkreten Akteurskonstellationen und ihre Handlungen, die auf die darin enthaltenen Interessen- und Machtstrukturen hinweisen. Deutlich wurde bereits, dass Enteignung in unterschiedlichen Dimensionen verläuft. Demnach sind es nicht nur Enteignungen materieller Faktoren wie die des eigenen Hauses, sondern auch Formen der Missachtung und des Rechtsentzugs, die eine Form der immateriellen Enteignung darstellen und oft Teil dieser Prozesse sind. Die dargelegten Konzepte sind jedoch nicht in der Lage, diese unterschiedlichen Ebenen in einen konzeptionellen Zusammenhang zu bringen. So können sie zwar einen Einblick darin geben, was enteignet werden kann. Wie Enteignung jedoch konkret gemacht oder ausgehandelt wird und wie die unterschiedlichen Dimensionen dabei zusammenwirken, darauf können diese Ansätze keine Antworten geben. Es werden also theoretische Ansätze benötigt, die über strukturalistische Betrachtungen hinausgehen und in der Lage sind Antworten auf diese Fragen zu geben. Im anschließenden Kapitel werden solche Ansätze vorgestellt.

3 ENTEIGNUNG, ANERKENNUNG, ÖFFENTLICHKEIT: EINE RELATIONALE PERSPEKTIVE

In dieser Arbeit soll an einem konkreten Fallbeispiel, dem Großprojekt Belo Monte, untersucht werden, wie Enteignung anhand der Aushandlung zweier Kategorien, Betroffensein und Eigentum, gemacht wird. Im Kern geht es dabei um die Aushandlung von Bedeutungsstrukturen. Dieser Untersuchung liegt eine prozesshafte Perspektive auf Enteignung als sozialer Konflikt zugrunde, der in eine komplexe Akteurs- und Interessenkonstellation eingebettet ist, in der die Betroffenen nicht passive, sondern aktive Akteur*innen sind. In diesem Kapitel sollen unterschiedliche theoretische Ansätze vorgestellt und erläutert werden, die Potential für solch eine Perspektive besitzen und aus denen anschließend in Kapitel 4 ein theoretischer Analyserahmen entwickelt wird. Für das Verständnis von Enteignung werden im folgenden Abschnitt zunächst die Begriffe des Eigentums und der Aneignung untersucht. Dazu wird Hegels Herleitung des Eigentumsbegriffs genutzt, der durch seine phänomenologische Perspektive die Möglichkeit bietet, Eigentum weitestgehend außerhalb rechtlicher Bestimmungen und kulturell verankerter Bedeutungsstrukturen zu betrachten und so einer einseitig eurozentristischen Interpretation vorgebeugt werden kann.

3.1 WORÜBER REDEN WIR EIGENTLICH? EINE HEGELSCHE ANNÄHERUNG AN DEN BEGRIFF DES EIGENTUMS

Der Begriff des Eigentums ist durch kulturhistorische Bedeutungszuweisungen überprägt. In der westlich-liberalen Tradition dienten viele Theorien, die Eigentum mit Freiheit und Souveränität verknüpften, der Legitimierung und Verteidigung privaten Eigentums (vgl. Waldron, 1992; Kolers, 2009; B. Bhandar, 2016). Arendt (2015 [1976], S. 80) bemerkt, dass es sich dabei vielmehr um das Recht auf unbegrenzte Akkumulation privaten Reichtums handelte und die existentielle Bedeutung von Eigentum in Abgrenzung von Besitz durch die Vermischung dieser beiden Begriffe verloren ging (vgl. Kap. 3.2). Wenngleich auch Hegel von einer liberalen Denktradition geprägt war, gilt es jedoch zu beachten, dass so zentrale Konzepte wie Eigentum oder Freiheit stets komplex hergeleitet und zueinander in Beziehung gesetzt sind und daher nicht davon losgelöst betrachtet werden dürfen. Die Bedeutung des hegelschen Eigentumsbegriffs für die vorliegende Arbeit liegt in diesem Sinne auch weniger in Hegels daraus folgender Rechts- und Staatstheorie[3], als vielmehr in der Herleitung des Begriffs selbst, die die Gelegenheit bietet, einen von

---

3   So kritisiert Honneth (2016 [1994], S. 99–102), dass Hegel in seiner späteren Staatenlehre sehr von seiner zuvor substanziellen anerkennungstheoretischen Linie abrückt, indem sich sein

staatlichen Institutionen und entsprechenden gesetzlichen Regelungen losgelösten Blick auf den Begriff zu werfen. Dieser Ansatz erleichtert auch die Übertragbarkeit auf andere kulturhistorische Zusammenhänge, da Eigentum so als relativ losgelöst von spezifischen räumlich-kulturellen Assoziationen betrachtet werden kann[4]. Diese Herleitung bietet interessante Einblicke in den Charakter des Begriffs und somit einen Einstieg in die Diskussion um Eigentum, Aneignung und Enteignung sowie deren direkte Verbindung mit wechselseitiger Anerkennung.

Hegel beschreibt das menschliche Subjekt als eine Person mit freiem Willen. Dieser freie Wille ist zunächst subjektiv bestimmbar, indem man sich in seinem unmittelbaren Dasein auf sich selbst bezieht und zu sich selbst verhält (Hegel, 2015 [1820], S. 53, § 40.). Dieser Prozess ist ein wesentlicher in der Ausbildung des Selbstbewusstseins:

> Der Mensch ist nach der unmittelbaren Existenz an ihm selbst ein Natürliches, seinem Begriffe Aeußeres; erst durch die Ausbildung seines eigenen Körpers und Geistes, wesentlich dadurch, daß sein Selbstbewußtseyn sich als freyes erfaßt, nimmt er sich in Besitz und wird das Eigenthum seiner selbst und gegen andere. (Hegel, 2015 [1820], S. 64, § 57.)

Man muss demnach zunächst sich selbst aneignen und Eigentümer*in seiner oder ihrer selbst werden, um in der Lage zu sein, mit der Außenwelt zu interagieren. Diese Außenwelt, oder das Äußerliche, ist in dieser Phase des völligen Selbstbezugs jedoch noch „[d]as von dem freyen Geiste unmittelbar verschiedene" (ebd., S. 55, § 42). Ebenso ist der freie Wille noch nicht wirklich, also objektiv geworden. Um dies zu erreichen, bedarf es der Äußerung des Willens gegenüber Anderen, was über das Eigentum möglich wird. Eigentum entsteht laut Hegel nun, indem man den eigenen Willen äußert und diesen in eine Sache, ein Objekt legt:

> Die Seite aber, daß Ich als freyer Wille mir im Besitze gegenständlich und hiermit auch erst wirklicher Wille bin, macht das Wahrhafte und Rechtliche darin, die Bestimmung des Eigenthums aus. (vgl. Hegel, 2015 [1820], S. 57, § 45.)

Hier geschieht die Trennung der Begriffe Besitz und Eigentum. Die Inbesitznahme einer Sache bedeutet, dass diese sich in der eigenen äußeren Gewalt befindet. Eigentum entsteht jedoch erst, wenn sich der freie Wille und in dem Sinne die Persönlichkeit in der Sache ein Dasein gibt und für andere Menschen erkennbar wird. Menschen erkennen sich also „[ü]ber das Eigentum als Medium (,Zeichensystem')" gegenseitig als Personen mit einem freien Willen an (vgl. Tonn, 2004, S. 92). Dies drückt eine zentrale Annahme in Hegels Eigentumskonzept aus: Eigentum dient in

---

„Staatsbürger" nicht mehr anhand des intersubjektiven Verhältnisses zu anderen Staatsbürger*innen, sondern allein über sein Verhältnis zum autoritären Staat konstituiert. Diese Distanzierung zeigt sich auch in der zentralen Bedeutung, die er einem Alleinherrscher in solch einem Staat zuteilt.

4 Der Zusatz „relativ" deutet darauf hin, dass auch Hegels Begriffsherleitung selbstverständlich in historisch spezifische gesellschaftliche Zusammenhänge eingebettet ist. Auch soll dabei nicht ignoriert werden, dass Hegel sein Konzept des Eigentums auf die Kolonialisierung Lateinamerikas übertrug und zur Delegitimierung der Eigentumsrechte von indigenen Völkern nutzte (vgl. Conklin, 2014). Diese weiterführende Interpretation seines eigenen Konzepts soll in dieser Arbeit jedoch keine Rolle spielen und es wird sich ausdrücklich davon distanziert.

erster Linie der Möglichkeit gegenseitiger Anerkennung, die für Hegel die zentrale Voraussetzung der Ausbildung von Selbstbewusstsein und Identität ist.

Bevor eine Sache zu Eigentum wird, bedarf es zunächst einer äußerlichen Besitznahme. Hegel nennt dafür drei Möglichkeiten. Die körperliche Ergreifung ist dabei die, „in dem Ich in diesem Besitzen unmittelbar gegenwärtig bin und damit mein Wille ebenso erkennbar ist, [sinnlich] vollständigste (Hegel, 2015 [1820], S. 63, § 55.), gleichzeitig aber sehr subjektive und temporäre Art (vgl. Tonn, 2004, S. 90) der Besitzergreifung. Eine weitere Möglichkeit ist die Formierung, durch die sich das Subjektive mit dem Objektiven verbindet und Beständigkeit entsteht. Schließlich nennt Hegel noch die bloße Bezeichnung, die er als die „vollkommenste, allgemeine Besitzergreifung", aber „zugleich die unbestimmteste im Hinblick auf den gegenständlichen Umfang und die Bedeutung" bezeichnet (ebd., S. 90). Befindet sich ein Objekt schon im Besitz einer anderen Person, so bedarf es eines Vertrages. Der Vertrag ist in diesem Sinne eine Übereinkunft, eine Einigung über das Ändern des Eigentumsverhältnisses eines Objekts. Bedeutung kommt dabei der Stipulation zu, also der jeweils sprachlichen Entäußerung und Aneignung des Objekts. Die Person, die ihr Eigentumsrecht an die andere Person abgibt, tut dies im sprachlichen Akt der Stipulation unwiederbringlich, da sie in dem Moment ihren Willen aus dem Objekt herausnimmt. Die andere Person wiederum legt durch die Stipulation ihren Willen in das Objekt hinein (Hegel, 2015 [1820], S. 80, § 78., § 79.). Dieser höchst symbolische Akt des Vertragsschlusses ist dabei vor allem ein bedeutsamer Akt der gegenseitigen Anerkennung zweier Personen mit freiem Willen und entsprechend gleichen Rechten (ebd., § 72.). Rechte sind in dieser Herleitung nicht im juristischen Sinne zu verstehen, sondern als eine Form des Ausdrucks der Freiheit. Nährboden des Rechts ist laut diesem Verständnis das Geistige und, konkreter, der freie Wille. Der Mensch hat demnach durch die Tatsache, dass er oder sie einen freien Willen hat, das Recht, diesen Willen in Sachen hineinzulegen und sie sich somit als Eigentum anzueignen. Die Freiheit des Willens macht „Substanz und Bestimmung" (ebd., S. 31, § 4.) des Rechts aus, das die Ausübung dieser Freiheit ermöglicht und regelt. Das Rechtssystem bezeichnet Hegel demnach als „das Reich der verwirklichten Freyheit, die Welt des Geistes" (ebd., S. 31, § 4.). Dieses Recht ist noch in einem reinen, idealisierten Sinn zu verstehen und umfasst das System allgemeiner gesellschaftlicher Normen des Zusammenlebens. Hegel grenzt dieses Recht, das er als „heilig" betrachtet, „weil es das Daseyn des absoluten Begriffes, der selbstbewußten Freyheit ist" (ebd., S. 46, § 30.), von dem formellen, also juristischen Recht ab, das er als „abstracteres und darum beschränkteres Recht" bezeichnet (ebd., S. 31, § 4.).

Eigentum kann also als das Ergebnis eines Prozesses der bewussten Aneignung verstanden werden. Indem der eigene freie Wille in eine Sache gelegt wird, wird diese Sache etwas Eigenes. Eigenes und der Prozess der Aneignung stehen somit in einem wechselseitigen Verhältnis mit Prozessen der gegenseitigen Anerkennung und der damit verbundenen Subjektbildung. Diesem Verständnis entsprechend muss Eigentum also nicht mit formalen Besitztiteln verknüpft sein. Die Institutionalisierung von Anerkennungsverhältnissen beispielsweise in der Form einer rechtlichen Eigentumsregelung dient bei Hegel, zumindest in seiner frühen Jenaer Zeit, vorwiegend dem Zweck, soziale Konflikte, die durch gestörte Anerkennungsbeziehungen entstehen, rechtlich dauerhaft zu schlichten (vgl. Hegel, 1969). Auf diese Weise sollen stabile Anerkennungsstrukturen entstehen, die die bestmögliche Entfaltung von Subjekten und ihren Identitäten ermöglichen. Institutionen und Recht dienen demnach der Entwicklung gemeinschaftlicher, intersubjektiver Beziehungen sowie persönlicher Entwicklung und sind somit nur Mittel zum Zweck (vgl. Honneth, 2016 [1994], S. 24–33).

Wie es zu der Entwicklung solcher Rechtsverhältnisse kommt, spielt bei Hegel (1969) in Form von vorvertraglichen sozialen Konflikten eine zentrale Rolle. Ausgangspunkt einer Konfliktsituation ist beispielsweise die Besitzergreifung durch ein anderes Subjekt oder eine andere Familie. Dies muss nicht mit einer Enteignung einhergehen. Entscheidend sind vielmehr die Exklusivität und die Einseitigkeit der Besitzergreifung. Indem sie ohne eine vorherige Vermittlung stattfindet und einer Abschottung gleichkommt, werden die anderen eigentumslosen Subjekte „aus einem existierenden Interaktionszusammenhang ausgeschlossen [...] und [geraten] demgemäß in die Lage von bloß noch vereinzelten ‚für sich seienden' Individuen" (Honneth, 2016 [1994], S. 74). Das Empfinden der Ausgeschlossenen ist nicht existentieller Art, das heißt, sie fühlen sich nicht in ihrer Identität und ihrem Selbst bedroht. Es ist vielmehr das „Empfinden, von seinem sozialen Gegenüber ignoriert zu werden" und somit „die Enttäuschung von positiven Erwartungshaltungen gegenüber dem Interaktionspartner" (ebd., S. 75). Als Reaktion auf dieses Empfinden beschreibt Hegel einen destruktiven Akt der Schädigung des fremden Besitzes, dessen Ziel nicht die Befriedigung am Akt selbst ist, sondern „die Rückgewinnung der Aufmerksamkeit des anderen" (ebd., S. 75). Auch hier avanciert das Eigentum wieder zum Medium der gegenseitigen Anerkennung, also zum Mittel des Zwecks der intersubjektiven Existenz, wenn auch in einem negativen Sinn.

Das wesentliche Problem dieser einseitigen Besitzergreifung sind demnach die durch die Inbesitznahme des Objekts ausgelösten sozialen Prozesse des Ausschlusses und der Vereinzelung. Interessant erscheint dabei das Motiv des destruktiven Akts, das im Gefühl des Ignoriertseins erkannt wird und das Erzwingen der Aufmerksamkeit des anderen intendiert. In diesem Akt wiederum erkennt die besitzende Partei, dass die eigene Handlung nicht wie ursprünglich intendiert bloß selbstbezogen war, sondern sich auch auf die soziale Umgebung bezogen hat, die es dadurch von der Nutzung des Objekts und darüber hinaus aus einem sozialen Interaktionszusammenhang ausgeschlossenen hat (vgl. ebd., S. 76 f.). Um sich nun ebenfalls ihrer selbst zu versichern, muss die besitzende Partei auf die Provokation der anderen reagieren, wodurch schließlich ein „Kampf auf Leben und Tod" (Honneth, 2016 [1994], S. 79) entsteht – ein Ausdruck von Hegel, der wahrscheinlich im metaphorischen Sinne den existentiellen Charakter dieses Konfliktes der Bewusstseinsbildung bezeichnet (vgl. ebd., S. 80). Im hegelschen Verständnis führen solch immer wiederkehrende Konflikte dazu, dass die Gesellschaftsmitglieder schrittweise Erkenntnisse über ihre eigene Identität und dadurch einen höheren Grad an Autonomie und gleichzeitig Wissen über die Bedeutung der intersubjektiven Anerkennung und der wechselseitigen Abhängigkeit erlangen. Dies schafft ein Bewusstsein über die Notwendigkeit und die Art und Weise vertraglicher Einigungen und

3.1 Eine hegelsche Annäherung an den Begriff des Eigentums 39

die Bereitschaft der Einschränkung der individuellen Freiheit, wodurch letztendlich die Anerkennungsverhältnisse stabilisiert und das Zusammenleben der Gemeinschaft geregelt werden können (vgl. ebd., S. 42 f.).

Diese hegelsche Perspektive auf Eigentum und ihre differenzierte Betrachtung von rechtlichen Strukturen und intersubjektiven Anerkennungsverhältnissen ist insbesondere für gesellschaftliche Strukturen in peripheren Regionen interessant, die häufig vielmehr durch kommunitaristische Strukturen des Zusammenlebens und der gegenseitigen Anerkennung als durch staatliche Gesetze und Institutionen geregelt sind. Der Prozess der Subjektbildung und seine Verwurzelung in Strukturen der Alterität wird noch anschaulicher, wenn man Hegels Dialektik von Herrschaft und Knechtschaft betrachtet, die er in seiner *Phänomenologie des Geistes* entwickelt. Die Dialektik von Herrschaft und Knechtschaft hat aufgrund ihres Bezugs zu Herrschaftsstrukturen und Unterdrückung großen Einfluss auf die Theorie von Marx und die allgemeine Denkweise des Marxismus gehabt (vgl. Gloy, 1985). An dieser Stelle soll jedoch nicht auf marxistische Interpretationen des Kapitels eingegangen werden. Viel interessanter in Bezug auf die Themen der Anerkennung, Subjektbildung und Enteignung erscheint die Interpretation von Butler (2001), die sich genau vor dem Hintergrund dieser Aspekte mit der Dialektik Hegels von Herrschaft und Knechtschaft beschäftigt. Ähnlich der oben geschilderten vorvertraglichen Konfliktsituation ist der Ausgangsprozess des dialektischen Prozesses die Konfrontation zweier in Widersprüchen verhafteter Individuen, die versuchen, über eine Anerkennung durch den Anderen, die eigenen, dem Selbstbewusstsein internen, Widersprüche zu überwinden (vgl. Hobuss, 2013, S. 158 f.). Die Anerkennung des einen Selbstbewusstseins kann jedoch nur über die Negation des anderen geschehen, wodurch der bereits erwähnte „Kampf auf Leben und Tod" (Hegel, 1987 [1807], S. 143) entsteht, aus dem sich das eine Selbstbewusstsein in die Position der Herrschaft – als Folge des bedingungslosen Strebens nach Anerkennung unter Opferung des eigenen Seins – und das andere in die der Knechtschaft – als Folge des Wunsches nach Existenz, die nur in der Unterwerfung möglich ist – begibt. „Der Herr tritt gewissermaßen als entkörperlichtes Begehren nach Selbstreflexion auf" (Butler, 2001, S. 38), die er über den flüchtigen Verzehr der Objekte, die der Knecht für ihn produziert und über dessen untergeordnete Anerkennung sucht. Der Knecht fungiert dabei als erweiterter Körper und als Eigentum des Herrn, wobei der Herr diese dadurch wiederkehrende eigene Körperlichkeit und das daraus resultierende umgekehrte Abhängigkeitsverhältnis leugnen muss, um seine Position der Herrschaft zu bewahren (vgl. Hegel, 1987 [1807], S. 145 f.). Das Bewusstwerden dieses Abhängigkeitsverhältnisses bietet für den Knecht schließlich die Möglichkeit der Befreiung aus dem Verhältnis der Knechtschaft. Im Gegensatz zum Herren, der als flüchtiger Konsument fertiger Objekte keine Erkenntnis seiner schaffenden Fähigkeiten und somit seiner Selbstständigkeit gewinnt, erfährt der Knecht über seine Arbeit Selbstreflexivität (vgl. ebd., S. 147 f.). Er sieht das Objekt, das er herstellt und erkennt darin seine Signatur – das heißt seinen eigenen freien Willen –, die das Objekt für den Moment als etwas ihm Eigenes ausweist. Er gewinnt „einen Sinn für die Anerkennung seiner selbst", er erkennt sich „als Wesen, das Dinge formt oder schafft, die ihn überdauern, [...] als Erzeuger dauerhafter Gegenstände"

(Butler, 2001, S.42). Indem er das Objekt aber dem Herrn übergibt und dieser es sich aneignet und die Signatur des Knechts überschreibt, wird der Knecht des Objekts und seiner eigenen körperlichen Arbeit enteignet (vgl. Hobuss, 2013, S. 159).

Die Selbstanerkennung findet somit weniger in der Produktion des Objekts statt, als vielmehr „in der Einbuße seiner Signatur, in der Bedrohung der Selbstständigkeit durch eine solche Enteignung" (Butler, 2001, S. 41). In dem permanenten Auslöschen seiner eigenen Signatur und der ständigen Enteignung, die der Arbeit inhärent sind, erkennt er sein ebenfalls durch Flüchtigkeit und Verschwinden gekennzeichnetes Dasein: „eine gesellschaftlich erzwungene Form der Selbstauslöschung", die ihm schließlich seine eigene Vergänglichkeit deutlich macht (ebd., S. 43). Indem der Knecht auf diese Weise Bewusstsein sowohl über sein Dasein als auch die Abhängigkeit des Herrn von seiner Arbeit erlangt, schafft er es, sich aus der Position des Beherrschtseins zu befreien. Diese Befreiung bedeutet jedoch, dass er nun selbst Herr seines eigenen Körpers wird. Ausgehend von der Erkenntnis der eigenen Vergänglichkeit tritt an die Stelle des Herrn die „absolute Furcht" (Butler, 2001, S. 45), die ihn ab sofort beherrscht und die Butler als Furcht vor Kontrollverlust, Flüchtigkeit und Vergänglichkeit interpretiert. Der Kampf auf Leben und Tod, der in das Verhältnis von Knechtschaft und Herrschaft mündet und sich dort in Form der Negation des Knechts reproduziert, ist mit der Befreiung aus der Knechtschaft also nicht überwunden. Aus einer „Flucht vor dieser Furcht" (ebd., S. 45) heraus, die letztlich eine Furcht vor dem Tod ist, erlegt sich das Subjekt schließlich aus eigenen Stücken ethische Normen auf und ordnet sich diesen unter. Nur diese freiwillige Unterordnung ermöglicht ihm die angebliche Beherrschung des eigenen Körpers, dessen Vergänglichkeit und somit eine eigene Existenz. Dies schafft eine Freiheit, die sich jedoch in einem neuen, diesmal innerlichen Verhältnis von Knechtschaft und Herrschaft abspielt. Je mehr sich diese ethischen Normen zu Gesetzen ausbilden, desto stärker erhalten sie jedoch einen Eigensinn und eine Eigendynamik: „Die absolute Furcht wird damit ersetzt durch das absolute Gesetz, das paradoxerweise gerade die Furcht zur Furcht *vor* dem Gesetz gemacht hatte" (ebd., S. 45; Hervorhebung im Original). Dieser Prozess markiert den Beginn des Übergangs von der Knechtschaft in die Phase des unglücklichen Bewusstseins.

Hegels Dialektik der Knechtschaft und Herrschaft sowie die Darstellung vorvertraglicher Konflikte zeigen, dass der Prozess der Subjektbildung durch Widersprüche und Konflikte gekennzeichnet ist. Eigentümer*in seiner oder ihrer selbst zu sein ist demnach ein Zustand, der grundlegend von Einschränkungen geprägt ist, da er in den Zustand der Alterität, das heißt in die wechselseitige Anerkennung mit anderen Identitäten, eingebettet ist und die freiwillige Unterordnung unter Normen erst eine Existenz ermöglicht. Wer Eigentümer*in seiner oder ihrer selbst ist, ist laut Hegel frei und so ist auch Freiheit nur in dem Zustand einer gewissen Unterordnung möglich. Die existentielle Bedingung der Unterordnung wird nochmals näher in Kapitel 3.3 erläutert.

Bislang wurden mit der direkt zwischenmenschlichen sowie der rechtlichen Anerkennung bereits unterschiedliche Dimensionen der Anerkennung erwähnt. Tatsächlich unterteilt Hegel in drei Sphären der Anerkennung: Familie, Recht und Staat (Hegel, 2015 [1820], vgl.). Die Ausarbeitung dieser Sphären übersteigt jedoch die zuvor phänomenologische, losgelöste Betrachtung und lässt deren Einbettung in das damalige konservativ-liberale Gesellschaftsmodell erkennen, weswegen es notwendig erscheint, eine eigene Übetragung des hegelschen Ansatzes in die jeweiligen zu untersuchenden gesellschaftlichen Verhältnisse zu unternehmen (vgl. Honneth, 2016 [1994], S. 281). Basierend auf Hegels Konzept des Eigentums an der eigenen Person zieht Holston (2008) eine direkte Verbindung zwischen dem, was er inneres Eigentum (das Selbst) und äußeres Eigentum (Land/Dinge) nennt sowie zwischen diesen beiden Eigentumsformen und dem Konzept des *citizenship* (ebd., S. 115). Die Verbindung zwischen innerem und äußerem Eigentum wurde schon zu Beginn dieses Kapitels verdeutlicht: erst die Aneignung der eigenen Person, die über Strukturen der Anerkennung zur Ausbildung des Selbstbewusstseins führt, ermöglicht die Interaktion mit dem Außen. Diese Interaktion findet über das Medium des äußeren Eigentums statt, da in ihm die Signatur und der freie Wille des Subjekts objektiviert und erkennbar werden. Das Subjekt erfährt über diese Interaktion Anerkennung und Respekt und kann dies gegenüber den anderen Eigentümer*innen erwidern. Hier, so argumentiert Holston (2008, S. 115), sind die Verbindungen zu den grundlegenden Qualifikationen von *citizenship* bereits erkennbar: „freedom (economic and intellectual independence), capacity (agency, mastery, responsibility), dignity, respect, and self-possession". Während ökonomische Unabhängigkeit aus der materiellen, existenzsichernden Funktion des Eigentums resultiert, können die anderen Aspekte hauptsächlich der psychosozialen Funktion des Eigentums zugeordnet werden: die eigene Signatur lässt das Subjekt die eigenen Fähigkeiten erkennen und die gegenseitige Anerkennung dieser verleiht den Subjekten Würde und Respekt und ermöglicht so im Umkehrschluss die Aneignung des Selbst. Diese Eigenschaften sind entscheidend für die Fähigkeit der gesellschaftlichen und somit auch politischen Teilhabe. Daraus folgt, dass Bürger*innen ohne anerkanntes Eigentum ihr Potential sowohl als Personen als auch als Mitglieder einer Gesellschaft nicht voll ausschöpfen können:

> For Hegel, indivdual's without property lose the possibility of fully developing their own person which is also the basis of their standing in the social world. As a result, the propertyless are not only lesser persons but also diminished citizens. (Holston, 2008, S. 115)

Gewaltsame Enteignung bedeutet als gegensätzlicher Prozess zur Aneignung den Verlust von *self-possession* und somit den Entzug von Freiheit, Handlungsfähigkeit, Würde und Respekt. Oliver-Smith (2001) bezeichnet Enteignung und Zwangsumsiedlung als „one of the most acute expressions of powerlessness because it constitutes a loss of control over one's physical space" (ebd., S. 3). Das einzige, was noch bleibt, so Oliver-Smith, ist der eigene Körper und selbst dessen Verlust erscheint angesichts des hegelschen Verständnisses vom Eigentum dem Prozess der Enteignung immanent zu sein.

Hegels Herleitung des Eigentumsbegriffs zeigt die direkte Verknüpfung von Eigentum, Aneignung und wechselseitiger Anerkennung. Aneignung und Anerkennung stehen in einem positiven wechselseitigen Verhältnis zueinander. Eigentum fungiert dabei als Medium der intersubjektiven Anerkennung. In der auf diesem Prozess aufbauenden rechtlichen Anerkennungssphäre kann Recht selbst als eine

Form des Eigentums verstanden werden. Die Dialektik der Anerkennung und Aneignung verleiht dem Menschen somit die Fähigkeit zur politischen und gesellschaftlichen Teilhabe. Der entgegengesetzte Prozess der Enteignung erscheint durch diese Verknüpfung der unterschiedlichen Dimensionen als drastisch. So ist es nicht nur die physische Enteignung, sondern vielmehr die darin enthaltene Verweigerung der Anerkennung seitens der Gesellschaft und/oder des Staates, die verheerende Auswirkungen auf die gesellschaftliche und politische Integrität eines Subjekts hat. Gesellen sich hierzu noch Formen der Missachtung von Rechten (vgl. Kap. 2.2) und/oder Lebensformen, erscheinen die Folgen des Enteignungsprozesses nochmals gravierender.

Darüber hinaus lässt sich bereits erahnen, inwieweit die Möglichkeiten rechtlicher und gesellschaftlicher Anerkennung durch die Verfassung einer Gesellschaft und ihres juristischen Systems eingeschränkt sind und was dies für Auswirkungen auf andere, subalterne Lebensformen hat (vgl. Kap. 3.3). So wird deutlich, dass die Betrachtung von Enteignungsprozessen nicht auf materielle Aspekte beschränkt sein kann, sondern auch immaterielle Elemente einbeziehen muss. Denn gerade in Bezug auf die Reproduktionsfähigkeit von Lebensformen, die bei verdrängten Bevölkerungsgruppen infolge von Großprojekten offiziell meist angestrebt wird, erscheint die Enteignung immaterieller Elemente als die folgenreichste und nachhaltigste. Eine Betrachtung von Enteignungsprozessen muss also die Relationalität und Mehrdimensionalität dieser berücksichtigen. Arendts Ausführungen zum Eigentum sind in dieser Hinsicht relevant, da sie den Eigentumsbegriff im Kontext eines interdependenten Verhältnisses von privatem und öffentlichem Raum erklären und der existentiellen Bedeutung von Eigentum auf diese Weise eine explizit räumliche Dimension hinzufügen. Indem Arendt in Enteignungen insbesondere die Entweltlichung und Entankerung eines Ortes und das Schwinden sowohl des privaten als auch des öffentlichen Bereichs erkennt, macht sie auf die relationalen Verbindungen dieser Bereiche und die gesellschaftlichen Folgen von Enteignungen infolge kapitalistischer Akkumulationsprozesse aufmerksam.

3.2 EIGENTUM UND DIE VERORTUNG DES PRIVATEN UND ÖFFENTLICHEN BEI ARENDT

In ihrer *Vita activa* ordnet Arendt (2015 [1976]) die menschlichen Tätigkeiten in drei Dimensionen ein: Arbeiten, Herstellen und Handeln. Ihre Charakterisierung und Verortung dieser drei Tätigkeiten baut auf einer Trennung des menschlichen Lebens in einen öffentlichen und einen privaten Bereich auf. Sie bezieht sich dabei in weiten Teilen auf das antike Griechenland, in dessen öffentlichem Raum der Polis ihrer Auffassung nach politisches Handeln in seiner Grundform stattfand. Die Achtung für alles Politische war im antiken Griechenland dabei sehr hoch – ganz im Gegensatz zu den politischen Theoretiker*innen der Neuzeit und Moderne, die die Aufgabe der Politik hauptsächlich in der Sicherung der Interessen, dem Schutz der Bürger*innen sahen und Freiheit eher als Antithese der Politik betrachteten (vgl. Arendt, 2006 [1961], S. 148 f.). Indem Arendt konkret den privaten und den öffentlichen Raum betrachtet, fügt sie den Gedanken um Eigenes, Eigentum und Enteignung eine explizit räumliche Perspektive hinzu. Die Organisation sowie den Sinn und Zweck des Privaten und Öffentlichen in der antiken griechischen Gesellschaft, den sie in den Bewusstseins- und Interessenentwicklungen der Neuzeit und Moderne verloren gegangen sieht, bezieht sie dabei auf die Gegenwart und hebt die anhaltende Relevanz dieser Konzeptionen hervor.

Arendt stellt das Private der Begriffsherkunft entsprechend zunächst in ein negatives dialektisches Verhältnis zum Öffentlichen. Dieser „privative Charakter des Privaten liegt in der Abwesenheit von anderen" und „der Wirklichkeit, die durch das Gesehen- und Gehörtwerden entsteht, beraubt einer ‚objektiven', d.h. gegenständlichen Beziehung zu anderen" (vgl. Arendt, 2015 [1976], S. 73). Wenngleich diese Begriffsbedeutung ihren Ursprung in der griechischen Antike hat, war das Private dort keinesfalls unbedeutend. Denn nur Eigentümer – ein Status, der in der griechischen Antike nur Männern vorbehalten war – waren durch ihre Entbindung von existentiellen Notwendigkeiten in der Lage, am öffentlichen politischen Leben teilzunehmen (vgl. ebd., S. 75 f.). Die griechische Polis bot eine Bühne für diese Öffentlichkeit, in der Bürger mit unterschiedlichen Ansichten und Interessen aufeinandertrafen und in Interaktion Anerkennung und Einfluss suchten (vgl. Tully, 1999, S. 162). Hier betrachtet Arendt die Tätigkeit des Handelns, das stets solch eine Mitwelt braucht und sich deshalb nur in einem pluralistischen[5] öffentlichen Raum voll entfalten kann (vgl. Arendt, 2015 [1976], S. 234). Während die Umgebung der Polis lediglich die infrastrukturelle und materielle Voraussetzung bot, war es dieses intersubjektive Handeln der Bürger, das eine Öffentlichkeit schuf. Durch ihr Erscheinen in der Öffentlichkeit konnten die Menschen und ihre Debatten gesehen und gehört werden. Sie wurden dadurch wirklich. Diese Wirklichkeit, die durch das intersubjektive Handeln (und Sprechen) entstand, schuf die „gemeinsame Welt", auf die sich wiederum die politischen Handlungen bezogen (ebd., S. 71 f.). Arendt bezeichnet diese Öffentlichkeit deshalb auch als einen „Erscheinungsraum" (ebd., S. 251 ff.), der nur im Moment des politischen Handelns existiert. Im antiken Griechenland war der Sinn des Politischen daher die Produktion und der Erhalt eines solchen Raumes. Über die Fähigkeit der Handlung ist der Mensch also in der Lage, „sich mit seinesgleichen zusammenzutun, gemeinsame Sache mit ihnen zu machen, sich Ziele zu setzen und Unternehmungen zuzuwenden" (Arendt, 1975, S. 81) – sie macht den Menschen zu einem „politischen Wesen" (ebd., S. 81). Über Macht kann nach Arendts Verständnis niemals ein einzelner Mensch verfügen:

> Macht entspricht der menschlichen Fähigkeit, nicht nur zu handeln oder etwas zu tun, sondern sich mit anderen zusammenzuschließen und im Einvernehmen mit ihnen zu handeln. Über Macht verfügt niemals ein Einzelner; sie ist im Besitz einer Gruppe und bleibt nur so lange existent, als die Gruppe zusammenhält. (Arendt, 1975, S. 45)

Macht – bei Arendt die Antithese von Gewalt – entsteht also, wenn mehrere Menschen zusammenkommen und einvernehmlich handeln und schwindet, sobald sich

---

5   Pluralität bezieht sich hier auf die Vielfalt von Ansichten und Interessen und nicht auf soziale Pluralität, die in der griechischen Polis aufgrund der Begrenzung auf männliche Eigentümer grundsätzlich eingeschränkt war.

diese Gruppe wieder zerstreut. Macht ist somit auch voraussetzend für die Entstehung und den Erhalt des Erscheinungsraumes:

> Macht ist, was den öffentlichen Bereich, den potentiellen Erscheinungsraum zwischen Handelnden und Sprechenden, überhaupt ins Dasein ruft und am Dasein erhält. (Arendt, 2015 [1976], S. 252)

Macht ist jedoch nicht gleichzusetzen mit politischem Handeln und Öffentlichkeit. Denn Macht entsteht, sobald Menschen gemeinsam und einvernehmlich handeln. Für die Entstehung eines Erscheinungsraums sind jedoch die Pluralität von Perspektiven und die Auseinandersetzung darüber entscheidend. Nur durch Pluralität kann der potenzielle Erscheinungsraum auch wirklich werden.

Basierend auf diesen Erläuterungen der griechischen Antike verdeutlicht Arendt demnach, dass es ohne solch eine Öffentlichkeit keine gemeinsame Welt und keine Wirklichkeit geben kann. Denn ohne die Konfrontation der eigenen Handlungen und Perspektiven mit anderen Menschen und der Pluralität unzähliger Perspektiven, die im öffentlichen Raum zusammentreffen, können diese nicht verortet, objektiv und somit real werden (ebd., S. 71 f.). Diese Eigenschaft der Pluralität der Menschen bezieht sich sowohl auf die Gleichheit als auch auf die Verschiedenheit. Unter Gleichheit oder Gleichartigkeit fasst Arendt das Verständnis über allgemeine Kommunikationsformen und den Konsens grundsätzlicher Bedürfnisse, ohne die es „keine Verständigung unter Lebenden" geben könnte (ebd., S. 213). Verschiedenheit wiederum betrifft „das absolute Unterschiedensein jeder Person von jeder anderen" bezüglich spezifischer Bedürfnisse und Interessen, ohne die es „weder der Sprache noch des Handelns für eine Verständigung" bedürfte (ebd., S. 213).

Die in der Pluralität enthaltene Einzigartigkeit jedes Menschen zeigt sich im Sprechen und Handeln. Arendt distanziert sich von der liberal-demokratischen Gleichsetzung von Freiheit und der Souveränität von Individuen oder Gruppen, indem sie genau dieses intersubjektive politische Handeln und den kontingenten Faktor darin als Freiheit bezeichnet und damit die grundlegende Bedeutung anderer für die Erfahrung von Freiheit unterstreicht (vgl. ebd., S. 299 f.). Sie erkennt somit die Bedeutung von Alterität in der Konstitution von Wirklichkeit und Sinn an, die sich auch bei Hegel in der Ausbildung des Selbstbewusstseins findet, geht aber über Hegel hinaus, indem sie die Idee der Souveränität von Subjekten ablehnt, die sich ansatzweise in Hegels Ausführungen über Rechte als Ausdruck der Freiheit findet (vgl. Kap. 3.1). Kontingenz entsteht wiederum durch die Differenz der Ansichten und Interessen der Subjekte und der daraus resultierenden Unvorhersehbarkeit der Handlungen und deren Folgen. Dies deutet schon auf eine für Arendt weitere zentrale Eigenschaft des Menschen, die Natalität, die dem Menschen durch spontane Praxis die Fähigkeit verleiht, in jedem Kontext etwas Neues hervorbringen zu können „which did not exist before, which was not given, not even as a cognition or imagination, and which therefore, strictly speaking, could not be known" (Arendt, 2006 [1961], S. 150). Diese Routine durchbrechenden „deeds and events we call historical" ermöglichen den Menschen ihre Realität eigenständig herzustellen (ebd., S.164). Durch diesen Perspektivwechsel von politischen Routinen, Strukturen und

Institutionen auf das konkrete Handeln von Subjekten, das Politik-Machen und deren Schaffenskraft nimmt Arendt bereits zentrale Aspekte der praktikentheoretischen Wende in den Sozialwissenschaften ab der zweiten Hälfte des 20. Jahrhunderts vorweg (vgl. Tully, 1999, S. 163).

Wesentlich bei der Betrachtung vom Privaten ist die Unterscheidung zwischen Besitz und Eigentum, die Arendt an die Unterscheidung des römischen Rechts zwischen fungiblen und konsumtiven Dingen anlehnt. Mit fungiblen, also greifbaren Dingen war unbewegliches, ortsgebundenes Eigentum gemeint, während konsumtive Dinge beweglichen, konsumierbaren Besitz bezeichneten. Die Ortsgebundenheit war also ein zentraler Charakter von Privateigentum: „Eigentum war ursprünglich an einen bestimmten Ort in der Welt gebunden und als solches nicht nur ‚unbeweglich', sondern identisch mit der Familie, die diesen Ort einnahm" (Arendt, 2015 [1976], S. 77). Nur wer Privateigentümer war, kam in den Genuss der vollen Bürgerrechte. Eigentumslosigkeit demgegenüber bedeutete „keinen angestammten Platz in der Welt sein eigen zu nennen, also jemand zu sein, den die Welt und der in ihr organisierte politische Körper nicht vorgesehen hatte" (ebd., S. 77). Dies traf auf Sklav*innen oder Fremde zu und bedeutete gleichsam Rechtslosigkeit. Es war jedoch nicht gleichbedeutend mit Armut oder Reichtum. Denn die Akkumulation von Privatbesitz stand selbst Sklav*innen offen und konnte diese in Wohlstand führen, während die Abwesenheit von Privatbesitz selbst Eigentümer verarmen lassen, sie aber nicht ihrer Bürgerrechte berauben konnte.

Das Eigentum war der Ort, an dem die reproduktive Arbeit, das heißt die den menschlichen Notwendigkeiten geschuldeten Tätigkeiten ausgeführt wurden. Im antiken Verständnis wurden diese Tätigkeiten von der Öffentlichkeit verachtet und nur wer sich von ihnen freimachen konnte, erlangte den Status eines wirklichen Menschen. Eigentümer ließen die reproduktive Arbeit von Diener*innen, Sklav*innen, Kindern und Frauen verrichten, die, obwohl sie den Eigentümer von der Arbeit befreiten und ihm öffentliches Leben ermöglichten, dadurch selbst einen unmenschlichen Status zugeschrieben bekamen[6] (vgl. ebd., S. 100 ff.). Öffentlichkeit war in der Antike also nur durch die Exklusion Anderer überhaupt möglich[7].

---

6   Neben Sklav*innen waren insbesondere Frauen, die durch die Geschlechtertrennung an den privaten Raum gebunden und denen der öffentliche Raum unzugänglich war, von den dichotomisierenden Wertzuschreibungen betroffen. Diese räumliche Geschlechtertrennung ist bis heute (wenn auch räumlich ungleich) nicht überwunden und findet über die Debatte um das *public-private-divide* zentralen Eingang in feministische Diskurse (vgl. Pateman, 1989; Arneil, 2001; Gal, 2002). Dass diese Geschlechtertrennung bei Arendt keine explizite kritische Erwähnung findet, kritisiert unter anderem Butler (2011, o. S.): „Arendt's view is confounded by its own gender politics, relying as it does on a distinction between the public and private domain that leaves the sphere of politics to men, and reproductive labour to women".

7   In *Elemente und Ursprünge totaler Herrschaft* bezieht Arendt (1998 [1951]) dieses Prinzip auf den modernen Nationalstaat, dessen Existenz demnach strukturell auf der Produktion und Exklusion Staatenloser, beziehungsweise nationaler Minderheiten basiert. Im Gespräch mit Spivak in *Sprache, Politik, Zugehörigkeit* kritisiert Butler, dass Arendt diese kritische Perspektive im Zusammenhang mit der griechischen Polis in *Vita Acitva* nicht wiederaufnimmt, sondern ohne explizite Kritik als Voraussetzung für die Möglichkeit von Öffentlichkeit darstellt

Diese reproduktiven Tätigkeiten unterschieden sich noch einmal von dem Herstellen, das alles Handwerk bezeichnete. Zwar fand dies gegebenenfalls weniger im Verborgenen statt, hatte jedoch ebenso keinen Platz im öffentlichen Raum. Trotz der Verachtung für die Arbeit galt der private Raum nicht als verachtenswert. Vielmehr war es der Ort, der den lebensnotwendigen Dingen die erforderliche Verborgenheit, den Schutz vor der Öffentlichkeit bot. Dies galt insbesondere auch für die als heilig betrachteten Phänomene der Geburt und des Todes, die in diesem Schutzraum stattfanden und dem Ort eine Unantastbarkeit verliehen. Diese Funktion des Privateigentums als Ort des Rückzugs und der Verborgenheit, als einziger Ort „an den wir uns von der Welt zurückziehen können" (Arendt, 2015 [1976], S. 86), bezeichnet Arendt als die nicht privative Seite des Privaten. Diese existentielle Bedeutung steht wiederum in einer positiven dialektischen Beziehung zu dem Öffentlichen, denn ohne ihre Existenz war öffentliches Leben nicht möglich. Ein Leben ohne Eigentum galt in der Antike somit „als ein des Menschen unwürdiges, als ein unmenschliches Leben" (vgl. Arendt, 2015 [1976], S. 79). Diese Dringlichkeit des privaten Raumes, die sich in der Antike aus dessen lebensnotwendigen Funktionen ergab, bezieht Arendt auf allgemeine menschliche Bedürfnisse und somit auch auf die heutige Zeit: „[K]ein Teil der uns gemeinsamen Welt wird so dringend und vordringlich von uns benötigt wie das kleine Stück Welt, das uns gehört zum täglichen Gebrauch und Verbrauch" (ebd., S. 86).

Die Beständigkeit und die Verwurzelung an einem bestimmten Ort sind wesentliche Merkmale, die diese Funktionen des Privateigentums ermöglichen. Sie verleihen dem privaten Raum einen „weltlichen" Charakter und dem Menschen das Gefühl des Eigenen, „weil es dem, was ihm eigen ist, allein dient" (ebd., S. 85). Seit dem Beginn des Kapitalismus aber erkennt Arendt einen Prozess, der den privaten Raum grundsätzlich bedroht. Da die für das Bestehen des Kapitalismus notwendigen ständigen Akkumulationsprozesse bewegliches Kapital erfordern, brach Reichtum aus dem Bereich des Privaten aus und wurde zu einer öffentlichen Angelegenheit. Seither, so Arendt, muss Privates weichen, wenn es der Kapitalakkumulation im Wege steht. Dies erfordert die Austauschbarkeit durch Verwertbarmachung, also Kommodifizierung von Eigentum:

> [J]egliches greifbare, „fungibile" Ding [ist] ein Gegenstand der „Konsumierung" geworden [...] Was das Ding selbst betrifft, so hat es seinen privaten „Gebrauchswert", der von dem Ort, an dem sich das gebrauchte Ding befindet, nicht ablösbar ist, verloren und dafür einen gesellschaftlichen Wert erworben, der sich nach seiner jeweiligen Austauschbarkeit richtet; diese Tauschwerte fluktuieren nach Maßgabe des gesellschaftlichen Prozesses und sind überhaupt nur bestimmbar, weil alle Werte noch einmal auf den Generalnenner des Geldes reduzierbar sind. (Arendt, 2015 [1976], S. 84)

Durch diese Auflösung des privaten Bereichs in seinem verankerten, weltlichen Sinne – das heißt, „die Umwandlung des unbeweglichen Eigentums in beweglichen Besitz" (ebd., S. 84) – wurde auch der Unterschied zwischen Privateigentum und -besitz immer unklarer, sodass es ab den Theorien der Neuzeit vermehrt zu einer

(vgl. Butler und Spivak, 2011, S. 13–22). Tatsächlich bietet Arendt (2006, 2015) keinen Ausweg aus diesem Dilemma an.

3.2 Eigentum und die Verortung des Privaten und Öffentlichen bei Arendt

synonymen Verwendung der Begriffe kam (vgl. ebd., S. 80). Diese Entwicklung ist in dem Sinne bemerkenswert, als dass dieser Prestigegewinn von Reichtum dem antiken Verständnis von Reichtum als vergänglich und vor allem verachtenswert widerspricht, da der Eigentümer dadurch seine Freiheit und die Möglichkeit der Teilhabe am öffentlichen Leben einbüßte. Er gab sich Zwängen hin, denen sonst nur Sklav*innen ausgesetzt waren. Reichtum galt als unbeständig, es wurde aufgezehrt und verging mit den Menschen. Demgegenüber galt die gemeinsame Welt, die im öffentlichen Raum existierte, als beständig und das Auftreten und Erscheinen im öffentlichen Raum konnte den Menschen und dessen Taten unsterblich machen (vgl. Arendt, 2006 [1961], S. 146 f.).

Unter den „modernen Verfechtern des Privateigentums, [...] die darunter niemals etwas anderes verstehen als Privatbesitz und privaten Reichtum" bedeutete Freiheit jedoch zumeist die „Freiheit des Erwerbs"; während der Staat zuvor das Privateigentum der Bürger*innen sichern sollte, war es fortan der „Schutz eines sich akkumulierenden Kapitals" (Arendt, 2015 [1976], S. 80). Diese Erkenntnis von Arendt ist entscheidend: Es ging diesen Theoretiker*innen der Neuzeit und Moderne nicht um den Schutz des Eigentums – denn staatliche Enteignung von Bürger*innen waren zuvor nie ein ernsthaftes Thema gewesen. Es ging ihnen vielmehr um „das Recht des ungehinderten und durch keine anderen Erwägungen zu begrenzenden Erwerbs" (ebd., S. 130). Die antike hierarchische Ordnung der menschlichen Tätigkeiten drehte sich folglich um: während dort die öffentliche Erscheinung und öffentliche Taten Prestige verliehen hatten, war es nun die damals verachtete produktive Arbeit bzw. das Herstellen[8], das dies tat; die Politik hingegen verlor ihren früheren Glanz und wurde zur Antithese der Freiheit. Der Staat sollte sich auf den oben genannten Schutz des Rechts auf Erwerb besinnen und sich ansonsten zurückziehen (vgl. Arendt, 2006 [1961], S. 148 f.). Dies jedoch begann das Eigentum nachhaltig in Gefahr zu bringen, denn dadurch losgelöste Prozesse – sei es die direkte Enteignung durch den Staat, wenn Eigentum der Kapitalakkumulation im Wege steht, oder die sukzessive Kommodifizierung aller fungiblen Güter – fördern laut Arendt allesamt „das Eindringen der Gesellschaft in den Bereich des Privaten" (Arendt, 2015 [1976], S. 87). Diesen „Schwund des privaten Bereichs" betrachtet Arendt als „Gefahr" und „wirkliche Enteignung" (ebd., S. 85).

In ihren Ausführungen über den öffentlichen und privaten Raum unterstreicht Arendt also die Bedeutung des Eigentums, das durch die existentiellen Funktionen der Verborgenheit, Geborgenheit und des Rückzugs die Partizipation im öffentlichen Raum und somit Öffentlichkeit erst möglich macht. Zentral dabei ist der Charakter der Weltlichkeit, des Bezugs zu einem konkreten Ort, den man sein eigen nennen kann und der Eigentum gerade nicht austausch- und konsumierbar macht, wie es bei Besitz der Fall ist. Arendt stellt privaten und öffentlichen Raum in ein

---

8   Arendt wendet ein, dass die sogenannte unproduktive Arbeit (die „Arbeit"), die die Reproduktion des Menschen sichert, erst die produktive Arbeit (das „Herstellen") eines Teils der Gesellschaft und somit die Akkumulation ermöglicht und deshalb die Unterscheidung zwischen produktiver und unproduktiver Arbeit seit dem Kapitalismus eigentlich hinfällig geworden ist (vgl. Arendt, 2015 [1976], S. 106).

gegenseitiges konstitutives Verhältnis und erkennt – ähnlich wie Holstons Verbindung der öffentlichen und politischen Teilhabe mit den materiellen und psychosozialen Funktionen von Eigentum (vgl. Kap. 3.1) – in der Enteignung des Privaten eine grundsätzliche Gefahr für die gesellschaftliche und politische Teilhabe. Arendts strikte Trennung zwischen privat und öffentlich sowohl hinsichtlich menschlicher Tätigkeiten und Belange als auch hinsichtlich einer suggerierten Trennung in den privaten Körper und den öffentlichen Geist wurde jedoch vielfach kritisiert (vgl. Fraser, 1993; Butler, 2016a). So kann sie auch keinen Ausweg aus dem Dilemma aufzeigen, dass solch eine strikte Trennung und die Existenz einer einzigen, allumfassenden Öffentlichkeit die Exklusion marginalisierter Bevölkerungsgruppen impliziert (vgl. Butler, 2011; Butler und Spivak, 2011). Stattdessen wurde vorgeschlagen, die Grenzen zwischen dem privaten und öffentlichen Raum nicht als fix, sondern selbst als Objekt von Aushandlungen und durch die menschlichen Tätigkeiten konstruiert zu betrachten (vgl. Fraser, 1993; Butler, 2016a). Demnach sind es vor allem die Schnittstellen des privaten und öffentlichen Raums und deren Verschiebungen, die politisch relevant sein und über die marginalisierten Gruppen erscheinen können. So haben Proteste wie der der *Madres de la Plaza de Mayo* in Buenos Aires während der argentinischen Militärdiktatur, *public „nurse-ins"* in den USA, die Proteste von Frauen gegen eine US-Nuklearbasis im britischen Greenham Common in den 1980ern oder die Occupy Camps gerade durch ihre Art und Weise, Privates in den öffentlichen Raum zu tragen und durch die Entstehung von Öffentlichkeit politisch zu machen, an Brisanz erhalten (Radcliffe, 1993; Cope, 2004, vgl.). Wie es auch der feministische Slogan „Das Private ist politisch" (Riescher, 2003) ausdrückt, sind es diese „transgressions" (Cresswell, 1996), die die räumlichen Ordnungen des „in place" und „out of place" herausfordern und so das gängige *public-private-divide* in Frage stellen. In diesen Protesten spielt die Körperlichkeit der Handlungen und ihre Performativität eine zentrale Rolle. Die Analyse politischen Handelns und der Produktion und Herausforderung der öffentlichen Sphäre muss demnach über die Betrachtung diskursiver Handlungen hinausgehen und die körperlich-performative Produktion von privat und öffentlich berücksichtigen. Hierfür bieten das Konzept des dualen Enteignungsbegriffs von Butler und Athanasiou (2013) und dessen inhärente Verwendung der Begriffe von Performativität und Prekarität einen hilfreichen Ansatz.

3.3 DIE EINFORDERUNG VON ÖFFENTLICHKEIT UND INTELLIGIBILITÄT: DER DUALE ENTEIGNUNGSBEGRIFF UND WIDERSTAND BEI BUTLER UND ATHANASIOU

Die in Kapitel 3.1 skizzierte Herleitung des hegelschen Eigentumsbegriffs bietet eine interessante Perspektive auf die Art und Weise, wie Objekte über die Entäußerung des freien Willens zu Eigenem werden und wie der Prozess der Subjektbildung mit der gegenseitigen Anerkennung dieser Objektivierungen des freien Willens zusammenhängt. Hegel grenzt den Begriff des Eigentums von dem des Besitzes entschieden ab. Während Eigentum bei ihm aus der Aneignung durch den freien Willen entsteht und die eigene Signatur erkennen lässt, ist es bei Arendt die Verankerung an einem spezifischen, weltlichen Ort, die Eigentum charakterisiert. Beide Ansätze heben den existentiellen Charakter von Eigentum hervor und verbinden ihn mit Prozessen der Bedeutungszuschreibung und Identitätsbildung sowie mit einem wechselseitig konstitutiven Verhältnis von privatem und öffentlichem Raum. Diese Unterscheidung erkennt Arendt in der liberalen Tradition nicht mehr. Stattdessen wird der Eigentumsbegriff mit der Akkumulation von Besitztümern vermischt, welche wiederum durch das Konzept des possessiven Individualismus legitimiert wird. Die Idee des souveränen Subjekts wiederum widerspricht der Annahme von Alterität und der Notwendigkeit von Differenz für die Möglichkeit politischen Handelns und Öffentlichkeit. Den possessiven Individualismus inklusive ihres Protagonisten, dem besitzenden Individuum, bezeichnen B. Bhandar und D. Bhandar (2016) als „cultures of dispossession" – eine Logik, die auf eine lange Tradition primitiver Akkumulation zurückblicken kann und seit Beginn der Finanzialisierung neue Dimensionen der *accumulation by dispossession* erreicht hat (vgl. Kap. 2.1). Mit der Zeit hat diese Ideologie ihre „own cultural logics, affects and ways of being" produziert (B. Bhandar und D. Bhandar, 2016, o.S.). Enteignungsprozesse sind demnach keine zeitlich und politisch losgelösten Ereignisse, sondern verhaftet in Ideologien und einer politisch-ökonomischen Kultur. So erkennt Arendt in dem Eindringen der Gesellschaft in den Raum des Privaten und der daraus resultierenden Auflösung des Privaten einen tiefgreifenden Prozess der Enteignung.

Arendt kann somit einen wichtigen Beitrag zur Diskussion um eine relationale Perspektive auf Enteignung, Anerkennung und Öffentlichkeit leisten. Sie nennt Eigentum als Voraussetzung von Teilhabe und Öffentlichkeit, kann jedoch keine ausreichende Erklärung dafür leisten, wie Mechanismen der Dominanz und Exklusion funktionieren, die darüber entscheiden, welchen Gruppen Teilhabe, Öffentlichkeit und somit Wirklichkeit ermöglicht wird. Es stellen sich in diesem Zusammenhang Fragen nach einer Systematik dieser Mechanismen, die manche Gruppen stärker von Enteignung betroffen machen als andere, sowie nach Möglichkeiten der Einforderung von Teilhabe und Öffentlichkeit der betroffenen Gruppen. Ein Ansatz, der sich für eine Analyse dieser Aspekte anbietet, ist das Konzept des dualen Enteignungsbegriffs von Butler und Athanasiou (2013). Das Konzept ist Ausdruck von Butlers Verknüpfung der performativen Sprechakttheorie mit dem Begriff der Prekarität und der Körperlichkeit von performativem Widerstand, die sie in einer Reihe von jüngeren Publikationen vollzieht und die eine leichte Verschiebung ihres Fokus von einer Theorie der Performativität der Geschlechter hin zu einer Betrachtung gefährdeter Leben markiert (Butler, 2016a, S. 40f.; vgl. auch Butler, 2009; Butler, 2011; Butler und Athanasiou, 2013).

Ebenfalls auf einer scharfen Kritik an der Logik des possessiven Individualismus aufbauend gehen Butler und Athanasiou (2013) über die Kritik von Arendt an der neuzeitlichen und modernen Gleichsetzung von Besitz und Eigentum sowie Souveränität und Freiheit noch hinaus. Mittels einer Dialogstruktur erarbeiten sie zunächst die duale Struktur ihres Enteignungsbegriffs und wenden diese schließlich auf aktuelle enteignende ökonomische und politische Prozesse sowie auf Widerstandspraktiken der Enteigneten an. Die Dualität des Begriffs ergibt sich aus der Dimension des „being dispossessed", die sich auf den grundlegenden Zustand der Alterität bezieht, dem jedes Leben von Beginn an unterliegt und der Dimension des „becoming dispossessed", der konkreten Enteignung, die erst durch den Zustand der Interdependenz und der daraus resultierenden Vulnerabilität gegenüber sozialen Formen der Beraubung möglich wird (Butler und Athanasiou, 2013, S. 5). Die Erfahrung des *being dispossessed* vollzieht sich in der Begegnung mit Anderen und dem Äußeren, die dem Subjekt die Grenzen seiner Autarkie aufzeigt. Es erfährt die kulturell bedingten Normen der Intelligibilität – das heißt, die Normen, die bestimmen, welche Lebensformen und Handlungsmuster kulturell verständlich und dadurch gültig sind. Um als Subjekt verstanden zu werden, handlungsfähig zu sein und auf diese Weise überhaupt eine soziale Existenz annehmen zu können, muss es sich diesen Normen unterordnen (vgl. Meißner, 2012, S. 35). Butler und Athanasiou stehen somit in der Tradition Hegels, fassen die Bedingungen der Unterordnung jedoch deutlich restriktiver. Denn die Normen der Intelligibilität ergeben sich aus der diskursiven Ordnung, einer „linguistische[n] Struktur" (ebd., S. 27), die das mit Bedeutung aufgeladene Vokabular vorgibt, dessen sich Sprache bedienen kann. Es schafft Richtlinien, die, wenn sie universell werden, die Norm bestimmen und somit die Grenzen dessen zeichnen, was als intelligibel und somit verständlich und gültig und was als nichtintelligibel und ungültig gilt. Durch diese Bedeutungszuweisungen produziert es, unter anderem, Objekte, Identitäten oder soziale Beziehungen. In Anlehnung an Foucault (2012 [1972]) wird diese diskursive Ordnung jedoch nicht nur über sprachliche Elemente, sondern auch über körperliche diskursive Praktiken konstituiert und reproduziert, die raum- und alltagsstrukturierend wirken, Sinn und Wahrheit und somit Wirklichkeit schaffen (vgl. Butler und Athanasiou, 2013; Butler, 2016a). Die diskursive Ordnung gibt demnach vor, was sagbar und machbar ist.

Butler bezeichnet diese diskursive Ordnung als „*Macht*formation" (zit. in Meißner, 2012, S. 27; Hervorhebung im Original). Die Subjektkonstitution geschieht demnach über einen Prozess des Akzeptierens beziehungsweise Aneignens plausibler und möglicher Wesenszüge sowie des Ausschließens solcher, die entsprechend sozialer und kultureller Normen nicht akzeptiert und entsprechend nicht verstanden werden. Diese letzteren „preemptive losses that condition one's being dispossessed" (Butler und Athanasiou, 2013, S. 1) ereignen sich aufgrund des direkten Bezugs zum und der Abhängigkeit vom Äußeren und Anderen:

> [W]e do not simply move ourselves, but are ourselves moved by what is outside us, by others, but also by whatever ‚outside' resides in us. For instance, we are moved by others in ways that disconcert, displace, and dispossess us; we sometimes no longer know precisely who we are, or by what we are driven, after contact with some other or some other group, or as a result of someone else's actions. (Butler und Athanasiou, 2013, S. 3)

Diese Perspektive weist auf die Vielzahl von Kräften hin, die Butler (2001) als „Macht" bezeichnet und die das Subjekt bedingen und bewegen. Die Annahme der Selbstbestimmung von Individuen wird also angezweifelt. In Anlehnung an Foucault und Althusser bezeichnet Butler diese Subjektbildung als Subjektivation,

3.3 Der duale Enteignungsbegriff und Widerstand bei Butler und Athanasiou

die zunächst die Unterwerfung unter Normen der Intelligibilität und der diese bestimmenden Macht bedeutet. Subjektivation ist aber nicht nur Unterwerfung, sondern auch „eine Sicherstellung und Verortung des Subjekts" (ebd., S. 87). Indem die Existenz des Subjekts von dieser Macht abhängig ist, wird die Unterwerfung nicht unbedingt als etwas Negatives wahrgenommen. Vielmehr entsteht durch den Willen zu existieren, und als Subjekt wahrgenommen zu werden, also intelligibel zu sein, eine „leidenschaftliche Bindung an jene, denen es untergeordnet ist" und auf diese Weise ein gewisses Begehren der Bedingungen dieser Unterwerfung (ebd., S. 13). Dieses erste Wesen des Enteignungsbegriffs konstituiert das Selbst als ein relationales, interdependentes und – gerade aufgrund der durch die Alterität hervorgerufenen unkalkulierbaren und unergründbaren Momente – „as social, as passionate, [...] as dependent on environments and others who sustain and even motivate the life of the self itself" (Butler und Athanasiou, 2013, S. 4).

In ihren Ausführungen über Prozesse der Subjektivation und der Frage, wie es zu einer leidenschaftlichen Verhaftung in die Bedingungen der Unterordnung kommen kann, bezieht sich Butler (2001) unter anderem auf Hegel und dessen Dialektik von Herrschaft und Knechtschaft (vgl. Kap. 3.1). Interessant ist für Butler dabei insbesondere die Unterwerfung unter ethische Normen, die das Subjekt nach der Befreiung aus der Knechtschaft als Mittel gegen die „absolute Furcht" vollzieht und die der „Reflexivität des entstehenden Subjekts ethische Gestalt" verleiht (ebd., S. 45). Sein Dasein und zugleich dessen Flüchtigkeit hat das Subjekt zuvor insbesondere in der Erfahrung der regelmäßigen Enteignung seiner Objekte und Signaturen erfahren. Diese Erfahrung lehrte ihn die grundsätzliche „Enteigenbarkeit" seines eigenen Körpers:

> Konnte das arbeitende Tun des Knechts vom Herrn enteignet werden und konnte der Herr das Wesen des Körpers des Knechts zu seinem Eigentum machen, so bildet der Körper einen Ort umstrittenen Eigentums, ein Ort, der durch Beherrschung oder Todesdrohung jederzeit Eigentum eines anderen werden kann. (Butler, 2001, S. 55)

Butler übernimmt also die Idee des Eigentums an der eigenen Person, deutet diese aber innerhalb eines sich immer wieder von Neuem abspielenden Prozesses der Subjektivation als ein Idealzustand, der aufgrund der Abhängigkeit von Anderen und beschränkenden Normen nie vollkommen erreicht werden kann. Eigentum an der eigenen Person ist demnach von der Enteigenbarkeit des Körpers grundsätzlich bedroht. Aus diesem Grund lehnt Butler den dialektischen Weg Hegels, der letzten Endes in einer Synthese der Vereinbarkeit der Widersprüchlichkeiten innerhalb des Selbstbewusstseins mündet, explizit ab (vgl. Hobuss, 2013, S. 159). Im Gegensatz zu Hegel muss das Subjekt sich bei Butler ständig „mit dem für es widersprüchlichen Anderen" (ebd., S. 158) auseinandersetzen und befindet sich dadurch stets außerhalb seiner selbst. Von diesen Gedanken des Außerhalb-sich-selbst-Seins und dem Körper als Ort umstrittener und umkämpfter Eigentumsverhältnisse gehen auch Butler und Athanasiou (2013) aus, wenn sie die Idee des Eigentums an der eigenen Person in Frage stellen (Butler, 2001, S. 41; 55; Butler und Athanasiou, 2013, S. 4f.; 7; 13–19).

Diese grundsätzlich bereits im gewissen Sinne enteignete Existenz bedingt schließlich das zweite Wesen des Enteignungsbegriffs. Denn die Unterordnung unter Normen der Intelligibilität garantiert noch nicht die Anerkennung des Subjekts und dessen Rechten seitens der Anderen. Das Abhängigkeitsverhältnis birgt also automatisch die Gefahr, dass diejenigen, die das Subjekt erhalten sollen, es stattdessen elementarer Dinge wie der Lebensgrundlage, des eigenen Hauses, Obdachs und Schutzes oder der Rechte und des *citizenship* berauben, wobei sich die tatsächliche Enteignung in den sozialen Folgen dieser Beraubung vollzieht (Butler und Athanasiou, 2013, S. 4). Das *becoming dispossessed* ist mit dem *being dispossessed* also grundlegend verwoben:

> So every life is in this sense outside itself from the start, and its ‚dispossession' in the forcible or privative sense can only be understood against this background. We can only be dispossessed because we are already dispossessed. Our interdependency establishes our vulnerability to social forms of deprivation. (Butler und Athanasiou, 2013, S. 5)

Die Grenzen der Intelligibilität, die sowohl das Normale als auch das Anomale kennzeichnen und somit die öffentlich anerkannte, normale Lebensweise markieren, bewirken gleichzeitig die „Marginalisierung und Entwirklichung anderer Lebensformen" (Meißner, 2012, S. 28). Das Verständnis der Dimension des *becoming dispossessed* geht deutlich über den materiellen Ursprung des Begriffs, d.h. die Enteignung von Land, hinaus. In Anlehnung an Harveys *accumulation by dispossession* geht Athanasiou[9] speziell auf neoliberale Prozesse der Aneignung und Prekarisierung von Arbeit ein sowie auf enteignende Mechanismen von Austeritätspolitik, die sie als Schuldenmanagement – „debtocracy"– bezeichnet (Butler und Athanasiou, 2013, S. 11). Damit einher geht eine Entrechtlichung und (Neo-)Kolonialisierung von Bevölkerungsgruppen, die sich nicht mehr nur in klassischen Fällen wie der Besetzung von Regionen oder der Situation indigener Bevölkerung erkennen lässt, sondern auch in Bezug auf eine verarmende städtische Bevölkerung in Ländern des Globalen Nordens. Enteignung, so Athanasiou, wirkt in diesem Sinne „as an authoritative and often paternalistic apparatus of controlling and appropriating the spatiality, mobility, affectivity, potentiality, and relationality of (neo-)colonized subjects" (ebd., S. 11).

Bevölkerungsgruppen, die außerhalb rechtlicher und/oder gesellschaftlicher Anerkennung stehen und die unverhältnismäßig stark von diesen Prozessen und Mechanismen betroffen sind, bezeichnen Butler und Athanasiou (2013) und Butler (2009) als prekär. Dies seien besonders häufig Geflüchtete, Staatenlose, ökonomisch Benachteiligte, Frauen sowie Menschen, die nicht der dominanten Lebensweise entsprechen wie LGBTIQ*s oder kulturelle Minderheiten. Es sind diejenigen, die durch die intelligiblen Normen aus der Öffentlichkeit ausgeschlossen werden: „Precarious life characterizes such lives who do not qualify as recognizable, readable, or grievable" (ebd., S. xii f.). Mit der Bezeichnung von Enteignung als

---

[9] Aufgrund der Dialogstruktur des Buches lassen sich die einzelnen, teils voneinander abweichenden, Meinungen und Perspektiven der beiden Autorinnen erkennen und entsprechend wiedergeben.

Instrument der Kontrolle und Aneignung orientieren sich die Autorinnen an Derridas Begriff der *ontopology*, der die Bindung eines Seins an einen vorbestimmten Ort, Platz oder Territorium bezeichnet. Enteignung funktioniert in diesem Kontext als regulierende Praxis, um den Subjekten ihren „ordnungsgemäßen Platz" (Butler und Athanasiou, 2013, S. 18; eigene Übersetzung) zuzuweisen: „the only spatial condition of being that they can possibly occupy, namely one of perennial occupation as non-being and non-having" (ebd., S. 19).

Diese dem System immanente Zuschreibung von Wert(los)igkeiten steht in Verbindung mit den „conditions of situatedness, displacement and emplacement, practices that produce and constrain human intelligibility" (ebd., S. 18). Dies bedeutet jedoch nicht, dass sie innerhalb des neoliberalen Systems keine relevante Rolle einnehmen. Denn wie schon in Arendts Darstellung der Antike Öffentlichkeit nur durch die verachtete, aber notwendige Arbeit der Sklav*innen und Frauen möglich wurde, ist auch der moderne Nationalstaat strukturell auf die Prekären angewiesen (vgl. Butler, 2009, S. vi). Für das Funktionieren des Systems sind sie von herausragender Bedeutung, da sie die für das Prinzip der Arbeitsteilung notwendige flexible und gering bezahlte Arbeitskraft darstellen. Auch sind es meist prekäre Bevölkerungsgruppen, die bei Prozessen primitiver Akkumulation Land und Lebensform hergeben oder am stärksten von Enteignungen öffentlicher Güter betroffen sind (vgl. Butler und Athanasiou, 2013, S. 11f.; 18f.; 108). Ähnlich wie bei Marx' industrieller Reservearmee (vgl. Harvey, 2003, S. 141) bekommen diese Bevölkerungsgruppen eine „socially assigned disposability" zugewiesen (Butler und Athanasiou, 2013, S. 19), die darüber entscheidet „who can be wasted and who cannot" (ebd., S. 20).

Die Kontrollfunktion des Enteignungsinstruments zeigt sich darüber hinaus auch im Kampf um Deutungshoheiten. Als „(post)colonial dispossession" bezeichnet Athanasiou Prozesse der Normalisierung hinsichtlich des Verhältnisses von dominanter und indigener Bevölkerung in postkolonialen Staaten (ebd., S. 26). Mit Bezug auf Motha (2006) spricht Athanasiou von der Zuweisung der Rolle der „silent sufferers" an indigene Völker, die über die Verwendung eines Versöhnungsdiskurses geschieht (Butler und Athanasiou, 2013, S. 26). Solch eine Politik der Versöhnung, die das verlautete Ziel anstrebt, Ungerechtigkeiten und Gewalttätigkeiten der Vergangenheit aufzudecken und dafür Verantwortung zu übernehmen, deutet die Situation der Betroffenen und verbreitet sie als Wirklichkeit. Anstatt also den Betroffenen eine Stimme zu verleihen, geschieht auf diese Weise die Rückkehr zu einer „patronising cultural and juridical supremacy" (Motha, 2006, S. 70). Ungerechtigkeiten werden dabei der Vergangenheit zugeordnet, als abgeschlossen betrachtet und Bedauern und Wiedergutmachung beispielsweise über die symbolische Anerkennung des besonderen Status' der indigenen Bevölkerung und der Zuweisung spezieller Rechte ausgedrückt (Motha, 2006, S. 70). Motha argumentiert, dass diese Struktur der Bevormundung den alten Diskurs des rückständigen Indigenen reproduziert, der ohne die Hilfe des Staates und des „‚modern' law" nicht in der Lage ist, den Weg in ein besseres, modernes Leben zu finden (ebd., S. 70). Diese Übernahme der Deutungshoheit verschleiert andauernde, strukturelle Ursachen für die Ungerechtigkeiten und die Reproduktion des Systems der Dominanz und beugt der Politisierung des Konfliktes vor. Solche entmündigenden „humanitarian log(ist)ics of taking possession of the other" können auch das Handeln nichtstaatlicher Organisationen bestimmen (Butler und Athanasiou, 2013, S. 112). Diese Diskurse über „victimhood" (ebd., S. 113) – die dominante Deutung des Indigenen als stillen Leidenden oder der Überlebenden einer humanitären Katastrophe als passive Opfer[10] – bezeichnet Athanasiou als einen Prozess der „diskursiven und affektiven Aneignung" und in diesem Sinne als die Ausübung „subjektiver" oder „epistemischer Gewalt", die sich auch an aktuellen Formen der politischen Anerkennung von Minderheiten zeigt (ebd., S. 26; eigene Übersetzung). Eine diesen Anerkennungsstrukturen zugrundeliegende dominante Epistemologie – „das Gesamt an reflektierten oder nicht reflektierten Vorstellungen und Ideen über die Bedingungen, was als gültiges Wissen zählt"[11] (B. d. S. Santos, 2010a, S. 9) – die alternative Vorstellungen unterdrückt und entscheidet, welche soziale Erfahrung intelligibel wird, enteignet die Betroffenen ihrer Mündigkeit und Selbstbestimmung. Ihnen wird die Möglichkeit genommen, ihre Position selbst zu deuten und auszudrücken, was einen depolitisierenden Effekt auf den Konflikt hat (Butler und Athanasiou, 2013, S. 113ff.).

Der duale Enteignungsbegriff von Butler und Athanasiou verdeutlicht einmal mehr, dass Enteignung nicht als ein einmaliges Ereignis verstanden werden kann. Vielmehr ist Enteignung als ein relationaler und mehrmensionaler Prozess zu betrachten, der in den grundsätzlichen Zustand der Alterität und Interdependenz von Subjekten eingebunden ist und der sowohl die Erfahrung der Fremdbestimmung und Bevormundung als auch die Kämpfe für Selbstbestimmung und psychosoziale Folgen solcher Erfahrungen, wie „uprootedness, occupation, destruction of homes and social bonds", mit einbezieht (ebd., S. 11). Wie diese Perspektive bereits andeutet, beinhaltet die Zuweisung des „ordnungsgemäßen Platzes" (ebd., S. 18) für die Betroffenen die Möglichkeit des Widerstands. Für Butler und Athanasiou ergibt sich hinsichtlich widerständiger Handlungen jedoch ein grundlegendes Dilemma: durch die Einbettung in und die Abhängigkeit von der diskursiven Ordnung muss sich jede Form des Widerstands zwangsläufig auf die Begriffe und Ordnungen beziehen, die für die Situation maßgebend sind, die sie eigentlich bekämpfen wollen. Schon die Etymologie des Begriffs der *dispossession* verweist auf einen diskursiven Bezug zur Logik des possessiven Individualismus – einer Logik, die die Autorinnen ähnlich wie B. Bhandar und D. Bhandar (2016) als „key construct of capitalism" bezeichnen und in einen Zusammenhang mit aktuellen Enteignungsprozessen stellen. Es stellt sich somit die Herausforderung „[to] elaborate on how to think about dispossession outside of the logic of possession (as a hallmark of modernity, liberalism, and humanism)" (Butler und Athanasiou, 2013, S. 7). In diesem Sinne gilt es, Kritik an Formen der Enteignung zu äußern ohne gleichzeitig die Logik des

---

10 Athanasiou weist unter anderem auf die Katastrophe in einem Chemiewerk im Jahr 1984 im indischen Bhopal hin, in dessen Folge ihrer Bewertung nach ein politischer und medialer „discourse of suffering" betrieben wurde, um das tatsächliche Leiden der Betroffenen in Passivität verstummen zu lassen (vgl. Butler und Athanasiou, 2013, S. 26).
11 Alle direkten Zitate aus portugiesisch- und spanischsprachigen Quellen wurden vom Verfasser dieser Arbeit übersetzt.

possessiven Individualismus zu befürworten. Diese Logik soll hinterfragt werden, wobei es nicht um eine Bewertung im Sinne einer guten oder schlechten Ontologie geht. Vielmehr geht es um die Art und Weise, wie das Konzept funktioniert, für welche Interessen es politisch instrumentalisiert wird und wie sich die Idee des possessiven Individualismus zu einem quasi-natürlichen, ahistorischen Grundsatz menschlichen Lebens entwickeln und dabei andere Formen „of more primary social, dependent and relational modes of existence" verdrängen konnte (ebd., S. 9).

Schwierig erscheint diese Verbindung zum possessiven Individualismus insbesondere im Kontext (post-)kolonialer Gesellschaften. In europäischen Kolonien war der Besitz von Eigentum – neben der nicht irrelevanten Bedingung des Mann- und oftmals auch Weißseins – zumeist eine rechtliche Voraussetzung für Möglichkeiten der gesellschaftlichen und politischen Beteiligung. Diese Voraussetzung schaffte eine „wirkliche", intelligible Bevölkerungsgruppe besitzender, männlicher Bürger „um den Preis der Verwerfung und Entwirklichung anderer möglicher Subjektivitäten" (Meißner, 2012, S. 23). Diese anderen als nicht intelligibel erklärten Subjektivitäten wurden schließlich als eine disponible Masse geformt, die je nach Bedarf gebraucht, angestellt oder wieder entlassen werden konnte. Diese „[p]rocesses of disposability [...] lie at the heart of ongoing colonially and postcolonially embedded notions of the self-contained, proper(tied), liberal subject" (Butler und Athanasiou, 2013, S. 27). Fordern Enteignete das Recht auf Landbesitz und Ressourcenzugang müssen sie sich Kategorien bedienen, die zwangsläufig diskursiv in (post-)koloniale „epistemologies of sovereignty, territory, and property ownership" eingebettet sind (ebd., S. 27). Wie lassen sich dann aber Dekolonisierungsprozesse anstoßen? „The challenge is to advance new idioms for contemporary critical agency by radically questioning the persistent racialized and sexualized onto-epistemologies of self-contained and property-owning subjectivity" (ebd., S. 27).

Es müssen also neue Begrifflichkeiten gefunden oder bestehende Begriffe umgedeutet werden, um sich von der diskursiven Ordnung des possessiven Individualismus lösen zu können und diese Logik über die Ausführung widerständiger Handlungen grundsätzlich zu hinterfragen. Eine Möglichkeit dazu erkennen Butler und Athanasiou in performativen Handlungen. Eine diskursive Ordnung und ihre Normen der Intelligibilität basieren auf dem Mechanismus der Iterabilität, das heißt der wiederholten Zitierung und Bestätigung von Begriffen und deren zugewiesenen Bedeutungen. Über diesen Mechanismus werden sowohl Subjekte performativ erzeugt als auch diskursive Ordnungen (re-)produziert. Diese Ordnungen besitzen dadurch aber auch eine grundlegende Instabilität. Denn durch die „zeitliche[ ] und räumliche[ ] Bewegung der Sprache in unterschiedlichen Bedeutungskontexten" (Meißner, 2012, S. 38) können Bedeutungsverschiebungen entstehen. Es ist also die Notwendigkeit der stetigen Reproduktion dominanter Normen und Machtstrukturen, die ihrerseits produktiv wirkt, wenn sie durch diese Abweichungen nicht vorhersehbare, neue und womöglich subversive Effekte produziert (vgl. Butler, 2009, S. iii). Durch die Verschiebungen und Abweichungen kann sich demnach Raum für die Herausforderung diskursiver Bedeutungen und Ordnungen eröffnen. Das Konzept der Performativität entlarvt so auf der einen Seiten die Normativität begrifflicher Ordnungen. Auf der anderen Seite ist es „an account of agency" (vgl. Butler, 2009, S. i). Es verdeutlicht, dass diskursive Ordnungen von Menschen gemacht werden und dass dahinter klare Interessenstrukturen stehen, die bestimmen, wer und was (nicht) als intelligibel gilt. Es zeigt aber auch Handlungsoptionen auf – denn so wie Individuen und Gruppen niemals souverän sein können, haben auch die entsprechenden Interessengruppen nicht die Macht, den Erhalt einer solchen Ordnung gegen unvorhersehbare performative Effekte zu sichern. Dies bedeutet jedoch auf der anderen Seite, dass auch politischer Widerstand nicht voll kontrollierbar ist und die Effekte nicht vorhersagbar sind:

> When we act, and act politically, it is already within a set of norms that are acting upon us, and in ways that we cannot always know about. When and if subversion or resistance becomes possible, it does so not because I am a sovereign subject, but because a certain historical convergence of norms at the site of my embodied personhood opens up possibilities for action. (vgl. Butler, 2009, S. xi)

Diese Kontingenz menschlichen Handelns erinnert an Arendts politisches Spiel und dessen kontingenten Charakter, der aus der menschlichen Fähigkeit resultiert, durch spontane Praxis in jedem Kontext etwas Neues hervorbringen zu können. So sind die performativen Effekte eigenen Handelns nicht vorhersagbar. Dies wird besonders deutlich in politischem Widerstand, wenn unterschiedliche Perspektiven aufeinandertreffen. Die Konfrontation widerständiger Handlungen mit der dominanten Ordnung macht diese Handlungen sowie die Reaktionen darauf politisch und erzeugt Öffentlichkeit. Abhängig von der historischen Normenkonstellation können die performativen Effekte der in der Öffentlichkeit ausgetragenen politischen Handlungen entweder bestehende Ordnungen bestätigen oder sie können Verschiebungen und Abweichungen der dominanten Normen provozieren und dadurch Raum für die Herausforderung dominanter Ordnungen eröffnen. Die Wirkungen der performativen Effekte politischen Handelns, das heißt, ob sie Bestehendes bestätigen oder Neues hervorrufen, sind demnach im arendtschen Sinne durch ihre Einbettung in Strukturen der Alterität nicht vorhersagbar.

Am Beispiel politischen Widerstands werden die Verknüpfung diskursiver und körperlicher Handlungen und ihre potentiellen performativen Effekte offensichtlich. Indem prekäre, also aus der Öffentlichkeit ausgeschlossene, Gruppen öffentlich erscheinen und ihr Recht auf Öffentlichkeit sowie eine Existenz außerhalb des ihr hegemonial zugewiesenen „ordnungsgemäßen Platzes" (Butler und Athanasiou, 2013, S. 18) einfordern, praktizieren und produzieren sie bereits auf performative Weise Öffentlichkeit. Sie betreten „established conventions and re-establish them in new forms and for new purposes" (Butler und Athanasiou, 2013, S. 121). Gerade diese direkte räumliche Konfrontation mit den etablierten Ordnungen ruft Irritationen hervor und erzeugt durch die dadurch entstehenden Abweichungen politische Wirkung. Die Weigerung, einen Ort zu verlassen, um den zugewiesenen Platz einzunehmen kann beispielsweise in der Situation einer sich vollziehenden Enteignung von Haus und Grundstück oder des Vollzugs einer beliebigen gesetzlichen Verordnung eine Handlung „radikaler Reterritorialisierung" bedeuten (ebd., S. 21; eigenen

3.3 Der duale Enteignungsbegriff und Widerstand bei Butler und Athanasiou

Übersetzung). Durch solch eine körperliche Handlung weist sich das Subjekt seinen Platz innerhalb der sozialen Ordnung selbst zu und fordert auf diese Weise die Territorialisierungen hegemonialer Institutionen wie Nationalstaat oder Privateigentum und somit Mechanismen des Verfügbar-Machens und Ausgesetztseins und der Zuweisung von Körpern an ihren ordnungsgemäßen Platz heraus:

> The intertwined bodily and territorial forces of dispossession play out in the exposure of bodies-in-place, which can become the occasion of subjugation, surveillance, and interpellation. It can also become the occasion of situated acts of resistance, resilience, and confrontation with the matrices of dispossession, through appropriating the ownership of one's body from these oppressive matrices. Acted upon, and yet acting, bodies-in-place and bodies-out-of-place at once embody and displace the conditions of intelligible embodiment and agency. (Butler und Athanasiou, 2013, S. 22)

Diese Demonstration des Rechts auf freien Willen und Selbstbestimmung und die damit einhergehende Herausforderung dominanter territorialer Ordnungen zeigen, dass Unterwerfung niemals festgeschrieben und endgültig, sondern immer auch eine Frage von Ver- und Aushandlungen ist (ebd., S. 23). Indem die Enteigneten ihre Körper während der Widerstandshandlung bewusst den äußeren Kräften und Bedingungen auf vulnerable Weise aussetzen, instrumentalisieren sie diese Bedingungen und deuten sie um in ein „,[w]e are still here,' meaning: ‚We have not yet been disposed of. We have not slipped quietly into the shadows of public life: we have not become the glaring absence that structures your public life'" (ebd., S. 196). Durch ihre körperliche Präsenz positionieren sich die Enteigneten als wahrnehmbare Subjekte mit entsprechenden Rechten und gegen Prozesse der Unterwerfung, Marginalisierung und Disponibilisierung. Im Kontext des Körpers als Ort umstrittener und umkämpfter Eigentumsverhältnisse findet eine temporäre Aneignung ihres eigenen Körpers von den repressiven Bedingungen statt, die sich insbesondere in symbolischen Demonstrationen ihrer „continuing and collective ‚thereness'" sowie in einer nicht-hierarchischen Organisation der Demonstrierenden äußert, „thus exemplifying the principles of equal treatment that they are demanding of public institutions" (ebd., S. 197). Es geht also um symbolische und temporäre Aneignungen und Reterritorialisierungen, die jedoch durch wiederholte Handlungen und öffentliche Wirkung langfristige Bedeutungsverschiebungen zur Folge haben können. In der Ausübung dieser performativen Handlungen beginnen die Prekären in der Öffentlichkeit und am politischen Leben teilzunehmen und sich als politische Subjekte zu positionieren: „[t]hey start to matter" (ebd., S. 101). Auf diese Weise geschieht eine Verschiebung der Schnittstelle zischen privatem und öffentlichem Raum, der über das Infragestellen des dominanten *public-private-divide* politische Brisanz schafft (vgl. Kap 3.2). Die nicht notwendige Verbindung von Öffentlichkeit und öffentlichen Plätzen, wie Arendt sie verdeutlicht, und die Verwobenheit des privaten und öffentlichen Bereichs werden offensichtlich, wenn sich Proteste von öffentlichen Plätzen in Seitengassen oder Nachbarschaften verlagern:

> At such a moment, politics is no longer defined as the exclusive business of public sphere distinct from a private one, but it crosses that line again and again, bringing attention to the way that politics is already in the home, or on the street, or in the neighborhood, or indeed in those virtual spaces that are unbound by the architecture of the public square. (Butler, 2011, o. S.)

Räumlichkeit und Materialität spielen also sowohl in Hinblick auf Körperlichkeit als auch auf die materielle Umwelt eine Rolle, wenn diese angeeignet und umgedeutet und so ein notwendiger und unterstützender Teil widerständiger Handlungen werden. So plädiert Butler (2011) für die Erweiterung von Arendts Begriff des Erscheinungsraums, damit dieser die wechselseitige Performativität von Körperlichkeit und materieller Umwelt im (widerständigen) politischen Handeln berücksichtigt. Dies lenkt auch den Blick auf den konstruktivistischen Charakter solcher Grenzen von öffentlich und privat und zeigt, wie auch der angeblich private Bereich politisch werden kann und dies insbesondere als Reaktion auf die „politics of exclusion" häufig wird (ebd., o. S.). Zur Überwindung des Problems von Arendts weitestgehend unkritischer Betrachtung der Exklusion subalterner Bevölkerungsgruppen als Voraussetzung für Öffentlichkeit schlägt sie vor, diese Trennung von privat und öffentlich als zwei Sinne eines Körpers zu betrachten

> – one that appears in public, and another that is ‚sequestered' in private –, and that the public body is one that makes itself known as the figure of the speaking subject [...] The private body thus conditions the public body, and even though they are the same body, the bifurcation is crucial to maintaining the public and private distinction. (Butler, 2011, o. S.)

Auch wenn sie vermutet, dass private, reproduktive Aspekte immer auch Bestandteil einer öffentlichen Erscheinung und politischer Forderungen sein müssen, kann solch ein Verständnis die Frage nach den regulierenden Mechanismen stellen, die den privaten, gegebenen Körper daran hindern, in den öffentlichen, aktiven Körper überzugehen.

Butler (2009, S. vi) bezieht sich im Zusammenhang mit performativem Widerstand auf Arendts „the right to have rights", womit diese ein Grundrecht der Menschen bezeichnet, zur Menschheit dazuzugehören und mit entsprechenden Rechten ausgestattet zu sein (vgl. Arendt, 1998 [1951]). Da dieser Aussage von Arendt jedoch keine juristische Basis zugrunde liegt, ruft Arendt durch diese Aussage selbst das Recht erst performativ aus. Butler vergleicht diesen performativen Akt mit den Handlungen von Staatenlosen oder Nicht-Bürger*innen, die durch öffentliche Versammlung ihr nicht vorhandenes juristisches Recht auf Versammlungsfreiheit durch einen Bezug auf ihr Recht auf Zugehörigkeit als vor-juristischen Tatbestand einfordern. Indem sie dieses Recht nicht nur einfordern, sondern durch ihre öffentliche Versammlung gleichzeitig performativ ausüben, schafft ihr Handeln einen Erscheinungsraum und stellt im Sinne von Arendts politischem Handeln „an exercise of freedom" dar (Butler, 2009, S. vi). Mit Bezug auf Spivak (2008) stellt Butler Arendts Theorie, nach dem dieses performative Ausüben von Rechten selbst dann als möglich erscheint, wenn es keine unterstützenden, ökonomischen oder politischen Bedingungen dafür gibt, jedoch für prekäre, subalterne Gruppen in Frage. Insbesondere im Globalen Süden, wo juristische Strukturen „were not only built upon the effacement and exploitation of indigenous cultures, but continue to require that same effacement and exploitation" (Butler, 2009, S. x), ist die Einforderung von Rechten für subalterne Gruppen meist nur über ihre Assimilation in die juristischen Strukturen möglich. Dadurch würde die Gültigkeit dieser Strukturen jedoch bestätigt werden. Um die Strukturen selbst zu bekämpfen, müssten dagegen deren tägliche Gewalt und Mechanismen der Exklusion und Inklusion in Form einer Übersetzung ihrer Forderungen enthüllt werden. Als Möglichkeit nennt Butler die oben erwähnte, Irritationen auslösende Aussetzung gegenüber den repressiven Kräften oder eine, durch den Zusammenschluss unterschiedlicher marginalisierter Gruppen mögliche, Demonstration eines alternativen Wir. Solch ein alternatives Wir könnte die exkludierende dominante Vorstellung einer homogenen Gesellschaft bloßstellen als auch mit der Einforderung des Rechts auf Diversität eine Alternative präsentieren (ebd., S. x).

Auf die gleiche performative Art kann auch Gleichheit eingefordert und gleichzeitig **gemacht** werden. In Kapitel 3.2 wurde deutlich, dass politisches Handeln nur unter Gleichen möglich ist. Gleichheit entsteht jedoch erst im Zuge der gemeinsamen Handlungen und der wechselseitigen Anerkennung als Gleiche. Die Voraussetzung für politisches Handeln wird durch das Handeln selbst performativ (re-)produziert (ebd., S. vii). Das Erscheinen prekärer Gruppen in der Öffentlichkeit schafft Sichtbarkeit und Aufmerksamkeit gerade aufgrund ihrer eigentlich bestehenden Unsichtbarkeit und positioniert sie auf diese Weise als wahrnehmbare und gleichwertige Subjekte in der Öffentlichkeit. Repressive Macht- und Interessenstrukturen können diese Möglichkeiten stark eingrenzen. Butler bezieht sich aber auf den produktiven Machtbegriff von Arendt, wenn sie auf die Möglichkeit der performativen Einforderung und Aneignung von Macht eingeht: „sometimes it is not a question of first having power and then being able to act; sometimes it is a question of acting, and in the acting, laying claim to the power one requires" (ebd., S. x).

Butler und Athanasiou (2013) übernehmen mit ihrem dualen Enteignungsbegriff das wechselseitig konstitutive Verhältnis von Enteignung und Nicht-Anerkennung und verschieben dabei den Fokus auf die Mechanismen systematischer Enteignung, insbesondere in Form des Ausschlusses aus öffentlicher Teilhabe infolge der Aberkennung des Subjektstatus', wovon prekäre Gruppen unverhältnismäßig stark betroffen sind. Die Autorinnen erläutern die Wirkungsweise dieser Mechanismen, erkennen aber in der Möglichkeit performativer Effekte von Widerstandshandlungen Perspektiven der Einforderung von Teilhabe und Öffentlichkeit. Auf diese Weise positionieren sie Betroffene als aktive Akteur*innen. Der duale Enteignungsbegriff von Butler und Athanasiou versteht Enteignung also nicht als ein einmaliges Ereignis, sondern als einen relationalen und mehrdimensionalen Prozess. Die Relationalität ergibt sich aus der Einbindung in die Strukturen der Alterität und Interdependenz, die unsere Existenz von Grund auf bedingen. Die Mehrdimensionalität ergibt sich aus den unterschiedlichen persönlichen und gesellschaftlichen Sphären, in denen die enteignende Wirkung der Fremdbestimmung und Bevormundung zu spüren ist.

Materielle Enteignung ist demnach nur eine Folge dieser grundlegenden Strukturen, die wiederum die sozialen Folgen materieller Enteignung in Form der Aberkennung des Subjektstatus' bedingen. Mit ihrem starken Bezug auf einerseits Alterität und das soziale Wesen des Menschen und andererseits die repressive Wirkung dominanter intelligibler Normen sowie die Notwendigkeit der Herausforderung dieser treten Butler (2001) und Butler und Athanasiou (2013) – wie zuvor Arendt – für Vielfalt und Differenz ein. In dem Sinne, dass die Subjektbildung grundsätzlich von der Existenz anderer abhängt und vor dem Hintergrund der Annahme, dass deshalb Eigentum am Selbst sowie individuelle Souveränität unmöglich ist, kann auch die Begegnung mit etwas Neuem die eigene Identität nicht zerstören, sondern vielmehr erweitern. Anders ist es bei der Begegnung mit repressiven Kräften. Doch die Routine durchbrechenden, performativen Effekte von Widerstandshandlungen können andere Lebensformen und Perspektiven in den Bereich des Vorstellbaren befördern und somit die gesellschaftspolitischen Anerkennungsmuster erweitern. Widerständiger Kampf um Wiederaneignung ist also insbesondere ein Kampf um Anerkennung.

Demgegenüber verdeutlicht die Dimension des *becoming dispossessed* in ihrer Verwobenheit mit *being dispossessed* die repressive Wirkung, die von konkreter Enteignung infolge ökonomischer und/oder politischer Dynamiken ausgehen kann, wenn diese mit der Missachtung bestimmter Lebensformen einhergeht. Diese Einbettung des Subjekts in Strukturen der Alterität kann demnach sowohl in der Begegnung mit repressiven Kräften existentiell beraubend als auch produktiv und kreativ wirken, wenn durch die Zunahme von Pluralität Bestehendes herausgefordert wird und Raum für Neues entsteht. In dieser Perspektive wirken auch Konflikte keinesfalls zerstörerisch und vermeidenswert. Wie bereits Arendt in ihrer Konzeptualisierung von politischem Handeln zeigte, können gerade konflikthafte Aushandlungen zwischen unterschiedlichen Perspektiven Bestehendes herausfordern und Neues entstehen lassen.

3.4 ENTEIGNUNGEN AUSHANDELN: DIE POLITIK DER (NICHT-) ANERKENNUNG

Die vergangenen Teilkapitel haben zum einen die Verwobenheit von An- und Enteignungsprozessen und Strukturen der (Nicht-)Anerkennung gezeigt. Zum anderen wurde der konstruktive Charakter sozialer Konflikte offensichtlich, innerhalb dessen Anerkennungsmuster und somit auch An- und Enteignungsprozesse ausgehandelt werden. Die bei Hegel zentrale Bedeutung der Anerkennung in intersubjektiven, beziehungsweise gesellschaftlichen Beziehungen sowie in sozialen Konflikten wurde in unterschiedlichem Maße von verschiedenen anerkennungstheoretischen Denkströmungen aufgenommen. Der kommende Abschnitt widmet sich diesem Aspekt der Aushandlung in sozialen Konflikten und systematisiert diesen anhand der Anerkennungs- und Gerechtigkeitskonzepte von Honneth (2016 [1994]; 2003) und Fraser (1993; 2003; 2008). Die Relevanz dieser Konzepte soll anhand der Bewegung für Umweltgerechtigkeit verdeutlicht sowie mit Perspektiven insbesondere aus dem brasilianischen Kontext erweitert werden.

3.4.1 Honneths Kampf um Anerkennung als Perspektive auf soziale Konflikte

In seinem Konzept der moralischen Grammatik sozialer Konflikte erkennt Honneth (2016 [1994]) auf Grundlage der Anerkennungstheorie Hegels die Motivation sozialer Konflikte in der Verletzung von Anerkennungserwartungen. Basierend auf Hegels Unterteilung in drei Sphären der Anerkennung – Familie, Recht und Staat – nimmt auch Honneth eine solche Dreiteilung vor. Er unterscheidet in die Bereiche der zwischenmenschlichen Liebe, des Rechtes und der gesellschaftlichen Wertschätzung beziehungsweise Solidarität. Die wechselseitige Anerkennung in allen drei Sphären ist demnach Voraussetzung für die Möglichkeit einer „individuellen Selbstverwirklichung" (ebd., S. 277):

> [...] die Individuen werden als Personen allein dadurch konstituiert, daß sie sich aus der Perspektive zustimmender oder ermutigender Anderer auf sich selbst als Wesen zu beziehen lernen, denen bestimmte Eigenschaften und Fähigkeiten positiv zukommen. Der Umfang solcher Eigenschaften und damit der Grad der positiven Selbstbeziehung wächst mit jeder neuen Form der Anerkennung, die der einzelne auf sich selbst als Subjekt beziehen kann: so ist in der Erfahrung von Liebe die Chance des Selbstvertrauens, in der Erfahrung von rechtlicher Anerkennung die der Selbstachtung und in der Erfahrung von Solidarität schließlich die der Selbstschätzung angelegt. (Honneth, 2016 [1994], S. 278 f.)

Unter individueller Selbstverwirklichung versteht Honneth einen „Prozeß der ungezwungenen Realisierung von selbstgewählten Lebenszielen", der ohne Selbstvertrauen, „rechtlich gewährte[ ] Autonomie" und „Sicherheit über den Wert der eigenen Fähigkeiten" nicht gelingen kann (ebd., S. 279). Erfährt ein Subjekt eine Verletzung der durch Sozialisierung erlangten Anerkennungserwartungen, dann reagiert es darauf mit negativen Gefühlsregungen. Honneth nennt insbesondere „die Scham oder Wut, die Kränkung oder Verachtung", anhand derer das Subjekt erkennt, „daß ihm soziale Anerkennung ungerechtfertigterweise vorenthalten wird" (ebd., S. 219 f.). Dieses Gefühl der Ungerechtigkeit kann durch eine Verletzung bereits bestehender institutioneller Rechte und Gesetze oder fehlender individueller Nachvollziehbarkeit bestimmter institutioneller Maßnahmen oder Gesetze entstehen (vgl. Honneth, 2003, S. 129 f.). Entscheidend ist, dass der Schaden nicht durch eigene Handlungen entstand, sondern von außen zugefügt wurde. Diese Enttäuschung „normative[r] Erwartungen [...], die das tätige Subjekt an die Achtungsbereitschaft seines Gegenübers glaubte stellen zu können", kann ein Motiv für politisches Handeln werden: „Denn die affektive Spannung, in die das Erleiden von Demütigungen den einzelnen hineinzwingt, ist von ihm jeweils nur aufzulösen, indem er wieder zur Möglichkeit des aktiven Handelns zurückfindet" (Honneth, 2016 [1994], S. 224).

Die Wahrscheinlichkeit, dass das Erlebnis negativer Gefühlsreaktionen jedoch zu einem Empfinden von sozialer Ungerechtigkeit führt, hängt davon ab wie stark das Prinzip der Moral in einer Gesellschaft verankert ist. Ob solch ein Empfinden schließlich politisches Handeln motiviert, hängt wiederum sehr von der „politisch-kulturelle[n] Umwelt der betroffenen Subjekte" ab: „[N]ur wenn das Artikulationsmittel einer sozialen Bewegung bereitsteht, kann die Erfahrung von Mißachtung zu einer Motivationsquelle von politischen Widerstandshandlungen werden" (ebd., S.

224 f.). Anders ausgedrückt benötigt das betroffene Individuum einen „intersubjektiven Deutungsrahmen" innerhalb dessen es sich artikulieren kann (Honneth, 2016 [1994], S. 262). Dieser Deutungsrahmen entsteht durch das Zusammentreffen ähnlich betroffener Individuen, die auf diese Weise und auf Basis einer moralischen Idee von einer alternativen gesellschaftlichen Wirklichkeit eine „kollektive Semantik" (ebd., S. 262) bilden, anhand derer sie die gesellschaftlichen Prozesse interpretieren. Gewinnt diese Semantik an Einfluss, erzeugt sie „einen subkulturellen Deutungshorizont, innerhalb dessen aus den bislang abgespaltenen, privat verarbeiteten Mißachtungserfahrungen die moralischen Motive für einen kollektiven ‚Kampf um Anerkennung' werden können" (ebd., S. 262). Die Tabelle 1 bildet die drei Anerkennungssphären und den jeweiligen Einfluss auf die Persönlichkeitsentwicklung ab.

Tabelle 1: Honneths Struktur sozialer Anerkennungsverhältnisse (verändert nach Honneth, 2016 [1994], S. 211)

Anerkennungsweise	emotionale Zuwendung	kognitive Achtung	soziale Wertschätzung
Persönlichkeitsdimension	Primärbeziehung (Liebe, Freundschaft)	Rechtsverhältnisse (Rechte)	Wertgemeinschaft (Solidarität)
Entwicklungsdimension		Generalisierung, Materialisierung	Individualisierung, Egalisierung
praktische Selbstbeziehung	Selbstvertrauen	Selbstachtung	Selbstschätzung
Missachtungsformen	Misshandlung und Vergewaltigung	Entrechtung und Ausschließung	Entwürdigung und Beleidigung
Bedrohte Persönlichkeitskomponente	physische Integrität	soziale Integrität	„Ehre", Würde

Demnach lässt die Erfahrung von Anerkennung in der Sphäre menschlicher Primärbeziehungen Selbstvertrauen, in der Sphäre der Rechtsverhältnisse Selbstachtung und in der Wertegemeinschaft Selbstschätzung entstehen. Demgegenüber gefährdet die Erfahrung von Missachtung in der ersten Sphäre die physische Integrität: „[J]ene Formen der praktischen Mißhandlung, in denen einem Menschen alle Möglichkeiten der freien Verfügung über seinen Körper gewaltsam entzogen werden, stellen die elementarste Art einer persönlichen Erniedrigung dar" (ebd., S. 214). In der zweiten Sphäre ist es die Verletzung der sozialen Integrität. Indem der Person „nicht in demselben Maße wie den anderen Gesellschaftsmitgliedern moralische Zurechnungsfähigkeit zugebilligt wird" (ebd., S. 214), suggeriert diese Vorenthaltung bestimmter, als legitim zustehend empfundener Rechte, dass die betroffene Person nicht als vollwertiges Mitglied der entsprechenden Gemeinschaft gilt. In der dritten, gesellschaftlichen Sphäre ist es die sogenannte Ehre oder Würde einer Person, die verletzt wird. Damit meint Honneth „das Maß an sozialer Wertschätzung [...], das ihrer Art der Selbstverwirklichung im kulturellen Überlieferungshorizont einer Gesellschaft zugebilligt wird" (ebd., S. 217). Es geht dabei um die gesellschaftliche Zuweisung eines sozialen Wertes, beziehungsweise um die „soziale Zustimmung" gegenüber bestimmten Lebensformen:

> [...] ist nun diese gesellschaftliche Werthierarchie so beschaffen, daß sie einzelne Lebensformen und Überzeugungsweisen als minderwertig oder mangelhaft herabstuft, dann nimmt sie den davon betroffenen Subjekten jede Möglichkeit, ihren eigenen Fähigkeiten einen sozialen Wert beizumessen. (Honneth, 2016 [1994], S. 217)

Honneth bezieht sich bezüglich der Möglichkeit politischer Widerstandshandlungen auf Missachtungserfahrungen in der rechtlichen und der gesellschaftlichen Sphäre. In diesen beiden Sphären erkennt er dementsprechend auch ein Entwicklungspotential. Er bezieht sich damit direkt auf das Konzept Hegels (vgl. Kap. 3.1), nach dem es solche sozialen Konflikte sind, die über ihre dialektische Aushandlungsweise zu einer Erweiterung der Anerkennungsmuster führen und soziale und gesellschaftliche Entwicklungsprozesse auslösen. So können die über politische Widerstandshandlungen entstandenen oder ausgedrückten sozialen Konflikte eine Erweiterung oder Spezifizierung von Rechten und Gesetzen erwirken und so zu einer „Generalisierung" und „Materialisierung" „kognitive[r] Achtung" führen. Auch auf der gesellschaftlichen Ebene können über soziale Konflikte Anerkennungsmuster erweitert werden, denn durch die Akzeptanz anderer Lebensformen erhöht sich die Solidarität innerhalb einer Gesellschaft. Die Erweiterung sozialer Wertschätzung auf andere, nicht dominante Gesellschaftsformen steigert die Individualisierung – das heißt, die Emanzipation eines Individuums durch die Zunahme legitimer Artikulationsmöglichkeiten der eigenen Persönlichkeit (vgl. Honneth, 2003, S. 184) – und Egalisierung einer Gesellschaft (vgl. Tab. 1). Für Honneth ist der soziale Kampf somit ein

> praktische[r] Prozeß, in dem individuelle Erfahrungen von Mißachtung in einer Weise als typische Schlüsselerlebnisse einer ganzen Gruppe gedeutet werden, daß sie als handlungsleitende Motive in die kollektive Forderung nach erweiterten Anerkennungsbeziehungen einfließen können. (Honneth, 2016 [1994], S. 260)

Die emanzipatorische Wirkung von sozialen Bewegungen, die auf solche Weise entstehen kann, geschieht nicht allein durch die potentielle Erfüllung gemeinsamer Forderungen. Indem die Betroffenen politisch aktiv werden und in der Öffentlichkeit auftreten, überwinden sie die „Handlungshemmung" (ebd., S. 263), die sie durch das Gefühl der Erniedrigung oder Beleidigung erlitten haben und erzwingen gewissermaßen die Anerkennung für die Seiten ihrer Persönlichkeit, für die sie zuvor Missachtung erfahren haben. Darüber hinaus lässt die Solidarität innerhalb der Bewegung, die in diesem Sinne als Wertegemeinschaft fungiert, die Mitglieder gruppeninterne, wechselseitige Anerkennung erfahren.

Honneths Ziel ist es, eine allgemein gültige, kritische Theorie zu bilden, die die Schädigung von Anerkennungserwartungen und somit das Empfinden von sozialer

Ungerechtigkeit als Auslöser für soziale Konflikte betrachtet. Entgegen dem anerkennungstheoretischen Konzept von Taylor (1994), der in den Konflikten um kulturelle Anerkennung, wie sie seit den sogenannten neuen sozialen Bewegungen und in den Anerkennungsforderungen indigener Völker und anderer ethnisch-kultureller Minderheiten verbreitet sind, mit dem Fokus auf die (ethnisch-)kulturelle Identität eine neue Qualität erkennt und diese Form sozialer Konflikte den traditionellen Konflikten um rechtliche Gleichstellung gegenüberstellt, zeigt Honneth am Beispiel der Arbeiter- und Frauenbewegung sowie den Aufständen kolonisierter Völker, dass soziale Anerkennung auch in der entfernteren Vergangenheit immer eine zentrale Rolle bei sozialen Bewegungen gespielt hat (vgl. Honneth, 2003, S. 122 f.; 131 f.). Demnach waren vor allem Ungerechtigkeitsempfindungen infolge enttäuschter Anerkennungserwartungen die Auslöser für die Formierung sozialer Bewegungen und politischen Widerstands, wie er anhand von Studien über besagte Bewegungen und Konflikte verdeutlicht. Die neue Bedeutung der in vielen Studien verbreiteten Perspektive auf den Aspekt sozialer Anerkennung begründet er vielmehr mit einem bis dato verbreiteten fundamentalen theoretischen Mangel, der diesen wichtigen Aspekt nicht zu erkennen vermochte (ebd., S. 125 f.). Er bezieht sich mit dieser Aussage insbesondere auf Kritik von Fraser (2009), die an dem Fokus vieler Studien und Konzepte auf den Aspekt der Anerkennung in sozialen Konflikten die Vernachlässigung ökonomischer Verteilungskonflikte kritisiert. Honneth hingegen erkennt auch in primär ökonomischen Konflikten die Ursache der Verteilungsungerechtigkeit in der Missachtung der Rechte und Situationen marginalisierter Gruppen. Demnach geschieht die materielle Verteilung entlang umkämpfter, aber dennoch zeitlich begrenzt etablierter Werteprinzipien, die die soziale Wertschätzung spezifischer Arbeits- und Lebensformen, Persönlichkeitsseiten und Bevölkerungsgruppen bestimmen (vgl. Honneth, 2003, S. 142).

Als Beispiel für ungleiche Wertschätzung unterschiedlicher Arbeit und Gruppen nennt Honneth die Missachtung häuslicher und reproduktiver Arbeit, die durch die traditionelle, patriarchalische Geschlechtertrennung zur sozialen und ökonomischen Marginalisierung der Frau geführt hat, die so auch auf dem formellen Arbeitsmarkt reproduziert wird (vgl. ebd., S. 148). Für die Konzeptualisierung einer solchen kritischen Theorie bedarf es laut Honneth einer normativen Basis, oder in seinen Worten und in Anlehnung an das hegelsche Vokabular, eines Konzepts der „Sittlichkeit", als das er „das Insgesamt an intersubjektiven Bedingungen [bezeichnet], von denen sich nachweisen läßt, daß sie der individuellen Selbstverwirklichung als notwendige Voraussetzung dienen" (Honneth, 2016 [1994], S. 277). Diese Notwendigkeit leitet er insbesondere aus der Gefahr ab, die er in einer empirischen Herangehensweise, wie sie Fraser verfolgt, erkennt. So argumentiert er, dass solch ein Ansatz, der den Protagonisten sozialer Konflikte die Rolle überlässt normative Ziele zu formulieren, nur die öffentlich wahrnehmbaren sozialen Bewegungen berücksichtigen kann, die aber selbst schon das Ergebnis eines internen Anerkennungskampfes sind. Auf diese Weise werden Machtverhältnisse reproduziert, die die Verdrängung ohnehin marginalisierter, nicht artikulationsfähiger Gruppen von Betroffenen weiter verstärkt, anstatt diesen eine Stimme geben zu können (Honneth, 2003, S. 115 f.).

3.4 Enteignungen aushandeln: Die Politik der (Nicht-)Anerkennung

Diesen normativen Ansatz in Honneths Arbeit, der mit seinen generalisierten Grundbedingungen die Möglichkeit der Selbstverwirklichung eines Individuums als Voraussetzung für ein gutes Leben erkennt, kritisiert Fraser (2009, S. 77) entschieden. Demnach setzt ein solcher normativer Ansatz immer voraus, dass die darin enthaltene Weltsicht und die Ideale von den Betroffenen und allen Beteiligten geteilt werden. Honneth ist sich der historischen Variabilität des Konzepts der Sittlichkeit durchaus bewusst. So kritisiert er vehement die Schlussfolgerungen Hegels, der nicht im Stande war, die Wertvorstellungen seiner Zeit zu überwinden und so beispielsweise in der Anerkennungssphäre der Liebe zu einem zutiefst patriarchalischen Konzept der Familie gelangte, die dem Prinzip der gegenseitigen vertrauensvollen Anerkennung, die die Ausbildung von Selbstvertrauen ermöglicht, widerspricht (vgl. Honneth, 2016 [1994], S. 281 f.). Dementsprechend argumentiert Honneth, dass solch ein normatives Konzept, um dieser Variabilität entsprechen zu können, Bestimmungen bedarf, die „abstrakt oder formal genug [sind], um nicht den Verdacht der Verkörperung bestimmter Lebensinhalte zu wecken" (ebd., S. 279). Andererseits müssen sie „unter inhaltlichen Gesichtspunkten auch wiederum reichhaltig genug [sein], um mehr über die allgemeinen Strukturen eines gelingenden Lebens auszusagen, als in dem bloßen Hinweis auf individuelle Selbstbestimmung enthalten ist" (ebd., S. 279). Diese Bedingungen sieht er in den drei Anerkennungssphären gegeben:

> Die Anerkennungsformen der Liebe, des Rechts und der Solidarität bilden intersubjektive Schutzvorrichtungen, die jene Bedingungen äußerer und innerer Freiheit sichern, auf die der Prozeß einer ungezwungenen Artikulation und Realisierung von individuellen Lebenszielen angewiesen ist; weil sie zudem nicht etwa schon bestimmte Institutionsgefüge, sondern nur allgemeine Verhaltensmuster darstellen, lassen sie sich von der konkreten Totalität aller besonderen Lebensformen als strukturelle Elemente abheben. (Honneth, 2016 [1994], S. 279)

Honneth benutzt in seinen theoretischen Ausführungen auffällig oft die Begriffe der Entwicklung und des Fortschritts, wobei er diese auf den Bereich der Moral bezieht. Moralischer Fortschritt soll demnach soziale Entwicklung mit sich bringen. Aus diesem Grunde sind soziale Proteste in ihren unterschiedlichsten Formen nicht bloß vereinzelte historische Episoden, sondern spielen eine essentielle Rolle in der Art und Weise des gesellschaftlichen Fortschritts. Je nach den in ihren Forderungen enthaltenen Idealen und Wertvorstellungen können diese Proteste „zu retardierenden oder beschleunigenden Momenten in einem übergreifenden Entwicklungsprozeß" werden (ebd., S. 270). Nach der Überzeugung Honneths kann die Bewertung der jeweiligen Inhalte mithilfe seines Konzepts der Sittlichkeit geschehen. So kann anhand der drei Anerkennungssphären überprüft werden, ob die Ideale und Wertvorstellungen die Anerkennungsmöglichkeiten der jeweiligen Sphäre potentiell erweitern oder verengen:

> [Der Interpretationsrahmen] läßt einen objektiv-intentionalen Zusammenhang entstehen, in dem die geschichtlichen Vorgänge nicht mehr als bloße Ereignisse, sondern als Stufen in einem konflikthaften Bildungsprozeß erscheinen, der zu einer schrittweisen Erweiterung der Anerkennungsbeziehungen führt. Die Bedeutung, die den partikularen Kämpfen darin jeweils zu-

kommt, bemißt sich demnach an dem positiven oder negativen Beitrag, den sie in der Realisierung von unverzerrten Formen der Anerkennung haben übernehmen können. (Honneth, 2016 [1994], S. 273)

Mit dieser Vorstellung einer stufenhaften Entwicklung steht Honneth ganz in der dialektischen Tradition von Hegel. Zwar spricht er nicht explizit von einer Synthese – also einem harmonischen Endzustand – und berücksichtigt auch retardierende und reaktionäre Bewegungen. Das der modernen westlichen Vorstellung so eigene teleologische Prinzip, auf das Hegel sein dialektisches Prinzip aufbaut, ist jedoch fest in seiner Theorie verankert. So verfolgt er einen „teleologischen Liberalismus" (Honneth, 2003, S. 178; eigene Übersetzung), dessen Vorteile er gerade in dessen normativer Zielsetzung einer bestimmten Vorstellung von sozialer Gerechtigkeit sieht. Schwierig erscheint diese Perspektive, wenn er sich ganz den aufklärerischen Grundvorstellungen der Moderne verschreibt, der er eine moralische Überlegenheit zuschreibt. So betrachtet er die derzeitige moralische Ordnung als das Ergebnis sozialer Konflikte der Vergangenheit und die Vergangenheit somit als ein Prozess der Entwicklung, in der sich im Sinne eines moralischen Fortschritts schließlich die liberal-kapitalistische Ordnung durchgesetzt hat (ebd., S. 184 f.). Die anhand dieser Bewertungen begründete Aussage, dass „die moralische Infrastruktur eines modernen, liberal-kapitalistischen Staates als der legitime Startpunkt einer politischen Ethik betrachtet werden kann" (Honneth, 2016 [1994], S. 185) steht im Widerspruch zum Anspruch an die notwendige Abstraktheit eines Konzepts, das auf diese Weise den „Verdacht der Verkörperung bestimmter Lebensinhalte" (ebd., S. 279) vermeiden soll. Dies ist jedoch auch seiner räumlichen Perspektive geschuldet, die sich sehr auf die westliche kapitalistische Hemisphäre bezieht.

3.4.2 Gerechtigkeit, Anerkennung und die Notwendigkeit alternativer Öffentlichkeiten bei Fraser

Trotz der grundlegenden Unterschiede zwischen den Konzeptualisierungen von Honneth, der ein normatives Konzept der Sittlichkeit entwickelt, und Fraser, die jegliche normative Grundannahme verweigert und solche Fragen stattdessen über die Einbindung betroffener Subjekte in die jeweiligen Entscheidungsprozesse klären und ihnen die Entscheidung über die Bedingungen des guten Lebens überlassen möchte, sind die beiden Konzepte nicht unvereinbar. So bietet das eher strukturell orientierte Konzept Frasers Möglichkeiten der Ergänzung zur psychologischen Perspektive Honneths auf Anerkennung.

Fraser (2008) widmet sich im Kern ihrer Überlegungen Fragen der Gerechtigkeit, denen sie ihr Prinzip der partizipatorischen Parität zugrunde legt. Individuen und Gruppen muss es demnach möglich sein „to participate on a par with others in social life" (Fraser, 2003, S. 49). Entsprechend existieren Strukturen der Ungerechtigkeit, wenn ökonomische, kulturelle oder politische Hürden existieren, die dieser Möglichkeit im Wege stehen. Im Gegensatz zu Honneth beschäftigt sie sich also weniger mit der psychologischen Dimension von Anerkennung und richtet ihre

3.4 Enteignungen aushandeln: Die Politik der (Nicht-)Anerkennung

Aufmerksamkeit stattdessen vor allem auf institutionalisierte Formen der Verletzung der Stellung und des Ansehens bestimmter Individuen und Gruppen (vgl. Schlosberg, 2007, S. 18 f.). Diesbezüglich entwickelt sie zunächst ein zweidimensionales Konzept von Gerechtigkeit:

> First, the distribution of material resources must be such as to ensure participants' independence and „voice". This I call the „objective" precondition of participatory parity. [...] the second additional condition for participatory parity I call „intersubjective". It requires that institutionalized cultural patterns of interpretation and evaluation express equal respect for all participants and ensure equal opportunity for achieving social esteem. (Fraser, 2003, S. 49)

Insbesondere mit der intersubjektiven Dimension nähert sie sich der gesellschaftlichen Anerkennungssphäre Honneths an, der darin die Verteilung (oder Verweigerung) sozialer Wertschätzung verortet. In *Scales of Justice* fügt Fraser (2008) dieser Konzeptualisierung noch eine dritte Dimension, die des Politischen hinzu. Diese widmet sich insbesondere der Frage, wer als ein „subject of justice" (ebd., S. 22) gilt. Während sich Honneth mit dieser Frage nicht explizit beschäftigt, stellt Fraser sie in das Zentrum ihrer Überlegungen. Sie erkennt durch politisches „misframing" (ebd., S. 19) einen permanenten Ausschluss betroffener Individuen und Gruppen von politischen Entscheidungsprozessen und damit verbundenen Fragen der Gerechtigkeit. Während sie als „misrepresentation" (Fraser, 2008, S. 18) die Form von Ungerechtigkeit bezeichnet, die innerhalb einer politischen Gemeinschaft – zumeist der Nationalstaat – gewisse Bevölkerungsgruppen durch bestimmte Gesetze, institutionelle Strukturen oder Wahlsysteme von Prozessen gesellschaftlicher und politischer Partizipation ausschließt, ist *misframing* für sie eine Folge politischer Grenzziehung, das heißt des Ausschlusses bestimmter Gruppen oder Bevölkerungen aus einer politischen Gemeinschaft:

> Constituting both members and non-members in a single stroke, this decision effectively excludes the latter from the universe of those entitled to consideration within the community in matters of distribution, recognition, and ordinary-political representation. [...] When questions of justice are framed in a way that wrongly excludes some from consideration, the consequence is a special kind of meta-injustice, in which one is denied the chance to press first-order justice claims in a given political community. (Fraser, 2008, S. 19)

Als größte Quelle solcher Ungerechtigkeiten bezeichnet sie das Westfälische Staatensystem, das transnationale Gerechtigkeitsforderungen trotz der internationalen Auswirkungen staatlicher Handlungen in einer globalisierten Welt nicht zulässt. Insbesondere trifft dies ihrer Meinung nach vulnerable Bevölkerungsgruppen, die die Auswirkungen ökonomischer oder klimatischer Folgen des Handelns einflussreicher Staaten besonders spüren, aufgrund der politisch peripheren Position ihres Staates jedoch keine Möglichkeit haben Gerechtigkeitsansprüche zu stellen. Im Extremfall können Personen weder in der eigenen noch einer anderen politischen Gemeinschaft Ansprüche stellen, da sie von jeglicher Mitgliedschaft in einer politischen Gemeinschaft (faktisch) ausgeschlossen sind. Dies ist bei Staatenlosen oder Flüchtenden der Fall, denen Fraser Arendts Begriff des politischen Todes zuordnet (vgl. ebd., S. 19 f.). In solchen Fällen muss ein Kampf gegen Fehlverteilung und

Missachtung immer von einem Kampf gegen *misframing* begleitet sein, da Umverteilung und Anerkennung nur infolge einer neuen politischen Grenzziehung möglich sein können[12]. Da es ihrer Meinung nach jedoch im Interesse einer politischen und ökonomischen transnationalen Elite liegt, die westfälische Ordnung beizubehalten, versucht diese, den Prozess des *frame-setting* zu monopolisieren und jegliche Versuche der Produktion alternativer demokratischer Räume zu verhindern. Es entsteht eine Art „meta-political misrepresentation":

> The effect is to exclude the overwhelming majority of people from participation in the meta-discourses that determine the authoritative division of political space. (Fraser, 2008, S. 26)

Diese Grenzziehung bezeichnet Fraser als performativen Akt, der die „subjects of justice" einmalig festlegt und dadurch empirische Fakten schafft (ebd., S. 40). Gemeinsam mit der Übernahme dieser Bestimmungen seitens unkritischer Sozialwissenschaften werden die Subjekte zu Objekten, die den gegebenen Strukturen passiv ausgesetzt sind. So verhindert ein solcher Meta-Diskurs die gesellschaftliche Partizipation an der Aushandlung grundlegender Ordnungen, die für eine gerechte Gesellschaftsordnung entscheidend sind: „But the effect is to neglect the importance of public autonomy, the freedom of associated social actors to participate with one another in framing the norms that bind them" (ebd., S. 41).

In diesem Punkt kann Fraser einen entscheidenden Beitrag zu Honneths Anerkennungstheorie leisten, der den liberal-kapitalistischen Staat als geeigneten Ausgangspunkt für die Betrachtung von Anerkennungssphären und -prozessen erachtet und dabei das transnationale Ausmaß sozialer Konflikte in einer neoliberal globalisierten Welt verkennt. Mit dem Verweis auf die Interessen einer politisch-ökonomischen transnationalen Elite und deren aktive Einschränkung demokratisch-partizipativer Prozesse übt sie Zweifel an der Eignung des liberal-kapitalistischen Staates als Rahmen für Strukturen und Prozesse der Anerkennung. Darüber hinaus kann sie Honneths sehr individualistisch geprägte Perspektive auf Autonomie, die im liberal-kapitalistischen Weltbild überwiegt, auf die Betrachtung kollektiver Akteur*innen erweitern. Die drei Anerkennungssphären von Honneth müssen dabei nicht aufgegeben werden. Im Gegenteil, die Relevanz der Anerkennung legitimer Rechte, beziehungsweise die Ausweitung kognitiver Achtung, ist im Zeitalter einer globalisierten Welt ungebrochen oder verlangt eine noch genauere Berücksichtigung. Die Rechtssphäre bei Honneth (vgl. Tab. 1) verweist auf die Bedeutung rechtlicher Anerkennung – und damit einhergehend die Anerkennung als vollwertiges Mitglied einer Gesellschaft – für die Identität und die (Über-)Lebensmöglichkeiten eines Subjekts, die Fraser ebenfalls ins Zentrum ihrer Überlegungen stellt und den konflikthaften Charakter dieser Sphäre durch die Thematisierung der Praxis politischer Grenzziehung und Exklusion sowie kollektiven Widerstands verdeutlicht. Die dritte Sphäre der gesellschaftlichen Solidarität wiederum unterstreicht (gemeinsam mit der ersten Sphäre zwischenmenschlicher Primärbeziehungen) die Bedeutung intersubjektiver Beziehungen und der Verteilung sozialer Wertschätzung, die

---

12 Als Beispiel für solch einen Kampf nennt Fraser das Weltsozialforum (vgl. Fraser, 2008, S. 26).

in Frasers intersubjektiver Dimension der kulturellen Anerkennung wiederzufinden ist.

Zwar macht Fraser eine analytische Trennung zwischen den Dimensionen materieller Fehlverteilung und kultureller Missachtung auf, die Honneth wie oben erwähnt sehr kritisiert, da er den Auslöser auch materiell basierter Konflikte letztlich in Formen der Missachtung sieht. Fraser betont jedoch wiederholt, dass es keine rein kulturellen oder materiellen Konflikte geben kann. Wie Honneth kritisiert sie einige anerkennungstheoretische Ansätze wie den Taylors mit seiner Gegenüberstellung heutiger Kämpfe um kulturelle Anerkennung und früherer Kämpfe um rechtliche Gleichheit und unterstreicht die Verwobenheit kultureller, materieller und rechtlicher Dimensionen. Letztendlich spiegelt Frasers Fokus auf aktive gesellschaftliche und politische Teilhabe Arendts Perspektive auf die Bedeutung politischen Handelns und Öffentlichkeit wieder und bekräftigt diesen Aspekt bei der Betrachtung sozialer Konflikte und Aushandlungen. Tatsächlich erscheint Frasers Konzept wie ein Plädoyer für Öffentlichkeit: gesellschaftspolitische, soziale Konflikte sollen offen und für alle zugänglich ausgetragen werden; soziales Wissen soll von den selbsternannten Expert*innen zurückgefordert und in eine „wide-ranging democratic debate about the ‚who'" verlegt werden; Ergebnisse solcher Konflikte sollen als provisorisch angesehen werden und für potentielles Hinterfragen oder auch Suspendierung und Neuverhandlung offen bleiben (vgl. Fraser, 2008, S. 42 f.; 72). In diesem Zusammenhang beschäftigte sie sich schon in früheren Aufsätzen mit der Möglichkeit demokratischer Öffentlichkeit (vgl. Fraser, 1993). Mit der Hervorhebung sozialer Gleichheit als notwendige Voraussetzung für intersubjektives politisches Handeln auf Augenhöhe nimmt sie die Argumentation von Arendt auf und geht noch darüber hinaus, wenn sie von „subaltern counterpublics" (ebd., S. 123) spricht, deren Verbreitung – beispielsweise über soziale Bewegungen – angesichts fundamentaler gesellschaftlicher Ungleichheit die liberale Vorstellung einer „single comprehensive public sphere" (ebd., S. 117) und die hierarchische soziale Schichtung einer Gesellschaft herausfordern und die Partizipation subalterner Gruppen erzwingen kann. Insbesondere geht sie dabei auf die Schnittstellen des privaten und öffentlichen Bereichs ein, dessen dominante, patriarchalisch geprägte Trennung – die marginalisierte Gruppen im öffentlichen Raum systematisch unterdrückt und an ihrer Artikulation hindert – durch solche Bewegungen und ihre *counterpublics* herausgefordert werden kann. Fraser argumentiert mit kritischem Bezug auf die von Habermas (2013 [1962]) erfolgte Untersuchung der bürgerlichen Öffentlichkeit, dass die liberale, bürgerliche Perspektive auf Öffentlichkeit aufgrund ihrer Überzeugung der Gleichheit aller Bürger*innen im öffentlichen Raum tatsächliche soziale Ungleichheit unter den Teilnehmer*innen ausklammert, soziale Gleichheit also nicht als Voraussetzung für partizipatorische Parität im öffentlichen Bereich betrachtet und so diese Thematik diskursiv ausgeklammert wird. Es muss daher Aufgabe kritischer Theorie sein, im Zusammenhang mit den *subaltern counterpublics* diese Ungleichheiten aufzudecken und politisch zu machen (vgl. Fraser, 1993, S. 121).

Fraser fügt mit dieser Problematisierung bürgerlicher Öffentlichkeit der Diskussion um den öffentlichen und privaten Raum einen wichtigen strukturellen Aspekt hinzu. In ihrer Perspektive auf bürgerliche Öffentlichkeit als antidemokratisch warnt sie vor der Teilnahme subalterner Gruppen in dieser. Ohne die Möglichkeit, sich wirkungsvoll in den Diskurs einzubringen, führt ihre Teilnahme demnach letztendlich zu einer Legitimierung und Stärkung der dominanten diskursiven Ordnung. Für eine tatsächliche demokratische Öffentlichkeit braucht es also herausfordernde alternative Öffentlichkeiten als einzige Möglichkeit der Artikulation marginalisierter Bevölkerungsteile und sozialer Ungleichheit. Diese Perspektive verdeutlicht einmal mehr die Signifikanz kollektiver Akteur*innen, deren Berücksichtigung im liberal-demokratischen westlichen Weltbild wie auch in Honneths sehr individualistisch ausgerichtetem Konzept häufig zu kurz kommt. In der Diskussion um die Bedeutung intersubjektiver Beziehungen und wechselseitiger Anerkennung ist ihre Berücksichtigung jedoch nur konsequent und in Hinblick auf kommunitaristisch geprägte Regionen und Sozialstrukturen äußerst relevant. Mit ihrer strukturellen Perspektive auf Anerkennung verdeutlicht Fraser, dass Missachtung sowohl auf individueller Ebene erlebbar als auch auf struktureller Ebene gesellschaftlich konstruiert sein kann (vgl. Schlosberg, 2007, S. 19 f.). Diese Perspektive, aufbauend auf Honneths Anerkennungstheorie, liefert eine hilfreiche theoretische Basis für die Betrachtung von sozial-ökologischen Konflikten. Mit derartigen Fragen der Gerechtigkeit, Anerkennung und Partizipation setzt sich auch die Debatte um Umweltgerechtigkeit auseinander, deren Perspektiven für den Rahmen dieser Arbeit ebenfalls relevant sind.

3.5 EINE (NICHT NUR) BRASILIANISCHE PERSPEKTIVE AUF ENTEIGNUNG UND ANERKENNUNG

Enteignungsprozesse im Zuge der Akkumulation von Kapital sind in Brasilien durch Entwicklungsmodelle wie *Developmentalism* und *New-Developmentalism* und ihre Strategien des groß angelegten Ressourcenextraktivismus häufige Begleiterscheinungen entwicklungspolitischer Maßnahmen. Der Darstellung dieser Entwicklungsmodelle in Kapitel 5 soll an dieser Stelle bereits eine Erläuterung von Begriffen vorangehen, die in sozialwissenschaftlicher Literatur, widerständigen Strukturen und im Entwurf alternativer Entwicklungskonzepte als Reaktion auf soziale und ökologische Auswirkungen der Modelle diskutiert werden; dazu gehören die Idee der Umweltgerechtigkeit, des *socioambientalismo* sowie die Diskussion um die Kategorie des Betroffenseins, in denen es auch um die Herausforderung dominanter epistemischer Grundannahmen und Ordnungen geht. Diese Konzepte sollen im Folgenden mit einem regionalen Fokus auf die jeweiligen Diskussionen in Brasilien dargestellt werden, da diese für den Fortgang dieser Arbeit relevant sind.

3.5.1 Umweltgerechtigkeit und die Herausforderung dominanter Epistemologien

Gerechte sozialräumliche Verteilung von Umweltfolgen und -risiken, gleicher und gerechter Zugang zu Umweltressourcen, Informationen über und Transparenz der Ressourcennutzung sowie partizipative Beteiligung an Umweltpolitik sind die zentralen Forderungen einer ursprünglich in den USA entstandenen und dann global verbreiteten Bewegung für Umweltgerechtigkeit (Cavedon und Vieira, 2011, S. 72). Im Zuge der globalisierten Wirtschaft, ihrer Arbeitsteilung sowohl auf internationaler als auch auf nationaler Ebene und der hohen Nachfrage nach natürlichen Ressourcen haben demnach gewisse Regionen durch ihren Ressourcenreichtum oder auch geringere Umweltauflagen soziale und ökologische Schäden und Risiken unverhältnismäßig stark zu (er-)tragen (vgl. Porto, 2012b, S. 34). Da diese Orte häufig von ethnischen Minderheiten oder allgemein marginalisierten, beziehungsweise ökonomisch benachteiligten Gruppen bewohnt sind, problematisiert Umweltgerechtigkeit schließlich die Frage, inwieweit solche Standortentscheidungen durch intentionalen oder institutionellen Rassismus bestimmt sind (vgl. Walker, 2012, S. 17–23; 90–102; Holifield et al., 2010, S. 4). Forderungen nach der Einbindung betroffener Bevölkerungsgruppen oder darüber hinaus allgemein des öffentlichen, zivilgesellschaftlichen Bereichs in entsprechende Entscheidungsprozesse, der Ermöglichung freier Meinungsäußerung und der Berücksichtigung lokaler Expertise intendieren die Ermächtigung marginalisierter Gruppen und ist Ausdruck eines Konzepts radikaler, partizipativer Demokratie. Porto (2012b, S. 58) ist der Meinung, dass der Gerechtigkeitsbegriff den Begriff der (Un-)Gleichheit in diesem Zusammenhang sinnvoll ergänzen konnte, da er eine prozessuale Perspektive mit einbezieht und darüber hinaus anhand einer historisierenden Betrachtungsweise die Ursachen struktureller Ungerechtigkeit in einer historischen und gegenwärtigen, durch unterschiedliche Ereignisse, Prozesse und Gesellschaftsordnungen bedingten, systematischen Marginalisierung bestimmter Bevölkerungsgruppen sucht. Diese Perspektive kann durch ihre explizite Berücksichtigung der den Konflikten inhärenten Machtverhältnissen die Situationen prekärer Bevölkerungsgruppen denaturalisieren und politisieren und bietet damit eine Alternative zu dem Begriff der Vulnerabilität, der diese Machtebene in der Regel nicht miteinbezieht (vgl. auch Acselrad, 2004; Cavedon und Vieira, 2007). Sie unterstreicht den grundlegend konflikthaften Charakter von Fragen der Verteilung von Umweltschäden und -risiken und des Betroffenseins, holt die Betroffenen aus ihrer Opferrolle heraus und konstituiert sie als öffentlich artikulationsfähige Rechtssubjekte (vgl. Porto, 2012b, S. 46 ff.). Indem auch Aspekte kultureller Bedeutungen und Identitäten eine zentrale Rolle in den Konflikten um Umweltgerechtigkeit spielen, sind diese eingebettet „in the larger struggle against oppression and dehumanization that exists in the larger society" (Schlosberg, 2007, S. 51).

Im Begriff der Partizipation enthaltene Forderungen des „coming to voice" (ebd., S. 68), des Für-sich-Sprechens, das in feministischen Studien wie auch in sozialen Bewegungen eine immer prominentere Rolle einnimmt, hinterfragen strukturelle Formen der Bevormundung und der ungleichen Deutungshoheit. B. d.

S. Santos (2011, S. 35) erkennt die Ursprünge solcher Strukturen in einer dominanten Epistemologie, deren Konzepte, Theorien und ihnen innewohnende dichotome Strukturen alternative Weltverständnisse nicht identifizieren oder sie „nicht als gültige Beiträge" wertschätzen. Diese Epistemologie entsprang der modernen, westlichen, christlichen Welt und konnte sich im Gewand der modernen Wissenschaften und ihrer Institutionalisierung auf globaler Ebene als universell etablieren. Dies, so B. d. S. Santos, war nur über die politischen und ökonomischen Interventionen des Kolonialismus und Kapitalismus möglich, die andere soziale Wissenspraktiken die diesen politischen und wirtschaftlichen Interessen widersprachen als ungültig markierten (vgl. B. d. S. Santos, 2010a, S. 10). Diese der modernen westlichen Epistemologie inhärente Grenzziehung dessen, was im Sinne intelligibler Grenzen als möglich, gültig und wirklich gilt verunmöglicht den Dialog mit anderen Wissenssystemen, die sich jenseits dieser Grenzlinien befinden. Auf diese Weise wird eine „Unermesslichkeit von Lebensalternativen, des Zusammenlebens und der Interaktion mit der Welt" unterdrückt (B. d. S. Santos, 2011, S. 35). So entstand eine epistemische Ordnung der Hierarchisierung von Wissens- und Lebensformen, die sich nach Escobar (1992, S. 21) über den „hegemonic epistemological space" des Entwicklungsdiskurses reproduzierte und verfestigte. Im Zuge steigender Widersprüche zwischen Ausformungen des Kapitalismus (vgl. Kap. 2.1) und den Wirklichkeiten subalterner Bevölkerungsgruppen führt diese Hierarchisierung auf der einen Seite zu einem Anstieg ökologischer und ökonomischer Konflikte. Andererseits zeigt sich gerade über diese Konflikte und die gestiegenen Kommunikations- und Visualisierungsmöglichkeiten die immer noch vorhandene Diversität unterschiedlicher Wissensformen (vgl. B. d. S. Santos, 2010a, S. 11).

Aufgrund der Ausbreitung kapitalistischer Strukturen, der Intensivierung dieser Widersprüche und der Schwierigkeit, diese zu überwinden, fordern B. d. S. Santos' *Epistemologien des Südens*[13] die gleichwertige Achtung marginalisierter Stimmen

---

13 „Unter Epistemologien des Südens wird die Forderung neuer Produktionsprozesse und der Wertschätzung gültigen, wissenschaftlichen oder nicht wissenschaftlichen Wissens sowie neuer Beziehungen zwischen unterschiedlichen Wissensformen verstanden, ausgehend von den Praktiken sozialer Klassen und Gruppen, die auf systematische Weise die ungerechten Ungleichheiten und Diskriminierungen, die durch den Kapitalismus und den Kolonialismus ausgelöst wurden, erlitten haben. Der globale Süden ist in diesem Sinne kein geographisches Konzept, auch wenn die große Mehrheit dieser Bevölkerungsgruppen in Ländern der südlichen Hemisphäre leben. Es ist vielmehr eine Metapher für das menschliche Leiden, das auf globaler Ebene durch den Kapitalismus und Kolonialismus ausgelöst wurde und des Widerstands, um es zu überwinden und zu minimieren. Es ist deshalb ein antikapitalistischer, anti-kolonialistischer und anti-imperialistischer Süden. Es ist ein Süden, der auch im globalen Norden existiert, in Form ausgeschlossener, zum Schweigen gebrachter, verstummter Bevölkerungsgruppen, wie es die Immigranten ohne Papiere, die ethnischen und religiösen Minderheiten und die Opfer von Sexismus, Homophobie und Rassismus sind" (B. d. S. Santos, 2011, S. 35). Auf die gleiche Art existiert der Norden auch im Süden, „denn im Inneren des geographischen Südens gab es immer die ‚kleinen Europas', kleine lokale Eliten, die sich and er kapitalistischen und kolonialistischen Dominanz bereicherten und die nach den Unabhängigkeiten und noch immer gegen die untergeordneten sozialen Gruppen agierten" (B. d. S. Santos, 2010a, S. 13).

und lokalen Wissens, um Strukturen epistemischer Bevormundung und Unterdrückung aufzudecken und aufzubrechen und Wissen zu dekolonisieren. Denn in der epistemologischen Vielfalt der Welt erkennt Santos ein großes Potenzial der Bereicherung menschlicher Tätigkeiten und der Intelligibilisierung sozialer Erfahrungen und Verständnisse (ebd., S. 12; 18). Ähnlich erkennt die Idee der Umweltgerechtigkeit nur in der Achtung dieser Stimmen die Möglichkeit der Selbstermächtigung und der darauf basierenden partizipativen Teilhabe subalterner Gruppen. Anerkennungsstrukturen spielen innerhalb der Umweltgerechtigkeit demnach eine zentrale Rolle. Schlosberg, der die Forderung nach Anerkennung in Erfahrungen der Entmündigung – für ihn eine Kombination aus Missachtung und politischer Exklusion (Schlosberg, 2007, S. 67) – verwurzelt sieht, kritisiert die Abwesenheit anerkennungstheoretischer Ansätze in vielen Theorien über Umweltgerechtigkeit. So sei nach wie vor der Rückgriff auf die Gerechtigkeitstheorie von Rawls verbreitet, der Gerechtigkeit über Fragen der materiellen Verteilung definiert. Umverteilung ohne Anerkennung kann jedoch nur eine kurz- oder mittelfristige Minderung ungerechter Verhältnisse bewirken, durch die Missachtung der strukturellen Ursachen der Ungerechtigkeit langfristig jedoch nichts an dieser Problematik ändern (vgl. ebd., S. 11–13). Es geht also vielmehr um die Frage, **wie** Fehlverteilung verursacht wird. Schlosberg weist in diesem Zusammenhang auf die anerkennungstheoretischen Konzepte von Honneth (vgl. Kap. 3.4.1), Fraser (vgl. Kap. 3.4.2) und Young (vgl. 2009) hin, die dem Gerechtigkeitsbegriff Fragen der Anerkennung und Partizipation hinzugefügt haben und auf diese Weise die Frage stellen, wie Ungerechtigkeit, oder konkret Fehlverteilung, tatsächlich gemacht wird (vgl. Schlosberg, 2007, S. 4). Des Weiteren nennt Schlosberg den *capability* Ansatz von Nussbaum und Sen (2010 [1993]) „on the importance of individuals functioning within a base of a minimal distribution of goods, social and political recognition, political participation and other capabilities" (vgl. Schlosberg, 2007, S. 34). Schlosberg verweist insbesondere im Zusammenhang mit Ermächtigung und dem Für-sich-Sprechen auf die Bedeutung von Gruppen und kritisiert den weitestgehend auf die individuelle Ebene beschränkten Fokus oben genannter Ansätze: „It is not simply that groups provide individual capabilities; rather, group capabilities and group functioning are absolutely necessary to this conception of justice" (Schlosberg, 2007, S. 35 f.).

In Brasilien ist die Idee der Umweltgerechtigkeit sehr mit dem Konzept des *socioambientalismo* verknüpft. Dieses Konzept entsprang lokalem DIDR Widerstand und dessen Zusammenarbeit mit regionalen und nationalen Instituten und NGOs und auf diese Weise der Interaktion zwischen Bürgerrechts- und Umweltbewegungen. Die Entstehung des Konzeptes muss im Zusammenhang mit den Diskussionen um Nachhaltigkeit in den späten 1980er und 1990er Jahren und um *citizenship* während der Redemokratisierungsphase Brasiliens in den späten 1980ern betrachtet werden. Unter Beachtung der komplexen Interaktionen zwischen Gesellschaft und Umwelt „and the diverse forms of material and symbolic appropriation of the environment by communities" (Cavedon und Vieira, 2011, S. 71) verbindet *socioambientalismo* Umweltschutz mit Ansätzen der sozialen Nachhaltigkeit, die traditionelles, lokales Wissen und kulturelle Diversität sowie demokratische Prozesse und insbesondere soziale Partizipation in Fragen des Umweltmanagements beachten und fördern (vgl. ebd., S. 70). Sowohl der Ansatz des *socioambientalismo* als auch der der Umweltgerechtigkeit fordern also sozial-ökologische Gerechtigkeit und Gleichheit sowie Erhalt und Förderung der „Soziobiodiversität" (Cavedon und Vieira, 2007, o.S.). Im Jahr 1994 wurde in Brasilien das *Instituto Socioambiental* (ISA) gegründet. Es verfolgt das Ziel der Produktion und Förderung „integrierter Lösungen von sozialen und ökologischen Fragen, mit zentralem Fokus auf die Verteidigung sozialer, kollektiver und diffuser Güter und Rechte bezüglich der Umwelt, des kulturellen Erbes, der Menschen- und Völkerrechte" (ISA, 2016, o.S.). Umweltrecht geht laut ISA deutlich über individuelle Rechte hinaus (ISA, 2007, S. 236). Acselrad (2010, S. 109) stellt diese Perspektive utilitaristischen Ansätzen wie den der „ökologischen Modernisierung" gegenüber, die im Sinne der *accumulation by dispossession* die Kommodifizierung der Natur vorantreiben, ökonomische Interessen vor Rechte stellen und somit die ökologische Umwelt in die Logik des Privatbesitzes übertragen. Im Sinne der Austauschbarkeit dieser Güter kann Gerechtigkeit dann durch monetäre Entschädigung oder anschließende öffentlich-private Nachhaltigkeitsprogramme, die sich eines sozial-ökologischen Diskurses bedienen, wiederhergestellt werden (ebd., S. 104). Diesem Ansatz gegenüber bietet der Ansatz der Umweltgerechtigkeit eine transformative und integrierende Perspektive auf das Zusammenleben von Mensch und Natur (vgl. Porto, 2012a, S. 33).

Die brasilianische Netzwerkorganisation *Rede Brasileira de Justiça Ambiental* (RBJA[14]) gründete sich 2002 und versteht sich als „Raum für Identifizierung, Solidarisierung und Stärkung der Prinzipien der Umweltgerechtigkeit", die es als Konzeptbegriff für das Gesamt an Kämpfen für soziale und Menschenrechte, kollektive Lebensqualität und ökologische Nachhaltigkeit versteht (vgl. RBJA, o. J.). Es soll ein Forum sein für Diskussionen, strategische Mobilisierungen und politische Artikulation und auf diese Weise Widerstandspraktiken der Mitglieder ermöglichen und fördern sowie Alternativen formulieren. Neben den oben genannten Forderungen nach Umweltgerechtigkeit und Partizipation fordert es die Konstitution kollektiver Rechtssubjekte, das heißt die Berücksichtigung sozialer Bewegungen und populärer Organisationen und ihre Ermächtigung in der Konstruktion alternativer Entwicklungsmodelle (vgl. Acselrad, 2010, S. 112). In der Forderung der Einbindung betroffener Gruppen, beziehungsweise der Öffentlichkeit in Prozesse der Entscheidungsfindung geht es nicht nur um konkrete Projekte, sondern um Entscheidungen über die allgemeine Aneignung und Verwaltung natürlicher Ressourcen, die einer öffentlichen Debatte und sozialen Kontrolle unterliegen soll (vgl. FASE o. J.). Es geht auch um Anerkennung, die zwar selten explizit genannt, aber in den Forderungen nach Wertschätzung und Unterstützung reproduktiver, häuslicher Arbeit und kleinbäuerlicher Landwirtschaft sowie kultureller Diversität und alternativer Entwicklungsmodelle enthalten ist.

Leroy (2011, S. 1 f.) betont, dass der Unterschied der brasilianischen zur US-amerikanischen Bewegung darin liegt, dass die Thematik in Brasilien eine weitaus

---

14 RBJA vereint zahlreiche Gruppen, Vereinigungen, Gewerkschaften, Bewegungen und NGOs, darunter die unter anderem in Altamira aktiven Bewegungen Movimento dos Atingidos por Barragens (MAB) und Movimento Xingu Vivo para Sempre.

höhere Bandbreite an Ungerechtigkeiten umfasst. Dies liegt jedoch nicht an einer breiteren Auslegung des Konzepts, sondern vielmehr an der Art und Weise, wie sich das Kapital durch Brasiliens Position in der globalen Ökonomie ausgebreitet und einen immensen Grad an Ungleichheit geschaffen hat (vgl. auch Porto, 2012a, S. 49). Entsprechend gilt die neoliberale Marktwirtschaft mit ihrem neoextraktivistischen und agroindustriellen Produktionsmodell als zentrale Ursache dieser Ungerechtigkeiten, von denen häufig in peripheren, aber ressourcenreichen Landesteilen lebende, sogenannte traditionelle Bevölkerungsgruppen – zum Beispiel Indigene, Extraktivist*innen, Ribeirinh@gemeinschaften oder *quilombolas* –, betroffen sind. Ziel der Bewegung ist die Überwindung dieses Wirtschaftsmodells, denn innerhalb dieses Systems scheint Umweltgerechtigkeit nicht umsetzbar (vgl. FASE, o.J.[a]; RBJA, o. J.). Die kapitalistische Wirtschafts- und Gesellschaftsordnung wird also als Ganzes kritisiert und marktwirtschaftliche Lösungen für Umwelt- und Klimaproblematiken wie das Konzept des REDD+[15] oder des PSA[16] strikt abgelehnt (vgl. Grupo Carta de Belém, 2011).

Ein wichtiges Beispiel dieser Alternativen ist die sogenannte Agroökologie, die auf kleinbäuerlichen Strukturen basiert und im Gegensatz zur industriellen Landwirtschaft und ihrer Monokultur einen diversifizierten Anbau, Umweltverträglichkeit und den Respekt vor kultureller Diversität sowie Ernährungssouveränität und kleinbäuerliche Autonomie anstrebt (vgl. FASE, o. J.). Frauen nehmen eine wichtige Rolle in der Formulierung und Ausübung solcher alternativen Entwicklungsmodelle. Ein Ziel der Umweltgerechtigkeitsbewegung ist dementsprechend die Stärkung ihrer Position und Rechte. Durch ihre zentrale Rolle in der kleinbäuerlichen Landwirtschaft und im kleinteiligen Extraktivismus (oder auch Agroextraktivismus) sowie durch die von der Bewegung nach wie vor als patriarchalisch bezeichnete Gesellschaft, die größtenteils noch von Frauen ausgeführte reproduzierende und häusliche Arbeit abwertet, sind sie unverhältnismäßig stark durch Vertreibung und die negativen ökologischen Folgen von Agribusiness und Neoextraktivismus bedroht (vgl. FASE, o. J.). Umweltgerechtigkeit in Brasilien formiert sich also auch aus einem grundlegend feministischen Verständnis.

Im Gegensatz zur englischsprachigen akademischen Literatur wird in der brasilianischen Literatur stets auf die Bedeutung der Kollektivität hingewiesen. Dies zeigt sich vor allem in den Hinweisen auf traditionelle und/oder agroökologische Produktionsformen und deren kulturelle und ökonomische Bedeutung, die sich unter anderem über die notwendigen intersubjektiven Beziehungen untereinander und der Verbindung zum Ort, beziehungsweise Territorium ergibt. Leroy nennt in diesem Zusammenhang den Aspekt der Anerkennung, indem er auf die Geringschätzung hinweist, die solche Gruppen und ihre Lebensformen erleben. „Das Kapital" akzeptiert demnach keine alternativen Nutzungsformen des Raumes und so handelt

---

15 REDD+=Reducing Emissions from Deforestation and Forest Degradation in Developing Countries (vgl. United Nations Framework Convention on Climate Change, 2017; Grupo Carta de Belém, 2011).
16 PSA, bzw. Englisch PES=Payments for environmental [or ecosystem] services (vgl International Institute for Environment and Development (iied), o. J. Grupo Carta de Belém, 2011).

es sich dabei nicht nur um eine Rechtsfrage, sondern vielmehr um „einen brutalen Prozess der räumlichen Dominanz durch das Kapital" (Leroy, 2011, S. 4). Die *desconectados*, also die von ihrem Territorium Getrennten kämpfen dann nicht bloß um ihr Land. Porto (2012a, S. 34) spricht von der Unsichtbarkeit solcher sozialer Gruppen, die vor allem im Zuge von Konflikten um Ressourcen und Territorien interessengeleitet produziert wird. Auf diese Produktion von Unsichtbarkeit geht B. d. S. Santos (2011, S. 30) in seinen „Soziologie der Abwesenheiten" ein:

> [...] das, was nicht existiert, ist in Wahrheit aktiv als nicht-existent produziert, beziehungsweise, als eine nicht-glaubhafte Alternative zu dem, was existiert. [...] Die Nicht-Existenz wird immer produziert, wenn eine gewisse Entität disqualifiziert und als unsichtbar, nicht-intelligibel oder verachtenswert betrachtet wird.

Es ist also vor allem ein „Schrei der Forderung nach Würde, nach Anerkennung" (Leroy, 2011, S. 6) der *desconectados*. Neben der Forderung nach Anerkennung der Betroffenen als Rechtspersonen bezieht sich diese Forderung nach sozialer Wertschätzung von Lebensformen, ökonomischen Tätigkeiten und spezifischen Verhältnissen zu Land und Territorium auf die gesellschaftliche Sphäre in Honneths Anerkennungstheorie. „Es geht darum, unmögliche in mögliche Objekte, abwesende in anwesende Objekte umzuwandeln" (B. d. S. Santos, 2011, S. 30).

In Brasilien spielen sowohl im akademischen Diskurs als auch im Diskurs sozialer Bewegungen Diskussionen um Territorien und Territorialität – das heißt, die Fähigkeit zur Konstruktion eines Territoriums, also der Ausübung von Kontrolle und Einfluss auf ein geographisches Gebiet (vgl. Haesbaert, 2004, S 86 f.; Kolers, 2009, S. 4) – eine große Rolle. Diese Perspektive betrachtet weniger Grenzziehungen und Regeln, sondern vielmehr die Verknüpfung ökonomischer und (religiös-)kultureller Praktiken, also die spezifischen Landnutzungsformen und ihre Artikulationen, ihre kulturellen Bedeutungen und die historisch und kulturell gewachsene Interaktion von Mensch und Natur, die Territorien produzieren (vgl. Haesbaert, 2004, S. 121, 124; Kolers, 2009, S. 67). Wie auch dem Konzept des *socioambientalismo* zugrundeliegend, sind in der Perspektive auf Territorium und Territorialität Vorstellungen der Pluralität von Bedeutungen und ihrer Zuweisungen enthalten, die in Form konkreter, teils routinisierter, territorialisierender Praktiken geschehen und einer Dichotomisierung von Mensch und Natur widersprechen (vgl. Haesbaert, 2004, S. 123 f., 126). Sie entspricht der Hybridität des Raumes, die Haesbaert (2004, S. 79) in den komplexen Beziehungen „zwischen Gesellschaft und Natur, zwischen Politik, Wirtschaft und Kultur und zwischen Materialität und ‚Idealität', in einer komplexen raumzeitlichen Interaktion" erkennt. Indem der Begriff der Territorialität Aspekte der Kontrolle und des Einflusses behandelt, wird einmal mehr die in sozial-ökologischen Konflikten zentrale Machtkomponente deutlich.

Acselrad (2004) betrachtet dabei die materielle und die symbolische Aneignung eines Raumes. Während erstere die Kontrolle über die materielle Umwelt meint, bestimmt die Fähigkeit der symbolischen Aneignung die Macht über die Deutungshoheit des Raumes, die darin enthaltenen Identitäten und letztendlich die Kontrolle über den juristisch-politischen Deutungsrahmen (vgl. auch Kolers, 2009, S. 70).

3.5 Eine (nicht nur) brasilianische Perspektive auf Enteignung und Anerkennung

Wie Cavedon und Vieira (2007, o.S.) es mit Bezug auf Acselrad ausdrücken, gestalten sich Umweltkonflikte demnach über „die permanente Spannung zwischen unterschiedlichen Interessen und Konzepten bezüglich der symbolischen und materiellen Aneignung der Umwelt". Wie oben erwähnt, bedingt die Invasion dominanter Wirtschaftsformen Prozesse der Deterritorialisierung, also der Störung der Beziehungen und Praktiken bis hin zur Trennung der Menschen von ihrem Territorium – nicht nur anhand physischer Verdrängung, sondern auch anhand der Invasion anderer Ideologien und Weltsichten (vgl. Haesbaert, 2004, S. 130 f., 134–137). Leroy (2011, S. 6) spricht deswegen von der Notwendigkeit der „Humanisierung" des Territoriums im Anschluss an solche Prozesse: „Das Territorium zu humanisieren bedeutet die Verbindung zum Territorium wiederherzustellen, die Produktion, das Leben, die Bevölkerung mit ihrer materiellen und natürlichen Basis in ihrer immensen sozial-ökologischen Diversität". Die Humanisierung des Territoriums meint somit die Wiederherstellung der Fähigkeiten (*capabilities*) der Territorialität. Da diese normative Forderung bezüglich der Nutzungshoheit eines Gebietes eine bestimmte Gruppe bevorzugt – hier spielen Vorstellungen über Ursprünglichkeit und Tradition eine große Rolle –, muss sich diese auf einen vergangenen Akt der Ungerechtigkeit beziehen; eine theoretisch fundierte Konzeptualisierung des Gerechtigkeitsbegriffs ist hier einmal mehr unerlässlich.

Um der Vielfältigkeit des Konzepts und der Bewegung für Umweltgerechtigkeit sowie der darin enthaltenen komplexen Perspektive auf das Interaktionsverhältnis von Mensch und Natur und dessen territorialisierenden, bedeutungsgeladenen Praktiken gerecht werden zu können, schlägt Schlosberg (2007, S. 39 f.) im Gegensatz zu einem Rückgriff auf rawlsche Verteilungsansätz einen pluralistischen Ansatz vor. Dieser soll Umweltgerechtigkeit unter den zu Beginn des Kapitels genannten Aspekten der Verteilung (bzw. Gleichheit), Anerkennung, Partizipation – wie es Fraser und, mit Einschränkungen, Honneth vorschlagen – und Befähigungen – wie es Sen und Nussbaum hinzufügen – und deren Wechselwirkungen analysieren und dabei insbesondere kollektive Akteur*innen berücksichtigen (vgl. auch Walker, 2010). In dem Maße, wie die vier Dimensionen untereinander verknüpft sind und wechselhaft einander bedingen, erkennt er auch anhand seiner Analyse verschiedener Formen der Umweltgerechtigkeitsbewegung in den USA und anderen Ländern, dass Situationen und Verständnisse von (Un-)Gerechtigkeit äußert divers sind (vgl. auch Holifield et al., 2010, S. 6). Während solch eine Pluralität von Theoretiker*innen wie Callicott und Hargrove (1990), Low und Gleeson (1998) oder Baxter (2005) in Bezug auf Inkohärenz und Unglaubwürdigkeit kritisiert wird, erkennt Schlosberg gerade in dieser Pluralität die Stärke der Bewegung (vgl. kritische Überlegungen dazu in Holifield et al., 2010, S. 17). Denn gerade durch die Reichhaltigkeit an Protesten, die sich auf den Begriff der Umweltgerechtigkeit beziehen, konnte das Konzept eine derartige internationale Aufmerksamkeit und die Bewegung ein derartiges Wachstum erlangen (vgl. Schlosberg, 2007, S. 179). Auf Uniformität zu beharren verkennt demnach die Realität und Praxis der Bewegung und bedeutet darüber hinaus die Missachtung von Gerechtigkeit als „based in recognition and democratic process" und dessen „plural and contextualist understanding" (ebd., S. 180). Im pluralistischen Ansatz lässt sich ein Bezug zu Arendts Konzept von Öffentlichkeit und politischem Handeln erkennen, das die Diversität von Perspektiven nicht nur berücksichtigt, sondern als absolut notwendig für die Möglichkeit politischen Handelns und Öffentlichkeit und somit Demokratie erachtet (vgl. Kap. 3.2). Doch wie auch im antiken Verständnis Öffentlichkeit nur über die Exklusion eines Teils der Bevölkerung möglich war, stellt sich für subalterne, exkludierte Gruppen die Frage, wie sie Teil dieser Pluralität, beziehungsweise der *community of justice* werden können. Die radikale Ausweitung intelligibler Normen und die Anerkennung aller in einem Konflikt involvierten Perspektiven und Lebensformen scheint nur über performativen Protest und Widerstand möglich.

Die Perspektive eines kritischen Pluralismus, die ein Theoretisieren unter der Berücksichtigung der komplexen Realität erlaubt, betont die soziale Konstruktion von Räumen, Wissen und Wahrheiten unter der Berücksichtigung von Machtverhältnissen und spiegelt die diesen unterschiedlichen Deutungen zugrundeliegende kulturelle Diversität wider (vgl. Cavedon und Vieira, 2007; Schlosberg, 2007, S. 97). Der kritische Pluralismus entspricht einem Plädoyer für die Berücksichtigung von Diversität richtet sich gegen die von der WTO, IMF und Weltbank geförderte Ausbreitung einer monokulturellen Form der Produktion, des Wissen und des Lebens richtet „[that] creates ‚development' and ‚growth' by the destruction of the local environment, culture, and sustainable ways of living" (Schlosberg, 2007, S. 86; 93) – hierzu muss auch die Zerstörung lokalen Wissens hinzugezählt werden. Indigene Aktivist*innen in den USA verwendeten für diese deterritorialisierenden Prozesse den Ausdruck eines kulturellen Genozids (vgl. ebd., S. 73). Es geht also um die Berücksichtigung anderer Epistemologien, auch als alternative Perspektiven auf die Betrachtung von Konflikten. B. d. S. Santos (2010; 2011) entwickelt in dieser Hinsicht die Idee der „Ökologie des Wissens" (B. d. S. Santos, 2011, S. 36), die er dem Prinzip des monokulturellen Wissens entgegenstellt, das andere Formen des Wissens als minderwertig, unproduktiv oder partikular betrachtet (ebd., S. 32). Die Idee der Wissensökologie erkennt jedes Wissen als unvollständig an. Da Wissen darüber hinaus zumeist ignorant gegenüber anderen Wissensformen ist, kann ein Dialog und eine „epistemologische Debatte" zwischen unterschiedlichen Wissensformen einerseits dieser Ignoranz entgegenwirken und andererseits die Unvollständigkeit ergänzen. Voraussetzung dafür ist die „interkulturelle Übersetzung",

> verstanden als ein Verfahren, das es erlaubt, reziproke Intelligibilität zwischen den Erfahrungen der Welt zu schaffen, sowohl den verfügbaren, als auch den möglichen. Es handelt sich um ein Vorgehen, das einer Gesamtheit von Erfahrungen weder den Status exklusiver Totalität zuspricht, noch diese als homogen betrachtet. (B. d. S. Santos, 2011, S. 38)

Auch die interkulturelle Übersetzung betrachtet „alle Kulturen" als unvollständig, weshalb diese durch den Dialog und die Konfrontation mit anderen Kulturen bereichert werden können[17] (ebd., S. 38).

---

17 In dieser Hinsicht verdeutlicht B. d. S. Santos (2011), dass es ihm keinesfalls um die Überwindung der modernen Wissenschaften geht. Vielmehr erkennt er den potentiellen Wert dieses Wissens an, sieht ihn aber nur in der Koexistenz und im Austausch mit anderen Wissensformen gewährleistet. Die modernen Wissenschaften müssten demnach ihren „privilegierten Status" aufgeben (ebd., S. 36).

Die Forderung nach der Berücksichtigung anderer Epistemologien betrifft auch die Wahrnehmung der nicht-menschlichen Umwelt, die aus Sicht einiger nichtwestlicher Epistemologien keiner derartigen Trennung vom Menschen unterliegt. So werden unter dem Begriff der „ecological justice" Forderungen lauter, Elemente der nichtmenschlichen Natur als rechtsfähige Akteur*innen miteinzubeziehen (vgl. Holifield, 2010; Schlosberg, 2007, S. 140–145; 189–193) und die dem westlichen, modernen Denken so eigene Dichotomisierung – in diesem Fall zwischen Mensch und Natur – zu überwinden (vgl. B. d. S. Santos, 2010b). Um dieser Diversität an Perspektiven und Verständnissen gerecht zu werden, bedarf es öffentlicher Diskussionen und demokratischer Prozesse der Entscheidungsfindung, die am ehesten im Sinne eines agonistischen Ansatzes zu verstehen sind (vgl. Kap. 3.6). Solch ein Ansatz betont im Sinne einer „critical responsiveness" die Notwendigkeit der Akzeptanz und des respektvollen Umgangs mit sowie die Integration von anderen Meinungen und Deutungen in Entscheidungsprozesse: „conflicts are to be resolved practically in ongoing and reflective practices" (vgl. Schlosberg, 2007, S. 181). Dabei gilt es nicht, soziale oder moralische Konflikte zu vermeiden. Vielmehr stellen sie einen wichtigen Bestandteil einer funktionierenden Demokratie dar. Denn nur über solche Konflikte und den dadurch entstehenden interkulturellen Dialog wird auch die Fähigkeit geschaffen, andere Perspektiven anzuerkennen und nachzuvollziehen.

3.5.2 Die Anti-Staudammbewegung und der Begriff des Betroffenseins

Die Diskussion um den Begriff des Betroffenseins (*ser atingido*) im Zuge großer Entwicklungsprojekte hängt eng mit den Konzepten der Umweltgerechtigkeit und des *socioambientalismo* zusammen, an deren Etablierung in Brasilien die Anti-Staudammbewegung maßgeblichen Anteil hatte. Die Entstehung der Bewegung muss im Kontext des Demokratisierungsprozesses ab den späten 1970er Jahren betrachtet werden, in der die Entstehung öffentlichen politischen Raumes den von Staudämmen Betroffenen erstmals die Gelegenheit zur Artikulation gab (vgl. Corrêa dos Santos, 2015, S. 116). Hintergrund der Protestbewegung war ein massiver Ausbau der Wasserkraft ab den 1970er Jahren, der mit dem Motiv der Energiesouveränität infolge der Erdölkrise von 1970 begründet wurde. Nationale Souveränität war in der Folge das hohe Ziel, dem sich Betroffene zu fügen hatten und das jeglichen Widerstand delegitimierte (vgl. M. C. d. Santos und Dahmer Pereira, 2010, S. 7 f.; 12). Als Betroffene, das heißt als zu Entschädigende galten entweder nur die offiziellen Grundstückseigentümer*innen innerhalb des zu flutenden Territoriums oder alle Bewohner*innen in von Überflutung betroffenen Gemeinden. Wie Vainer (2009, S. 214 ff.) betont, wurde die Komplexität der Folgen eines solchen Großprojektes, die weit mehr als das zu überflutende Gebiet umfassen und somit die sozial-ökologische Verantwortung des Unternehmens verkannt. Partizipationsmöglichkeiten waren nicht vorgesehen. Vainer (2009, S. 216) zufolge wurde die betroffene Bevölkerung vielmehr als ein zu beseitigendes Hindernis für die nationale Entwicklung betrachtet.

Der Herausforderung des begrenzten Konzepts von Betroffensein widmeten sich ab den 1970er Jahren zunächst lokale Protestgruppen, deren zunehmende Vernetzung 1991 in der Gründung des *Movimento dos Atingidos por Barragens* (Bewegung der von Staudämmen Betroffenen – MAB) mündete. Galt die erste Phase dieses Zusammenschlusses zunächst insbesondere der Konstruktion einer gemeinsamen politischen Identität und der offiziellen Anerkennung ihrer regionalen Kommissionen als Repräsentantinnen der betroffenen Bevölkerung (vgl. Oliver-Smith, 2001, S. 28; Vainer, 2004, S. 190 ff.), so konnten im Zuge der Demokratisierung der Gesellschaft in den 1980er Jahren bereits handfeste Erfolge wie das gesetzliche Erfordernis einer Umweltstudie und eines Umweltberichts erzielt werden (Corrêa dos Santos, 2015, S. 118). Analog zur aufkommenden Idee des *socioambientalismo* fand also ein Prozess rechtlicher Anerkennung der Betroffenen statt. Auch durch Zusammenarbeit mit internationalen Organisationen schaffte es die Anti-Staudammbewegung im Zuge des gesellschaftlichen Wandels Druck auf staatliche Institutionen wie das nationale Energieunternehmen Eletrobrás aufzubauen und diese zur Erweiterung ihres Verständnisses von Betroffensein zu bewegen, sodass auch die Komplexität des durch Enteignungen ausgelösten sozialen Wandels und die Verantwortung des Energiesektors formal anerkannt wurden (vgl. Vainer, 2007, S. 120; CDDPH, S. 28). Im Zuge der Umsetzung neoliberaler Politik in den 1990er Jahren wurde der Energiesektor jedoch privatisiert und der Anerkennungsprozess stark gedämpft (vgl. ebd., S. 121 f.). Energie wurde auf diese Weise zu einer Ware wie jede andere und sozial-ökologische Fragen externalisiert. Dem jeweiligen Konsortium wurde das volle Recht verliehen Enteignungen entsprechend der vertraglichen Vereinbarungen und des sogenannten öffentlichen Nutzens umzusetzen. Sozial-ökologische Fragen fanden in neu erlassenen Gesetzen keine Erwähnung mehr (vgl. ebd., S. 123; 129). Verhandlungen mit den gewinnorientierten privaten Unternehmen gestalteten sich entsprechend schwierig und so wich die Anti-Staudammbewegung wieder verstärkt auf öffentlichen Widerstand aus. Diese Strategie wurde auch mit der Machtübernahme der *Partido dos Trabalhadores* im Jahr 2003 beibehalten, die entgegen der Hoffnungen sozialer Bewegungen keinen Dialog mit der Anti-Staudammbewegung einging, sondern stattdessen den Bau von Wasserkraftwerken forcierte (Corrêa dos Santos, 2015, S. 117–121).

Infolge der weltweiten Mobilisierung und Vernetzung von Anti-Staudammbewegungen findet ein wechselseitiger Austausch zwischen den Diskussionen auf nationaler und internationaler Ebene statt. Das 1987 gegründete International Rivers Network (IRN) unterstützt dabei als Verbindungsglied und Sprachrohr weltweiter Anti-Staudammbewegungen deren Kämpfe und übt entscheidenden Einfluss auf die Politik internationaler Organisationen wie der Weltbank aus (vgl. Oliver-Smith, 2001, S. 25 f.; 29; 97). In einem Evaluationsbericht aus dem Jahr 1994 über vergangene finanzierte Großprojekte erwähnt die Weltbank die Risiken unfreiwilliger Umsiedlung bezüglich des Zusammenbruchs von Produktionssystemen, lokalen Märkten, sozialen Netzwerken und daraus resultierendem Arbeitsplatzverlust und Verarmung. Darüber hinaus werden mögliche kulturelle Verluste durch den – auch durch massiven Zuzug bedingten – Zusammenbruch traditioneller gesellschaftlicher Systeme genannt sowie die Notwendigkeit von Entschädigungsformen, die die

3.5 Eine (nicht nur) brasilianische Perspektive auf Enteignung und Anerkennung

soziokulturelle Rehabilitation ermöglichen (Weltbank, 1994, S. iii–iv; 4/17). Die *Operation Policy 4.12* der Weltbank (2001) wie auch ein Bericht der International Finance Corporation (2002) berücksichtigen unter dem Begriff des „economic displacement" (ebd., S. 5) den Verlust des Zugangs zu lebensnotwendigen Ressourcen. Ähnlich spricht die World Comission on Dams[18] von sowohl einem „physical displacement" als auch einem „livelihood' displacement (or deprivation)" (World Commission on Dams, 2003, S. 103). Aus einer Veränderung des Ökosystems resultiert demnach entweder die Degradierung oder der Wegfall des Zugangs zu nicht nur lebenssondern auch soziokulturell notwendigen Ressourcen (ebd., S. 103). Dies betrifft auch die Menschen unterhalb des Staudamms, die ebenso von einer radikalen Veränderung des Ökosystems betroffen sind. Wie in diesen Ausführungen deutlich wird, handelt es sich beim Betroffensein um einen umkämpften Begriff, der je nach kulturellem und politischem Kontext in Raum und Zeit variiert (vgl. Vainer, 2009, S. 214). Dementsprechend umfasst er keinesfalls nur eine technische Dimension, sondern bezieht sich vielmehr

> auf die Anerkennung, das heißt Legitimierung, von Rechten und ihren Inhabern. [...] [F]estzulegen, dass die jeweilige soziale Gruppe, Familie oder ein Individuum durch das entsprechende Unternehmen betroffen ist, oder war, bedeutet, das Recht auf eine Form der nicht-finanziellen Entschädigung, Rehabilitation oder Wiedergutmachung als legitim – und, in einigen Fällen rechtlich – anzuerkennen. (Vainer, 2009, S. 213 f.)

Mit Bezug auf Honneth (2016 [1994]) sind bei dieser Aushandlung von Betroffensein nicht nur die materiell-monetären Aspekte entscheidend, sondern auch die rechtliche und gesellschaftliche Anerkennung als solche. Eine in diesen Sphären erfahrene Missachtung verschärft den ohnehin komplexen sozialen Wandel, der die ökonomische, politische, kulturelle und ökologische Dimension sowie unterschiedliche räumliche und zeitliche Ebenen umfasst. Indem das Konsortium in den physischen Raum der für das Projekt bestimmten Region tritt, invadiert es auch „gewaltsam den sozialen Raum und provoziert eine Destrukturierung der sozialen Beziehungen" (Sigaud 1986, zit. in Vainer, 2009, S. 217). Neben sozialen sind es schließlich auch kulturelle Beziehungen, Praktiken und deren Bezugsorte, die Destrukturierung oder Verlust erfahren (vgl. ebd., S. 217).

---

[18] Die World Comission on Dams wurde 1998 unter Vermittlung der Weltbank und der World Conservation Union (IUCN) eingerichtet „in response to the escalating local and international controversies over large dams" (United Nations Environment Programme, o.J.). Die Aufgaben der Kommission, die aus 12 Mitgliedern geformt wurde, bestehen darin, die Effektivität großer Dämme zu überprüfen, Alternativen aufzuzeigen und „international akzeptable Kriterien, Richtlinien und Standards für Planung, Design, Begutachtung, Konstruktion, Betrieb, Monitoring und Außerbetriebnahme von großen Staudämmen" festzulegen (ebd., o.S.; eigene Übersetzung).

3.6 AGONISTISCHE PERSPEKTIVEN AUF ENTEIGNUNG, ANERKENNUNG UND ÖFFENTLICHKEIT

In Kapitel 3.5.1 wurde die Idee des kritischen Pluralismus erwähnt, die vielen Ansätzen der Umweltgerechtigkeit, wie auch dem *socioambientalismo*, zugrunde liegt und ein Plädoyer für die Berücksichtigung von sozialer, kultureller und ökonomischer Diversität darstellt. So plädiert B. d. S. Santos (2010b) für eine Wissensökologie, die unterschiedliche Wissensformen als gleichwertig achtet und dadurch die Grenzen dominanten Wissens, die gültiges von ungültigem Wissen trennen, überwinden kann. Die Idee der Umweltgerechtigkeit erachtet Konflikte innerhalb einer Gesellschaft dennoch nicht als vermeidbar, sondern als immanent in der gesellschaftlichen Auseinandersetzung mit dieser Vielzahl an Perspektiven. Dies entspricht Arendts Vorstellung vom politischen Handeln, welches nur über Differenz, also die Existenz unterschiedlicher Meinungen und Betrachtungsweisen innerhalb einer Gemeinschaft Gleichberechtigter möglich ist. „Eine gemeinsame Welt [...] existiert überhaupt nur in der Vielfalt ihrer Perspektiven" (Arendt, 2015 [1976], S. 73), denn der öffentliche Raum des politischen Spiels entsteht erst im Zusammentreffen unterschiedlicher Vorstellungen, der Aushandlung dieser und der gegenseitigen Anerkennung. Der Stellenwert, den sie der Differenz und der konflikthaften gesellschaftlichen Auseinandersetzungen einräumt, zeigt sich deutlich in ihrer Kritik an der Massengesellschaft. Hier haben Massenkonsum und daraus resultierende Entpolitisierung dazu geführt, dass die Menschen nicht mehr in der Lage sind, durch politisches Handeln einen Raum der Öffentlichkeit zu schaffen. In der Fokussierung auf den Konsum als erstrebenswertes Ziel und dem daraus resultierenden Verlust der Differenz unter den Gesellschaftsmitgliedern bewirkt eine Massengesellschaft die Isolierung ihrer Mitglieder: „Eine gemeinsame Welt verschwindet, wenn sie nur noch unter einem Aspekt gesehen wird" (Arendt, 2015 [1976], S. 73). In Massengesellschaften oder ähnlichen „Zuständen, in denen keiner mehr sehen und hören oder gesehen oder gehört werden kann", verschwindet der öffentliche Raum und wir haben es mit „radikalen Phänomenen der Privatisierung zu tun" (ebd., S. 72 f.). Ähnliche Bedenken äußert auch M. Santos (2007 [1987]) in Bezug auf *citizenship* in Brasilien, wonach die Bürger*innen zu Konsument*innen degradiert und entpolitisiert wurden. Wie auch Butler und Athanasiou (2013) betonen, ist Widerstand gegen Enteignung demnach immer auch ein Kampf gegen das Verschwinden der Vielfalt und für die Erweiterung intelligibler Normen und Lebensweisen; es ist im Sinne von Castro (2008) ein Kampf für eine Politik, die „die Möglichkeiten erweitert" (ebd., S. 256).

Vereinbarungen, die aus diesen konflikthaften Aushandlungen entstehen können, bedeuten jedoch keinen Konsens und insbesondere keinen Endzustand. Sie können stets durch erneute Kritik herausgefordert und neu ausgehandelt werden (vgl. Tully, 1999, S. 167 f.). So widerspricht ähnlich wie Butler (2001, vgl. Kap. 3.3) auch Arendt der hegelschen Dialektik, die immer einen Endzustand, eine Synthese vorsieht, in die eine dialektische Aushandlung mündet. Wie Tully (1999, S. 162) auf Basis des arendtschen Konzepts argumentiert, würde dies dem Sinn des – wie er es nennt – politischen Spiels entgegenstehen:

3.6 Agonistische Perspektiven auf Enteignung, Anerkennung und Öffentlichkeit

> [...] the struggles over diverse forms of citizen participation cannot be settled once and for all. It is a game of politics that aims not at an end-state or final goal but, rather, at the free activity of citizen dialogues on the conditions of citizenship over time and generations.

Dieses Verständnis des politischen Spiels als kämpferische Aushandlung betrachtet soziale Konflikte somit nicht als zu überwindenden Zwischenzustand, sondern als dem sozialen und politischen Zusammenleben von Gesellschaften zugrundeliegend. Dies entspricht Honneths produktiver Sicht auf soziale Konflikte, anhand derer die Anerkennungsmuster einer Gesellschaft erweitert werden können. Auch Schlosberg (2007) erkennt im sozialen Konflikt – wenn respektvoll ausgetragen – die einzige Möglichkeit für eine Gesellschaft, interkulturellen Dialog und die Anerkennung und das Nachvollziehen anderer Perspektiven erlernen zu können. Die Bedeutung von *citizenship* liegt demnach weniger in einer von M. Santos (2007 [1987], S. 19) hervorgehobenen Rechtssphäre, als vielmehr in der Möglichkeit der Partizipation der Bürger*innen in der Aushandlung der Art und Weise, wie Regieren und die Ausübung politischer Macht gestaltet sein sollen (vgl. Tully, 1999, S. 169). Gerade aufgrund des konflikthaften Charakters ist dies ein radikaldemokratisches, pluralistisches Verständnis gesellschaftlichen Zusammenlebens. In der Vielfalt der Akteur*innen und der Erkenntnis des Nichtvorhandenseins von endgültigen Einigungen lässt sich der kämpferische Charakter erkennen, den das politische Spiel um Anerkennung in sich trägt. Tully bezieht sich damit auf Foucaults (1983) „games of truth" (vgl. ebd., S. 169) als ein dekonstruktivistisches Verständnis von anerkannten Wahrheiten als Produkte gesellschaftlicher Aushandlungsprozesse. Dieses Verständnis richtete Foucault gegen humanistische Theorien „[that] universalize a certain state of play and so obscure rather than illuminate how we constitute and are constituted by the games or practices in which we think and act" (vgl. ebd., S. 166). Ähnlich wie bei Arendt bedeutet für Foucault diese Möglichkeit, die Regeln des jeweiligen Spiels zu problematisieren oder von ihnen abzuweichen, Freiheit. Diese Freiheit entsteht Foucault zufolge über den agonistischen Charakter dieser Wahrheitsspiele:

> Rather than speaking of an essential freedom, it would be better to speak of an ‚agonism'– of a relationship which is at the same time reciprocal incitation and struggle; less of a face-to-face confrontation which paralyzes both sides than a permanent provocation. (Foucault, 1983, S. 222 f.)

Der Ausdruck des Agonismus ist im Sinne des agonistischen Pluralismus von Mouffe (2016) zu verstehen, einem Plädoyer für politischen Wettstreit, in dem die unterschiedlichen Modelle und Perspektiven einer Gesellschaft präsentiert und diskutiert werden. Er entspricht somit dem potentiell positiven Charakter, den Arendt in solchen politischen Konflikten erkennt, die gerade das Politische und eine funktionierende Demokratie ausmachen.

In Anlehnung an Foucault (1983) bezeichnet Tully (1999, S. 167) das politische Spiel als ein „agonic game", in dem nicht nur ein Kampf um Anerkennung stattfindet, sondern auch ein Kampf um die Regeln der Anerkennung. Während solcher Aushandlungen findet eine Verschiebung der ökonomischen und politischen Machtverhältnisse unter den beteiligten Akteursgruppen statt oder, wie Tully es ausdrückt, eine Umverteilung des „recognition capital" (Tully, 2000, S. 470). Im Sinne der Relevanz von Anerkennung für das Selbstwertgefühl und die Handlungsfähigkeit kann solch eine Umverteilung des *recognition capital* für die entsprechenden Akteursgruppen ermächtigende oder aber entmächtigende Wirkungen haben – ein Prozess, der besonders signifikant erscheint, wenn die Normen der Anerkennung selbst modifiziert werden. Diese „complex *interaction* between distribution and recognition" erkennt Tully als eine zentrale Eigenschaft heutiger politischer Machtkämpfe (Tully, 2000, S. 471; Hervorhebung im Original). Der Kampf um Anerkennung erscheint besonders für subalterne Teile einer Gesellschaft relevant, die Formen der (Neo-)Kolonialisierung erleben oder erlebt haben – wobei Neokolonialisierung hier im Sinne von Butler und Athanasiou (2013, S. 18; 26) allgemein als die Unterdrückung und Ausbeutung subalterner Lebensformen durch dominante Strukturen verstanden werden soll. Über die dominanten Normen der Intelligibilität erleben solche Subjekte die Brutalität der Nicht-Anerkennung. Wie kämpferisch sozialer Konflikt sein muss, um die Berücksichtigung subalterner Perspektiven gegenüber der gesellschaftlichen Elite zu erzwingen oder um überhaupt erst einen Dialog zu ermöglichen, hängt also von der Ausbildung der Anerkennungsmuster einer Gesellschaft ab (vgl. Kap. 3.4.1), beziehungsweise von dem Ausmaß, inwieweit strukturelle Hindernisse partizipatorische Parität behindern (vgl. Kap. 3.4.2). Sind die Anerkennungsmuster so gering ausgebildet, dass sie alternative Perspektiven und Lebensformen missachten und die Hindernisse zu gesellschaftlicher und politischer Teilhabe bestimmter Gruppen hoch, dann können diese Perspektiven beispielsweise durch den körperlichen, performativen Protest, wie Butler und Athanasiou (2013) ihn beschreiben und/oder über Frasers *subaltern counterpublics* öffentlich gemacht werden; es sind die Aushandlungen und Herausforderungen der Schnittstellen des *public-private-divide* über die solche Proteste ihre politische Brisanz erfahren (vgl. Kap. 3.2, 3.3).

Die strukturell verankerte soziale Ungleichheit in Brasilien deutet auf solche Hindernisse hin. So betont Holston (2008) die noch heute bestehende Persistenz elitärer Strukturen in Brasilien, wenn er von einem historisch geprägten System des *differentiated citizenship* spricht. Anders als in der Verfassung von 1988 vorgesehen, in der progressive Bürgerrechte formal verankert wurden, sind es meist die Bürger*innen, die für die Gewährleistung ihrer Rechte kämpfen müssen. Am Beispiel konsolidierter Arbeiterviertel in São Paulo, deren Bewohner*innen unter Forderungen nach Würde für die offizielle Anerkennung ihrer Eigentümer kämpfen, die ihnen trotz mehrfacher staatlicher Versprechen noch nicht erteilt wurde, problematisiert Holston die komplizierte und widersprüchliche Gesetzesgebung zu Eigentum, Besitz und allgemein Landrecht und deren reeller Manifestation in Brasilien (vgl. ebd., S. 9; 14; S. 203 ff.). So wurde das in sich widersprüchliche, hoch komplexe Gesetzessystem seit jeher von Eliten benutzt, um sich in Konflikten die entsprechenden wohlwollenden Paragraphen herauszusuchen, oder aber um die Konflikte aufgrund der Widersprüchlichkeit und Unlösbarkeit durch Gesetze in andere außer-rechtliche Ebenen zu verlegen:

3.6 Agonistische Perspektiven auf Enteignung, Anerkennung und Öffentlichkeit

> [...] elites have used law brilliantly – particularly land law – to sustain conflicts and illegalities in their favor, force disputes into extralegal resolution where other forms of power triumph, maintain their privilege and immunity, and deny most Brazilians access to basic social and economic resources. (Holston, 2008, S. 19)

Aufgrund dieser an sich problematischen Gesetzesgrundlage und der klientelistischen Verbindungen des Justizsystems sind die brasilianischen Gesetzesinstitutionen häufig außer Stande, Land- und Besitzkonflikte zu klären. So erlaubt und erleichtert die Gesetzeslage auf der einen Seite zwar in vielen Fällen eine Anzeige. Zumeist unwahrscheinlich ist jedoch die Bearbeitung dieser und die tatsächliche Entschädigung von Rechtsverletzungen betroffener Bürger*innen (ebd., S. 286). Indem sie einigen Bevölkerungsteilen vorenthalten werden, werden Rechte zu Privilegien und die betroffene Bevölkerung zu unterprivilegierten Gruppen. Es wird suggeriert, dass die Gewährung von Rechten keine Selbstverständlichkeit ist und es Aufgabe der Bürger*innen ist, dafür selbst Sorge zu tragen. „Look for your rights" wurde so zu einer symbolischen Aussage für eine Realität, in der es den Individuen obliegt, sich über ihre Rechte zu informieren und den Autoritäten zu zeigen, dass sie es durch Aufrichtigkeit und eine weiße Weste verdienen, diese gewährt zu bekommen (ebd., S. 256 f.). Dieses Ausgeliefertsein gegenüber der Willkür der Autoritäten reproduziert die Hierarchien des *differentiated citizenship*:

> The need for such special pleading exacerbates the struggle of the poor to run after their rights. It always puts them on the defensive, forces them to find the right person to intercede on their behalf, renders uncertain the dignity and respect, and makes them acknowledge their inferiority. (Holston, 2008, S. 257)

Dies schafft letzten Endes eine durch alle Bevölkerungsschichten verbreitete Perspektive auf das Gesetz nicht als Garant für Gerechtigkeit, beziehungsweise der Aufrechterhaltung der sozialen Ordnung, sondern vielmehr als Mittel zur „manipulation, complication, stratagem, and violence by which all parties – public and private, dominant and subaltern – further their interests" (Holston, 1991, S. 695). Auf diese Weise entsteht eine „arena of conflict" (ebd., S. 695), in der die Sphären der Legalität und Illegalität nicht mehr klar oder nur temporär voneinander zu trennen sind. So wie M. Santos (2007 [1987]) von der politischen Entmündigung der Bürger*innen spricht, stört solch eine strukturelle rechtliche Missachtung im Sinne eines hegelschen Verständnisses diese in ihrer sozialen Integrität. Gemeinsam mit der Verweigerung sozialer Wertschätzung seitens der gesellschaftlichen Elite hindert es sie an einer umfassenden gesellschaftlichen und politischen Teilhabe (vgl. Kap. 3.1 und Kap. 3.4.1).

Motivieren diese Erfahrungen der Missachtung die Betroffenen zu sozialen Protesten, finden diese in Brasilien – so die Kontinuität der brasilianischen Geschichte – ihr Ende meist „in the police bullet, henchman's truncheon, and army cannon" (Holston, 2008, S. 18). Ähnlich fällt Carvalhos (2005) Analyse in *Cidadania a Porrete* aus. Im Sinne des *ordnungsgemäßen Platzes* der Prekären bei Butler und Athanasiou (2013, S. 18) hat sich der brasilianische Bürger demnach seinem Platz zu fügen:

> Der brasilianische Bürger ist das Individuum mit dem von Knüppeln zerbrochenen Genie, gezähmt, geformt, reglementiert, angepasst an seinen Platz. Ein guter Bürger ist nicht derjenige, der sich frei und gleich fühlt, sondern der, der sich in die Hierarchie fügt, die ihm vorgeschrieben ist. (J. M. d. Carvalho, 2005, S. 307)

Marginalisierte Bevölkerungsgruppen sehen sich also nicht nur gezwungen für ihre Rechte zu kämpfen, sondern sind in diesem Kampf auch der repressiven Gewalt des Staates und somit der Gefahr ihrer physischen Integrität ausgesetzt. Folge solch einer Politik der Elite „who do not tolerate any underlying erosion of their position" (Holston, 2008, S. 18) ist das Verschwinden öffentlicher Räume der politischen Debatte und Interaktion – für deren Existenz Arendt so vehement eintritt, da diese die Essenz der Politik und Freiheit ausmachen – und somit auch das Schwinden der Wahrscheinlichkeit gesellschaftlichen Wandels. Holston spricht daher von einem Verhältnis der Vulnerabilität der Massen auf der einen und der Immunität der Eliten auf der anderen Seite (vgl. ebd., S. 19). Diese Situation struktureller Ungleichheit und die Erfahrungen von Missachtung und Ungerechtigkeit äußern sich besonders im Zusammenhang mit staatlicher Entwicklungspolitik und ökologisch degradierenden Großprojekten sowie in dem Umgang mit der jeweiligen lokalen Bevölkerung, weswegen die Idee der Umweltgerechtigkeit solch eine zentrale Position in widerständigen Handlungen betroffener Bevölkerungsgruppen erlangte.

Im arendtschen Sinne erkennt Castro (2008) im Verschwinden öffentlicher Räume das Verschwinden von Diversität, die er als „vorrangigen Wert für das Leben" erachtet, da Leben nur über die Differenz bestehen kann: „[J]edes Mal, wenn eine Differenz verloren geht, stirbt etwas" (ebd., S. 285). Holston thematisiert die Anpassung marginaler Bevölkerungsgruppen an die dominante Form des *citizenship*, indem diese beispielsweise Konsumentinnen und formelle Eigentümerinnen werden und dadurch die dominanten Strukturen reproduzieren und festigen. Gleichzeitig aber erwähnt er aufständische Äußerungen dieser Gruppen und Herausforderungen der dominanten Strukturen, deren Gesamtheit er als „insurgent citizenship" tituliert (Holston, 2008, S. 9). Dies kann die Herausforderungen historisch konstruierter Dichotomien wie legal/illegal, politisch/häuslich oder privat/öffentlich oder aber die Beanspruchung elitärer Räume durch Subalterne sein, die gewaltsame Reaktionen hervorrufen oder gewaltsam ablaufen können und so „unstable and dangerous spaces of citizenship" produzieren (ebd., S. 13 f.). Beides, die Festigung und die Herausforderung dominanter Strukturen laufen teils parallel und teils unbewusst ab, „but in an unbalanced and corrosive entanglement that unsettles both state and society" (ebd., S. 13). Hier zeigt sich also wieder der kämpferische Charakter der Aushandlung von *citizenship*, der sich auch dann noch zeigt, wenn der öffentliche Raum repressiver Gewalt zu weichen scheint. Denn Erscheinungsräume können im arendtschen Sinne immer wieder spontan entstehen, wenn Bürger*innen in politische Interaktion treten.

Für Fanon (2008 [1967]) ist der Kampf für soziale Anerkennung und Intelligibilität der einzige Weg für Subalterne, post- oder neokoloniale Strukturen aufzubrechen. Im Sinne seines Modells der zweifachen Verankerung (post/neo-)kolonialer Ordnungen kann Dekolonisierung nicht durch die Anerkennung seitens der Eliten geschehen. Denn neben der Etablierung der strukturellen Verhältnisse lässt die

Internalisierung der ungleichen institutionalisierten und intersubjektiven Anerkennungsmuster den Kolonisierten selbst die gesellschaftliche Ordnung als quasi-natürlich erscheinen. Ähnlich wie B. d. S. Santos (2010a) erkennt er in den kolonialen Strukturen eine epistemische Dominanz, die diese doppelte Verankerung von Herrschaftsstrukturen produziert (vgl. Kap. 3.5.1). Eine Anerkennung seitens der Eliten würde diese internalisierten kolonialen Muster, die den Eliten dienen, nicht aufbrechen und so letzten Endes die Strukturen der Unterdrückung reproduzieren (vgl. Coulthard, 2007, S. 451). Anstelle tatsächlicher Freiheit und Emanzipation entstünde in Fanons Worten „white liberty and white justice" (Fanon, 2008 [1967], S. 172). Coulthard (2007) bestätigt die aktuelle Relevanz dieser Analyse von Fanon. So ist die subjektive, unsichtbare Dimension der Herrschaft und Unterdrückung mehr denn je auf aktuelle Herrschaftsverhältnisse übertragbar, die insbesondere über eine „fluid confluence of politics, economics, psychology and culture" (Alfred 2005, S. 30, zit. in ebd., S. 455 f.) funktionieren. Butler und Athanasiou (2013) schließen sich dieser Beurteilung, die auch eine Kritik an multikulturalistischen Anerkennungstheorien wie der von Taylor (1994) ist, an, wenn sie behaupten, dass Anerkennung seitens des Staates allzu oft lediglich die Anerkennung von Identitäten bedeutet, die im Sinne der Internalisierung von Inferiorität oder der Opferrolle häufig bereits beschädigte Identitäten sind (vgl. Kap. 3.3). So geschieht über eine Versöhnungspolitik und die Zuweisung von *victimhood* bei Butler und Athanasiou (2013) und Motha (2006) (vgl. S. 47) die Enteignung der eigenen Mündigkeit und Selbstbestimmung. Sie fordern einen Perspektivwechsel, damit nicht länger Opferrollen und verletzte Identitäten im Fokus stehen, sondern stattdessen die Strukturen der Unterdrückung und „the struggle to overcome broader social and economic conditions of oppression" (Butler und Athanasiou, 2013, S. 87). Nur so kann Anerkennung zu einem transformativen Begriff werden.

4 FORSCHUNGSDESIGN UND METHODISCHES VORGEHEN

Die Fragestellung dieser Arbeit analysiert die Aushandlung von Bedeutungsstrukturen in Enteignungsprozessen und betrachet dabei die Produktion und Herausforderung von Grenzen der Intelligibilität. Es stehen somit zutiefst subjektive Strukturen und die soziale und psychologische Dimension von Enteignung im Fokus. Damit die empirische Forschung in der Lage ist, diese zu erfassen, müssen die theoretischen Ansätze, die in Kapitel 3 vorgestellt wurden, in einen theoretischen Analyserahmen gefasst werden, der die Analyse und Interpretation des empirischen Materials ermöglicht.

4.1 DER THEORETISCHE ANALYSERAHMEN

Die hegelsche Annäherung an den Begriff des Eigentums hat die enge Verknüpfung von Eigentum, Aneignung und dem Prinzip wechselseitiger Anerkennung verdeutlicht. Eigentum fungiert dabei als Medium der Anerkennung. Hegels Dialektik von Herrschaft und Knechtschaft zeigt, dass sich der Knecht über die eigene Signatur in seinen Objekten zwar als Person mit einem eigenen, freien Willen erkennt, diese Selbstaneignung und Freiheit jedoch durch die Notwendigkeit der Unterordnung unter Normen von Grund auf eingeschränkt ist. Anders als Hegel, der einen harmonischen Endzustand dieses dialektischen Prozesses für möglich hält, erkennen Butler (2001) wie auch Arendt (2006 [1961]; 2015 [1976]) darin die Unmöglichkeit der Souveränität von Subjekten und die grundlegende Einschränkung der Möglichkeit des Eigentums an sich selbst. Dieser Zustand des *being dispossessed*, wie Butler und Athanasiou (2013) die Abhängigkeit sozialer Existenz von Strukturen der Alterität und der Unterordnung unter intelligible Normen bezeichnen, ist grundlegend dafür, dass Subjekte Prozesse des *becoming dispossessed* erfahren können: die Aberkennung der Gültigkeit der eigenen Lebensweise und Wirklichkeit durch die Beraubung oder den Entzug elementarer Dinge wie der Lebensgrundlage, des Hauses oder der Rechte. Die Zuweisung oder Verweigerung von Anerkennung verläuft dabei entlang der als intelligibel geltenden Normen, die die Anerkennungsstrukturen vorgeben (vgl. Abb. 1). Diese Normen können jedoch nicht einfach durch eine dominante Elite vorgegeben werden, sondern erhalten ihren Sinn erst über die ständige Bestätigung innerhalb der Gesellschaft. Butler und Athanasiou (2013) betrachten die Möglichkeiten einer Herausforderung der Normen als grundsätzlich eingeschränkt: Durch die Einbindung von Handlungen in die vorgegebene diskursive Ordnung müssen diese, um verständlich zu sein, auch im Widerstand Bezug auf intelligible Normen nehmen, was wiederum die Reproduktion der Ordnung selbst im Widerstand bedeutet. Als Möglichkeit des Überwindens dieses Dilemmas erkennen die Autorinnen den performativen Effekt von Handlungen, der auf der einen Seite die stetige Reproduktion der diskursiven Ordnung erst ermöglicht, auf der anderen Seite gerade infolge dieser notwendigen Bezugnahme Bedeutungsverschiebungen und Abweichungen der intelligiblen Normen erzeugen kann (vgl. Abb. 1). So kann Widerstand performativ sein, indem sich Protestierende die gegebenen Strukturen der Dominanz zu eigen machen und sie zum Zwecke der Äußerung ihrer Botschaft instrumentalisieren beziehungsweise umdeuten. Enteignung ist also kein einseitiger Vorgang, der Betroffene in die Opferrolle drängt, sondern ein Prozess, dessen Verlauf zwischen den involvierten Akteuren ausgehandelt wird. Foucault (1983) bezeichnet diese Aushandlungen von Bedeutungsstrukturen als Wahrheitsspiele, was dem arendtschen Konzept des politischen Handelns entspricht, das Öffentlichkeit und dadurch Wirklichkeit produziert und dadurch stets Unerwartetes, Neues hervorbringen kann (Arendt, 2006 [1961]; Arendt, 2015 [1976]). Diese Aushandlungen sind immer ein Kampf um Deutungshoheiten, der innerhalb einer komplexen Akteursstruktur stattfindet und in dem über die Verteilung des Anerkennungskapitals und somit über politische und ökonomische Macht entschieden wird (vgl. Tully, 2000).

Demnach kann Enteignung nicht als ein einmaliges Ereignis, sondern als ein in historische Machtkonstellationen eingebetteter, relationaler und mehrdimensionaler Prozess verstanden werden, in den sowohl die Erfahrungen der Fremdbestimmung und Bevormundung als auch die psychosozialen Folgen solcher Erfahrungen einbezogen werden müssen. Sowohl die durch die diskursive Ordnung (re-)produzierten Normen der Intelligibilität als auch darin eingebettete Enteignung werden gemacht und können deshalb auch herausgefordert werden. In dieser Arbeit wird also von der Annahme ausgegangen, dass im Kontext des Großprojekts Belo Monte Enteignung über die Zuweisung, Aberkennung und Einforderung von Anerkennung ausgehandelt wird. Es stellt sich demnach die Frage, wie diese Aushandlung geschieht. Es kann davon ausgegangen werden, dass infolge der Initiierung des Großprojekts in einer peripheren, durch die Abwesenheit des Staates gekennzeichneten Region angesichts der Ankunft von Mitarbeiter*innen externer Unternehmen unterschiedliche Lebenswirklichkeiten und Weltsichten kollidieren. Das mit der Implementierung des Projekts beauftragte Konsortium ist insbesondere während des Registrierungs- und Entschädigungsprozesses in der Lage, vor dem Hintergrund bestimmter Kriterien zu kategorisieren und Dinge als entweder gültig und entschädigungswert oder als ungültig und nicht entschädigungswert zu deklarieren und dadurch zu entwirklichen. Auf unterschiedliche Weise geschieht so auf Basis der dominanten diskursiven Ordnung eine vielschichtige Zuschreibung von Wertigkeiten, durch die die Betroffenen die Zuweisung oder den Entzug von Anerkennung erfahren und dementsprechend als verständlich und gültig oder als unverständlich und ungültig konstruiert werden (vgl. Abb. 1).

Es muss untersucht werden, wie die selektive Zuweisung von Anerkennung durch die für das Projekt verantwortlichen Akteur*innen geschieht. Dabei muss von den Wahrnehmungen der Betroffenen ausgegangen werden, da der Prozess erfahrener Missachtung ein zutiefst subjektiver ist. Um die Komplexität der Enteignungsstrukturen erkennen zu können, müssen lokale Verständnisse und Strukturen von Eigentum untersucht werden. Hierbei hilft der phänomenologische Zugang Hegels (1987 [1807]; 2015 [1820]) und sein Fokus auf intersubjektive Strukturen wechselseitiger Anerkennung, mithilfe dessen insbesondere die Entwicklung gemeinschaftlicher Beziehungen und Eigentumsstrukturen, gerade auch am Beispiel selbst errichteter und staatlich nicht regulierter Nachbarschaften, erfasst werden kann. So zeigt er anhand der vorvertraglichen sozialen Konflikte, wie auch auf lokaler Ebene Normen, Regeln oder Werte als Mittel zur Stabilisierung von Anerkennungsstrukturen fungieren. Es lässt sich dabei die Verbindung zwischen Prozessen der Aneignung und der Subjekt- und Identitätsbildung erkennen, die Strukturen individuellen und kollektiven Eigentums sowie Rollenverteilungen innerhalb einer Gemeinschaft produzieren. Diese Eigentumsstrukturen, die Subjekten Würde, Respekt und Handlungsfähigkeit verleihen (vgl. Holston, 2008), sind Voraussetzung für die Fähigkeit gesellschaftlicher Teilhabe. Die Bedeutung gesellschaftlicher Teilhabe unterstreicht Arendt (2015 [1976]) am Beispiel der griechischen Polis in ihrer Darstellung der öffentlichen Sphäre, in der durch politisches Handeln Bedeutungsstrukturen ausgehandelt und Sinn und Wirklichkeit konstruiert werden. Gleichzeitig betont sie die Bedeutung des Eigentums, das den privaten Raum als beständigen, weltlich verankerten Ort konstituiert, der sowohl Handlungsfähigkeit verleiht als auch einen Raum des Rückzugs und Schutzes vor der Öffentlichkeit darstellt. In der Annahme, dass angesichts des Enteignungsprozesses die gesellschaftliche Teilhabe der Betroffenen eingeschränkt und ihnen der Zugang zur öffentlichen Sphäre erschwert ist, stellt sich die Frage des Umgangs der Betroffenen mit dieser Situation. Da Bedeutungsstrukturen und Anerkennung nur in der öffentlichen Sphäre verhandelt werden können, muss untersucht werden, inwieweit Handlungen der Betroffenen in der Lage dazu sind, solche Zugangsbarrieren zu überwinden, wobei nach Butler und Athanasiou (2013) insbesondere der performative Widerstand als aussichtsreiche Möglichkeit erscheint (vgl. Abb. 1). Wie aber können performative Effekte erzielt werden? Bei Butler (2011) spielen hinsichtlich dieser Frage die Schnittstellen des privaten und öffentlichen Bereichs eine zentrale Rolle, da gerade die Herausforderung des dominanten *public-private divide* Irritationen und politische Brisanz schafft. In dieser Hinsicht weist sie einer wechselseitigen Performativität von Körperlichkeit und der Aneignung und Instrumentalisierung der materiellen Umwelt eine zentrale Rolle zu (ebd.). Sie kritisiert Arendts Konzept von Öffentlichkeit, das die Annahme des Ausschlusses gewisser Bevölkerungsgruppen als Voraussetzung für Öffentlichkeit nicht zu überwinden vermag. Ihr Vorschlag, dieses konzeptionelle Problem mittels einer Trennung des Körpers in eine private und eine öffentliche Seite zu lösen, stellt die Frage nach den regulierenden Mechanismen, die den privaten Körper daran hindern, in den öffentlichen, aktiven Körper überzugehen (ebd.). Diese Ungleichheit produzierenden Mechanismen stellen für die jeweiligen Gesellschaftsgruppen Hürden bezüglich partizipatorischer Parität dar und verhindern eine pluralistische und agonistische Öffentlichkeit.

Was motiviert schließlich politischen Widerstand und welche Verständnisse und Wahrnehmungen liegen den entsprechenden Vorwürfen und Forderungen zugrunde? Für die Klärung dieser Fragen helfen die anerkennungstheoretischen Gerechtigkeitskonzepte von Honneth (2016 [1994]; 2003) und Fraser (1993; 2003; 2008). Honneths psychologischer und normativer Ansatz erkennt Ungerechtigkeitsempfinden infolge von verletzten Anerkennungserwartungen als Motivation für politischen Widerstand, der wiederum Möglichkeiten der Widerherstellung der, durch rechtliche und soziale Missachtung beschädigten, sozialen Integrität und Würde bietet. Für Fraser (2008) sind es die Hürden zu partizipatorischer Parität, die Ungerechtigkeiten produzieren. Um ihre Verständnisse und Forderungen überhaupt geltend machen zu können, schlägt Fraser (1993) marginalisierten Gruppen die Produktion subalterner Gegenöffentlichkeiten vor, die angesichts fundamentaler gesellschaftlicher Ungleichheit die liberale Vorstellung einer „single comprehensive public sphere" (ebd., S. 117) und die darin enthaltene hierarchische soziale Schichtung einer Gesellschaft und patriarchalisch geprägte Trennungen von privat und öffentlich herausfordern und die Partizipation subalterner Gruppen erzwingen können. Wichtig sind in dieser Hinsicht auch die in der Idee der Umweltgerechtigkeit und des *socioambientalismo* enthaltene Berücksichtigung unterschiedlicher Formen des Wissens und daraus resultierender Landnutzungs- oder allgemein Lebensformen, die durch dominante Epistemologien marginalisiert und als ungültig markiert werden können. Alternative Verständnisse können so die dem modernen, westlichen Denken eigenen Dichotomien – beispielsweise die Trennung von Mensch und Natur – überwinden und eine Perspektive auf die komplexe Interaktion menschlicher und nicht-menschlicher Akteur*innen werfen. Santos' (2010; 2011) Epistemologien des Südens und das Prinzip der Ökologie des Wissens liefern einen hilfreichen Ansatz zur Einordnung solcher epistemologischen Konflikte.

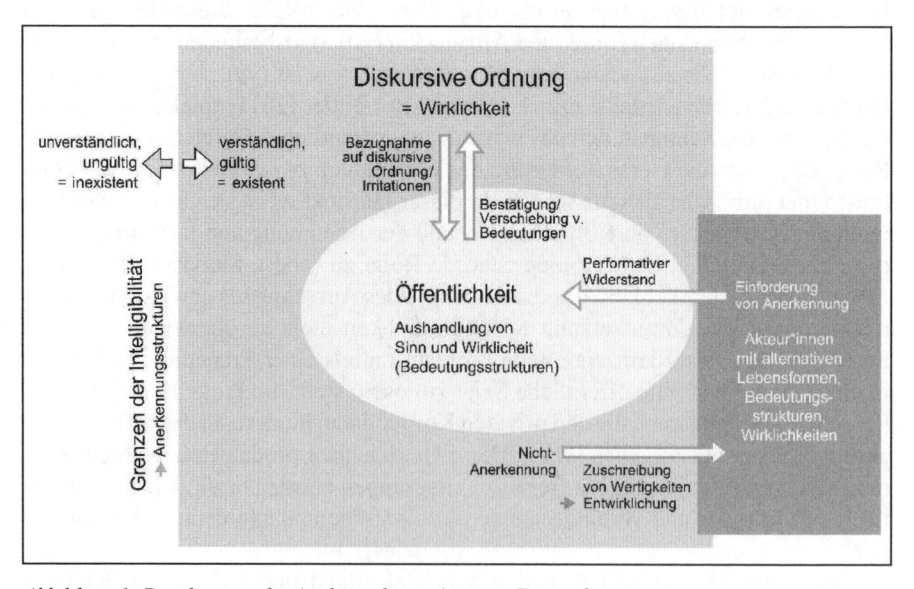

Abbildung 1: Der theoretische Analyserahmen (eigener Entwurf)

4.2 EINE POSTKOLONIALE, HERMENEUTISCH-REKONSTRUKTIVE PERSPEKTIVE AUF DIE AUSHANDLUNG VON BEDEUTUNGSSTRUKTUREN

Um die Aushandlung von Bedeutungsstrukturen sowie die Wahrnehmungen des Enteignungsprozesses seitens der Betroffenen erfassbar machen zu können ist ein Methodendesign erforderlich, das das Subjekt in den Mittelpunkt stellt und somit in der Lage ist, die Lebenswelten der Betroffenen und ihre entsprechenden Sinn- und Bedeutungszuweisungen erkennen und verstehen zu können. Der Forschungskontext, der sich durch die Herkunft der forschenden Person aus dem Globalen Norden und einer marginalisierten, von neo-kolonisierenden Prozessen betroffenen zu erforschenden Gruppe als äußerst sensibel erweist, erfordert ein Methodendesign, das fähig sein muss, ontologische Grundannahmen der forschenden Person weitestgehend überwinden zu können. Darüber hinaus müssen die Positionalität der forschenden Person und daraus resultierende Machtstrukturen regelmäßig reflektiert werden. Grundlegend für eine derartige Methodologie ist eine kritische qualitative Sozialforschung.

Kritische qualitative Sozialforschung geht im Gegensatz zu einer positivistischen Perspektive von der konstruktivistischen Annahme aus, dass es keine gegebene, objektive Wirklichkeit gibt, sondern diese im Bewusstsein der Individuen und durch soziale, kommunikative „Herstellungsleistungen" (Flick, 2007, S. 100) konstruiert wird. Mittels einer hermeneutisch-rekonstruktiven Perspektive und im Sinne der phänomenologischen Forschungstradition soll der Frage nachgegangen werden, wie als objektiv wahrgenommene Bedeutungen und Sinnzusammenhänge von den entsprechenden Akteuren produziert werden (vgl. Soeffner, 2010). Das Interesse besteht folglich darin, „die Wirklichkeit zu durchschauen, die ‚Wahrheit' (d.h. das Zustandekommen) der gesellschaftlichen Wirklichkeit zu erkennen" (ebd., S. 168). Solche Wirklichkeitskonstruktionen entstehen über die „Herstellung und Interpretation von Bedeutungen in intersubjektiven Interaktionsverhältnissen" (Rothfuß und Dörfler, 2013, S. 23). Der Zugang zu der mit Sinn belegten Alltagswelt ist also nur über das Subjekt möglich, „da die Welt bzw. das Wissen von ihr in Texten, Geschichten und Körpern nur je subjektiv erfahren werden kann" (ebd., S. 23). Im Sinne von Spivaks *Can the Subaltern Speak* (1994) gilt es, die Beforschten zu Wort kommen zu lassen und deren sinnkonstituierende Handlungen in den Fokus zu stellen, um ihre Sicht auf die Welt und die entsprechenden Konstruktionsleistungen verstehen und nachvollziehen zu können. Dies, so Rothfuß und Dörfler, ist nur dann möglich, wenn sich der oder die Forschende „lebensweltlich und erfahrungsnah der sozialen Wirklichkeit annähert" (ebd., S. 23).

Bezogen auf den Forschungskontext in Ländern des Globalen Südens ist diese Perspektive in Hinblick auf eine postkoloniale Forschung zwar grundlegend. Sie ist jedoch keineswegs frei von Machtstrukturen. Vielmehr kann solch eine Grundhaltung zu kolonisierenden Forschungspraktiken führen, wenn sie bevormundend und einseitig nutzungsorientiert auftritt. Ein verbreitetes Problem westlicher akademischer Forschungspraxis besteht darin, dass die Problemstellungen von den Forschenden selbst entworfen werden und eher eigene Präferenzen als die Bedürfnisse vor Ort widerspiegeln. Wenn von den Erkenntnissen durch deren Verarbeitung in Publikationen letztendlich nur der oder die Forschende profitiert, in der untersuchten Gemeinschaft dagegen nichts zurückbleibt, was dieser zur Verbesserung ihrer Situation nützt, dann kann dies zur Verfestigung hierarchischer Bilder und Selbstzuschreibungen führen (vgl. Schurr und Segebart, 2012, S. 149). Gerade angesichts der Bedeutung subalterner Sinnkonstitutionen für die Fragestellung dieser Arbeit und vor dem Hintergrund der normativen theoretischen Forderungen nach einem kritischen, agonistischen Pluralismus, bedarf es einer Forschungspraxis und Zusammenarbeit mit den erforschten Gruppen „that value their rights, knowledge, perspectives, concerns and desires and are based on open and more egalitarian relationships" (Howitt und Stevens, 2005, S. 32). Howitt und Stevens argumentieren, dass ein derartiger Forschungsansatz, der die Beforschten von Beginn an am Forschungsprozess teilhaben und ihre Bedürfnisse einfließen lässt, ermächtigende Wirkungen und das Potenzial habe, lokale Realitäten zu verändern (vgl. ebd., S. 32). Sie sehen das emanzipatorische Potential postkolonialer Forschung nicht nur in einer kulturell sensibilisierten Herangehensweise, sondern insbesondere im konkreten „respect for the legitimacy of ‚others' knowledge, ways of knowing and being" und so folgerichtig im „activism in support of their pursuit and exercise of self-determination" (Howitt und Stevens, 2005, S. 35).

Dowling (2005, S. 23) argumentiert, dass potentiell ausbeuterischen Beziehungen zwischen Forschenden und Beforschten nur über ständige kritische Reflexion der asymmetrischen Machtverhältnisse und der eigenen Positionalität begegnet werden kann (vgl. auch Rose, 1997). Nur so entsteht Bewusstsein über den daraus resultierenden Einfluss auf den Forschungsverlauf, die -ergebnisse und die lokalen Realitäten. Der oder die Forschende entstammt keinem neutralen Umfeld, sondern ist durch die eigene soziale und epistemologische „interpretive community" (Kearns, 2005, S. 68) bereits vorgeprägt und schließlich vom lokalen Forschungskontext selektiv eingenommen. Dadurch wird die eigene subjektive Position entscheidend geformt. Da qualitative Methoden immer auf sozialen Interaktionen beruhen, spielt Subjektivität bei ihrer Durchführung stets eine zentrale Rolle (vgl. Dowling, 2005, S. 25). Dowling betont daher auch die Relevanz von Intersubjektivität, „the meaning and interpretation of the world created, confirmed, or disconfirmed as a result of interactions (language and action) with other people within specific contexts" (ebd., S. 25). Howitt und Stevens (2005, S. 35) nennen die Notwendigkeit der Entwicklung sozialer Beziehungen, damit die Beforschten überhaupt in der Lage sind „to voice their concerns and other feedback about us and the research project in an open and honest way". Kritische Reflexivität anhand des Bewusstseins über die eigene Positionalität und deren Auswirkungen auf den Forschungsprozess und die Dateninterpretation wird so zu einem elementaren Bestandteil der Erhebung und der Auswertung empirischer Daten (vgl. Dowling, 2005, S. 25).

Dieser Reflexivität scheinen jedoch auch Grenzen gesetzt. So hält Rose (1997) den Ansatz der „transparent reflexivity" (ebd., S. 310 f.) – die völlige Transparenz der Forschenden und die Sichtbarmachung aller Machtstrukturen und -verhältnisse im Forschungsraum – für schlichtweg nicht realisierbar. Stattdessen hebt sie die

Lückenhaftigkeit und Begrenztheit der eigenen Forschung hervor. Indem die Interaktionen zwischen Forschenden und Beforschten beide Seiten beeinflussen und konstituieren, entzieht sich der Forschungsprozess der vollen Kontrolle und die daraus resultierende Wissensproduktion bleibt „complex, uncertain and incomplete" (ebd., S. 316). Rose nimmt dabei Bezug auf Smith (1996, S. 163), die für „[h]ybrid spaces of research" plädiert, die die Widersprüchlichkeiten, Spannungen und Konflikte des Forschungsprozesses und der Ergebnisse akzeptieren und daraus entstehende Lücken eher als Chance denn als Problem begreifen. Denn diese Lücken „decenter one's own concepts", können anderem Wissen Raum geben und auf diese Weise bestehende Machtformationen herausfordernde „spaces of conceptual and indeed political opportunities and negotiations" (ebd., S. 165) schaffen. Folglich geht es nicht darum, Machtstrukturen zu entfliehen, denn dies wird als unmöglich erachtet. Vielmehr sollten sie im foucaultschen Sinne als potentiell produktiv angesehen und genutzt werden.

Eine Methodologie, die sich besonders konsequent nach den Grundsätzen der postkolonialen Forschung richtet, ist das *participatory action research* (PAR). Maßgeblich durch libertär-emanzipatorische Bewegungen wie die Befreiungspädagogik des Brasilianers Paulo Freire oder Initiativen linksgerichteter, häufig marxistisch geprägter Wissenschaftler*innen in den 1970er Jahren beeinflusst (vgl. Fals Borda, 2002, S. 27 f.), setzt sich PAR zum Ziel, repressive Situationen bestimmter Gruppen nicht nur zu analysieren, sondern mit der eigenen Forschung einen aktiven transformativen Beitrag zu leisten. Es fordert konkretes politisches Engagement, die Aufgabe der privilegierten Position des Forschers oder der Forscherin und die gleichmäßige Aufteilung von Macht zwischen den Teilnehmenden (vgl. ebd., S. 29 f.). Um sich an den tatsächlichen Problemen und Bedürfnissen der Gruppe zu orientieren, werden der Fokus sowie das Vorgehen des Forschungsprojektes durch die Anwendung partizipativer Methoden gemeinsam diskutiert, erörtert und regelmäßig kritisch reflektiert. Über gegenseitiges Lernen soll schließlich eine Brücke zwischen akademischem und lokalem, praktischem Wissen gebaut und daraus neues Wissen erzeugt werden, welches emanzipatorische und befreiende Wirkung entfalten kann (vgl. Park, 2002). Diese Grundforderungen des PAR hatten großen Einfluss auf die Erstellung und Umsetzung des methodischen Designs.

4.3 ETHNOGRAPHIE UND QUALITATIVE INTERVIEWS ALS METHODISCHES DESIGN

Die hermeneutisch-rekonstruktive Perspektive der qualitativen Sozialforschung ist also dazu in der Lage, das Subjekt in den Mittelpunkt der Forschung zu stellen und die Lebenswelten der Betroffenen und ihre entsprechenden Sinn- und Bedeutungszuweisungen zu erkennen und zu verstehen (vgl. Seale et al., 2008, S. 5). Dies entspricht den grundlegenden Anforderungen der Fragestellungen dieser Arbeit an das auszuwählende Methodendesign. Im Sinne eines postkolonialen Ansatzes und des Bewusstseins, durch die eigene Präsenz und die Handlungen als weißer, männlicher und europäischer Forscher gewisse Zuschreibungen und Machtverhältnisse zu produzieren, war es bei der Auswahl geeigneter Methoden zudem wichtig, dass die empirische Forschung einer ausbeuterischen Struktur vorbeugen und partizipative Elemente integrieren kann. Hierzu wurde ein partizipatives, ethnographisches Methodendesign gewählt, welches den Fokus darauflegte, vor Ort zu leben, den Alltag der Betroffenen kennenzulernen, in diesen einzutauchen, Beziehungen aufzubauen und auf diese Weise lebensweltliche Sinnzusammenhänge erkennen zu können. Im Sinne des PAR lag hinter dieser Auswahl auch die politische Motivation, mit der eigenen Forschung einen Beitrag zur Ermächtigung und Emanzipation der zu erforschenden Gruppen leisten zu können. Das Methodendesign wurde durch qualitative Interviews ergänzt. Im Folgenden werden die Gründe für die Auswahl dieses methodischen Designs erläutert.

Das semistrukturierte oder auch teilstandardisierte Interview verortet sich zwischen den Extremformen des strukturierten Interviews, das einen klaren Verlauf mit gesetzten Fragen vorgibt und auf diese Weise eine gute Vergleichbarkeit ermöglicht, und dem unstrukturierten, rein narrativen Interview, das den Interviewten vor dem Hintergrund einer Leitfrage die Möglichkeit gibt, frei über den Verlauf des Gesprächs zu entscheiden (vgl. Dunn, 2005, S. 80; Hopf, 2010). Es ermöglicht die Beibehaltung einer gewissen Kontrolle über den Verlauf des Gesprächs, ohne den Interviewten die Möglichkeit zu nehmen, aus ihrer Sicht Relevantes zu schildern. Einem semistrukturierten Interview kann ein offenes, unstrukturiertes Interview vorausgehen, das der Auswahl der relevanten Fragen dienen kann. Durch diesen Raum für subjektive Perspektiven der Interviewten kann ein Einblick in die Lebenswelt derjenigen Person erlangt werden, der schließlich die Rekonstruktion von subjektiven Lebenswelten und Sinnzusammenhängen ermöglicht (vgl. Flick et al., 2010, S. 14). Interviews werden so zu einer zentralen Quelle für Informationen, die Statistiken nicht liefern können und ermöglichen einen Zugang zu den bedeutungsgeladenen Lebens- und Alltagswelten der Beforschten. Insbesondere im Fall repressiver Kontexte können Interviews die Möglichkeit bieten, subalterne Perspektiven und Meinungen zu Wort kommen zu lassen und geltend zu machen. Sie können so dominanten, öffentlichen Wahrheiten entgegengestellt werden (vgl. Dunn, 2005, S. 80).

Indem Interviews die bewussten Wahrnehmungen der Beforschten wiedergeben, bieten sie jedoch nur einen spezifischen Zugang zu deren Alltagswelt. Der große Teil der Bedeutungs- und Sinnzuweisungen geschieht über teils unbewusste interaktive Handlungen. Diese Handlungen zu entdecken, nachzuempfinden und in Zusammenhänge zu bringen ist der forschenden Person nur über einen längeren ethnographischen Aufenthalt im Feld möglich. Theoretische Grundlage der Ethnographie ist die durch Garfinkel begründete ethnomethodologische Annahme, dass „die objektive Wirklichkeit sozialer Tatsachen *als* eine fortwährende Hervorbringung und Leistung der gemeinsamen Tätigkeiten des Alltagslebens" (Garfinkel 1967, S. VII, zit. in Bergmann, 2010, S. 121; Hervorhebung im Original) erkannt wird. Dieses Verständnis deckt sich also mit der in Kapitel 4.2 vorgestellten methodologischen Annahme der Wirklichkeitskonstruktion und der Bedeutung der Intersubjektivität: „Gesellschaftliche Tatbestände erhalten ihren Wirklichkeitscharakter ausschließlich über die zwischen den Menschen ablaufenden Interaktionen" (ebd., S. 122). Auf diese Weise liefert ethnographische Forschung „Beschreibungen von kleinen Lebenswelten" (Lüders, 2010, S. 389). In der Geographie hat diese Perspektive einen klaren räumlichen Bezug, wie Watson und Till (2010, S. 122) verdeutlichen:

> Within geography, ethnography is a research strategy used to understand how people create and experience their worlds through processes such as place making, inhabiting social spaces, forging local and transnational networks, and representing and decolonizing spatial imaginaries. [...] We study how everyday social interactions create public and private spaces at multiple scales, including bodies, cities, neighborhoods [...].

Innerhalb solcher Perspektiven, so die Autorinnen, spielen die Analyse von Machtstrukturen, Inklusionen und Exklusionen, durch die diese Räume produziert werden und die körperlichen Handlungen, die diese produzieren, verfestigen und herausfordern, eine zentrale Rolle (vgl. Watson und Till, 2010, S. 122 f.).Seale et al. (2008) grenzen die ethnographische Feldforschung deutlich von der Methode des Interviewens ab, über deren geordnete und isolierte Situation die Feldforschung deutlich hinausgeht. Über das Eintauchen der forschenden Person in das Leben und den Alltag der Forschungssubjekte und die daraus resultierenden informellen Kontakte und Gespräche sind Situationen nicht vorhersehbar. Unerwartetes kann auftreten und Forschende in teils prekäre Situationen versetzen (ebd., S. 203 f.). Während Interviews zu konkreten Zeitpunkten vereinbart werden können, erfordert Feldforschung eine weitaus höhere zeitliche Flexibilität und die Bereitschaft zu empirischen Tätigkeiten zu jeder Tages- und Nachtzeit (vgl. Delamont, 2008, S. 206; Seale et al., 2008, S. 203 f.). Ethnographische Forschung kann dabei bezüglich ihres Grades an Teilnahme, Standardisierung und Offenheit beträchtlich variieren (Lüders, 2010, vgl.). Sie kann in dem begrenzten Rahmen teilnehmender Beobachtung stattfinden oder aber durch die Einbindung partizipativer Elemente den Charakter eines PAR annehmen. Ethnographie lässt sich daher als eine *„flexible, methodenplurale kontextbezogene Strategie"* (ebd., S. 389; Hervorhebung im Original) bezeichnen. Die sozialen Beziehungen zwischen Forschenden und Beforschten gestalten sich dabei deutlich komplexer, als dies normalerweise in Interviewsituationen der Fall ist (Seale et al., 2008, S. 203). So steht ethnographische Feldforschung im starken Gegensatz zu früheren Versionen der distanzierten, kolonialen Forschungstradition und erfordert ein hohes Maß an kritischer Reflexivität (vgl. Kap. 4.2). Fremd- und Vertrautheit sind dabei Parameter, die unweigerlich den ethnographischen Forschungsprozess begleiten und in diesen eingebunden werden müssen: „Ethnography is about this process of articulating differences and sameness, an act of bounding ‚here' and ‚there'" (Watson und Till, 2010, S. 121). Während Delamont (2008, S. 212) den Vorgang des „going native" – eine starke Identifikation mit dem Feld und den Beforschten, die Übernahme entsprechender Weltsichten und die eigene aktive Einbindung in deren Tätigkeiten – als eine Gefahr oder gar Scheitern ethnographischer Forschung betrachtet, kann dieser Prozess im Sinne partizipativer Ethnographie wichtiger Bestandteil der Forschung und die konsequente

Umsetzung der politischen Forderungen postkolonialer Methodologie sein. Nach Haubrich (2015, S. 128) liegt die Aufgabe der forschenden Person darin, die Erfahrungen und Erkenntnisse des *going native* durch ein immer wiederkehrendes „zirkuläres Wechselspiel aus *going native* und *going alien* in Gestalt der Aufbereitung, Auswertung und Abstraktion" zu analysieren (Hervorhebung im Original).

4.4 DIE DATENERHEBUNG

Das Forschungsfeld umfasste primär die Stadt Altamira im Bundesstaat Pará sowie ihre ländliche Umgebung und sekundär Belém do Pará, die Hauptstadt des Bundesstaates. Die Phase der Datenerhebung erstreckte sich über drei Aufenthalte im Forschungsfeld in den Jahren 2013 bis 2015 (vgl. Tab. 2 im Anhang). Der erste Feldaufenthalt von Ende Januar bis Ende März 2013 besaß einen überwiegend explorativen Charakter. Mithilfe eines Kurzstipendiums des Deutschen Akademischen Austauschdienstes (DAAD) konnte schließlich von September 2014 bis März 2015 eine intensive ethnographische Feldphase mit überwiegendem Aufenthalt in Altamira und einigen Fahrten nach Belém realisiert werden, die den Großteil der empirischen Daten generierte. Im September und Oktober 2015 konnte schließlich ein dritter Aufenthalt in Altamira durchgeführt werden, der wichtige zusätzliche, aktualisierte Informationen lieferte. Der Zeitraum der empirischen Arbeit deckte so den überwiegenden Teil der durch Belo Monte produzierten Registrierungs- und Entschädigungsphase ab. Der empirische Fokus lag dabei auf den Betroffenen sowie dem unterstützenden Widerstandsnetzwerk. Die Perspektive von Akteur*innen aus Politik und Wirtschaft wurde über Interviews und die Teilnahme an Versammlungen ergänzend zur Informationsgewinnung hinzugezogen. Im Folgenden wird die Forschungstätigkeit dieser Aufenthalte erläutert und anschließend kritisch reflektiert (vgl. Abb. 2).

4.4.1 Erster Feldaufenthalt: Exploratives Vorgehen

Vor Beginn des ersten Feldaufenthaltes fand eine intensive Recherche des vorhandenen, zugänglichen Forschungsmaterials statt, die auch brasilianische Zeitungen und Internetseiten relevanter zivilgesellschaftlicher Organisationen und Bewegungen sowie den Internetauftritt des Baukonsortiums Norte Energia S.A. mit einschloss und während der gesamten Datenerhebungsphase regelmäßig weitergeführt wurde. Auch wurde Kontakt zu Professor*innen der Universidade Federal do Pará (UFPA) – insbesondere des Amazonas-Forschungsinstitutes NAEA (Núcleo dos Altos Estudos Amazônicos) – aufgenommen, die sich in Belém schließlich als wichtige Personen für die Vermittlung außeruniversitärer Kontakte sowie für konzeptionelle Diskussionen erwiesen. Im Sinne des explorativen Vorgehens fanden in Belém in der Folge Treffen und unstrukturierte Interviews mit den vermittelten Kontakten statt – darunter die NGO FASE Amazônia, das Comitê Metropolitano von der regionalen sozialen Bewegung *Movimento Xingu Vivo para Sempre* (Xingu

Vivo), und der Standort Belém des Ministério Público Federal (MFP) – über die wichtige aktuelle Informationen und Kontakte in Altamira gewonnen werden konnten. Der zweite Teil des Aufenthaltes in Altamira widmete sich schließlich der Kontaktaufnahme mit dortigen zentralen Akteur*innen aus der Protestbewegung, die durch die Vermittlung aus Belém deutlich erleichtert wurde (vgl. Tab. 2 im Anhang[19]). Es handelte sich meist um Interviews mit einem hohen narrativen Anteil. Meist waren nur wenige Initialfragen (Vorstellung der interviewten Person, Fragen zur Situation in Altamira und Umgebung, eigene Widerstandsgeschichte) notwendig, um diese narrativen Momente auszulösen. Auf diese Weise konnten auf der einen Seite allgemeine Informationen über die aktuelle Situation bezüglich des Staudammbaus und des Widerstands gewonnen werden. Zugleich ergaben sich so bereits erste Möglichkeiten der Rekonstruktion der subjektiven Lebenswelten und Sinnzusammenhänge der Interviewten. Das kontextuelle Wissen wurde auf diese Weise stetig erweitert und die Interviews erfuhren eine zunehmende Strukturierung durch konkretere Zwischenfragen. Darüber hinaus wurde Kontakt mit dem Geographischen Institut des Campus Altamira der UFPA und der Arbeitsgruppe GEDTAM (*Grupo de Estudos Desenvolvimento e Dinâmicas Territoriais na Amazônia*) geschlossen, die mit ihren Arbeiten zu lokalen und regionalen Entwicklungsdynamiken und zum Widerstand im Kontext Belo Montes im weiteren Verlauf der Forschung wichtige akademische Kontakte darstellten (vgl. D. C. d. Silva et al., 2013; M. Herrera, 2013; J. A. Herrera und Pragana Moreira, 2013; Neto und J. A. Herrera, 2016).

Im Anschluss an den Aufenthalt konnte der Forschungsfokus durch das Transkribieren und eine erste Auswertung der Interviews sukzessive eingegrenzt werden. Eine Forschungsfrage wurde vorformuliert, sollte während des zweiten Aufenthaltes im Austausch mit Betroffenen und Unterstützer*innen jedoch weiterentwickelt und konkretisiert werden können. Auch auf Basis dieser ersten Erkenntnisse wurde in der Zwischenphase ein theoretisches Fundament geschaffen, das jedoch genügend Flexibilität erlaubte, um Erkenntnisse des folgenden Aufenthaltes noch in die Theoriebildung einfließen zu lassen.

4.4.2 Zweiter und dritter Feldaufenthalt: Ethnographisches Eintauchen in Alltagswelten

Der zweite Feldaufenthalt unterschied sich deutlich vom vorherigen. Durch die bestehenden Kontakte wurde der Feldzugang deutlich erleichtert. Da während des ersten Aufenthalts bereits umfassende Kontextinformationen gewonnen wurden, konnte der Fokus nun auf konkrete, aktuelle Entwicklungen gelegt werden. Grob

---

19 Aus Gründen der Vertraulichkeit und des Datenschutzes sind in dieser Arbeit alle Interviewpartner*innen anonymisiert. Bezeichnungen finden über Umschreibungen oder geänderte Namen statt. Davon ausgenommen sind Personen des öffentlichen Lebens wie beispielsweise Mitarbeiter*innen der Bundesstaatsanwaltschaft (MPF), der öffentlichen Verteidigung (DPU) oder des Konsortiums Norte Energia.

umrissen bestand der Aufenthalt zum einen aus der Sammlung empirischen Materials in Altamira und Umgebung. Zum anderen wurde dieses Material regelmäßig verarbeitet und reflektiert. Dazu diente ein Forschungstagebuch (siehe unten) sowie das (Teil-)Transkribieren wichtiger Interviews. Für den konzeptionellen Austausch war dabei der Kontakt zur Arbeitsgruppe GEDTAM sehr wichtig. Indem sie ein Büro in ihrem Gebäude bereitstellten, war eine wichtige räumliche Nähe gegeben. Der Wohnsitz befand sich in der gesamten Zeit in Altamira, jedoch fanden unregelmäßige kurze Aufenthalte in Belém, um in Austausch mit den dortigen universitären Kontakten zu treten und Literaturrecherchen in der Bibliothek des NAEA zu unternehmen. Ethnographische Methoden nahmen nun einen großen Bestandteil der Datenerhebung ein. Es galt die Eindrücke, die bereits durch die Interviews während des ersten Aufenthalts gewonnen wurden, mit Erfahrungen konkreter Handlungen der Akteur*innen zu ergänzen, um die Art und Weise, wie über diese Handlungen Sinn- und Bedeutungszuweisungen geschehen, zu verstehen (vgl. Kap. 4.3). Im Sinne von Watson und Till (2010, S. 122) sollte die Wahrnehmung des Enteignungsprozesses über die Rekonstruktion der „spatial imaginaries" erfahrbar gemacht werden. Gerade die für diese Arbeit relevanten Fragen, wie Enteignung durch die Produktion, die Unterordnung unter und die Herausforderung von intelligiblen Normen geschieht, ließen sich nicht über Interviews, sondern einzig allein anhand der aktiven Teilnahme am Alltagsleben der Betroffenen – dem Eintauchen ins Feld – erörtern.

Durch regelmäßige Aufenthalte im Gebäude von Xingu Vivo entwickelten sich freundschaftliche Beziehungen zu den Aktivist*innen, die zum großen Teil selbst Betroffene waren. Diese Beziehungen erleichterten auch die Kontaktaufnahme zu weiteren Betroffenen, die Xingu Vivo um Rat aufsuchten. Das lokale Widerstandsnetzwerk war insgesamt sehr zugänglich. Frühes gegenseitiges Vertrauen und Interesse und die Größe des über Jahre gewachsenen Netzwerks ermöglichte die schnelle Erweiterung eines für die Forschung bedeutsamen Bekanntenkreises. Mit einigen Menschen entwickelten sich persönliche Beziehungen, sodass sich die gemeinsam verbrachte Zeit häufig auf die Abendstunden ausdehnte. Auch aus wissenschaftlicher Sicht erwiesen sich diese gemeinsamen Abende, an denen die teils hitzigen Diskussionen mit Anhängern von Xingu Vivo, MAB, ISA und befreundeten Personen wichtige Einblicke in die Alltagswelt der Beforschten sowie allgemein relevante Informationen ermöglichten, als außerordentlich wichtig. Sie waren lebhafte Ergänzungen zu den vielen Aufenthalten im Gebäude von Xingu Vivo, in denen aktuelle lokale Entwicklungen sowie die Tätigkeiten der Bewegung besprochen und analysiert wurden. Der enge Kontakt ermöglichte die aktive Teilnahme sowohl an der Vorbereitung als auch der Durchführungen von Protestaktionen oder ähnlicher politischer Arbeit, die mit Audioaufnahmen sowie Fotografien und Filmen festgehalten wurden. Das Material diente schließlich sowohl der konkreten Forschung als auch der gemeinsamen Evaluation und Analyse der Aktionen. Ausflüge zu den Inseln oder ländlichen Wohnsitzen befreundeter Fischer*innen oder gemeinsame Rundgänge mit Bewohner*innen betroffener Viertel wurden zu wichtigen intersubjektiven Erlebnissen, die aufschlussreiche Einblicke in die Sinnstrukturen, die Gefühls- und Alltagswelt der Betroffenen gaben. Auf diese Weise gemeinsam verlebte Momente der Erinnerung, der Trauer und der Freude waren aufschlussreicher als es ein formelles Interview hätte sein können.

Während des zweiten Feldaufenthalts wurde auf Initiative von Xingu Vivo das Forum zum Schutz Altamiras (*Forum em Defesa de Altamira* – FDA) gegründet, welches versuchte alle Widerstandsakteure und Betroffenengruppen zu vereinen und gemeinsam gegen die Erteilung der Betriebslizenz für Belo Monte vorzugehen (vgl. Kap. 7.2.2). Neben der Planung gemeinsamer Aktionen wurde dieses Forum eine wichtige Plattform für die Analyse der aktuellen Lage. Es bestand zudem Kontakt zu unterstützenden Institutionen wie dem ISA und der Fundação Getúlio Vargas, mit denen sich durch ihre eigenen Forschungsarbeiten und Einbindungen in den lokalen Widerstand wichtige Gespräche und Reflexionen über Wahrnehmungen der Situation und der Innen- und Außenperspektive ergaben. Große Bedeutung erlangte auch der Kontakt zu der Anwältin Thais Santi des MPF in Altamira, mit der viele produktive Diskussionen über die Lage der Betroffenen und möglicher Maßnahmen des MPF geführt wurden, in denen gegenseitige Eindrücke und Interpretationen ausgetauscht und in die regelmäßig eigene Forschungserkenntnisse eingebracht werden konnten. Santi war es auch, die öffentliche Versammlungen oder Anhörungen (*audiências públicas*), die sich als zentrale Datenquellen erwiesen, initiierte. Neben diesen *audiências públicas* wurde an einigen der zahlreichen Treffen zwischen dem verantwortlichen Konsortium Norte Energia S.A. und Betroffenengruppen (hauptsächlich Fischer*innen oder Indigene) teilgenommen. Die Teilnahme war nach Auskunft über die universitäre Herkunft meist problemlos möglich.

Die ethnographischen Erfahrungen und Erkenntnisse wurden zunächst analog notiert oder in das Aufnahmegerät gesprochen und später digitalisiert. Versammlungen oder kleinere Treffen wurden mithilfe des Aufnahmegerätes aufgezeichnet, wobei bei Letzteren eher der Gesamteindruck und das Verhalten der Teilnehmenden maßgeblich war, welches besser über Feldnotizen festgehalten werden konnte. Bei den größeren *audiências públicas* hingegen waren Tonaufnahmen aufgrund der inhaltlichen Relevanz der Diskussionen und Äußerungen äußerst wichtig. In Ergänzung zu den Feldnotizen wurde ein Forschungstagebuch geführt, in das Reflexionen über die jeweiligen Erlebnisse, den Forschungsverlauf und die eigene Rolle darin eingetragen wurden (vgl. Dowling, 2005, S. 22). Es wurde zu einem wichtigen Instrument, um subjektive Empfindungen festzuhalten, sie gleichzeitig zu reflektieren und im Sinne des *going alien* zu abstrahieren. Auf diese Weise konnten die persönlichen Erfahrungen, die durch die engen Beziehungen und die eigene Verbindung zur Thematik gewissermaßen mit einem Prozess des *going native* verwoben waren, aus einer künstlich distanzierten Perspektive abstrahiert betrachtet und für die Forschung nutzbar gemacht werden. Auch war es so möglich, das eigene Verhalten kritisch zu betrachten und daraus Konsequenzen für den weiteren Verlauf der ethnographischen Untersuchungen zu ziehen. Demgegenüber muss jedoch bedacht werden, dass nicht nur Einträge in das Forschungstagebuch, sondern bereits das Erstellen von Feldnotizen eine höchst subjektiv gefärbte Tätigkeit ist. In diesem Sinne sollten wir „Feldprotokolle nicht als Protokolle von Ereignissen lesen und interpretieren [...], sondern als bereits interpretierte, mehr oder weniger literarisch verdichtete Dokumente der Erfahrungen und Sinnstiftungen des Feldforschers" (Lüders, 2010, S. 399 f.).

Ergänzt wurden diese ethnographischen Methoden regelmäßig von qualitativen Interviews, die allesamt mit einem Aufnahmegerät aufgezeichnet wurden. Charakteristisch für diese Interviews, die sich an einem groben Leitfaden relevanter Aspekte orientierten, war in der Regel ein hoher narrativer Anteil. In den meisten Fällen zeigten sich Interviewte angesichts des ihnen entgegengebrachten Interesses sehr erfreut und bereit ausgiebig über sich und ihre Situation zu erzählen. Gefördert wurde dies durch eine für die Interviewten angenehme Umgebung, da die Interviews in der Regel in ihrem Zuhause oder an anderen Orten ihrer Wahl stattfanden. Nur in äußerst seltenen Fällen verhielt sich die Person sehr reserviert, überfordert oder verunsichert, was ein vermehrtes Nachfragen oder im Extremfall ein vorzeitiges Beenden des Interviews zur Folge hatte. So bewegte sich die Länge der Interviews etwa zwischen 30 und 120 Minuten. Innerhalb der Interviews wurde versucht, die subjektiven Wahrnehmungen der Interviewten entweder über indirekte (d.h., bei Betroffenen über allgemeine Fragen zum Ablauf des Registrierungs- und Umsiedlungsprozesses, bei Institutionen oder Firmen über die Nachfrage nach dem Arbeitsablauf und möglichen Schwierigkeiten bzw. Herausforderungen) oder direkte Fragen zu rekonstruieren (z.B. „Wie empfanden Sie das Verhalten der Firma XY während der Registrierung ihres Eigentums?").

Während des daran anschließenden dritten Feldaufenthalts im September und Oktober 2015 konnte an bestehende Kontakte sowie Kontextwissen angeknüpft werden. In der Zwischenzeit waren wichtige Kontakte aufrechterhalten sowie Teile der Forschungsergebnisse des zweiten Aufenthaltes in einem Beitrag für das durch das ISA und mithilfe der Beiträge zahlreicher Akteur*innen der Widerstandsszene herausgegebenen *Dossier Belo Monte* verarbeitet worden (vgl. Weißermel, 2015; ISA, 2015b). Methodisch wurden ethnographische Techniken erneut durch formelle, qualitative Interviews ergänzt. In diese Zeit fielen einige richtungsweisende Ereignisse, auf die in den kommenden Kapiteln eingegangen wird: die permanente Etablierung der öffentlichen Verteidigung (*Defensoria Pública da União*-DPU), eine große *audiência pública* für die Ribeirinh@s als Beginn der Revision ihrer Fälle und die vorläufige Ablehnung der Betriebslsizenz für Belo Monte. So gestaltete sich dieser Aufenthalt als sehr produktiv und zentral für die Qualität und Aktualität des empirischen Materials.

Die Forschungsfrage wurde im Verlauf des zweiten und dritten Feldaufenthaltes stetig weiterentwickelt. Über regelmäßige Diskussionen und Reflexionen eigener Wahrnehmungen und Erkenntnisse mit Akteur*innen des Widerstandsnetzwerks konnten lokal relevante Aspekte erkannt und der Fokus so sukzessive auf immaterielle und anerkennungstheoretische Dimensionen des Enteignungsprozesses verschoben werden. Entsprechend erfuhr das theoretische Fundament eine ständige Weiterentwicklung. Abbildung 2 verbildlicht die sukzessive Auswahl und Entwicklung des Forschungsfokus und der -frage anhand der empirischen und theoretischen Arbeit während des gesamten Forschungsprozesses. Die Abbildung verdeutlicht darüber hinaus die ständige Kommunikation und Rückkopplung der unterschiedlichen Arbeitsschritte (vgl. Kap. 4.5). Diese Zirkularität des Forschungsablaufes ist grundlegend für die ethnographische Feldforschung (vgl. Flick et al., 2010, S. 314; Hildenbrand, 2010, S. 33–37).

4.5 DIE DATENAUSWERTUNG

Die Datenauswertung ist der Prozess, in dem die forschende Person das empirische Material auswählt, katalogisiert und so für die Forschungsarbeit verwendbar macht. Sie ist kaum trennbar vom Prozess des Schreibens, da beides miteinander verwobene Phasen des Analysierens und Interpretierens sind, in denen das Material schrittweise mit Sinn belegt wird. Daher muss dieser Schritt äußerst systematisch und nachvollziehbar durchgeführt werden (vgl. Abb. 2). Die Auswertung und Reflexion des Datenmaterials fand im Sinne des „hermeneutic research circle" (Bradshaw und Stratford, 2005, S. 75) und eines zirkulären Charakters des Forschungsprozesses daher während der gesamten Datenerhebungsphase statt (vgl. Kap. 4.4.2), wodurch die so generierten Informationen in den laufenden Forschungsprozess einfließen sowie diskutiert und reflektiert werden konnten. Unterstützt wurde diese Zirkularität und Reflexivität im Sinne einer Methodentriangulation durch die Kombination der Daten aus den Interviews und den unterschiedlichen ethnographischen Methoden (vgl. Flick, 2010). Neben der dadurch erreichten Multiperspektivität auf die jeweiligen Phänomene, ist dieses Vorgehen auch eine „Strategie, Erkenntnisse durch die Gewinnung weiterer Erkenntnisse zu begründen und abzusichern" (ebd., S. 311). In Abhängigkeit von Diskussionen und neuer konzeptioneller wie empirischer Erkenntnisse wurde auch der theoretische Analyserahmen schrittweise über den gesamten Forschungsprozess hinweg entworfen, teils verworfen und immer wieder überarbeitet.

Die ethnographisch ausgerichtete Methodik ergab ein reichhaltiges empirisches Material. Insgesamt wurden 93 formelle Interviews durchgeführt, darunter 70 Interviews mit Betroffenen und/oder Personen sozialer Bewegungen oder NGOs und 23 Interviews mit Mitarbeiter*innen politischer oder religiöser Institutionen sowie privater Firmen. Dazu wurden Audiomaterial oder Aufzeichnungen aus 38 *audiências públicas*, kleineren Versammlungen oder Treffen, Konferenzen oder anderen Ausflügen gesammelt. In der Tabelle 2 im Anhang ist das in dieser Arbeit verwendete empirische Material aufgelistet. Die im Textfluss dieser Arbeit angegebenen Abkürzungen sind je nach Methode als informelles Gespräch (Gsp), Interview (Int), Gruppeninterview (GInt) oder teilnehmende Beobachtung (TB) gekennzeichnet. Um trotz des Methodenmixes ein einheitliches digitales Textmaterial zu haben, welches ein systematisches Katalogisieren und die Methodentriangulation ermöglichte (vgl. Cope, 2009), wurde etwa die Hälfte dieser Daten, wie auch die Feldnotizen und Gedächtnisprotokolle, je nach Art des Materials entweder digitalisiert oder (teil-)transkribiert. Die verbliebenen Daten wurden katalogisiert, um bei Bedarf schnell zugänglich zu sein. Auch hatten Eindrücke und Interpretationen einiger Ereignisse bereits Eingang in das Forschungstagebuch gefunden. Die Transkriptionen der ausgewählten Interviews erfolgten zum Teil eigenständig, zum Teil mithilfe eines brasilianischen Doktoranden. Es wurde überwiegend komplett transkribiert, das heißt die Transkripte enthielten auch die Kennzeichnung von Gesprächspausen sowie Äußerungen von Emotionen, da dies möglicherweise relevant für die Interpretation von Subjektivitäten und Wahrnehmungen sein konnte. Ein wichtiger Schritt dieses Prozesses des Katalogisierens und Analysierens bestand in der Kodierung des Textmaterials, welches mithilfe der Software MAXQDA durchgeführt wurde. Dafür wurden zunächst Oberkategorien gebildet, die im Sinne eines axialen Kodierens theoriegeleitet aus der Forscherperspektive entstanden. Im Rahmen dieser Oberkategorien fand die Ausdifferenzierung anschließend größtenteils durch *in vivo* Codes statt, das heißt anhand relevanter Aspekte der Interviewtranskripte oder Feldnotizen (vgl. Böhm, 2010). Indem die Codes zueinander in Beziehung gesetzt wurden, entstand ein komplexes Code-System mit bis zu fünf Kategorieebenen. Axiale und *in vivo* Codes befanden sich dabei in wechselseitigem Austausch, sodass sowohl die Unter- als auch die Oberkategorien immer wieder aufeinander abgestimmt, modifiziert, ineinander integriert und teilweise wieder gelöscht wurden. So entsprach der Prozess keinem linearen Vorgang, sondern eher der Definition von Cope (2009) des Kodierens als einer „contingent, slippery, and often messy [practice]" (ebd., S. 354).

4.6 KRITISCHE REFLEXION

Für die vorliegende Forschungsarbeit wurden ethnographische Methoden komplementär zu Interviews verwendet. Neben der Rekonstruktion und bewussten Wiedergabe von Erfahrungen und Empfindungen, die durch die Befragten in der Situation formeller Interviews stattfand, stellte die Ethnographie eine wichtige Ergänzung in Hinblick auf ein Verständnis der Alltagswelt und -praktiken und darauf aufbauend des Umgangs der Betroffenen mit dem erlebten Enteignungsprozess dar. Sie erlaubte den Aufbau einer Vertrauensbasis und freundschaftlicher Beziehungen mit einigen der Interviewten und erleichterte den Zugang zu Insiderinformationen, wodurch Empfindungen, Perspektiven und Widersprüche nachvollzogen werden konnten. Diese Aufgabe einer distanzierten Perspektive wird in der postkolonialen Forschung nicht als unseriös, sondern vielmehr als wichtiger Bestandteil des empirischen Prozesses betrachtet (vgl. 4.2). Es traten dabei als widersprüchlich empfundene Situationen auf, wenn Perspektiven der Beforschten mit der eigenen Weltsicht kollidierten oder aber idealisierte Erwartungen an die Betroffenen enttäuscht wurden. So kam es in manchen Fällen vor, dass Betroffene zwar von ihren Problemen berichteten, am Ende aber äußerten, dass sie nichts gegen das Projekt Belo Monte hätten, da dieses endlich Fortschritt, Aufmerksamkeit und Leben in die Region bringen würde. Einige lokale soziale Bewegungen und Organisationen erwiesen sich als untereinander tief zerstritten. Dies forderte die eigene gleichsam sympathisierende Perspektive heraus und führte zu kontroversen Diskussionen, auf diese Weise jedoch auch zu wichtigen Erkenntnissen über die jeweils andere Perspektive.

Widersprüchlichkeiten ergaben sich auch bezüglich des eigenen Anspruchs an eine postkoloniale Forschung. Die eigene Herkunft war sowohl über das Äußere als auch über das eigene Verhalten unverkennbar. Bei Interaktionen mit Firmenmitarbeiter*innen, Anwält*innen und anderen Forschenden spielte dies keine bedeutende Rolle, da sich diese bezüglich ihrer Herkunft – üblicherweise aus den Metropolen São Paulo, Brasília oder Rio de Janeiro – und ihrer Funktion selbst in einer erhöhten Machtposition befanden. Auch gegenüber führenden Personen der sozialen Bewegungen fiel der eigene Forschungshabitus nicht so sehr ins Gewicht, da diese selbst meist investigativ vorgingen. In Bezug auf vom Staudammbau Betroffene waren die Auswirkungen jedoch teilweise sehr auffällig. So wurde man bei Versammlungen oder kleineren Treffen, ohne sich zuvor öffentlich geäußert zu haben, als „Doctor" angesprochen – eine respektvolle aber auch Autorität verleihende Ansprache. Bezüglich der ungerechten Situation Betroffener oder der Organisation konkreter Hilfe aus Europa wurden Hoffnungen oder direkte Anfragen geäußert, die aus der eigenen Position heraus schwer zu behandeln und erfüllen waren. Hierbei galt es, Anfragen und Hoffnungen zu relativieren oder sie entsprechend weiterzuleiten. Andererseits eröffnete diese eigene spezifische Position in vielen Fällen gewisse Möglichkeiten. Schon die Aussage aus Deutschland zu kommen und die äußere (europäische) Erscheinung schien bei vielen ein Vertrauen zu generieren und einem selbst einen seriösen Anschein zu verleihen. Bei kleineren Treffen – unter anderem interne Besprechungen vor *audiências públicas* – bekam man teils unhinterfragt Zutritt, in wenigen Fällen musste dafür zunächst noch die universitäre Herkunft geäußert werden. Wenn Betroffenen in solchen Situationen der Zutritt verwehrt wurde, wurden die in Brasilien tief verankerten, in strukturellen Rassismen begründeten Machtstrukturen offenbar. Durch die Wahrnehmung solcher Möglichkeiten wurden Hierarchien gegenüber den Betroffenen automatisch reproduziert und verfestigt. Dem Dilemma, dass dieses Verhalten einerseits den Grundsätzen einer postkolonialen Forschung widersprach, andererseits jedoch den Zugang zu wertvollen Informationen ermöglichte, konnte teilweise dadurch begegnet werden, dass die Informationen anschließend mit Akteur*innen des Widerstandsnetzwerks geteilt wurden.

Gleichsam enthielt die ethnographische Forschung einige partizipative Aspekte und Elemente des PAR. Ansätze des PAR gehen davon aus, dass innerhalb eines repressiven Kontextes Prozesse des gegenseitigen Lernens und der Ermächtigung trotz einer De-Privilegierung der forschenden Person nur über die Anwesenheit dieser möglich sind beziehungsweise begünstigt werden. Im Fall von Xingu Vivo war die Situation jedoch eine andere. Die Führungspersonen der Bewegung hatten durch die regionale und eigene Widerstandsgeschichte bereits viel Erfahrung bezüglich Prozessen der Bewusstseinsmachung, der Ermächtigung und der Theoriebildung. Die Aktivist*innen nutzten, wenngleich angewandte, so doch teils komplexe theoretische Zugänge, zu denen eine europäisch geprägte akademische Perspektive nicht viel Neues beitragen konnte. Die Auffassung, den Betroffenen über akademische, theoretische Zugänge bessere „training and tools" (Howitt und Stevens, 2005, S. 32) vermitteln zu können, mag in einigen Fällen zutreffen. Gegenüber den Aktivist*innen von Xingu Vivo wäre dies aber eine arrogante und wiederum kolonisierende Perspektive gewesen. So konnte demgegenüber viel von den Aktivist*innen gelernt und die in anderen Fällen wirksame strukturelle Hierarchie durchbrochen werden. Die Zusammenarbeit bezog sich dann auf einen generellen, regelmäßigen Austausch und gegenseitige Unterstützung. Wie Aktivist*innen von Xingu Vivo es ausdrückten, erzeugte dies eine Stärkung des Gemeinschaftsgefühls, zu der die Anwesenheit als Forscher aus einem anderen Teil der Erde, der dennoch ähnliche Einstellungen teilte, sie darin bestärkte und der diese Erfahrungen nach Europa tragen konnte, beitrug.

4.6 Kritische Reflexion

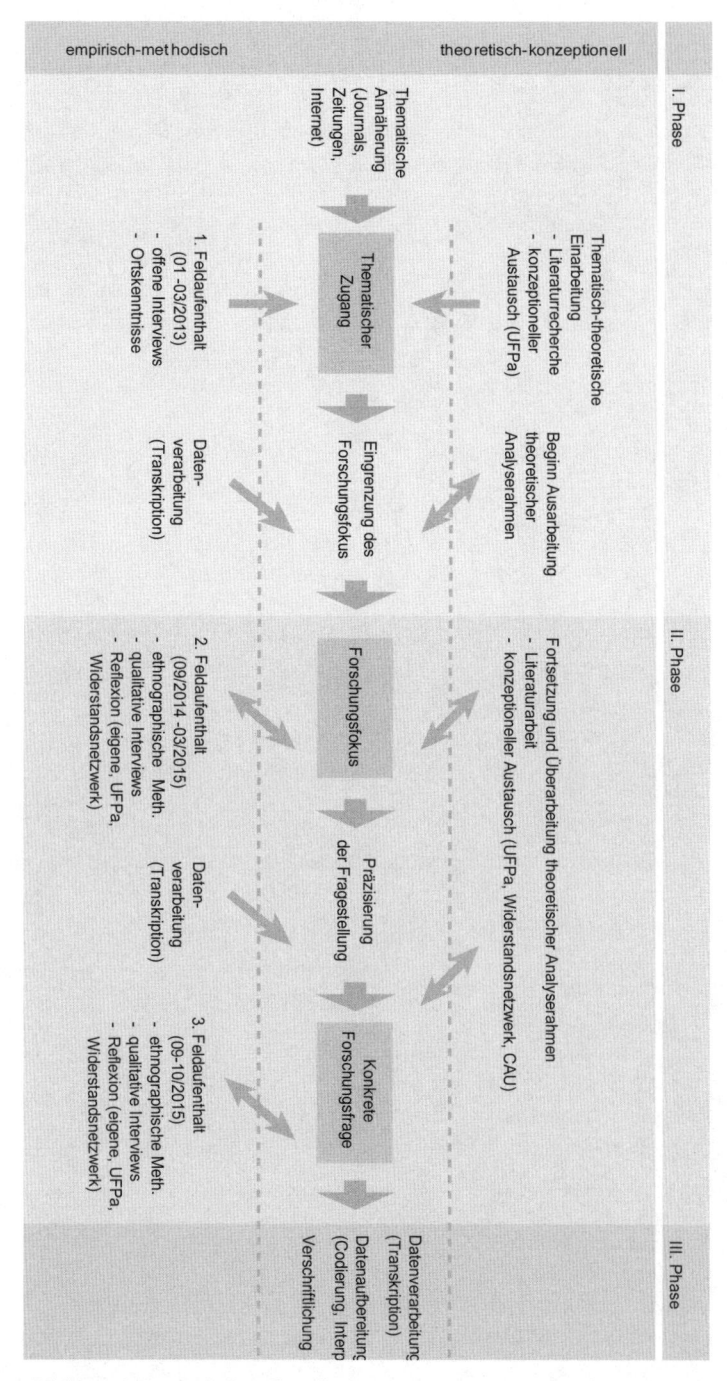

Abbildung 2: Der zirkuläre Forschungsprozess (eigener Entwurf)

5 EINORDNUNG DES UNTERSUCHUNGSPHÄNOMENS: ALTAMIRA, XINGU UND BELO MONTE

> [...] wir bleiben weiterhin die EWIGE LETZTE GRENZE, angefangen mit der unberührten Grenze im 19. Jahrhundert, der Entnahme des Kautschuks für die Amerikaner, über die Eroberung des grünen Ozeans mit der Transamazônica und schließlich an der zukünftigen großen Wand von Belo Monte.
> (Umbuzeiro und Umbuzeiro, 2012, S. 18; Hervorhebung im Original)

Wenngleich das obige Zitat aus der Perspektive eines europäisch stämmigen Bürgers Altamiras formuliert wurde und die komplexen Sozialstrukturen vor der Ankunft der ersten europäisch stämmigen Siedler*innen sowie die indigenen Erfahrungen mit der Kolonisierung nicht erfassen kann, so vermittelt es doch einen guten Eindruck von der traditionellen Position der Stadt und Region Altamiras in der brasilianischen Wirtschaftsordnung sowie der Art und Weise, wie dies das Selbstverständnis der Bewohner*innen geprägt hat. In diesem Kapitel werden die Region und ihre wirtschaftspolitische Rolle in diesem nationalen Kontext dargestellt. Anschließend erfolgt die Einordnung des Großprojekts Belo Monte in diesen Zusammenhang, die einen ersten Eindruck über Hintergründe, Akteurskonstellation und die politischen Rahmenbedingungen geben wird. Dies vermittelt wichtiges Kontextwissen für die empirische Analyse in den Kapiteln 6 und 7. Auch ergeben sich dabei erste Verknüpfungen mit den empirischen Daten (bei Quellverweisen vgl. Tab. 2 im Anhang).

5.1 DIE REGION ALTAMIRA UND XINGU

Die Stadt Altamira ist Hauptstadt der gleichnamigen Gemeinde, die sich mit 159.533,255 km^2 über die Flusstäler des Xingu, des Iriri und des Riozinho do Anfrísio erstreckt. Laut Volkszählung (2000), beziehungsweise Schätzung (2016) des brasilianischen statistischen Instituts stieg die Bevölkerung der Gemeinde von 77.439 Personen im Jahr 2000 auf 109.938 im Jahr 2016 an, wobei sich die ländliche Bevölkerung zwischen 2000 und 2010 von 15.154 auf 14.983 reduzierte und die städtische von 62.285 auf 84.029 anstieg (IBGE, 2000; SIS, 2010). Zwischenzeitlich war die Bevölkerung der Gemeinde auf geschätzte 140.000 angestiegen, ehe der Bau von Unterkünften für die Arbeiter*innen nahe der drei Baustellen des Staudammkomplexes Belo Montes, die sich in der Nachbargemeinde Vitória do Xingu befinden, wieder für einen Bevölkerungsrückgang sorgte (vgl. Klein, 2015, S. 7). Der Bevölkerungszuwachs zwischen 2000 und 2016 lässt sich Aussagen des Planungssekretariats Altamiras und sozialer Bewegungen zufolge zu großen Teilen auf den Bau des Wasserkraftwerks zurückführen, der zum einen die Zuwanderung von Arbeiter*innen und Arbeitssuchenden und zum anderen Zuwanderung infolge von Gewinnspekulation durch den demographischen Boom initiierte (vgl. Int96, Int2, Int87; ISA, 2015, S. 8). Insbesondere der intensive Bevölkerungszuwachs in der Zeit zwischen 2011 (Baubeginn) und 2013 (vor Fertigstellung der Uunterkünfte), in der nach Aussagen des ISA (2015) 25.000 Arbeiter*innen in die Stadt kamen, führte zu einer Überlastung der städtischen Infrastruktur (v.a. in den Bereichen Verkehr, Gesundheit und Bildung) und zu einem signifikanten Anstieg der Kriminalitätsrate und Unfallziffer (vgl. A. d. C. Oliveira und Pinho, 2013; Marin und A. d. C. Oliveira, 2016; ISA, 2015, S. 26–29).

Altamira war urbaner Knotenpunkt während des zweiten Kautschukzyklus, der Eröffnung der Transamazônica und schließlich im Zuge Belo Montes und erlebte während dieser Phasen starke Zuwanderungsschübe (vgl. Kap. 5.2). Die Ansiedlungen geschahen in den wenigsten Fällen regulär, sondern folgten eher dem Schema irregulärer Besetzungen, aus denen sukzessive neue Stadtviertel mit eigener, gewachsener Infrastruktur entstanden (vgl. Kap. 5.4). Große Teile dieser Viertel befanden sich in den Einflussbereichen der drei Nebenflüsse (*igarapés*) Ambé, Panelas und Altamira, die saisonal während der Regenzeit (und nach der Stauung des Xingu permanent) überfluteten. Aus diesem Grund überwog in der Senke der Einflussbereiche der *igarapés* Ambé und Altamira – dem sogenannten *baixão* – die Pfahlbauten-Architektur (*palafitas*). Auch existierten sogenannte *abrigos*, Zufluchtsorte, in denen die Bewohner*innen in Zeiten von Höchstständen der Flusspegel unterkommen konnten. Von den vor Beginn der Umsiedlungen existenten 31 Stadtvierteln in Altamira waren zwölf Viertel teilweise oder komplett von den saisonalen Überflutungen und entsprechend von Umsiedlungsmaßnahmen betroffen (vgl. 2009, S. 41). Abbildung A 1 im Anhang zeigt ein Satellitenbild der Stadt Altamira vor Beginn der Umsiedlungen sowie das von saisonaler, beziehungsweise nach Stauung des Flusses permanenter Überflutung „direkt betroffene städtische Gebiet" (*Área Diretamente Afetada Urbana* – ADA *Urbana*). Die farblichen Markierungen zeigen die Einflussbereiche der *igarapés* Ambé, Altamira und Panelas.

Altamira liegt am Fluss Xingu, der flussabwärts der Stadt eine große Schleife macht (vgl. Abb. A 2 im Anhang). Diese sogenannte *Volta Grande* ist eine wichtige Fischereizone und Heimat von Indigenen und Ribeirinh@s. Hier befinden sich auch zwei indigene Territorien, TI Paquiçamba und TI Arara da Volta Grande do Xingu. Der Fluss Xingu ist mit 2.700 Kilometern Länge einer der größten Zuläufer des Amazonas. Sein Flussbett umfasst 51 Millionen Hektar und gilt als eines der Gebiete des brasilianischen Amazonasgebietes mit der höchsten ökologischen Diversität (vgl. Schwartzman, Boas et al., 2013, S. 3; ISA, 2011, S. 20). Auch die sozialen Strukturen sind äußerst komplex. Neben 25 indigenen Ethnien (vgl. ebd., S. 1) leben hier zahlreiche Ribeirinh@familien in der Region. Diese Ribeirinh@familien sind Nachkommen europäisch stämmiger Einwander*innen, die zum Beispiel mit der Ankunft der ersten Jesuiten in der ersten Hälfte des 17. Jahrhunderts oder während der Kautschuk-Ära in die Region kamen und der indigenen Bevölkerung (vgl. ISA, 2007, S. 265, 267). Zahlreiche Familien leben entlang der Flüsse Xingu, Iriri und

Riozinho do Anfrísio in der sogenannten *Terra do Meio* – ein Mosaik aus unterschiedlichen Schutzzonen, welches Teile der beiden Flusstäler umfasst (vgl. Abb. A 2) – und betreiben traditionellen kleinteiligen Agroextraktivismus von beispielsweise Kautschuk, Paranuss und Copaiba, kleinbäuerliche (Subsistenz-)Landwirtschaft und Fischerei (vgl. Umbuzeiro und Umbuzeiro, 2012, S. 294). Einige dieser Familien ordnen sich der indigenen Bevölkerung zu (vgl. Int29). Auch in der Umgebung Altamiras leben Ribeirinh@familien, deren Organisation vor der Enteignung durch Belo Monte auf einer dualen Wohnstruktur basierte: Sie besaßen einerseits ein Haus in der Stadt Altamira, von dem aus sie urbane Dienstleistungen in Anspruch nehmen und ihre Produkte vertreiben konnten; andererseits besaßen sie ein Haus außerhalb der Stadt am Flussufer, häufig auf einer Insel, wo sie Landwirtschaft und Fischerei betrieben (vgl. MPF, 2015; 2016). Abbildung 3 zeigt Ansiedlungen von Ribeirinh@s im *beiradão* – wie die Ribeirinh@s das Gesamt der Ufer- und Inselzonen in der Umgebung von Altamira nennen – vor den Enteignungen und Umsiedlungen in den Jahren 2014 und 2015. Ribeirinh@s sind wie auch Indigene rechtlich als traditionelle Bevölkerung anerkannt. Diese Anerkennung geschieht anhand der ‚Nationalen Politik der Nachhaltigen Entwicklung der Traditionellen Völker und Gemeinschaften' (PNPCT). Unter diesen traditionellen Völkern und Gemeinschaften werden diejenigen verstanden,

- die sich kulturell von der Mehrheitsgesellschaft unterscheiden und sich entsprechend identifizieren,
- die eigene Formen der sozialen Organisation besitzen und bestimmte Territorien und natürliche Ressourcen als Bedingung für die Reproduktion ihrer kulturellen, sozialen, religiösen, anzestralen und ökonomischen Lebensform benötigen und
- die dazu Wissen, Innovationen und Praktiken nutzen, die ihrerseits durch die Tradition geschaffen wurden und darüber weitergegeben werden (Presidência da República, 2007).

Die PNPCT strebt den Schutz und die Integrität dieser Bevölkerung sowie ihrer Rechte an, um die Möglichkeit der Reproduktion ihrer Lebensform zu gewährleisten. Voraussetzung dafür ist der Schutz ihrer „traditionellen Territorien: die für die kulturelle, soziale und ökonomische Reproduktion notwendigen Räume der traditionellen Völker und Gemeinschaften" (ebd., Art. 3, II). Das Dekret gliedert sich in eine Reihe von Schutzmaßnahmen ein, die notwendig wurden, als sich Indigene und Ribeirinh@s im Xingutal wie auch in anderen Regionen des Amazonasgebietes durch den steigenden Bevölkerungsdruck und das Voranschreiten der Agrargrenze in ihrer Lebensform zunehmend bedroht fühlten.

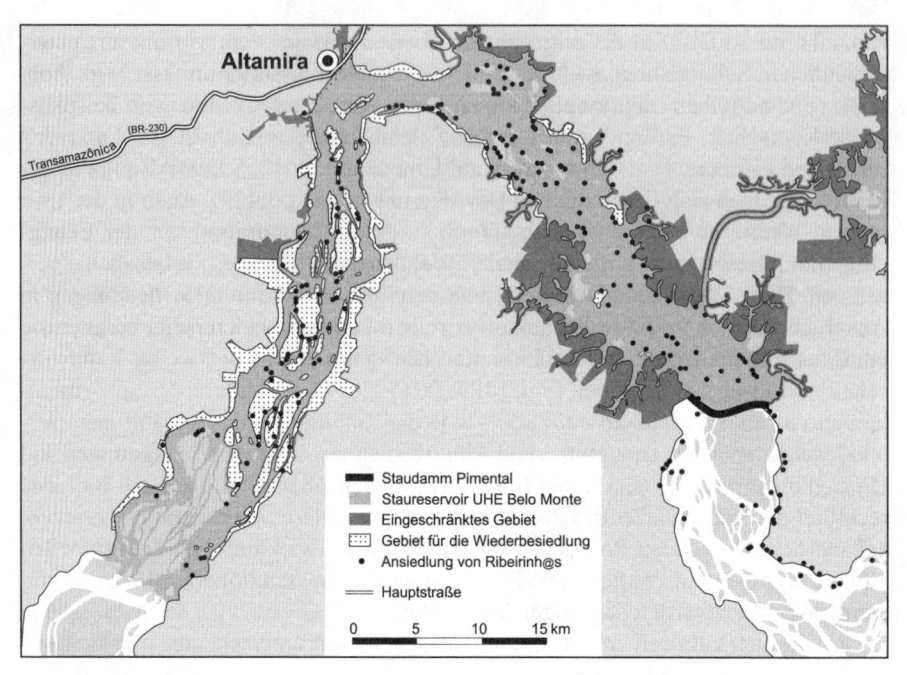

Abbildung 3: Ländliche Ansiedlungen von Ribeirinh@s in der Umgebung Altamiras vor Beginn der Umsiedlungen (verändert nach SPU, 2015)

Umbuzeiro und Umbuzeiro (2012, S. 25 f.) erkennen fünf Zyklen, die die Entwicklung Altamiras und des Xingu-Tals entscheidend beeinflusst haben. Dazu zählen sie:
- Erstens, die Zeit zwischen der Ankunft der ersten Jesuiten in der ersten Hälfte des 17. Jahrhunderts und des zum Zwecke des Kautschukextraktivismus gegründeten Altamiras an der Stelle der von den Jesuiten gegründeten Mission Tavaquara im Jahr 1883,
- zweitens, der darauf folgende erste Kautschuk-Zyklus sowie die anschließende wirtschaftliche Stagnationsphase durch den Preisverfall des Kautschuk und die Weltwirtschaftskrise von 1929,
- drittens, der zweite Kautschuk- Zyklus ab 1942,
- viertens, der Bau der Transamazônica ab 1970 und
- fünftens, der Bau Belo Montes ab 2011 (vgl. Kap. 5.2).

Jeder dieser Zyklen brachte neue demographische, ökonomische und kulturelle Dynamiken in die Region, die zu Konflikten mit der bereits ansässigen Bevölkerung, aber auch zu neuen komplexen Bevölkerungsstrukturen führten, die heute charakteristisch für die Region sind. Als Teile der traditionellen Bevölkerung ab den

1980er Jahren jedoch zunehmend von der Agrarlobby und der Holzindustrie bedroht und Aktivist*innen ermordet wurden,[20] wurde die Notwendigkeit offensichtlich, Zonen zu errichten, um die traditionelle und kleinbäuerliche Bevölkerung zu schützen und der Agrarlobby und Holzindustrie Einhalt zu gebieten. Gefordert und unterstützt durch das *Insituto Socioambiental* (ISA) und weitere aktivistische Gruppierungen begann im Jahr 2000 die Definition, Ratifizierung und Umsetzung von Schutzzonen durch die Bundesregierung; durch die Ermordung Stangs 2005 wurde dieser Prozess entscheidend beschleunigt. Aus Umweltschutzzonen, Nationalparks, Extraktivistenreservaten[21] und anderen Schutzeinheiten sowie schon bestehenden indigenen Territorien wurde bis 2006 das Schutzmosaik *Terra do Meio* gebildet und das weitere Voranschreiten der Agrargrenze in das Xingu-Tal effektiv begrenzt (vgl. Abb. A 2 im Anhang; vgl. Schwartzman und Andreassen, 2012, S. 287 f.; ISA, 2007, S. 265).

5.2 ENTWICKLUNGSPOLITISCHER HINTERGRUND DES AMAZONASGEBIETES UND DER REGION XINGU

Nach der Darstellung von Umbuzeiro und Umbuzeiro (2012, S. 25 f.) waren es vor allem externe Einflüsse, die die Xingu Region in ihrem Entwicklungsweg entscheidend prägten. Insbesondere zwei Großprojekte brachten die nachhaltigsten Veränderungen mit sich: Der Bau der Transamazônica und das Wasserkraftwerk Belo Monte. Tatsächlich spielten große Entwicklungsprojekte in den wirtschaftspolitischen Strategien lateinamerikanischer Länder zur Förderung der Industrialisierung und der Modernisierung des Landes nach westlichem Vorbild vor allem ab der zweiten Hälfte des 20. Jahrhunderts eine wichtige Rolle. Fortschritt und Modernisierung waren Begriffe, die seit der Epoche der europäischen Aufklärung das westliche Verständnis nationalstaatlicher Entwicklungswege prägten (vgl. Grosfoguel, 2008, S. 308 f.). Diese Logik der sich stufenweise entwickelnden Zivilisationen – wobei der Weg linear von einer archaischen beziehungsweise feudalen Gesellschaft hin zu einer modernen und aufgeklärten Zivilisation erfolgen sollte – orientierte sich an angeblich modernen, rationalen und aufgeklärten Zivilisationen wie denen Europas und der USA und spielte eine zentrale Rolle in den unterschiedlichen Ideologielinien, die in ihrer Gesamtheit in der ersten Hälfte des 20. Jahrhunderts als

---

20 Zu diesen Aktivist*innen gehören der 1988 im Bundesstaat Acre ermordete Anführer der Kautschukzapfer*innen-Bewegung Chico Mendes sowie in der ingu-Region der Anführer der Transamazônica- Bewegung Ademir ‚Dema' Federicci (2001) und die Nonne und Umweltaktivistin Dorothy Stang (2005).

21 Extraktivistenreservate als Schutzeinheit, die es den dort lebenden Ribeirinh@s und Indigenen erlaubt, ihre traditionelle Bewirtschaftung mit kleinteilig extraktivistischen und kleinbäuerlichen Methoden fortzuführen, ist ein Konzept, das 1985 während des „1. Nationalen Treffens der Kautschukzapfer" unter der Führung von Chico Mendes ausgearbeitet wurde (vgl. ISA, 2007, S. 267). In den Reservaten gibt es viele Extraktivistenorte, die während des Kautschukbooms entstanden und von denen aus noch heute extraktivistische Tätigkeiten wie das Kautschukzapfen ausgeführt werden.

die Schule des *developmentalism* bekannt wurden (vgl. Grosfoguel, 2008, S. 308 ff.). Vor dem Hintergrund geeigneter Opportunitätsstrukturen aufgrund der internationalen Wirtschafts- und Finanzkrise setzte sich ab den 1930er Jahren unter Getúlio Vargas und bis in die 1970er Jahre hinein eine protektionistische Version des *developmentalism* durch[22], die auf einer sogenannten „developmentalist alliance" (Motta und Nilsen, 2011a, S. 6) aus industrieller und staatlicher Elite, der urbanen Mittelklasse sowie der urbanen Arbeiterschaft aufbaute (vgl. Bresser-Pereira, 2009, S. 6).

Die Regierungen der Militärdiktatur in Brasilien (1964–1985) übernahmen größtenteils diese Ideologie – trotz der Krise des ISI und einer durch ideologische Spannungen deutlich geschwächten *developmentalist alliance*. Während die etablierten Besitzverhältnisse weitestgehend unangetastet blieben, sollten Fortschritt und Modernisierung insbesondere durch Technologieimport, Großprojekte und die Erschließung peripherer Regionen erzielt werden (vgl. M. C. d. Santos und Dahmer Pereira, 2010, S. 6 f.; Conte und Boff, 2012, S. 98f.). Die kapitalistische Inwertsetzung der Amazonasregion war bis dato nur zeitlich und räumlich begrenzt während des ersten und zweiten Zyklus der Kautschuk-Ära geschehen[23]. Es blieb weiterhin schlecht erschlossen und das Problem der territorialen Souveränität war während der Ära im Zuge zahlreicher Grenzkonflikte mit den Nachbarländern Peru und Bolivien offensichtlich geworden (vgl. Barham und Coomes, 1994, S. 95 f.; 101 f.). Staatlich durchgeführte Großprojekte der Militärregierung sollten deshalb neben der ökonomischen auch der territorialen Erschließung und Sicherung der nationalen Souveränität dienen. Beispielhaft hierfür ist das Projekt der Transamazônica, das durch die Besiedlung und Kultivierung des Amazonasgebietes eben diese Erschließung im doppelten Sinne bewirken sollte (vgl. Rede von Médici am 08.10.1970 in F. A. Gomes, 1972, S. 10 ff.). Unter der Propaganda „Land ohne Menschen für Menschen ohne Land" (Schwartzman, Alencar et al., 2010, S. 280; eigene Übersetzung), die sich insbesondere an die Landlosen aus dem von einer extremen Dürre heimgesuchten Nordosten Brasiliens richtete (Umbuzeiro und Umbuzeiro, 2012, S. 284), öffnete das Projekt die zuvor unzugängliche Region, schob die Agrargrenze weit in das Amazonasgebiet hinein und löste in der Region umfassende sozioökonomische Transformationen aus[24]. Die anfängliche Euphorie über das Projekt[25]

---

22 Diese auch als importsubstituierenden Industrialisierung (ISI) bekannte Strategie ersuchte, die heimische Industrie mithilfe eines starken, planenden Staates gezielt zu fördern und gegen äußere Einflüsse zu schützen sowie mithilfe einer expansiven Kreditpolitik den Binnenkonsum anzukurbeln. Insbesondere in sogenannten Schlüsselindustrien wurden staatliche Unternehmen aufgebaut und gefördert (vgl. Bresser-Pereira, 2009, S. 6 f.).
23 Barham und Coomes (1994) beschreiben diesen enormen, aber kurzen Wirtschaftsboom, dessen Profit beinahe ausschließlich in die Infrastruktur der Kautschukindustrie und die neuen Handelszentren und Metropolen Belém und Manaus flossen.
24 Umbuzeiro und Umbuzeiro (2012, S. 214 f.; 269) berichten von infrastrukturellen Überlastungen sowie einem Anstieg der Gewalttaten und des Drogenkonsums in Altamira.
25 Das Projekt der Transamazônica wurde in seiner Dimension von öffentlicher Seite aus mit der Mondlandung verglichen (vgl. Schwartzman, Alencar et al., 2010, S. 280).

wich allerdings schnell einer Ernüchterung als deutlich wurde, dass die versprochene Infrastruktur an Dienstleistungen wie Schulen und Krankenhäusern in den Unter- (*agrovilas*) und Mittelzentren (*agrópolis*) sowie der Marktzugang für die Agrarprodukte nicht bereitgestellt oder gewährleistet wurden. Diese Isolation, die unerwartet schwierigen Anbaubedingungen sowie tropische Krankheiten führten zu einer Abwanderung von 30 Prozent der ohnehin geringen Zahl an Zugewanderten (7.000 anstelle der geplanten 100.000 Familien; ebd., S. 280). Im Jahr 1974 erklärte die Militärregierung das Projekt der Ansiedlung von Kleinbauer*innen als gescheitert und unterstützte daraufhin vor allem Viehhaltung und Großgrundbesitz (vgl. ebd., S. 281).

Dennoch eröffnete die Zugänglichkeit der Region durch die Transamazônica der Militärregierung ganz neue Möglichkeiten der energiewirtschaftlichen Nutzung des regionalen hydrologischen Potentials. In den 1950er bis 1970er Jahren wurden pro Jahrzehnt im Durchschnitt 98 große Staudämme gebaut (vgl. Hochstetler, 2011, S. 358). Eines davon war das WasserkraftwerkTucurui, dessen Bau in den 1970er Jahren begann. Der heutige Standort Belo Montes war einer von insgesamt 47 Standorten für potentielle Staudämme entlang des Xingu, die Eletrobrás zwischen 1975–1979 prüfte (vgl. ebd., S. 358). Die für diese teuren Projekte und der damit verbundenen technologischen Abhängigkeit benötigten ausländischen Kredite führten jedoch zu einer Überbewertung der heimischen Währung und zu hoher Inflation, sodass Brasilien wie viele lateinamerikanische Staaten in den 1980er Jahren eine enorme Auslandsverschuldung aufwies (vgl. Bresser-Pereira, 2009, S. 11). Aufgrund der Schuldenkrise und der strukturellen Anpassungsprogramme des Internationalen Währungsfonds und der Weltbank sowie eines Ideologiewechsels innerhalb der wirtschaftlichen Elite fand ab dieser Zeit eine sukzessive Abkehr von den zentralen Leitbildern des *developmentalism* – ein starker Staat und der Schutz der einheimischen Industrie – statt. Orientiert am *Washington Consensus* erfolgten stattdessen Privatisierungen im öffentlichen Sektor und von Unternehmen sowie der Abbau von Handelshemmnissen (Motta und Nilsen, 2011b, S. 10 ff.). Das Verfolgen der neoliberalen Doktrin orientierte sich wieder an den westlichen Vorbildern aus Europa und den USA und hatte erneut einen Anstieg der technologischen Abhängigkeit sowie die Aufgabe jeglicher finanzpolitischer Kontrolle zur Folge (vgl. Bresser-Pereira, 2009, S. 13 ff.).

Die Wirtschafts- und Finanzkrise Brasiliens im Jahr 1998 und die insgesamt niedrigen Wachstumsraten zeugten ähnlich wie in Mexiko oder Argentinien von einem Scheitern des neoliberalen Experiments und so war in Lateinamerika der Beginn des 21. Jahrhunderts von zahlreichen Regierungswechseln und einem allgemeinen „turn to the Left" (Escobar, 2010, S. 2) geprägt. Staatliche Großprojekte und die Ausbeutung natürlicher Ressourcen zur Finanzierung sozialpolitischer Programme – häufig als Neo-Extraktivismus bezeichnet (vgl. Acosta, 2011; Burchardt und Dietz, 2014) – erlebten eine Renaissance (vgl. Bresser-Pereira, 2009, S. 2). Mit der Machtergreifung der Arbeiterpartei *Partido dos Trabalhadores* (PT) in Brasilien im Jahr 2002 wurde insbesondere dem Amazonasgebiet aufgrund seiner Größe, seines Ressourcenreichtums und der immer noch begrenzten kapitalistischen Erschließung wieder eine zentrale Rolle innerhalb der Wirtschaftsentwicklung zuteil (vgl. Conte und Boff, 2012; Fatheuer, 2012). Ähnlich wie während der Militärdiktatur, jedoch auch dank hoher Weltmarktpreise von Mineral- und Agrarprodukten finanziell deutlich erfolgreicher, konnte über Prozesse primitiver Akkumulation Kapital generiert werden, welches wiederum einerseits für die Finanzierung großer Entwicklungsprojekte verwendet wurde. Andererseits bildete das Kapital die finanzielle Basis von Umverteilungsprogrammen – sogenannte „conditional cash transfer (CCTs) programs" (Ban, 2013) – wie der brasilianischen *bolsa familia*. Wasserkraft spielte dabei aufgrund ihres hohen Anteils an Brasiliens Energiematrix und des großen hydroelektrischen Potentials der Amazonasregion eine zentrale Rolle (vgl. Hochstetler, 2011, S. 352 f.). Deutlich wird dies anhand der Agenda des nationalen Entwicklungsplans *Programa de Aceleração do Crescimento* (PAC) unter dem Präsidenten Luiz Inácio Lula da Silva (Lula) (2003–2010) und PAC II unter seiner Nachfolgerin Dilma Rousseff (2011–2016). Laut Aussagen der BNDES besitzt das Amazonasgebiet das Potential von 126.000 MW hydroelektrischer Energie (Siffert et al., 2014, S. 113). Entsprechend sollten ursprünglich bis zum Jahr 2020 allein in der Amazonasregion 212 Mrd. Reais in 28 neue Wasserkraftwerke sowie die Erschließung der Bodenschätze und den Ausbau des Transportnetzes investiert werden (Fatheuer, 2012, S. 87). Gestiegene Steuereinnahmen infolge des höheren Einkommens und Konsums der Bevölkerung und hohe Exporteinnahmen durch hohe Weltmarktpreise schufen auf diese Weise eine Kapitalbasis, die die brasilianische Entwicklungsbank BNDES zu einer der größten staatlichen Entwicklungsbanken mit weltweiter Investitionstätigkeit werden ließ und die Abhängigkeit von externen Krediten abwendete (vgl. Ban, 2013, S. 9, 26). Allein in der Amazonasregion finanzierte die BNDES 2014 46 Energie- und Logistikprojekte mit einem Investitionsvolumen von insgesamt 61,5 Mrd. Reais[26] (Siffert et al., 2014, S. 119).

Aufgrund der Parallelen zur Ideologie des *developmentalism* wurden diese Entwicklungsstrategien unter dem Begriff des *new-* oder *neo-developmentalism* bekannt (vgl. Ban, 2013; Baletti, 2012; Morais und Saad-Filho, 2012; A. Hall und Branford, 2012). Wieder spielte der Fortschrittsgedanke eine primäre Rolle: Analog zum freien, rationalen und selbstbestimmten Subjekt der Aufklärung sollten die wirtschaftspolitischen Maßnahmen zu einem emanzipierten und auf dem Weltmarkt selbstbestimmt agierenden Nationalstaat führen (vgl. Grosfoguel, 2008, S. 348). Entwicklung sollte dabei auch in die peripheren Regionen des staatlichen Territoriums getragen und das dortige ökonomische Potential ausgeschöpft werden. Der Staat trat im Gegensatz zu den Jahren der neoliberalen Ausrichtung wieder als zentraler Akteur auf, der durch gezieltes Eingreifen in die Wirtschaft Währungs- und dadurch makroökonomische Stabilität schaffte, Investitionen ermöglichte und die einheimische Industrie unterstützte (vgl. Morais und Saad-Filho, 2012, S. 2 ff.). Auf der anderen Seite jedoch unterscheidet sich die Ideologie des *neo-developmentalism* von ihrer Vorgängerin bezüglich der – zum Teil selektiven – Kombination mit freier Marktwirtschaft, einer klaren Exportausrichtung und der stärkeren Rolle

---

26 Berechnet am Mittelwert des Wechselkurses des Jahres 2014 entspricht dies 19,8 Mrd. Euro (Wallstreet Online, o.J.).

von Umverteilungsprogrammen zum Zwecke der Steigerung des Binnenkonsums (vgl. Ban, 2013).

(Neo-)Extraktivismus bleibt also die in der Xingu-Region wie im gesamten Amazonasgebiet seit der Kautschuk-Ära bestehende und sich daraufhin stets reproduzierende dominante Wirtschaftsform. Schnelle und hohe Gewinne, die kurzfristig kein anderer Wirtschaftssektor in der Region leisten kann, ermöglichen die aufgrund der peripheren Lage der Region verhältnismäßig teure Bereitstellung spezieller Infrastruktur und Güter. Dieser Fokus auf den (Neo-)Extraktivismus und die Marginalisierung anderer Wirtschaftsformen sowie sukzessive ökologische Degradierung schufen eine Abhängigkeit nicht nur industrieller, sondern auch politischer Strukturen:

> The continual dependence by local elites on resource extraction to generate export earnings shaped a political economy that reinforced the importance of extraction while successively undermining the resource base on which the region depends. The result in Amazonia has been perpetual cycles of natural resource extraction, environmental destruction, impoverishment, and underdevelopment. (Barham und Coomes, 1994, S. 77)

Diese Abhängigkeit zeigt sich auch in Form klientelistischer Strukturen von Politik und Industrie, die sich insbesondere seit der Konsolidierung der Kautschuk-Industrie bildeten (vgl. ebd., S. 98 f.). Um die Kommodifizierung der natürlichen Ressourcen zu ermöglichen, müssen den Ressourcen sowie sämtlichen im betroffenen Gebiet von Menschen genutzten Gütern Transaktionswerte zugewiesen und schließlich Lizenzen verliehen werden (vgl. Castree, 2003; Bermejo, 2014). Zumeist bedeutet dies eine Privatisierung ehemals gemeinschaftlicher Ressourcen und in jedem Fall den Ausschluss anderer Menschen von der Nutzung dieser (vgl. Bermejo, 2014; D. Hall, 2013). Die Art und Weise, wie dies geschieht, entscheidet darüber, wer gewinnt und wer verliert und trägt meist zu einer „increasingly uneven internal geography of development within postcolonial countries" bei (Glassman, 2006, S. 615).

Exkurs: *Entwicklungspolitik und diskursive Ordnung*

In der vorliegenden Arbeit werden unterschiedliche Diskursbezeichnungen verwendet, die in engem Zusammenhang mit dem wirtschaftspolitischen Hintergrund der Kolonisierung und Entwicklung Brasiliens und des Amazonasgebietes stehen. Nach Althusser (1977) ist der Nationalstaat über seine ideologischen Staatsapparate (religiöse und Bildungseinrichtungen, juristisches und politisches System, Medien und Kultureinrichtungen, etc.) in der Lage, eine spezifische Ideologie zu verbreiten, die entscheidenden Einfluss auf die diskursive Ordnung hat und im Sinne von Gramsci (2000) einen Hegemoniestatus als Konsens zwischen unterschiedlichen gesellschaftlichen Gruppen erreichen kann. Entsprechend eines foucaultschen Verständnisses besteht eine **Diskursformation** aus vielfältigen sprachlich-diskursiven Elementen und diskursiven Praktiken, die mit ihrer raumstrukturierenden, sinn- und wahrheitskonstituierenden Wirkung eine **diskursive Ordnung** schaffen und diese stetig reproduzieren (Foucault, 2012 [1972], vgl. Kap. 3.3). Eine diskursive Ordnung gibt somit ein gesellschaftliches Verständnis von Wahrheiten und Wirklichkeit wieder. Diskursive Ordnungen können regional voneinander abweichen, insbesondere über ideologische Staatsapparate kann jedoch eine raumzeitlich dominante Ordnung diffundiert und somit die Angleichung regional-spezifischer Diskursformationen erreicht werden.

In Brasilien prägen die auf einer modernen westlichen Epistemologie basierenden Begriffe des Fortschritts und der Modernisierung bis heute nachhaltig die gesellschaftlich dominante diskursive Ordnung (vgl. B. d. S. Santos, 2010b; Grosfoguel, 2008). Nach M. Santos (2007 [1987], S. 24) festigte die rasante wirtschaftliche Modernisierung des Landes zwischen den 1960er und 1980er Jahren mit ihren Konsumversprechen eine traditionelle, postkoloniale Gesellschaftsordnung, die sich noch heute durch ein liberal-kapitalistisches Wirtschaftssystem ausdrückt, das mit traditionellen klientelistischen Strukturen und einer hierarchischen Gesellschaft koexistiert. In dieser Gesellschaftsordnung hat sich zwar der Konsum materieller Güter in alle Bevölkerungsschichten ausgebreitet, der Konsum immaterieller Güter in Form von Rechten und politischer Teilhabe bleibt aber nur einem kleinen Teil der Gesellschaft vorbehalten (Holston, 2008). Ein **Entwicklungsdiskurs**, der auch über die Wirtschaftsideologien des *developmentalism* und des *neo-developmentalism* hinaus immer eine zentrale Rolle einnahm, basiert auf dieser Wirtschafts- und Gesellschaftsordnung und erreichte insbesondere in Zeiten der „developmentalist alliance" zwischen Industrie, Staat sowie städtischen Händlern und Arbeitern in den 1930er bis 1950er Jahren (vgl. Motta und Nilsen, 2011a, S. 6) und in Zeiten der PT-Regierung durch Zugeständnisse an die Industrie sowie den Sozialprogrammen *bolsa familia* und *fome zero* breite gesellschaftliche Unterstützung (Russau, 2012). Der Entwicklungsdiskurs vermittelt eine auf klassischen Binärismen (vgl. B. d. S. Santos, 2010b) eines westlich-modernen Gesellschaftsbildes (z.B. Natur/Kultur, traditionell/modern, Unterentwicklung/Fortschritt) aufbauende diskursive Ordnung, die durch Althussers ideologische Staatsapparate und die stetige gesellschaftliche Bestätigung reproduziert wird und die Begriffen eine bestimmte, entsprechend ideologisch aufgeladene Bedeutung zuweist. Dies impliziert die Marginalisierung von meist als traditionell bezeichneten Lebensformen und Bevölkerungsgruppen, die dieser Ideologie widersprechenden. Solch eine Marginalisierung äußert und materialisiert sich besonders über Großprojekte oder andere Formen der kapitalistischen und infrastrukturellen Erschließung peripherer Regionen (vgl. Filho und Souza, 2009). Spätestens seit der Rio-Konferenz 1992 fand der Nachhaltigkeitsdiskurs Eingang in den dominanten Entwicklungsdiskurs und legitimierte den Ausbau der Wasserkraft durch dessen Wesen als vorgeblich grüne und saubere Energie (vgl. Moreno, 2012). Das Großprojekt Belo Monte kann als eine Materialisierung dieser diskursiven Ordnung und ihrer inhärenten hierarchischen Gesellschaftsordnung betrachtet werden, das neben signifikanten Entwicklungsimpulsen aufgrund eines reduzierten Reservoirs (vgl. Kap. 5.3.2) und eines breiten Maßnahmenkatalogs (vgl. Kap. 5.3.1) auch ökologische Nutzen versprach (vgl. Ginane Bezerra et al., 2014; Moraes, Gabriela Bueno de Almeida und Moraes, 2012). Die sich aus unterschiedlichen lokalen Diskursen, Regeln und Praktiken konstituierende **lokale diskursive**

Ordnung in der Xingu-Region wies in ihrer Diversität – unter anderem bedingt durch die mit Großprojekten verbundenen Bevölkerungstransformationen, Politiken und entsprechenden diskursiven Einflüsse – schon vor der Ankunft Belo Montes vielfältige Bezüge zur dominanten Ordnung auf. In großen Teilen der Gesellschaft war sie jedoch durch die Ribeirinh@- und Fischereikultur und ihre spezifischen epistemischen Überzeugungen geprägt. Der gestiegene Einfluss des über Belo Monte transportierten dominanten Fortschrittsdiskurses vermittelte insbesondere über infrastrukturelle und konsumtive Versprechen und die konkrete rechtlich-politische Intervention des Großprojekts epistemische Überzeugungen der dominanten Ordnung und übte sowohl über gesellschaftliche Bestätigung als auch über widerständige Reaktionen entscheidenden Einfluss auf die lokale diskursive Ordnung aus (vgl. Kap. 6, 7, 8).

5.3 DAS GROSSPROJEKT BELO MONTE

Belo Monte, in seiner ersten Version noch unter dem Namen „Kararaô", war eines zahlreicher von der Militärregierung geplanter, teils umgesetzter, Wasserkraftwerke. Erste Pläne existierten seit 1975 und Machbarkeitsstudien waren bis Ende der 1980er Jahre abgeschlossen (vgl. Norte Energia S.A., 2016c). Ursprünglich waren zwei Hauptdämme und vier zusätzliche, flussaufwärts gelagerte Dämme vorgesehen, die vor allem den Wasserstand regulieren und konstanten Wasserdruck für die beiden Hauptdämme erzeugen sollten. Dies hätte jedoch indigenes Land sowohl im oberen Xingu als auch in der Volta Grande überflutet (vgl. G. O. Carvalho, 2006, S. 257 ff.; Fearnside, 2006, S. 17 f.). Im Kontext der Redemokratisierung und eines erhöhten gesellschaftlichen politischen Bewusstseins, der Einführung des Lizensierungsverfahrens im Jahr 1986 (vgl. CONAMA, 1986) und der neuen Verfassung von 1988, die die Umsetzung von Großprojekten bei Bedrohung von indigenem Land erschweren, war es vor allem ein von breiter Öffentlichkeit unterstützter indigener Protest, der das Projekt zum Scheitern brachte (vgl. Hochstetler, 2011, S. 358). Angeführt von Gruppen der Ethnie Kaiapó organisierte die Protestbewegung mithilfe der regionalen katholischen Prälatur und ihrem damaligen Bischof Erwin Kräutler 1989 das ‚I. Treffen der indigenen Völker in Altamira'. Zu diesem Treffen erschienen etwa 600 Indigene sowie nationale und internationale NGOs, der britische Sänger Sting, nationale und internationale Presse und die verantwortlichen Institutionen aus Politik und Industrie (vgl. Kräutler, 2005, S. 11). Das Foto von dem Augenblick, als die Kaiapó Tuira dem Chef der nordbrasilianischen Energiebehörde Eletronorte, José Antônio Muniz Lopes, eine Machete an das Gesicht hielt, wurde weltberühmt. Im Anschluss an die Versammlung wurde der internationale Druck auf den Hauptfinancier, die Weltbank, derart groß, dass diese von der Finanzierung abrückte und das Projekt vorerst beigelegt werden musste (vgl. G. O. Carvalho, 2006, S. 257 f.). Anders als von den Gegner*innen erhofft, wurde der Plan jedoch nicht begraben, sondern überarbeitet und tauchte Ende der 1990er Jahre etwas modifiziert – nunmehr ohne vorgelagerte Dämme und mit einem Kanalsystem, welches den Fluss umleitet und so die Überflutung der indigenen Territorien in der

Volta Grande vermeidet (vgl. Kap. 5.3.2) – unter dem Namen Belo Monte wieder auf (vgl. Kräutler, 2005, S. 11). Präsident Lula kündigte während seiner Kandidatur zunächst noch an, die strategische Ausrichtung der nationalen Energiepolitik mit ihren Großprojekten zu überprüfen (vgl. PT, 2002, S. 13 f., 17 f.). Im ersten Jahr seiner Präsidentschaft wurden die Umweltstudien jedoch wiederaufgenommen und Belo Monte zu einem Prestigeprojekt des nationalen Entwicklungsplans PAC erhoben (vgl. Kap. 5.2). In den darauffolgenden Jahren fand der Disput der Befürworter- und Gegnerschaft vor allem entlang des Lizensierungsverfahrens statt (vgl. Fleury und Almeida, 2013; ISA, 2015). Der folgende Abschnitt erläutert dieses Lizensierungsverfahren, über dessen zentrale Ereignisse die Abbildung A4 im Anhang einen graphischen Überblick gibt[27].

5.3.1 Das Lizensierungsverfahren

Die Umweltbehörde Ibama ist die dem Umweltministerium unterstellte, verantwortliche Behörde für das Lizensierungsverfahren von „Projekten und Aktivitäten, die natürliche Ressourcen verwenden und die effektiv oder potentiell als verschmutzend gelten und denen, die, in jedweder Form, ökologische Degradierung verursachen können" (vgl. CONAMA, 1997, Art. 1). Es nimmt alle Studien und Berichte des ausführenden Unternehmens oder Konsortiums an, prüft diese, unternimmt eigene Prüfungen und vergibt oder verweigert die entsprechende Umweltlizenz. 2002 beschloss der Nationale Rat für Energiepolitik (CNPE) die Etablierung einer vorläufigen Umweltlizenz als Voraussetzung für die Autorisierung eines Energieprojekts und die Versteigerung der Konzession an Unternehmen, um sozialökologische Aspekte bereits früher in den Entscheidungsprozess einfließen zu lassen (Hochstetler, 2011, S. 359).

Das Verfahren erstreckt sich über drei Lizensierungsetappen (vgl. CONAMA, 1997, Art. 8): die vorläufige Umweltlizenz (*Licença Prévia*), die Baulizenz (*Licença de Instalação*) und die Betriebslizenz (*Licença de Operação*) (vgl. ebd., S. 359–361)). Voraussetzung für die vorläufige Umweltlizenz ist die Erarbeitung einer Umweltstudie (*Estudo de Impacto Ambiental* – EIA) und eines Umweltberichts (*Relatório de Impacto Ambiental* – Rima) seitens des Unternehmens oder Konsortiums und die nach erfolgter Prüfung und Erstellung eines technischen Gutachtens durch Ibama attestierte Durchführbarkeit des Projekts (vgl. IBAMA, 2015, S. 4). EIA und Rima müssen öffentlich zugänglich und deren Inhalte über öffentliche Anhörungen in den betroffenden Gemeinden publik gemacht werden (vgl. CONAMA, 1997, Art. 3; FUNAI, 2011, S. 12). Für den Erhalt der Baulizenz voraussetzend ist anschließend die Erfüllung vorbereitender Maßnahmen für die Region. In Zusammenarbeit mit dem ausführenden Unternehmen oder Konsortium und allen involvierten politischen Organen werden daraufhin die notwendigen Pläne, Programme

---

27 Abbildung A4 enthält darüber hinaus Ereignisse, die im Rahmen der empirischen Diskussion in den Kapiteln 6, 7 und 8 erläutert werden.

und Projekte ausgehandelt, die während der Implementierung des Projekts umgesetzt werden müssen, um die sozial-ökologischen Schäden zu minimieren. Diese Konditionen müssen detailliert in einem Umweltplan (*Projéto Básico Ambiental –* PBA) festgehalten werden, der im Rahmen der brasilianischen Verfassung die juristische Grundlage für die Implementierung des Projekts darstellt. Die Betriebslizenz wird erteilt, wenn alle vereinbarten Konditionen aus dem PBA seitens des Baukonsortiums erfüllt wurden (vgl. CONAMA, 1997). Auch die Betriebslizenz unterliegt weiteren Maßnahmen wie regelmäßigen Umweltkontrollen und unter Umständen weiteren Projekten und Programmen (vgl. ebd., Art. 18). Werden Abkommen verletzt, ist es Ibama vorenthalten, Lizenzen zu suspendieren oder zu annullieren (vgl. ebd., Art. 19).

Sind durch ein Großprojekt indigene Gemeinschaften und Territorien betroffen, verlangt die Verfassung von 1988 die Anhörung der betroffenen indigenen Gemeinschaften sowie die Zustimmung durch den nationalen Kongress, ehe mit den Umweltstudien begonnen werden kann (vgl. Câmara dos Deputados, 2012, Art. 231, § 3). Darüber hinaus muss die nationale Indigenenbehörde FUNAI in jeden Schritt des Lizensierungsverfahrens einbezogen werden. Sie hat die Aufgabe, Richtlinien zu erstellen und den Schutz der Umwelt in den indigenen Territorien sowie die Partizipationsmöglichkeit der indigenen Bevölkerung zu garantieren (FUNAI, 2011, S. 5). Nach Erstellung des EIA und Rima müssen die betroffenen indigenen Gemeinschaften gesondert informiert und angehört werden. Das PBA muss zudem mit der *Componente Indígena* (PBA-CI) ein zusätzliches Programm mit Programmen und Rechten für die indigene Bevölkerung beinhalten, die von der FUNAI in Kommunikation mit den betroffenen Gemeinschaften festgelegt und überwacht werden (FUNAI, 2011, S. 13 f.; 17 ff.).

Gerichte aller administrativen Ebenen sind jederzeit in der Lage, auf Klagen zu reagieren und in das Lizensierungsverfahren einzugreifen. Das aus der Militärdiktatur stammende Dekret *suspensão de segurança* erlaubt es der Legislative, Exekutive und Judikative jedoch im Falle „offenkundigen öffentliche Interesses" das jeweils höhere Gericht zu bitten, einen Suspendierungsbeschluss zurückzunehmen „um ernsthaften Schaden an der öffentlichen Ordnung, Gesundheit, Sicherheit und Ökonomie abzuwenden" (Presidência da República, 1992, Art. 15; vgl. L. Q. Santos und E. B. Gomes, 2015, S. 6).

Im Fall Belo Monte begann das Lizensierungsverfahren im Jahr 2005, als das nationale Energieunternehmen Eletrobrás die Erlaubnis des Kongresses erhielt, die 2000 begonnenen Machbarkeitsstudien fortzuführen. Hierbei ging es insbesondere um die Studien in indigenen Territorien, für die der Kongress eine ausführliche anthropologische Studie der möglichen Auswirkungen forderte (vgl. Hochstetler, 2011, S. 359). Soziale Bewegungen kritisierten, dass die Anhörung der betroffenen indigenen Gemeinschaften bis dato nicht erfolgt war (vgl. Xingu Vivo, 2010). Gemeinsam mit unterschiedlichen Expert*innen des Gebietes veranstalteten die sozialen Bewegungen im Juli 2005 ein dreitägiges Seminar in Altamira, in dem die potentiellen Auswirkungen des Staudamms mit der indigenen Bevölkerung diskutiert wurden. Gleichzeitig erschien der Sammelband *Tenotã-Mõ*, in dem 21 Wissenschaftler*innen, Journalist*innen, Jurist*innen und Aktivist*innen Beiträge über die Hintergründe, das Modell und die potentiellen Auswirkungen eines Staudammkomplexes im Xingu analysieren (Oswaldo Sevá Filho, A., 2005). Nach Ablehnung zivilgesellschaftlicher Klagen gegen die Initiierung des Lizensierungsprozesses wurden 2006 die Erarbeitung des EIA und Rima begonnen, die Ergebnisse 2009 an IBAMA übergeben und in diesem Zuge die vorläufige Lizenz erfragt (vgl. Norte Energia S.A., 2016c). Währenddessen wurden von der Zivilgesellschaft mehrere Versammlungen anberaumt und offene Briefe verfasst. Das MPF reichte mehrere Klagen sowie Anträge auf den Erlass einstweiliger Verfügungen ein, die teils von regionalen Gerichtshöfen genehmigt und schließlich vom Oberen Gerichtshof unter Verwendung der *suspensão de segurança* wieder gekippt wurden (vgl. Bratman, 2014, S. 281; Xingu Vivo, 2010). Nach einem Seminar an der UFPA in Belém im Oktober 2009 veröffentlichten 40 Wissenschaftler*innen den Sammelband *Painel de Especialistas* „mit dem Ziel, der Gesellschaft die Fehler, Auslassungen und Lücken dieser Studien [der EIA] zu zeigen und durch ein Entscheidungsverfahren zu ersetzen, welches, so die Hoffnung, durch die öffentliche Debatte bestimmt wird" (Magalhães und Hernandez, 2009, S. 10). Eletrobrás veranstaltete im September 2009 vier öffentliche Anhörungen in Brasil Novo, Vitória do Xingu, Altamira und Belém, um die Ergebnisse des EIA zu diskutieren[28]. Am 01. Februar 2010 erteilte Ibama die vorläufige Lizenz und am 20. April wurde der Zuschlag an das Konsortium Norte Energia S.A. vergeben. Daraufhin erschien das 14 Pläne, 54 Programme und 86 Projekte umfassende PBA (Norte Energia S.A., 2010). Obwohl die mit der vorläufigen Lizenz verbundenen Konditionen noch nicht erfüllt waren, erteilte Ibama Norte Energia im Januar 2011 mit Hinweis auf das öffentliche Interesse aufgrund des Energiemangels in Brasilien eine Teillizenz mit sechsmonatiger Gültigkeit für vorbereitende Arbeiten an den drei Baustellen *Sitio Pimental, Sitio Canais* und *Sitio Belo Monte*. Im Juni folgte die komplette Baulizenz (vgl. Bratman, 2014, S. 281). In den Folgejahren führten Besetzungen der Baustellen, Klagen und vorübergehende Suspendierungen zu Verzögerungen der Bauarbeiten, die jedoch, auch durch Gebrauch der *suspensão de segurança*, stets weitergeführt werden konnten. Die Entschädigungen und Umsiedlungen fanden größtenteils in den Jahren 2014 und 2015 statt. Im Februar 2015 stellte Norte Energia den Antrag auf die Betriebslizenz, der am 22. September jedoch mit Hinweis auf zwölf in Teilen ausstehende Konditionen – darunter die Fertigstellung des Abwassersystems in Altamira – und weiteren Forderungen – darunter die Wiederansiedlung der Ribeirinh@s – zunächst abgelehnt wurde (IBAMA, 2015). Am 22. November 2015, wurde die Betriebslizenz schließlich erteilt und im Mai 2016 das Wasserkraftwerk von der damaligen Präsidenten Dilma Rousseff feierlich eröffnet und die erste Turbine in Betrieb genommen.

---

28 Eletrobrás veröffentlichte die 20.000 Seiten umfassenden Ergebnisse jedoch erst zwei Tage im Voraus. Von zivilgesellschaftlichen Akteur*innen und dem MPF wurde diese kurze Vorlaufzeit sehr kritisiert. Das MPF hatte darüber hinaus 13 Anhörungen empfohlen, um die hohe Anzahl direkt oder indirekt betroffener Gemeinden (geschätzt auf 66 Gemeinden) und indigener Territorien (elf) abzudecken (vgl. Bratman, 2014, S. 281; Berman, 2012, S. 18).

5.3.2 Aufbau und Daten des Komplexes Belo Monte

Mit einer maximalen Kapazität von 11.233 MW wird das etwa 29 Mrd. Reais[29] teure Kraftwerk Belo Monte das weltweit viertgrößte Wasserkraftwerk sein (Siffert et al., 2014, S. 120). Aufgrund der starken saisonalen Wasserstandsschwankungen wird sich die jährliche Durchschnittsleistung jedoch nur auf 4.571 MW belaufen (Norte Energia S.A., 2016a). Abbildung 4 zeigt den Aufbau des Staudammkomplexes. Der 40 Kilometer von Altamira entfernte Staudamm Pimental staut den Xingu vor den indigenen Territorien der Volta Grande (TI Paquiçamba, TI Arara da Volta Grande do Xingu), sodass diese zwar nicht überfluten, stattdessen aber eine drastische Senkung des Flusspegels erleben[30]. Der Staudamm Pimental enthält sechs Turbinen mit einem Potential von insgesamt 233 MW (Norte Energia S.A., 2010, S. 20; Vol. 1). Zu diesem Abschnitt gehört auch das System der Fischtransposition, das die Beibehaltung der natürlichen Migration der Fische erlauben soll und das System der Bootstransposition, welches kleineren Booten ermöglichen soll, die Staudammanlage zu überqueren und alltägliche Routen beibehalten zu können (vgl. ebd., S. 21 f.; Vol. 1). Das gestaute Wasser wird durch künstliche Kanäle umgeleitet, die ihrerseits kleinere Zwischenreservoirs bilden, bevor sie den zweiten großen Staudamm und gleichzeitig das zentrale Kraftwerk Belo Monte an der gegenüberliegenden Seite der Volta Grande erreichen. Das Kraftwerk Belo Monte enthält schließlich 18 Turbinen mit einer Gesamtpotenz von 11.000 MW (vgl. ebd., S. 21 f.; Vol. 1). Der Komplex schlägt Nutzen aus einer natürlichen Höhensenkung von 90 Metern zwischen Altamira und dem Abschnitt Belo Monte sowie stabilem Felsuntergrund, der in den Bau des Kraftwerks integriert werden konnte (vgl. ebd., S. 19; Vol. 1).

Das durch die Planänderung reduzierte Staureservoir von 50.300 Hektar (Norte Energia S.A., 2016a) betrifft zahlreiche Ribeirinh@familie, die auf den jeweiligen Inseln und Uferzonen ihren ländlichenWohnsitz hatten (vgl. Kap. 5.1, Abb. 3). Auch zwölf Stadtviertel Altamiras in den Einflusssphären der drei Nebenflüsse Igarapé Ambé, Igarapé Altamira und Igarapé Panelas sind von Überflutung betroffen (vgl. MAB, 2015, S. 109 f.; Abb. A 1). Eletronorte schätzte im EIA die Anzahl der betroffenen Menschen in Altamira auf 16.420 (ELETROBRAS, 2009, S. 41). Klagen zwangen Norte Energia zu erneuten Registrierungen im Jahr 2013 und 2015, die eine Zahl von knapp 30.000 Menschen ergaben (vgl. MAB, 2015, S. 110). MAB schätzt die Zahl mit rund 40.000 städtischen Betroffenen jedoch deutlich höher ein (ebd., S. 110). Zu dieser Zahl summieren sich Studien des Konsortiums zufolge noch einmal etwa 7.500 Personen im ländlichen Raum (vgl. Palmquist, 2015, S. 123). Während diese Zahlen die direkt von Umsiedlung betroffenen Menschen bezeichnen, ergeben sich weitere Betroffenheitsformen durch Auswirkungen auf

---

29 Zum Zeitpunkt der Verschriftlichung dieser Arbeit entspricht diese Summe etwa 7,3 Mrd. Euro (Wallstreet Online, 02.02.2018).
30 Nach Aussagen des ISA (2015a, S. 44) nimmt das Volumen derWassermassen in der Trockenzeit um 30 Prozent, in der Regenzeit um 80 Prozent ab.

soziale, kulturelle und ökonomische Austauschbeziehungen sowie Verluste von Ressourcenzugängen, die im EIA über das „Gebiet direkten Einflusses" (AID) berücksichtigt werden (vgl. Kap. 6.1).

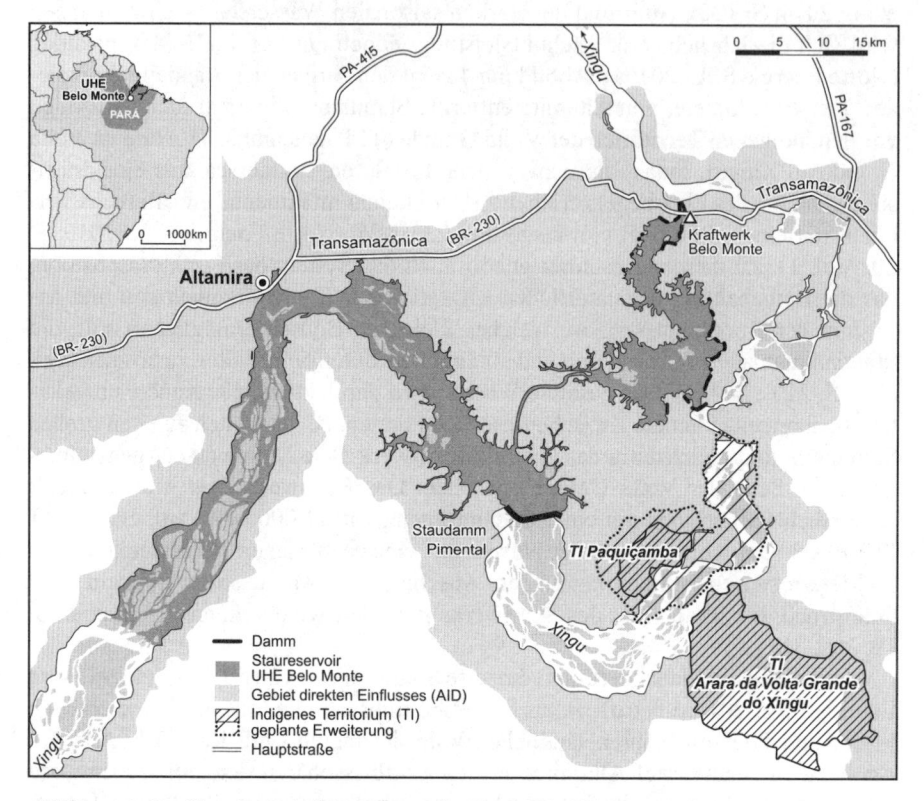

Abbildung 4: Der Komplex Belo Monte (verändert nach ISA, 2013, S. 46–47)

5.3.3 Akteursstruktur

Der folgende Abschnitt soll einen Überblick über die komplexe Konstellation der in den Konflikt um Belo Monte involvierten Akteur*innen geben. Die für die Implementierung des Belo Monte Projekts verantwortlichen Akteur*innen sind auf politischer Seite zunächst die **Bundesregierung**, die in Altamira durch das *Casa de*

Governo repräsentiert wird[31] und die ihr unterstellten Ministerien und Behörden[32]. Die dem Umweltministerium unterstellte Behörde **Ibama** befasst sich nur auf föderaler Ebene mit Belo Monte. Der in Altamira ansässige bundesstaatliche Ableger ist lediglich für Kontrollen von Umweltverbrechen in der Region zuständig. Der in Altamira ansässige bundesstaatliche Ableger der dem Justizministerium unterstellten **FUNAI** ist zwar aktiv in die Prozesse rund um Belo Monte involviert, der FUNAI in Brasília und ihrer Entscheidungsmacht im Lizensierungsverfahren jedoch klar unterstellt. Die **Gemeindepräfektur Altamiras** hat in der Ausarbeitung von Infrastrukturmaßnahmen und öffentlichen Politiken zwar ein Mitspracherecht, aufgrund der Abhängigkeit von Ressourcen aus dem Bundesetat, des Baukonsortiums sowie von Entscheidungen auf Bundesebene jedoch selbst kaum Entscheidungsgewalt (vgl. Int96, Int106). Eine auf staatlicher Seite zentrale Akteurin ist die brasilianische Entwicklungsbank **BNDES**, die mit 78 Prozent des insgesamt etwa 29 Mrd. Reais teuren und durch private und öffentliche Gelder finanzierten Projektes die mit Abstand größte Geldgeberin ist (Siffert et al., 2014, S. 120). Diese 22,5 Mrd. Reais sind die höchste Summe, die die BNDES in ihrer Geschichte jemals für ein einzelnes Projekt zur Verfügung stellte (Millikan und Garzón, 2015, S. 165).

Auf industrieller Seite hat das halböffentliche Konsortium **Norte Energia S.A.** im Jahr 2010 für 35 Jahre den Zuschlag für die Implementierung und den Betrieb des Kraftwerks bekommen (Norte Energia S.A., 2016a). Norte Energia besteht aus Energieunternehmen (die Gruppe Eletrobrás hat einen Anteil von 49,98 Prozent), Konstruktionsunternehmen und Versicherungsträgern. Für die Implementierung des Kraftwerkkomplexes hat Norte Energia zahlreiche private Firmen eingestellt. Erwähnenswert ist darunter das aus brasilianischen Baufirmen bestehende Consórcio Construtor Belo Monte (CCBM), das den Bau des Komplexes unternimmt (CCBM, 2016). Die Firma Diagonal ist mit der Schätzung und Entschädigung der Immobilien beauftragt. Sowohl CCBM als auch Diagonal sind jedoch komplett dem Konsortium Norte Energia unterstellt. Aus diesem Grund wird in der vorliegenden Arbeit nur das Konsortium als öffentlich und politisch relevanter Akteur gewertet und im empirischen Teil keine Unterscheidung zwischen Norte Energia, CCBM und Diagonal unternommen. Mehrere Firmen, darunter **APOENA** für die städtischen Indigenen und **VERTHIC** für die Projekte in den TIs, sind allein mit der Kommunikation und der Arbeit mit der indigenen Bevölkerung beauftragt.

Die Organisation der Zivilgesellschaft baut auf historische Strukturen auf, die sich durch Ereignisse wie den Bau und die Besiedlung der Transamazônica und den ersten Versuch der Implementierung des Staudammkomplexes gebildet haben. Auf Basis der Ende der 1970er von der katholischen Kirche geschaffenen, gemein-

---

31 Offiziell für die Förderung der nachhaltigen Entwicklung im Amazonasgebiet zuständig, kam das Casa de Governo auf Forderung der Zivilgesellschaft Altamiras nach dem Baubeginn Belo Montes 2011 in die Stadt, um als direkter Ansprechpartner und Vermittler zwischen Konsortium und Bevölkerung zu agieren (vgl. Secretaria de Governo, 26.08.2015).
32 Relevant sind hier insbesondere das Umweltministerium (MMA), das Ministerium für Bergbau und Energie (MME) und das ehemalige Ministerium für Fischerei und Aquakultur (MPA), das seit Ende 2015 dem Landwirtschaftsministerium unterteilt ist.

schaftlich organisierten und durch die Befreiungstheologie inspirierten Basisgemeinden und in Zusammenarbeit mit der Gewerkschaft der Landarbeiter*innen und der nationalen Arbeitergewerkschaft CUT bildete sich entlang der Transamazônica zwischen Marabá und Itaituba in den 1980ern eine soziale Bewegung, die zunächst für die Einlösung der ursprünglichen infrastrukturellen Versprechen kämpften (vgl. Schwartzman, Alencar et al., 2010, S. 283–286) (vgl. Kap. 5.2). Ende der 1980er und Anfang der 1990er, als die Pläne eines Staudammkomplexes im Xingu und die internationalen Debatten um Nachhaltigkeit Fragen um Abholzung und Ressourcennutzung immer weiter in den Vordergrund rückten, begann sich auch die Bewegung klar gegen einen solchen Staudammkomplex zu positionieren. Vor dem Hintergrund einer dominanten Entwicklungspolitik der Förderung von Viehzucht, Großgrundbesitz und Wasserkraft sowie alarmierender Lebensbedingungen entlang der Transamazônica entwarf die Bewegung eigene Entwicklungskonzepte, die den Fokus auf die Förderung kleinbäuerlicher Strukturen, deren Zugang zu Krediten sowie den Ausbau der Marktanbindungen und Absatzmöglichkeiten legte (Schwartzman und Andreassen, 2012, S. 284). In diesem Zuge nannte sie sich in Bewegung für die Entwicklung der Transamazônica und des Xingu (**MDTX**) um und gründete die Stiftung für das Leben, Produzieren und Erhalten (**FVPP**) als institutionelle Basis mit 113 verbündeten lokalen und regionalen Organisationen und Verbänden (ebd., S. 284 f.). Nach der Bekanntgabe der Wiederaufnahme des Belo Monte Projekts veröffentlichte MDTX 2001 den Sammelband *SOS Xingu—A call for good sense on the damming of rivers in the Amazon*, welches große Öffentlichkeit erregte und mit dessen Hilfe die Bewegung es schaffte, neben den eigenen Anhänger*innen entlang der Transamazônica auch einige nationale und internationale NGOs zu mobilisieren (vgl. Schwartzman, Alencar et al., 2010, S. 285). Als die PT auf föderaler Ebene die Macht übernahm und deutlich wurde, dass Lulas Administration Belo Monte nachdrücklich unterstützte, führte dies zu Kontroversen und schließlich einem Bruch innerhalb der PT-nahen MDTX. Auch aufgrund der vom Projekt bereitgestellten Gelder für nachhaltige Entwicklung und der damit verbundenen Hoffnung auf die Möglichkeit der Umsetzung eigener kleinbäuerlicher Projekte wandte sich ein Teil der Bewegung vom Protest ab und versuchte stattdessen durch aktive Kooperation die Mittelvergabe zu beeinflussen (vgl. Int1, 06.03.13; Int18, 10.03.15; Klein, 2015, S. 10). Der andere weiterhin radikale Teil trennte sich schließlich von der MDTX und fand sich als soziale Bewegung *Movimento Xingu Vivo Para Sempre* (**Xingu Vivo**) neu zusammen – eine Art Dachorganisation, die Repräsentant*innen der indigenen und Ribeirinh@bevölkerung, regionale soziale Bewegungen, zivilgesellschaftliche Organisationen, Wissenschaftler*innen und zahlreiche assoziierte nationale und internationale NGOs im Protest gegen Belo Monte vereint und aus einem gleichnamigen großen Treffen der genannten Akteur*innen in Altamira im Jahr 2008 hervorging (Movimento Xingu Vivo Para Sempre, 2010). Mit dem Baubeginn 2011 und der Fragmentierung des Widerstands wandte sich ein Großteil der internationalen NGOs vom Protest gegen das Projekt ab (vgl. Interviews und informelle Gespräche mit Repräsentant*innen von Xingu Vivo). Die Kluft zwischen MDTX/FVPP und Xingu Vivo zeigt sich auch darin, dass beide eine jeweils andere Frauenbewegung in Altamira aktiv unterstützen. Seit

5.3 Das Großprojekt Belo Monte

der Veröffentlichung von *SOS Xingu* und des *Painel de Especialistas*, in dem überwiegend brasilianische Wissenschaftler*innen aus unterschiedlichen Disziplinen die Ergebnisse des EIA anzweifelten und ihnen eigene Studien gegenüber stellten (Magalhães und Hernandez, 2009) pflegt Xingu Vivo (bzw. ehemals MDTX) eine Nähe zur akademischen Welt. Diese Zusammenarbeit zeigt sich aktuell an der Beteiligung von Wissenschaftler*innen an jüngeren Studien (z.B. über die Situation der Ribeirinh@s, vgl. MPF, 2015) oder Aktivitäten (z.B. Mitwirkung an Dossier gegen die Erteilung der Betriebslizenz, vgl. ISA 2015). Als zusätzliche zivilgesellschaftliche Akteurin im Kampf gegen Belo Monte und für gerechte Entschädigung der Betroffenen kam 2009 die Bewegung *Movimento dos Atingidos por Barragens* (**MAB**) (vgl. Kap. 3.5.2) in die Region. Ihre marxistische Perspektive auf das nationale Energiemodell, für dessen Ausrichtung sie die Dynamiken des globalen Kapitals verantwortlich machen, kollidiert mit der Perspektive von Xingu Vivo, die die Verantwortlichkeit hauptsächlich in der Bundesregierung sehen und die MAB der Nähe zur PT und deren Unterstützung bezichtigt[33] (vgl. Int10, Int11, Int20).

Seit ihres Engagements Ende der 1970er Jahre ist die katholische Prälatur *Prelazia do Xingu* eine zentrale Akteurin der Region. Darunter sticht Dom Erwin Kräutler hervor, der 1981–2015 Bischof der Prälatur war und eng mit der betroffenen indigenen Bevölkerung zusammenarbeitet (vgl. Int87). Der katholische Indigenenrat **CIMI** setzt sich für die Rechte der indigenen Bevölkerung ein und gerät dabei des Öfteren in Konflikt mit FUNAI oder der Holzwirtschaft (vgl. Int89). Wichtiger Unterstützer der Gegner*innen Belo Montes ist das technisch und finanziell vergleichsweise gut und mit einer gewissen politischen Einflusssphäre ausgestattete Instituto Socioambiental (**ISA**) (vgl. Kap. 3.5.1). Während sich die Hauptaufgabengebiete des ISA auf die Arbeit in Extraktivistenreservaten und anderen Schutzeinheiten beziehen, hat sich ihr Fokus aufgrund der Auswirkungen des Staudamms auf die Ribeirinh@s in der näheren Umgebung Altamiras und der gestiegenen Frequentierung und Präsenz Indigener in der Stadt erweitert (vgl. ISA, 2015; 2015).

Vor Baubeginn, als noch viele NGOs Teil der Xingu Vivo-Bewegung waren, hatte sich deren Arbeit aufgrund der Öffentlichkeitswirkung sehr auf die indigene Bevölkerung konzentriert (vgl. Gsp57 und Gsp19b, 28.02.15). Seitdem haben sich andere organisierte Teile der Bevölkerung positioniert, wie die lokale Vereinigung der Fischer*innen (*Colônia de Pescadores Z-57*) oder die Vereinigungen der *carroceir@s* und *barqueir@s*. Darüber hinaus haben unterschiedlichen Organisationen der urbanen indigenen Bevölkerung – **AIMA, INKURI, KIRINAPÃN** – und die Vereinigung der indigenen Ribeirinh@s **Tyoporemô** in der letzten Zeit an Relevanz gewonnen.

---

[33] Diese Diskussion verschärfte sich in den Jahren 2014 und 2015, als Teile von MAB im Zuge des Amtenthebungsverfahrens gegen Dilma Rousseff zu einer offenen Unterstützung der damaligen Präsidentin überging.

Die Bundesregierung legte 2010 einen Plan zur nachhaltigen regionalen Entwicklung für den Xingu (**PDRSX**) an, welcher über 500 Mio. Reais[34] verfügt und der Zivilgesellschaft der elf betroffenen Gemeinden die Möglichkeit geben soll, nachhaltige Entwicklungsprojekte in der Region zu finanzieren. Das Komitee besteht aus 30 Vertretern von zivilgesellschaftlichen Vereinigungen und der regionalen, bundesstaatlichen und föderalen politischen Ebene und soll auf diese Weise einen partizipatorischen Entscheidungsraum darstellen (vgl. BNDES, S. 4 ff.; Klein, 2015, S. 7 ff.). Während ein Großteil der organisierten Zivilgesellschaft sich um Projektgelder aus dem Budget bewirbt, beziehungsweise Finanzierung daraus annimmt, lehnen andere, wie Xingu Vivo oder auch MAB, den Plan aufgrund der Herkunft der Gelder, der Art und Weise der Vergabe und dem Effekt der Fragmentierung der Widerstandsbewegung ab (vgl. GInt22b, 19.03.15; TB35, 27.02.15; Bratman, 2014, S. 278).

Auf juristischer Seite ist vor allem die Bundesstaatsanwaltschaft *Ministério Público Federal* (**MPF**) zu nennen. Das MPF wurde mit der Verfassung von 1988 gegründet und besitzt die Aufgabe, die sozialen und individuellen Rechte, die juristische Ordnung sowie das demokratische System zu verteidigen (Ministério Público Federal, o. J.). Die Ableger des MPF in Belém und Altamira haben seit Beginn des Lizensierungsverfahrens diverse Anzeigen gegen Verstöße der an die Lizenzen gekoppelten Konditionen (vgl. Kap. 5.3.1) eingereicht, die teilweise zu zeitlich begrenzten Suspendierungen der Lizenzen und Stilllegung der Konstruktionsarbeiten geführt haben. In Altamira hat die Staatsanwältin Thais Santi seit 2014 mehrere öffentliche Anhörungen der Betroffenen (*audiências públicas*) organisiert und initiierte und koordiniert das Projekt der Wiederansiedlung der Ribeirinh@s (vgl. Ministério Público Federal, 2015). Während das MPF für kollektive Belange zuständig ist, nimmt sich die föderale öffentliche Verteidigung (*Defensoria Pública da União* – **DPU**) individuellen Fällen an und spielt bei Großprojekten, bei denen sich die Betroffenen meist keine privaten Anwält*innen leisten können, eine wichtige Rolle. Auf Druck der Zivilgesellschaft und des MPF begann die DPU im Januar 2015 zunächst mit zweiwöchig wechselnder Belegschaft in Altamira zu arbeiten. Im September 2015 konnte der Sitz verstetigt werden (vgl. Int108).

5.4 DIE RECHTLICHE BESTIMMUNG VON GRUNDEIGENTUM IN BRASILIEN UND GRUNDSTÜCKSREGULIERUNG IM KONTEXT BELO MONTES

Abschließend soll in diesem Abschnitt die rechtliche Bestimmung von Grundeigentum in Brasilien umrissen werden. Die komplizierte und teils widersprüchliche Gesetzeslage und die strukturellen administrativen Schwächen der Regulierung des Grundeigentums wurden bereits in Kapitel 3.6 anhand Holstons Diskussion des *differentiated citizenship* in Brasilien thematisiert.

---

34 Zum Zeitpunkt der Verschriftlichung dieser Arbeit entspricht diese Summe etwa 125 Mio. Euro (Wallstreet Online, 02.02.2018).

5.4 Die rechtliche Bestimmung von Grundeigentum in Brasilien

Im Rahmen der Regelung des Grundeigentums in Brasilien kann grundsätzlich zwischen dem rechtlichen Status des Eigentums (*propriedade*) und der *posse* unterschieden werden. *Posse* bezieht sich auf widerrechtlich angeeignetes Land, welches über die Jahre und anhand unterschiedlicher Formen der Regulierung zu de-facto oder rechtmäßigem Eigentum werden kann. Die Bedeutung dieser Einheit hat ihren Ursprung in der kolonialen Gesetzeslage, als das System der *sesmaria*[35] die einzige legale Möglichkeit der Landaneignung war (vgl. Holston, 1991, S. 710–714; Guedes und Reydon, 2012, S. 533). Gesetze, die lediglich die Registrierung von Landeigentum durch ein Notariat, nicht aber die staatliche Eintragung beim zuständigen Nationalen Institut für Kolonialisierung und Agrarreform (INCRA) verlangten, förderten die Fälschung von Landbesitz als verbreitete Praxis der Landaneignung (vgl. ebd., S. 534; 537). Wie sowohl Holston (1991; 2008, S. 19; vgl. Kap. 3.1) als auch Guedes und Reydon (2012, S. 538) vermuten, liegt die Persistenz dieses unklaren Systems auch an dem Interesse der Sicherung der Besitzansprüche elitärer Gruppen. Werden unklare Eigentumsverhältnisse gerichtlich angefochten, führt die zumeist immense Dauer der Prozessbearbeitung dazu, dass das jeweilige Besitzverhältnis zu einem Fait accompli wird (vgl. ebd., S. 535).

Die Logik der nachträglichen Regulierung einer *posse* ist jedoch nicht nur ein Instrument der gesellschaftlichen Elite, sondern auch eine wichtige Art und Weise, wie sich Menschen kleinere Parzellen Land aneignen können, die nicht über die dafür regulär notwendigen finanziellen Mittel verfügen. Entscheidend hierfür ist das zweite Kapitel des *Código Civil*, welches die Möglichkeiten des Eigentumserwerbs auflistet. Unter diesen ist insbesondere die Möglichkeit des *usucapião*, des Rechts zum Eigentumserwerb durch Verjährung zu nennen. Dementsprechend kann ein Grundstück von bis zu 50 ha im ländlichen und 250 m² im urbanen Raum in rechtmäßiges Eigentum übergehen, wenn nachgewiesen werden kann, dass dieses ohne Unterbrechung über fünf Jahre bewohnt und im Fall des ländlichen Raums auch bewirtschaftet wurde (Presidência da República, 2002, Art. 1239, 1240). Diese Regelung ist besonders relevant für Regionen, in denen ein funktionierender Grundstücksmarkt fehlt, beziehungsweise die dafür notwendigen institutionellen Strukturen nicht vorhanden sind. Dies ist insbesondere in peripheren Regionen der Agrar- und Siedlungsgrenze wie dem Amazonasgebiet der Fall, in dem fast 90 Prozent des Privatbesitzes nicht bei der INCRA eingeschrieben und somit nicht legalisiert sind (vgl. ebd., S. 537 f.). Während INCRA für die Parzellenvergabe und -regulierung zuständig ist, hat sich die Dynamik der Landaneignung entlang der Transamazônica spätestens mit der Aufgabe des Projektes durch die Militärregierung verselbstständigt (vgl. D. F. Carvalho und A. C. Carvalho, 2012) (vgl. Kap. 5.2, 5.3.3). Auch in der Stadt Altamira ist ein Großteil der Besiedlung insbesondere in den Tiefebenen

---

35 Semsaria bedeutet die Landvergabe an ressourcenstarke Kolonisten durch die portugiesische Krone unter den Prämissen der tatsächlichen Besetzung und produktiven Nutzung sowie der Abgabe von einem Sechstel der jährlichen Produktion. Holston (1991) zufolge wurden diese Bedingungen sukzessive der Strategie geopfert, ressourcenstarke Familien aus Europa durch ökonomische Anreize zur Einreise zu bewegen (vgl. ebd., S. 711).

und Einflussbereichen der Flüsse auf irreguläre Landbesetzung zurückzuführen[36]. In der Phase der Registrierung der Grundstücke und Immobilien war somit ein großer Teil der Besitzer auf Dokumente angewiesen, die die langjährige Nutzung im Sinne des *usucapião* nachweisen konnten.

In diesem Sinne stellte sich das Projekt Belo Monte als eine Möglichkeit dar, die Besitzstrukturen in Altamira und Umgebung zu regulieren (vgl. Norte Energia S.A., 2010, S. 380; Vol. 1). Das bundesstaatliche und gesetzlich festgeschriebene Projekt zur urbanen Grundstücksregulierung ist auch im EIA verankert. Neben der Regulierung ist die „Förderung der städtebaulichen, sozialen und ökologischen Nachhaltigkeit der besetzten Fläche, [...] der Sicherheit der Bevölkerung in Risikosituationen [...] [und] der Angemessenheit der Basisinfrastruktur" (ebd., S. 380; Vol. 1) Ziel des Projektes. In Altamira umfasst das Projekt die von Enteignung betroffenen Stadtviertel, „in denen eine hohe Prekarisierung der Wohn- und Gesundheitsbedingungen und das Vorkommen irregulärer Besetzungen entlang der Flussläufe zu finden ist" (ebd., S. 380; Vol. 1). Auf diese Weise soll das Projekt „abgesehen von der Verbesserung der Wohnbedingungen die Legalisierung des Grund und Bodens", ermöglichen (ebd., S. 380; Vol. 1). Voraussetzung für diese Regulierung ist jedoch die Enteignung der betroffenen Familien[37].

Im Rahmen des Projekts der Entschädigung und des Erwerbs der urbanen Ländereien und *benfeitorias*[38] (ebd., S. 378–390; Vol. 1) beruft sich Norte Energia auf das Recht zur Enteignung „zwecks öffentlicher Notwendigkeit, oder öffentlicher Nützlichkeit, oder zwecks sozialen Interesses" das in der brasilianischen Verfassung „mittels gerechter und voriger Entschädigung in Form von Geld" festgeschrieben ist (Câmara dos Deputados, 2012, Art. 5, XXIV). Das Gesetz Decreto-Lei No. 3.365 vom 21. Juni 1941 definiert, was unter öffentlichem Interesse verstanden wird. Darunter zählt „die industrielle Nutzung der Minen und der mineralischen Lagerstätten, der Gewässer und der hydraulischen Energie" (Presidência da República, 1941, Art. 5, f). Gerechte Entschädigung wiederum wird durch das Gesetz Lei No. 8.629/93 als „diejenige Entschädigung betrachtet, die den aktuellen Marktpreis der Immobilie in ihrer Ganzheit widerspiegelt, inklusive der Ländereien und natürlichen Zugänge, Wälder und der zu entschädigenden *benfeitorias*" (Presidência da República, 1993, Art. 12; eigene Hervorhebung). Um diese Gerechtigkeit zu gewährleisten, sind im PBA drei unterschiedliche Formen der Entschädigung

---

36 Studien der Leme Engenharia aus den Jahren 2007 und 2008 zufolge sind nur knapp neun Prozent der betroffenen Immobilien offiziell eingeschrieben, unter einem Prozent besitzen einen vergleichbaren offiziellen Titel. Gut ein Drittel verfügen über einen schriftlichen Nachweis des (Ver-)Kaufs und weitere fünf Prozent über einen einfachen Beleg. 14 Prozent hingegen verfügen über keinerlei Nachweise, über die restlichen knapp 40 Prozent konnten keine Informationen eingeholt werden (ELETROBRAS, 2009, S. 48).

37 ‚Familie' ist eine in Brasilien übliche Einheit, die auch Einzelstehende und Kinderlose umfasst und in diesem Sinne eher Wohneinheiten bezeichnet. Norte Energia nutzt das Mittel von 3,76 Personen pro Familie (vgl. MAB, 2015, S. 110).

38 Der Begriff *benfeitorias* bezeichnet jegliche Verbesserung, beziehungsweise Wertsteigerung, die auf einem Grundstück gefertigt oder angelegt wurde. Das können neben der Immobilie sowohl weitere Konstruktionsarbeiten als auch Nutzpflanzen sein.

festgeschrieben: 1. Finanzielle Entschädigung entsprechend des Marktpreises; 2. Assistierter Wohnortswechsel, bei der die finanzielle Entschädigung an den Kauf einer neuen Immobilie gebunden ist und durch ein Sozialteam begleitet wird[39]; 3. Umsiedlung „in eine andere Gegend in der Stadt Altamira nahe des Ursprungsortes oder ausgestattet mit gleichen oder besseren infrastrukturellen Bedingungen als die ursprünglichen" (Norte Energia S.A., 2010, S. 405; Vol. 1). Gleiches gilt auch für den ländlichen Raum (vgl. ebd., S. 214; Vol. 1). Mit der Umsiedlung sind die sogenannten *reassentamentos* gemeint, die für die Enteigneten errichteten Wohnviertel. Im urbanen Raum sind es die *Reassentamentos Urbanos Coletivos* (RUCs) und im ländlichen Raum die *Reassentamentos Rurais Coletivos* (RRCs). Ein RRC „soll aus der kollektiven Diskussion resultieren und für die kleinen Eigentümer und Besitzer, die Minifundisten und die sonstigen Betroffenen, die kein Recht über das Eigentum besitzen, inklusive derjenigen, die sich in Verhältnissen sozialer Vulnerabilität befinden, gelten" (ebd., S. 214; Vol. 1). In diesem Zusammenhang wird der Umweltplan das Elektrischen Sektors (1992/2003) mit seiner Bedingung der Möglichkeit der „Wiederherstellung ihrer Lebensweise auf einem Qualitätslevel, welches mindestens gleich, besser jedoch höher ist als das vor der Intervention" erwähnt (ebd., S. 411; Vol. 1).

Dieser rechtliche Rahmen der Grundstücksregulierung und die im Fall Belo Monte möglichen Regulierungs- und Umsiedlungsoptionen stellen eine wichtige Verständnisbasis für die folgenden Kapitel 6 und 7 dar, die sich mit der Analyse der empirischen Daten beschäftigen.

---

[39] Bei dieser Option suchen sich die Betroffenen eine neue Immobilie, die sie schließlich mit einer von Norte Energia ausgehändigten Kreditkarte bezahlen können. Die Option ist für Personen mit einem Einkommen von maximal zehn Mindestlöhnen gedacht (vgl. Norte Energia S.A., 2010, S. 418; Vol. 1).

6 DIE AUSHANDLUNG DES BETROFFENSEINS

> Und manchmal muss man weinen, denn nicht einmal das Opfer von Gewalt konnte man sehen, denn es wurde nie vom Staat bemerkt, es wurde nie gesehen.
> (Rita Cristina de Oliveira, Anwältin DPU Altamira)

Die durch die Implementierung des Belo Monte Projektes erzwungenen Umsiedlungsmaßnahmen fanden größtenteils in den Jahren 2014 und 2015 statt. Wie in Kapitel 5.3 dargestellt, gingen der Umsiedlung jedoch mehrere Verhandlungsetappen zwischen dem Energiesektor beziehungsweise dem Konsortium Norte Energia und den involvierten politischen Organen voraus, in denen die Ausmaße der sozialökologischen, ökonomischen und kulturellen Auswirkungen Belo Montes auf die Region und ihre Bevölkerung diskutiert und Programme zur Minderung dieser Auswirkungen festgelegt wurden. Diese Programme, die im Umweltplan *Projéto Básico Ambiental* (PBA) spezifiziert wurden, stellten einen Kompromiss dar, der die Implementierung eines solchen Großprojekts in einer aufgrund soziokultureller Diversität und Vulnerabilität nicht geeigneten Region ermöglichen sollte. Die in der Umweltstudie *Estudo de Impacto Ambiental* (EIA) und später im PBA festgehaltene Bestimmungen, wer inwieweit als vom Projekt betroffen gilt und so an den jeweiligen Programmen teilhaben kann, ließ den Begriff des Betroffenseins zu einer der zentralen Kategorien innerhalb des Enteignungsprozesses werden. Teils lückenhafte und unpräzise Äußerungen in diesen Bestimmungen sowie von den formellen Festlegungen abweichende praktische Umsetzungen dieser seitens des Konsortiums sorgten dafür, dass die Kategorie des Betroffenseins auch im Verlauf der Implementierung des Projektes und der Programme eine, in den Worten von Vainer (2009, S. 214), „umkämpfte soziale Kategorie" blieb (vgl. Kap. 3.5.2).

In diesem Kapitel soll auf Basis der empirischen Daten der Kampf um die Anerkennung unterschiedlicher Formen des Betroffenseins und die sich dadurch ergebende Aushandlung der Kategorie analysiert werden. In der Tabelle 2 im Anhang sind die im Folgenden als Quellenverweise genutzten Abkürzungen mit entsprechenden Kontextinformationen aufgelistet. Abbildung A 4 im Anhang gibt einen graphischen Überblick über die für die beiden Empiriekapitel 6 und 7 relevanten Ereignisse während des Lizensierungsverfahrens.

6.1 DIREKTES UND INDIREKTES BETROFFENSEIN

Das *Projeto Básico Ambiental* (PBA) enthält einen sehr weit gefassten Begriff des Betroffenseins und der Enteignung und geht damit auf die Forderungen der Anti-Staudammbewegung ein (vgl. Kap. 3.5.2). Ausgehend vom Gesetz Lei No. 6938/81 der nationalen Umweltpolitik und der brasilianischen Verfassung (Artikel 1, 5 und

6) werden der Schutz der Menschenwürde sowie ein Minimum an Lebensverhältnissen und Möglichkeiten der persönlichen Entwicklung als grundlegende Menschenrechte anerkannt, zu deren Sicherung „der juristische Schutz absolut unerlässlich ist" (Norte Energia S.A., 2010, S. 415; Vol. 1). „Verluste[n] sozialräumlicher und kultureller Referenzen" soll durch „restaurative Gerechtigkeit"[40] begegnet werden (ebd., S. 430, 427; Vol. 1). Nichtsdestotrotz wird eingeräumt, dass Schäden an der Umwelt aufgrund des intrinsischen Wertes der Natur für die Betroffenen und des Zusammenhangs von Lebensqualität und intakter Natur starke Auswirkungen auf die kulturelle Lebensweise der Betroffenen haben können (ebd., S. 428; Vol. 1). Schäden können durch den Enteignungsprozess darüber hinaus an der Verbindung der betroffenen Person oder Gemeinschaft zu ihrem Ort, durch die Trennung kommunikativer und nachbarschaftlicher Verbindungen („moralischer Schaden", ebd., S. 429; Vol. 1) und durch die Länge des Prozesses und dadurch empfundene Sorgen und Stress (psychische Auswirkungen), die auch ein Mangel an Informationen hervorrufen können, entstehen (ebd., S. 429; Vol. 1). Ein „Projekt der sozialen und psychologischen Begleitung" soll die Betroffenen schließlich in ihrer Adaption an den neuen Ort oder allgemein die veränderten Lebensumstände unterstützen (ebd., S. 461–479; Vol. 1).

In der dem PBA zugrundeliegenden Umweltstudie EIA wird die durch das Großprojekt betroffene Region um Altamira je nach Stärke der potentiellen Auswirkungen in ein „Gebiet direkten Einflusses" (*Área de Influência Direta* – AID) und ein „Gebiet indirekten Einflusses" (*Área de Influência Indireta* – AII) eingeteilt. Die AID bezieht sich auf das Gebiet, „in dem das Ausmaß der Auswirkungen direkt die natürlichen Ressourcen und das Netz sozialer, ökonomischer und kultureller Beziehungen betrifft" (Eletrobrás, 1997, zit. in Eletrobrás, 2009, S. 3 f.). Hierunter fällt zunächst das „direkt betroffene Gebiet" (*Área Diretamente Afetada* – ADA), welches das gesamte Staureservoir und die Gebiete der Baustellen und weiterer Infrastruktur sowie den Abschnitt mit reduziertem Flusspegel unterhalb des Staudamms umfasst. Gesonderte Erwähnung findet darunter die *ADA Urbana,* die die von Überflutung betroffenen städtischen Sektoren bezeichnet (vgl. Abb. A 1 im Anhang, Kap. 5.1). Zu der ADA gehört auch das „Gebiet permanenten Schutzes" (*Área de Preservação Permanente*–APP), welches das Reservoir bis zu der Marke von 100 Meter über N.N. für den Fall akuter Hochstände des Flusses infolge von starken Regenfällen ergänzt. Dies bedeutet auch, dass die unmittelbaren Flussufer, die sich innerhalb der APP befinden, auch nach der Stauung des Flusses nicht bewohnt werden dürfen. In der Stadt Altamira wird das Gebiet zwischen dem tatsächlichen Wasserstand der *igarapés* und der 100 Meter-Marke für Parkanlagen genutzt. Zu der AID zählen darüber hinaus die die ADA umgebenden Gebiete, die durch ihre physische, biotische, soziale, ökonomische und kulturelle Verflechtung mit der ADA einen potentiell direkten Einfluss des Kraftwerkkomplexes spüren

---

40 Der Begriff der restaurativen Gerechtigkeit umfasst offizielle Entschuldigungen seitens des Staates, die Umbenennung öffentlicher Plätze und Straßen, die Einrichtung von Erinnerungstagen und Museen, Parks oder anderen Erinnerungsorte (vgl. Norte Energia S.A., 2010, S. 430, 427; Vol. 1).

könnten (vgl. Eletrobrás, 2009, S. 3 f.). Während die AID nicht mit Gemeindegrenzen korreliert, umfasst die AII alle Gemeinden, die einen indirekten Einfluss durch das Großprojekt spüren könnten. Hierzu zählen ökonomische, logistische und ökologische Verflechtungen oder erweiterte Auswirkungen infolge erhöhter Zuwanderung und des entstehenden Bevölkerungsdrucks. Abbildung A 3 im Anhang zeigt die geographische Abgrenzung der AII und der AID.

Die im EIA angeregten und im PBA konkretisierten Programme und Projekte beziehen sich auf das Gebiet der AII, allerdings mit klarem Schwerpunkt auf die AID. Dem PBA zufolge gilt diejenige Bevölkerung als direkt betroffen, die innerhalb der ADA wohnt, arbeitet oder Besitztümer hat. Jedoch bezieht sich der Anspruch auf finanzielle oder materielle Entschädigung nur auf die Grundstücke, Immobilien, und Besitztümer im Gebiet des zukünftigen Reservoirs bis zur 100 Meter-Marke. Dies schließt den Abschnitt der Volta Grande unterhalb des Pimental-Staudamms aus. Da dieses Gebiet nicht von Überflutung betroffen ist, sieht das PBA auch keine Umsiedlung der dort ansässigen Bevölkerung vor. Die Neukonzeption des Staudammkomplexes war letztlich aus dem Grund unternommen worden, dass auf diese Weise die Umsiedlung der indigenen Bevölkerung aus ihren Territorien, die erhebliche politische Hürden zur Folge gehabt hätte, vermieden werden konnte (vgl. Kap. 5.3). Die Auswirkungen des verringerten Wasserstands sollen dauerhaft kontrolliert werden, um mithilfe unterstützender Projekte die Existenz und die Transportmöglichkeiten der dort lebenden Bevölkerung zu sichern (Norte Energia S.A., 2010, S. 503–530; Vol. 4). Zudem ist für diese Region im PBA ein Projekt der sozialen Betreuung der betroffenen Bevölkerung vorgesehen, welches soziale und psychologische Begleitung in Bezug auf Veränderungen sozialer Strukturen und ökologischer und ökonomischer Verluste sowie Unterstützung bei der Suche alternativer Einkommensquellen leisten soll (ebd., S. 461 ff., 482 ff.; Vol. 1).

Im PBA jedoch nicht bedacht sind die Auswirkungen des Goldabbauprojektes Belo Sun in der Volta Grande, dessen durchführendes kanadisches Unternehmen 2013 vom Bundesstaat Pará die Konzession für den Goldabbau einer Mine 12 Kilometer unterhalb des Pimental Staudamms bekam. Das Goldvorkommen war insbesondere ab dem zweiten Kautschukzyklus von der sich dort ansiedelnden Bevölkerung handwerklich abgebaut worden und neben der eher subsistenzorientierten Landwirtschaft und Fischerei eine wichtige Einnahmequelle der auf diese Weise entstandenen Gemeinschaften der Ilha da Fazenda, Vila da Ressaca und Garimpo do Galo. Die meisten gegenwärtigen Bewohner*innen sind in diesen Gemeinschaften geboren und haben ihr Leben lang diese Tätigkeiten ausgeführt. Mit Vergabe der Konzession und der vorläufigen Lizenz wurde der handwerkliche Abbau jedoch verboten. Zur gleichen Zeit begannen die Bauarbeiten am Staudamm Pimental. Diese doppelte Belastung ergab für die unterhalb des Staudamms Lebenden ein komplexes Betroffensein, das im PBA jedoch keine Anmerkung findet. Da sich diese Zone nicht im Bereich des Staudamm-Reservoirs befindet, waren für die meisten der dortigen Bewohner*innen, die sich nicht in unmittelbarer Nähe der Pimental-Baustelle befanden, keine Umsiedlungsmaßnahmen geplant. Trotz der Zugehörigkeit zur ADA, die ein direktes Betroffensein impliziert, waren keine entsprechenden Entschädigungsleistungen für die Betroffenen vorgesehen. Im Folgenden werden die Wahrnehmungen des Betroffenseins der unterhalb des Staudamms Lebenden und der sich im Rahmen einer größeren Demonstration in Altamira äußernde Kampf um Anerkennung dieses Betroffenseins geschildert.

Die für die Abtragung der Gesteinsmassen notwendigen Detonationen sowie die nächtliche Beleuchtung der Baustellen wirkten sich laut Schilderungen der unterhalb des Staudamms in der Volta Grande lebenden Bevölkerung rasch auf die Fischpopulation aus, so dass sich neben dem Wegfall der Einnahmequelle des Goldes auch der Ertrag aus der Fischerei reduzierte. Ab 2014 mehrten sich Berichte, dass sich mit dem Voranschreiten der Bauarbeiten die Qualität des Wassers sichtbar verschlechtert habe, was sich zumeist auf eine stärkere Trübung des Wassers bezog. Ein Bewohner der Ilha da Fazenda erzählte von chemischen Stoffen, die beim Staudammbau verwendet und mit dem Wasser in Kontakt geraten würden (GInt23g, 11.03.15). Nun hätten sie Angst, das Flusswasser zu trinken, von dem sie aber abhängig seien. Außerdem sei „der Fisch [...] verschwunden" (GInt23h, 11.03.15). Viele Bewohner*innen hatten darüber hinaus etwas Geld über den Verkauf von Waren insbesondere an die Bevölkerung der benachbarten indigenen Territorien verdient. Deren Nachfrage sei jedoch aufgrund höherer Mobilität durch die Autos und Motorboote, die sie von Norte Energia bekamen, rapide gesunken. Dieses mehrfache Betroffensein durch zwei Großprojekte habe ernste Auswirkungen auf das alltägliche Leben, wie es dieser Bewohner der Volta Grande ausdrückt:

> Wir sind durch das Unternehmen Belo Monte betroffen und wir sind durch den Bergbau Belo Sun betroffen. Vor zwei Jahren haben sie unsere Aktivität [den Goldabbau] an diesem Ort gestoppt und heute leben wir im Elend. Und die Justiz tritt nicht für uns ein. (TB23b, 11.03.15)

Der Hinweis auf die Justiz bezog sich auch auf die Versprechungen, die ihnen zu Beginn von Norte Energia gemacht wurden. So erzählte ein Bewohner der Volta Grande, dass ihnen während der Projektpräsentation durch Norte Energia versprochen wurde, dass „alle Bewohner entschädigt werden müssten, weil alle direkt oder indirekt betroffen wären" (TB23b, 11.03.15). Entsprechend der Festlegung im EIA und später PBA, auch diejenigen umzusiedeln, die zwar nicht von Überflutungen, jedoch durch ihren Wohnort „nahe der Gebiete, die von den Baustellen besetzt sind und die sich aufgrund der Überlastung durch Verschmutzungen, Explosionen und intensiven Maschinenverkehr gesundheitsschädlich auswirken" (Norte Energia S.A., 2010, S. 213) betroffen sind, hatten viele auf entsprechende Entschädigungen gehofft. Dies betraf schließlich aber nur die Grundstücke und Ländereien in nächster Nähe der Baustelle. In den Gemeinschaften der Ilha da Fazenda, Vila da Ressaca und Garimpo do Galo hatten nach Aussagen Interviewter nicht einmal entsprechende Erhebungen stattgefunden. Stattdessen wurden Brunnen gebaut, die der Abhängigkeit der dortigen Bevölkerung vom Flusswasser, die neben der Fischerei auch die Ernährung, die Körperhygiene sowie jegliche Wäsche betrifft, nicht gerecht werden konnten (TB23f, 11.03.15). Aktuell werde ein Abwassersystem installiert, das jedoch völlig an ihren Bedürfnissen vorbeigehe. In einem permanenten Zustand des niedrigen Flussstandes gebe es immer weniger Fische, da diese keine Orte mehr zum Ablaichen fänden. Der Flussweg, die einzige und darüber hinaus kulturell bedeutsame Verbindung zwischen den Inseln und Gemeinschaften – „Das ist unser Leben, unsere Geschichte" (GInt23h, 11.03.15) –, sei dauerhaft eingeschränkt, was das Erreichen mancher Orte unmöglich mache. Die Ilha da Fazenda beispielsweise sei isoliert, da sie sich „mitten im Fluss" befände (GInt23g, 11.03.15). Ein Bewohner sprach von einer bereits spürbaren sozialen Isolation, da immer mehr Menschen die Gemeinschaft verließen, um ihr Glück in der Stadt oder anderen Orten oberhalb des Staudamms zu finden: „Wenn man in einer Gemeinschaft wohnt und diese anfängt kleiner zu werden, dann wird man selbst geringer" (GInt23h, 11.03.15). Anstatt also Projekte umzusetzen, die den Bedürfnissen der Bewohner*innen entsprächen, oder diese umzusiedeln behaupte Norte Energia immer nur, die Situation weiter beobachten zu müssen: „Ihr Monitoring hört nie auf" (GInt23h, 11.03.15).

Alle oben zitierten Interviewten stimmten darin überein, dass das Leben in der Region auf längere Sicht unmöglich würde. Obwohl es schwerfalle, das Leben auf der Insel aufzugeben, sei nun „ein Limit erreicht" (GInt23h, 11.03.15), das verlange Vorkehrungen zu finden, um am Ende nicht mit leeren Händen dazustehen. Aufgrund der bereits spürbaren Verschlechterung der Lebensbedingungen sowie der negativen Zukunftsaussichten setzten Gemeinschaften der Ilha da Fazenda, Ressaca und Garimpo de Galo ein Dokument auf, dass ihre Umsiedlung in ein gemeinsames Stadtviertel mit kompletter Infrastruktur forderte. Gemeinsam mit hunderten weiteren Betroffenen nahmen sie am 11. März 2015 an einer von MAB organisierten großen Demonstration teil, die von der Innenstadt Altamiras bis zum Büro von Norte Energia in der neuen Siedlung Jatobá führte, um auf nicht eingehaltene Versprechen des Konsortiums und insbesondere die andauernde Missachtung von Gruppen wie den Bewohner*innen der Volta Grande hinzuweisen. Die Forderung einer gemeinsamen Umsiedlung wollten sie am Ende zusammen mit der Forderung nach einer öffentlichen Versammlung zu dieser Thematik (vgl. Abb. 5) persönlich dem Personal von Norte Energia übergeben. Ein Interviewter äußerte jedoch, dass, sollte eine kollektive Umsiedlung nicht möglich sein, er auch jede andere Lösung akzeptieren würde – alles sei besser, „als dort zu bleiben" (GInt23g). Am Firmensitz angekommen, wurden, nachdem kein Personal von Norte Energia erschien, vor dem Eingang Zelte aufgeschlagen und mit der Ankündigung solange dort zu verweilen, bis ihre Forderungen erfüllt würden, Essen und Trinken verteilt. Nachdem Betroffene, darunter einige der Volta Grande, ihre Situation und Forderungen über Mikrofon geschildert hatten, einigten sich Organisator*innen von MAB mit Personal von Norte Energia auf ein gemeinsames Gespräch mit Repräsentant*innen der betroffenen Gemeinschaften. Nach sechsstündiger Verhandlung diverser Aspekte konnten bezüglich der Betroffenen der Volta Grande zwar keine Einigungen erzielt werden – Norte Energia blieb dabei, diese nicht umzusiedeln. Es wurden jedoch weitere Treffen vereinbart, wodurch die Betroffenen der Volta Grande es zunächst geschafft hatten, sich innerhalb des Disputs um die Kategorie des Betroffenseins zu positionieren und das Verständnis seitens des Konsortiums infrage zu stellen. Ein Organisator der Demonstration schätzte den Erfolg der Aktion anschließend als hoch ein. So sei sie ein Produkt jahrelanger organisatorischer und politischer Arbeit mit den entsprechenden Gemeinschaften gewesen:

[..] [E]s ist ein Resultat eines Organisierungsprozesses, oder anders ausgedrückt, all diese Gemeinschaften hatten schon vorher gearbeitet, hatten ihre Forderungen bereits diskutiert; und sie hatten ihre interne Organisation diskutiert, wie sie Verpflegung bekommen könnten [...] Die Leute hatten die Bereitschaft dort bis zu einen Tag länger zu bleiben, wenn es notwendig gewesen wäre. (GInt22b)

Abbildung 5: „Die Ilha da Fazenda und Vila da Ressaca sind von Belo Monte betroffen! Wir fordern eine sofortige öffentliche Versammlung!" (eigene Aufnahme, 2015)

Über einen gemeinsam mit MAB durchgeführten Prozess der eigenen Organisierung[41] hatten die Gemeinschaften also einen erhöhten Grad an Handlungsfähigkeit und Autonomie erlangt. So sei es auch ihre Leistung gewesen, über das interne Organisieren ihrer Gruppe diese gemeinsame politische Aktion und ihre daraus resultierende Positionierung im Konflikt um die Kategorie des Betroffenseins zu erreichen. Denn anders als über die Organisierung und kollektive Mobilisierung der Bevölkerung, gegen die Norte Energia über die Versprechen von Häusern, Schulen oder finanziellen Entschädigungen immer angearbeitet hat, sei es unmöglich, vom Konsortium wahrgenommen zu werden und Druck aufbauen zu können (vgl. Kap. 7.1 und 7.2). Indem die Betroffenen unterhalb des Staudamms durch ihre Protest-

---

41 Der Begriff der Organisierung benennt gegenüber dem eher statischen Terminus der Organisation den prozesshaften Charakter des Sich-selbst-Organisierens. Ähnlich dem Begriffspaar Demokratie/Demokratisierung bezieht sich Organisierung sowohl auf die aktive Handlungsebene als auch auf einen vorherigen Zustand, in dem die jeweilige Gemeinschaft keine solchen organisierten Strukturen besaß. In dem der Begriff konkret die handelnde Gemeinschaft als aktive Akteurin hervorhebt, beinhaltet er zugleich eine emanzipierende Bedeutungsebene.

aktion, die sich insbesondere über ihre zahlreiche Präsenz und die auf den Transparenten festgehaltenen Forderungen äußerte, ihre soziale Existenz und ihre existentiellen Bedürfnisse artikulierten, gelang es ihnen, Aufmerksamkeit auf sich zu ziehen und sich innerhalb der Aushandlung um die Kategorie des Betroffenseins als wahrnehmbare Akteursgruppe zu positionieren.

6.2 BESONDERES BETROFFENSEIN UND DER KAMPF UM ANERKENNUNG

Das PBA sah die Berücksichtigung von Schäden vor, die bestimmte soziale Gruppen aufgrund eines eingeschränkten Zugang zu natürlichen Ressourcen erleiden würden. Ein Recht auf Entschädigung sollte bei solchen Schäden sowohl hinsichtlich betroffener Berufe als auch betroffener Lebensformen gelten. Da das PBA darüber hinaus die Notwendigkeit der Möglichkeit einer Reproduktion der Lebensweisen Enteigneter vorsah, hätte dies eine differenzierte Anwendung der Kategorie verlangt. Die einzige Gruppe hingegen, die im Rahmen eines besonderen Betroffenseins eine differenzierte Behandlung erfuhr, war die indigene Bevölkerung der indigenen Territorien sowie der Stadt Altamira. Dies umfasste jedoch nicht die gesamte indigene Bevölkerung der Region. Die als traditionell geltende Ribeirinh@bevölkerung sowie direkt durch die territoriale Transformation betroffene Berufsgruppen wie die *barqueir@s* und die *carroceir@s* wurden gar nicht berücksichtigt.

6.2.1 Die indigene Komponente im *Projeto Básico Ambiental* und die Macht der Zugehörigkeit

Das Flussbett des Xingu ist Heimat von 25 indigenen Ethnien (vgl. Schwartzman, Boas et al., 2013, S. 1). Ein Großteil der Bevölkerung lebt in einem der 23 in diesem Gebiet anerkannten indigenen Territorien (TIs). Als vom Projekt Belo Monte betroffen gelten 12 TIs sowie die Aldeia Boa Vista der Ethnie Juruna nahe der Kilometermarke 27 der Transamazônica (Garzón, 2015, S. 43; vgl. Abb. 6). Sind bei einem Großprojekt indigene Territorien betroffen, muss eine Komponente des PBA für die indigene Bevölkerung (PBA-CI) erstellt werden (vgl. Kap. 5.3.1). Das „PBA-CI Belo Monte" unterteilt die indigene Bevölkerung je nach Stärke der zu spürenden Auswirkungen in drei unterschiedliche Gruppen: 1. Die als ‚direkt' betroffen geltenden TIs nahe des Komplexes Belo Monte; 2. geographisch entferntere TIs, die dennoch direkte Auswirkungen spüren (z.B. durch den Bevölkerungsdruck und damit einhergehender potentieller oder tatsächlicher Invasion und Abholzung); 3. TIs der Ethnie Kayapó, die unter dem ursprünglichen Projekt Kararaô, welches

„noch immer in der Vorstellung und in Systemen symbolischer Repräsentation dieser indigenen Völker in Bezug auf das Projekt fortexistiert" (FUNAI, 2012, S. 1) direkt von Überflutung betroffen gewesen wären und die deshalb in den spezifischen Kommunikationsplan für die indigenen Völker aufgenommen sind sowie 4. die in Altamira und der Volta Grande lebenden städtischen Indigenen (*indígenas citadinos*). Bis auf die dritte Gruppe sollen demnach „alle anderen in Programmen der Kompensation [des PBA-CI] berücksichtigt werden" (FUNAI, 2012, S. 2).

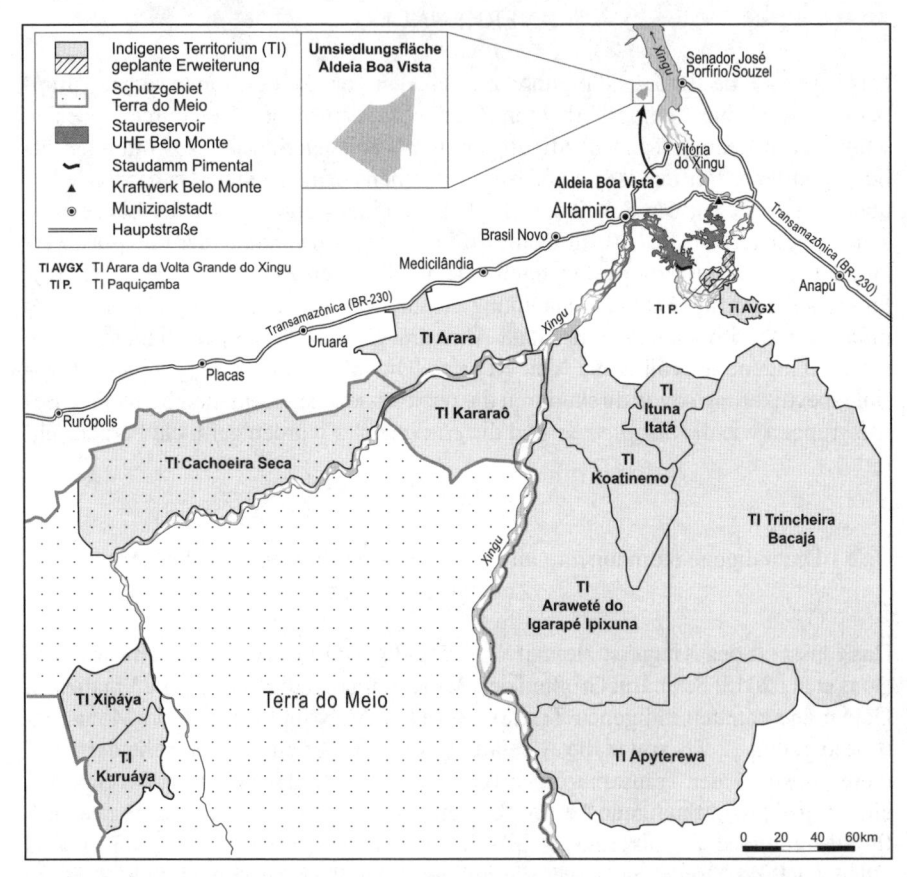

Abbildung 6: Die vom Großprojekt Belo Monte betroffenen TIs des Mittleren Xingu und die Umsiedlungsfläche für die Aldeia Boa Vista (verändert nach Norte Energia S.A., 2016b, S. 7 und ISA, 2015)

2010 begannen die Arbeiten an der CI und den darin enthaltenen Projekten und Maßnahmen, die unter dem Namen ‚Programm Mittleres Xingu' (PMX) zusammengefasst wurden. Der FUNAI zufolge wurden die Maßnahmen in Kommunikation und unter Partizipation von Gemeinschaften betroffener TIs diskutiert und besprochen und mit dem Einverständnis dieser beschlossen (FUNAI, 2012, S. 2). Die

Laufzeit des PMX ist auf 35 Jahre angelegt und entspricht der Laufzeit der an Norte Energia vergebenen Konzession.

In dem PMX vorgesehen sind insgesamt zehn Programme, darunter kulturell differenzierte Bildungs- und Gesundheitsprogramme sowie Programme zur Förderung produktiver und insbesondere subsistenzlandwirtschaftlicher Tätigkeiten, zur Stärkung des materiellen und immateriellen kulturellen Erbes, des infrastrukturellen Ausbaus und der Kommunikation mit der nicht-indigenen Gesellschaft (vgl. Int104; FUNAI, 2012). Die Koordination aller Programme sowie die eigene Ausführung von fünf Programmen und die Anstellung weiterer fünf Firmen für die Ausführung der übrigen Programme wurde im Jahr 2013 von der Firma VERTHIC übernommen (Int104). Die Programme galten jedoch ursprünglich ausschließlich für die *aldeados*, das heißt, für die indigene Bevölkerung in den anerkannten TIs. Der für die städtische indigene Bevölkerung vorgesehene Teil des Programms sieht lediglich eine spezielle Begleitung und ein Monitoring des Umsiedlungsprozesses vor, die die von Norte Energia angestellte Firma APOENA übernommen hat (vgl. Int100). Dies beinhaltet die Erhebung soziokultureller und ökonomischer Daten der Betroffenen, um den Grad der sozialen Vulnerabilität – verstanden als eine „nachteilige Position gegenüber dem Zugang zu Bedingungen der Förderung und Garantie der Bürgerrechte" (FUNAI, 2012, S. 27) – und die daraus abgeleitete notwendige Begleitung sowie die besondere Berücksichtigung territorialer Abhängigkeit und nachbarschaftlicher und familiärer Netze bestimmen zu können. Vor allem werden Aspekte wie die Notwendigkeit der Partizipation und der Transparenz des Prozesses sowie der sozialen und psychologischen Unterstützung am neuen Wohnort betont, die auch im allgemeinen PBA für die Mehrheitsbevölkerung vorgesehen sind, jedoch kulturell sensibel durchgeführt und rechtlich durch die FUNAI überwacht werden sollen. Gänzlich missachtet wurden ursprünglich die *não aldeados*, das heißt die außerhalb der TIs und der urbanen Zonen lebenden Indigenen. Dazu zählen sowohl dispers lebende indigene Ribeirinh@familien als auch indigene Gemeinschaften in bislang nicht anerkannten Territorien. Emblematisch ist in diesem Zusammenhang die Gemeinschaft Jeriqua, die etwas oberhalb der TI Arara da Volta Grande an der Mündung des Flusses Bacajá lebt (vgl. Abb. A 2) und auf diese Weise direkt von der Konstruktion des Kraftwerks und dem reduzierten Flusspegel betroffen ist. Da sie die staatliche Anerkennung als indigenes Territorium bislang nicht erreichte, sind ihre Mitglieder nicht als Indigene anerkannt und somit nicht im PMX inbegriffen (vgl. Int90, 27.10.14). Angesichts der durch die indigene Komponente entstandenen politischen und ökonomischen Bedeutung von Indigenität bezeichnete die in der Abteilung für die Belange indigener und traditioneller Bevölkerung tätige Staatsanwältin des MPF in Altamira, Thais Santi, diesen Kampf um die offizielle Anerkennung des indigenen Status als „Kräftespiel" (Int90, 27.10.14). In diesem Spiel haben einige Gemeinschaften in der dem Großprojekt vorangehenden Debatte die Anerkennung ihres Territoriums erreicht. Andere jedoch, wie die Gemeinschaft Jeriqua, haben ungeachtet des Ausmaßes ihres Betroffenseins nun kein Recht auf irgendeines der spezifischen Programme. Aufgrund dieser fehlenden Anerkennung gründeten im Jahr 2012 Gruppen indigener Ribeirinh@s die Vereinigung Tyoporemô, um für ihre Integration in die indigene Komponente des PBA zu kämpfen. Die Präsidentin der Vereinigung sprach in einem Interview konkret von einer Diskriminierung der *não aldeados*:

> In Wahrheit werden wir *índios não aldeados* sehr diskriminiert. Diese Familienangehörige hier weiß Bescheid, sie hat schon an ihrer eigenen Haut gespürt was Diskriminierung ist, verstehst du? Das liegt daran, dass viele von uns unsere Ethnie nicht in unserem Ausweis stehen haben[42], verstehst du? Also, aufgrund dieser Rechtsverletzung erleben die indigenen Ribeirinhovölker eine so starke Diskriminierung [...]. (GInt28, 17.11.14)

Indem die indigenen Ribeirinh@s von der Mehrheitsgesellschaft zunächst nicht unterschieden wurden, wurden ihre spezifischen territorialen Referenzen, ihre Abhängigkeit vom Fluss und der Fischerei, vom Wald und der Jagd sowie vom Agroextraktivismus missachtet. Da die indigenen Ribeirinh@s, wie die Ribeirinh@bevölkerung allgemein (vgl. Kap. 5.1), für ihre Lebensform sowohl einen ländlichen Wohnort am Fluss brauchen als auch eine Unterkunft in der Stadt, um notwendige Dienstleistungen der Stadt wahrzunehmen oder Produkte zu verkaufen, ist die Reproduktion dieser Lebensform nur unter der Fortführung dieser traditionellen dualen Wohnstruktur möglich. Neben ihren Forderungen nach der Aufnahme in oben genannte Bildungs- und Gesundheitsprogramme – „denn niemand unterstützt uns, Gesundheit und Bildung gibt es nur für die *aldeados*" (Int29, 04.03.15) – galten ihre Forderungen vor allem der Bereitstellung adäquater ländlicher Umsiedlungen an Orte, die die Voraussetzungen der Fortführung ihres integrierten Lebens mit dem Fluss und dem Wald erfüllten. Darüber hinaus forderten sie für diejenigen, die ein Haus in der Stadt besaßen auch eine adäquate urbane Umsiedlung, unter Berücksichtigung der Verwandtschaftsverhältnisse, die ihre städtischen Nachbarschaften charakterisierten. Für diejenigen, die kein Haus in der Stadt besaßen, forderten sie eine temporäre Unterkunft, in der sie im Fall notwendiger Stadtbesuche unterkommen konnten. Zwar gab es schon länger ein solches *Casa do Índio*, das aufgrund der von der indigenen Bevölkerung im Zuge von Belo Monte gestiegenen Frequentierung Altamiras renoviert wurde. Die Räumlichkeiten sind jedoch nach Ethnie und entsprechender TI aufgeteilt, so dass *não aldeados* dort keinen Platz finden. Eine weitere Forderung betraf die Entschädigung der Fischerei aufgrund des durch die Flussstauung verlorenen Fischereigebietes.

Da das PBA-CI den Status der indigenen Ribeirinh@s nicht berücksichtigte und Norte Energia sich stets auf dieses als das rechtlich verbindliche Dokument berief, verlief der Kampf um die Aufnahme in das Projekt Mittleres Xingu sehr zäh. Als FUNAI 2011 das PBA-CI ratifizierte, ohne dass die indigenen Ribeirinh@s darin Erwähnung fanden, wurde ihnen bewusst, „dass wir niemanden haben, der für uns kämpft" (Int29, 04.03.15). Mit der Gründung der Vereinigung im Jahr 2012 sollte über die selbständige Organisation politischer Druck ausgeübt und die Aufnahme in das Projekt erreicht werden. Neben Versammlungen mit Behörden und Konsortium, die meist ergebnislos verliefen, waren Straßenblockaden und Proteste an den Baustellen des Belo Monte Komplexes Strategien zur Erhöhung des Drucks. Im

---

42 Bei Bewohner*innen der TIs wird der Name der Ethnie zu einem Teil des Nachnamens.

6.2 Besonderes Betroffensein und der Kampf um Anerkennung

Jahr 2014 unterzeichnete die damalige Präsidentin der FUNAI schließlich die Integration der indigenen Ribeirinh@s in das PBA-CI. Zu deren Überraschung erkannte Norte Energia ihre neuen formellen Rechte jedoch nicht an:

> Bis jetzt, in keinem Moment, hat Norte Energia uns zu sich gerufen, um zu verhandeln, um zu sagen, wie es weitergeht. Denn unser Kampf will, dass wir an einen würdigen Ort umgesiedelt werden, einen Ort, an dem unser normales Leben weitergehen kann. (Int29, 04.03.15)

Für die ländliche Umsiedlung wurden ihnen weiterhin nur zwei Orte vorgeschlagen, die das Konsortium auch für die ländliche Bevölkerung der Mehrheitsgesellschaft vorgesehen hatte und die sich jeweils in der Nähe der Pimental- und der Belo Monte-Baustelle befanden. Dort, so die Präsidentin, habe sie jedoch keinen Wald gesehen, nur „Umweltzerstörung, [...] viele Löcher [...] und Graslandschaft" (Int29, 04.03.15). Das duale Wohnprinzip missachtend, galt nach wie vor nur die Entscheidungsmöglichkeit zwischen entweder einer urbanen oder einer ländlichen Umsiedlung. Eine Aufnahme in die im PMX vorgesehenen Bildungs-, Gesundheits und Infrastrukturprogramme stand ebenfalls nicht in Aussicht. Im Januar 2015 fanden drei Tage andauernde Blockaden der Transamazônica statt, die die Zugänge zu den drei Baustellen des Kraftwerkkomplexes verbarrikadierten. Arbeiter*innen von Norte Energia mussten nach Altamira zurückkehren, zwei Busse wurden von den Protestierenden in Brand gesetzt (Int29, 04.03.15). Auch wenn diese Aktion sie großen körperlichen und psychischen Belastungen aussetzte – „unsere Arbeit und Familien loslassen, drei Tage dort sein und Regen, die heiße Sonne aushalten, unsere Leben riskieren"– sahen sie nur in solch einer Protestaktion die Möglichkeit, Aufmerksamkeit und Öffentlichkeit zu erzwingen. Das Konsortium reagierte jedoch ablehnend:

> Norte Energia verurteilt die Blockade der Transamazônica durch eine kleine Gruppe von *indígenas citadinos* [...] mithilfe des Einsatzes von Gewalt. Die Firma erfüllt den gesamten Plano Básico Ambiental-Componente Indígena [...] Die Firma wird keine Verhandlung eingehen, solange das Klima der Drohung und die Straßenblockade andauern. (G1 Pará, 11.01.2015)

Mit der Bezeichnung *citadinos* ging eine konkrete Missachtung der Realität der indigenen Ribeirinh@s einher. Diese hofften daher auf Personal von Ibama und FUNAI aus Brasilia, damit diese für sie sprächen, „sollte unsere Forderung legitim sein" (Int29, 04.03.15). Im Anschluss an die Straßenblockade fand eine Versammlung mit dem MPF statt, einen Tag darauf mit Regierungsvertretern, darunter eine Delegation von Ibama und FUNAI aus Brasília sowie Personal von Norte Energia, in der die Forderungen diskutiert wurden. Nach Aussage der Präsidentin der Vereinigung ging Norte Energia zwar auf den gewünschten Ort ein und forderte eine Namensliste aller Interessent*innen, betonte aber, dass die Verhandlungen individuell stattfinden würden und dass es kein Recht auf Transport und andere Infrastruktur gäbe. Auch von Gesundheits- und Bildungsprogrammen sei keine Rede gewesen. Diese Haltung des Konsortiums ließ in ihren Augen den Eindruck entstehen, als würden sie bei Norte Energia um Wohltaten betteln. Tatsächlich aber, so betonte sie immer wieder, würden sie nur das verlangen, was ihnen ihren Rechten nach zustünde: „Wir bitten niemanden um irgendetwas" (Int29, 04.03.15).

Die Gewissheit, ihre Heimat verlassen zu müssen und die Ungewissheit des zukünftigen Ortes und dessen Bedingungen sei für die indigenen Ribeirinh@s, so die Präsidentin von Tyoporemô, wie ein „sehr gefährliches Tier, das wir nicht schaffen, aufzuhalten" (Int29, 04.03.15). Den Ort verlassen zu müssen, an dem man aufgewachsen sei, den man kenne, der das eigene Leben ausmache, sei eine „große Erschütterung" (Int29, 04.03.15). Sie erzählte davon, dass die Belastung so groß sei, dass viele nicht mehr wüssten, wo ihnen der Kopf stünde. Sie selbst könne nachts oft nicht schlafen und würde morgens vor Sorgen zitternd aufwachen. Es sei „eine große Verletzung. Psychische Verletzung. Wir erleben alle Arten von Verletzung und Missachtung. Du hast keine Ahnung, wo uns heute der Kopf steht" (Int29, 04.03.15). Sie selbst lebte mit ihrer Familie auf einer Inselgruppe, die hinter der zuvor als maximale Reichweite des Reservoirs bestimmten Grenze liegt. Es wurden dementsprechend nie Registrierungen und Erhebungen ihrer Länder und Eigentümer durchgeführt. Ihrer Aussage nach war die Gegend in älteren Studien als betroffen gekennzeichnet[43] (vgl. GInt28, 17.11.14). Diese Studien wurden später jedoch modifiziert und wiesen ein reduziertes Reservoir aus. Die bleibende Verunsicherung über die Auswirkung der Stauung des Flusses sowie die Angst davor, dass Schlangen und andere giftige Tiere von den abgeholzten Flächen in Richtung ihrer Inselgruppe fliehen und Moskitos aufgrund der geringeren Flussströmung infolge der Stauung zunehmen könnten, veranlassten sie, von Norte Energia die Registrierung ihrer sozioökonomischen Situation zu fordern. Das Konsortium reagierte jedoch stets mit dem Hinweis auf die Studien und ihre Lage außerhalb der ADA.

> Und Norte Energia ist immer noch so dreist zu behaupten, dass wir nicht betroffen sind, verstehst du? [...] Wir sind direkt betroffen. Wir verlieren unseren Vater, unsere Mutter; das ist der Fluss, der Wald, unser Zuhause. Wir sind *nativos*. Ohne all das nützen wir nichts. Dieses Leben zu verlassen, um eine andere Lebensform zu führen, verstehst du? Da sehe ich mich nicht. [...] Nun, das was mir wirklich wehtut ist, dass die Autoritäten, die die Kompetenz haben, die die Macht haben, über all unsere Rechte zu entscheiden, dies auch sehen; es ist offensichtlich, dass wir betroffen sind, aber sie wollen unsere Rechte nicht geltend machen. (Int29, 04.03.15)

Hier wird ein erweiterter Begriff des Betroffenseins angesprochen, der sich in dem Verlust territorialer Referenzen ausdrückt. Die Bezeichnung des Flusses und Waldes als Vater und Mutter ist unter der indigenen Bevölkerung sehr gängig. In diesem Sinne ergibt sich die Wahrnehmung des Betroffenseins nicht nur aus konkreten Verlusten des unmittelbaren Umfelds und ökonomischen Schäden durch beispielsweise einen Rückgang der Fischerei. Das Betroffensein ist stattdessen grundsätzlicher Art und bedeutet einen Bruch mit den zentralen Referenzen des bisherigen Lebens. Wie es eine andere Indigene ausdrückt, ist der „Xingu unser Leben. [...] Er ernährt uns, sowohl hinsichtlich unseres Konsums als auch unsere Seele" (Int36, 26.02.15). Die Bedeutung solcher territorialen Verflechtungen wird sowohl in der ‚Nationalen Politik der Nachhaltigen Entwicklung der Traditionellen Völker und Gemeinschaften' (PNPCT) (vgl. Kap. 5.1) als auch im EIA anerkannt und auch im PBA ist von immateriellen Verlusten die Rede, denen unter anderem durch symbo-

---

43   Hiermit könnten die Studien des Projekts Kararaô gemeint sein.

6.2 Besonderes Betroffensein und der Kampf um Anerkennung

lische Entschädigungen in Form von Museen, Denkmälern, Straßennamen und ähnlichem begegnet werden soll. Vor dem Hintergrund der zahlreichen Hinweise und der offiziellen Anerkennung in den Dokumenten wird die in der Praxis von Norte Energia nicht einmal symbolisch stattfindende Anerkennung dieser Form des Betroffenseins von den indigenen Ribeirinh@s als starker Affront und als Missachtung ihres generellen Daseins als *nativos* wahrgenommen. Wie es die Staatsanwältin des MPF ausdrückte, habe die indigene Bevölkerung im Vergleich zur Mehrheitsgesellschaft jedoch immer noch eine „Stimme" (Int90, 27.10.14). So finden indigene Belange nicht nur aufgrund des rechtlichen Rahmens, sondern auch der Art und Weise, wie diese Öffentlichkeit und mediale Aufmerksamkeit erzeugen können, mehr Beachtung. Im Fall der Straßenblockade gab es trotz der aggressiven Form des Protestes kein Einschreiten von Polizeieinheiten. Stattdessen wurde die Presse angezogen und nach drei Tagen erschienen Vertreter*innen von Ibama und FUNAI, um eine gemeinsame Versammlung zu organisieren. Bei einer anderen Sperrung der Transamazônica und der Zugangsstraßen der Baustellen, die von Indigenen unterschiedlicher TIs im Februar 2015 durchgeführt wurde, um ausstehende Leistungen vom Konsortium einzufordern, ging Norte Energia an das Bundesgericht, um eine Geldstrafe gegen die Protestierenden verhängen zu lassen. Daraufhin wandte sich die FUNAI ebenfalls an das Gericht und erreichte eine Einigung mit dem Richter und Norte Energia, so dass das Problem gelöst und der Protest friedlich beendet werden konnte. Diese rechtliche Unterstützung sowie die Möglichkeit, mediale Aufmerksamkeit zu erzeugen, hat die nicht-indigene Bevölkerung in einem deutlich geringeren Maße. So können sich führende Persönlichkeiten sowohl von MAB als auch von Xingu Vivo nicht mehr den Baustellen nähern, da sie sich dadurch vor dem Hintergrund gerichtlicher Beschlüsse aus vergangenen Protesten strafbar machen würden. Protestieren andere betroffene Gruppen auf der Straße, müssen diese mit einem hohen Polizeiaufgebot rechnen. Wie es ein Mitarbeiter des regionalen CIMI ausdrückte:

> Jeder *indio* zieht Presse an. Ziehen Fischer Presse an? Ziehen Landwirte Presse an? Landwirte ziehen das Militär an, Fischer ziehen die Polizei an. Also, *indios* ziehen Presse an, angemalte *índios, índios* mit Pfeil und Bogen. (Int89, 27.10.14)

Diese Möglichkeiten der indigenen Bevölkerung reproduzieren sich gewissermaßen durch den PBA-CI, was insbesondere am Beispiel der *citadinos*, der städtischen indigenen Bevölkerung deutlich wird. Da die indigene Komponente für diesen Teil der indigenen Bevölkerung die für die Mehrheitsgesellschaft geltenden Projekte mit einer stärkeren rechtlichen und sozialen Begleitung ergänzt, besitzen sie weitaus bessere Möglichkeiten der Organisation von Treffen mit Personal von Norte Energia, Ibama oder FUNAI. Während bei Rechtsverletzungen nicht-indigene Betroffene auf die Hilfe des MPF oder der erst im Januar 2015 in Altamira vorhandenen DPU angewiesen waren, konnten indigene Betroffene meist durch direkte Verhandlungen mit Verantwortlichen von Norte Energia Lösungen erreichen. Dies wurde selbst auf unterschiedlichen Treffen zwischen Norte Energia und indigenen Gruppen beobachtet und ebenfalls durch den Präsidenten der Vereinigung INKURI der städtischen Indigenen der Ethnie Curuaia bestätigt. Dieser berichtete, wie er über die Bekanntheit seines Namens und dem seiner Vereinigung bei Norte Energia sowie über den Druck durch die Mobilisierung größerer Gruppen meist problemlos Treffen mit dem Konsortium organisieren könne (Int25, 25.02.15; vgl. auch TB15, 14.01.15). Teilweise auch unter Einbezug der FUNAI und ihrem Anwalt sowie der Firma APOENA ließen sich die meisten Probleme direkt lösen.

Wie Thais Santi vom MPF erläuterte, trägt solch eine innerhalb der Gesellschaft stattfindende Differenzierung, die die Diskriminierung der indigenen Bevölkerung eigentlich bekämpfen soll, stets das Risiko, Vorurteile stattdessen weiter zu verstärken (Int90, 27.10.14). Dieses Risiko erhöht sich, wenn die Differenzierung wie im Fall kultureller Projekte auf keine kulturell legitimierte Weise, sondern eher dem Anschein einer klientelistischen Bevorteilung nach stattfindet. Bevor die Projekte des PMX begannen, sollte zunächst ein sogenannter Notfallplan die indigene Bevölkerung auf das Großprojekt Belo Monte und den erhöhten Kontakt mit der Mehrheitsgesellschaft vorbereiten. Die Art der Umsetzung dieses Planes erreichte laut Interviewaussagen von Organisationen, Bewegungen und Betroffenen jedoch das genaue Gegenteil und schuf ebensolche klientelistischen Strukturen (vgl. Int2, 05.03.13; Int5, 04.03.13; Int90 und Int89 27.10.14; Int104, 17.03.15). Der Notfallplan sah drei Programme vor: 1. einen Plan zum territorialen Schutz der TIs; 2. die institutionelle und strukturelle Stärkung der regionalen FUNAI und 3. ein Programm des *etnodesenvolvimento*. Letzteres, in den Handlungsmaßstäben der FUNAI formell verankertes Programm, hatte zum Ziel, angesichts des zu erwartenden wachsenden Einflusses der kulturellen Strukturen und Logiken der Mehrheitsgesellschaft die ethnisch-kulturellen Elemente der indigenen Ethnien und deren Resilienz gegenüber externen Einflüssen zu stärken sowie endogenes Entwicklungspotential nachhaltig zu mobilisieren (vgl. Int90, 27.10.14; FUNAI, o.J.). Auf diese Weise sollte einem drohenden Ethnozid vorgebeugt werden. Nach Aussage Santis ist jedoch das Gegenteil geschehen. Das Programm war für den Zeitraum von 2010 bis 2012 ausgelegt und sollte dann von den längerfristigen strukturellen Programmen des PMX abgelöst werden. In diesem Zeitraum sollten pro Monat und indigener Siedlung 30.000 Reais[44] investiert werden. Anstatt mithilfe des Geldes die Strukturen und damit den Erhalt der indigenen Siedlungen zu stärken, „wurde es von einer Politik des Assistenzialismus, der Abhängigkeit und des Zum-Schweigen-bringens der Indigenen missbraucht" (Int90, 27.10.14). Das Geld wurde in materielle Dinge wie Autos, Motorboote, Nahrungsmittel oder Kleidung investiert, die keine kulturelle Legitimierung besaßen und darüber hinaus ein Abhängigkeitsverhältnis der Indigenen vom Konsortium und der Stadt schufen. So musste der Treibstoff für die Autos und Motorboote in der Stadt besorgt werden. Die weizenmehl- und zuckerhaltigen Nahrungsmittel, die vorher kein Bestandteil der Ernährungsstruktur in den TIs gewesen waren, verdrängten die indigene Nahrungsmittelproduktion, erforderten die regelmäßige Beschaffung der Nahrungsmittel aus der Stadt und ließen immer mehr Bewohner*innen der TIs an vorher nicht bekannten ernährungsbedingten Krankheiten wie Diabetes erkranken. Diese Abhängigkeiten sowie

---

44 Berechnet am Mittelwert der Wechselkurse der Jahre 2010–2012 entspricht dies etwa 12.400 Euro (Wallstreet Online, o.J.).

die erhöhte Mobilität führten zu einer deutlich stärkeren Frequentierung Altamiras. Während vor 2010, so Santi, die Präsenz Indigener aus den TIs selten war und für Erstaunen und Faszination bei der Stadtbevölkerung gesorgt hatte, sei diese mittlerweile massiv. Ein Mitarbeiter des CIMI erzählte, dass viele Indigene aus den TIs begonnen hätten, während ihrer Besuche in Altamira Alkohol zu trinken und sich so unter den Gemeinschaften sukzessiv Alkoholismus verbreite. Dies stärke wiederum Vorurteile der Mehrheitsgesellschaft gegenüber den Indigenen: „Die *índios* kommen nur hierher um zu trinken, um zu rauben, sie sind faul und wollen nicht mehr in ihrer Siedlung bleiben" (Int89, 27.10.14), so die Meinung vieler Bewohner*innen Altamiras. Die rassistische Mehrheitsgesellschaft marginalisiere die Indigenen auf diese Weise immer weiter und missachte sie als Teil der Gesellschaft. Hinzu komme Neid wegen der vielen materiellen Zuwendungen, auf die die nichtindigenen Betroffenen niemals Anspruch hätten (Int89, 27.10.14).

Schwerer als die durch diese Politik beförderten Vorurteile scheint der von Santi erwähnte Aspekt zu wiegen, dass die indigenen Gemeinschaften auf diese Weise zum Schweigen gebracht wurden. Vor Beginn des PMX existierte eine medial sehr präsente und politisch einflussreiche indigene Bewegung, die entschieden gegen Belo Monte kämpfte. Diese Bewegung hatte großen Einfluss auf den Protest von 1989, der die erste Version des Kraftwerks stoppte (vgl. Kap. 5.3). Auch bezüglich der neuen Version des Wasserkraftkomplexes war die indigene Bewegung zunächst die stärkste Gegenstimme gewesen, weswegen die Strategie von Xingu Vivo zu Beginn beinahe einseitig auf die Arbeit mit der indigenen Protestbewegung ausgelegt war (Int19b, 28.02.15). Norte Energias Politik des Assistenzialismus wirkte nun auf zweifache Weise desintegrierend: Die Strategie, den Geldwert von 30.000 Reais pro indigene Siedlung festzusetzen, initiierte eine ganze Reihe an Neugründungen, sodass sich nach Angaben eines Mitarbeiters der FUNAI die Zahl der ursprünglich zwölf Siedlungen bis 2014 auf 38 erhöhte (vgl. Int88, 19.11.14). Diese Neugründungen sind nach Aussage des Mitarbeiters von CIMI nur zu einem ganz geringen Teil auf regulär vorkommende politische Differenzen zurückzuführen. Der Großteil entstand „aus der Intention, die Ressourcen von Norte Energia, die für die gesamte Siedlung gedacht waren, individuell für sich zu beanspruchen" (Int89, 27.10.14). Die Bevorteilung und Kooptierung von *lideranças*, den Führungspersonen innerhalb einer Siedlung, die schließlich ihre eigenen Siedlungen gründeten, produzierte eine entscheidende Spaltung der indigenen Bewegung. Entsprechend der Aussagen vom regionalen CIMI, MAB und Xingu Vivo wurde der Protest dieser *lideranças* vom Konsortium zum Schweigen gebracht, indem ihnen gedroht wurde, dass sie keine weiteren materiellen Zuwendungen mehr erhalten würden, sollten sie weiterhin mit diesen Organisationen beziehungsweise Bewegungen zusammenarbeiten (vgl. Int89, 27.10.14; Int11, 22.10.14; Int2, 05.03.13). Die mediale und politische Stärke der indigenen Bevölkerung wurde auf diese Weise instrumentalisiert und die Widerstandsbewegung durch die Kooptierung wichtiger indigener Aktivist*innen entscheidend fragmentiert und geschwächt. Im Rahmen der Anerkennung eines komplexen Betroffenseins der indigenen Bevölkerung durch den PBA-CI fand in diesem Sinne eine, möglicherweise strategische,

Missachtung soziokultureller Strukturen und Notwendigkeiten und damit ein – angesichts der erhöhten physischen Sichtbarkeit Indigener in der Stadt paradox erscheinender – Prozess der Invisibilisierung der Bevölkerung der TIs statt.

Dieser Prozess der Fragmentierung und Invisibilisierung wird in den Erfahrungsberichten einer weiblichen *liderança* der Ethnie Juruna aus der TI Paquiçamba offensichtlich, die unter anderem durch ihre westliche Schulbildung bereits relativ viel Kontakt zur Mehrheitsgesellschaft und einer kapitalistischen Logik hatte. In einem Interview im März 2013 erzählte sie, dass sie schon zu Beginn des Notfallplans die Gefahr erkannte, die von den Verhandlungen mit Norte Energia ausging. So sei es für sie eine Farce gewesen, dass es in diesem Zeitraum von 2010 bis 2012 nur um Waren, um „Spenden, [...] kleine Geschenke" ging (Int5, 04.03.13). Selbst nicht an materiellen Reichtum gewöhnt, schien Norte Energia für ihre Gemeinschaft plötzlich alles möglich zu machen. Anstatt an die schwierige Zukunft der Gemeinschaft im Kontext des Staudamms zu denken, wurden Autos oder Boote gewünscht, die die Abhängigkeit von Treibstoff und elektrischer Energie erzeugten. Als sie zu Beginn versucht habe, der Gemeinschaft bewusst zu machen, was diese Dinge für Abhängigkeitsverhältnisse produzieren und kulturelle Veränderungen auslösen würden, wurde sie innerhalb ihrer eigenen Gemeinschaft angefeindet. Da sie ihren Aussagen zufolge die einzige der *lideranças* der von Belo Monte betroffenen TIs war, die sich gegen diese Verhandlungen positionierte, sei der Verdacht gehegt worden, sie würde der Gemeinschaft nichts gönnen. So sei sie Opfer von Anfeindungen und sogar physischer Gewalt geworden, weshalb sie sich aus ihrer Führungsposition zurückzog. Bis zum Zeitpunkt des Interviews hatte sie sich noch nicht an einen Tisch mit Norte Energia gesetzt. Sie sehe aber die anderen *lideranças*, die Geld bekommen hätten „um den Mund zu halten" (Int5, 04.03.13). Viele Gemeinschaften hätten eingesehen, dass Belo Monte nicht mehr abzuwenden sei und versuchten nun, „ihren Vorteil daraus zu ziehen" (Int5, 04.03.13). In ihrer eigenen Gemeinschaft „wurde eine halbe Million Reais[45] in diese Schenkungen von Kraftstoff, Nahrungsmittelpaketen, kleinen Geschenken investiert. Und niemand dachte daran, ein sinnvolles Projekt zu machen" (Int5, 04.03.13). Zwar gebe es immer noch eine indigene Bewegung und Proteste, diese konzentriere sich aber vor allem auf die Aushandlung materieller Zuwendungen. In den Gemeinschaften denke mittlerweile jeder individualistisch, so dass „heute das Wort ‚gemeinsam' eigentlich nicht mehr existiert" (Int5, 04.03.13). Diese internen Konflikte hätten ihre eigene Gemeinschaft wie auch zahlreiche andere auseinandergerissen. Belo Monte bringe auf diese Weise nicht nur ökologische oder soziale, sondern insbesondere auch psychische Folgen mit sich. Diese psychische Gewalt, die von den Konflikten und dem desolaten Zustand der Gemeinschaften ausgehe, spürten insbesondere die Frauen, die keine wahrnehmbare Stimme innerhalb und außerhalb der Gemeinschaft hätten. Sie sähen den Zustand der Gemeinschaft, könnten aufgrund ihrer strukturellen Machtlosigkeit aber kaum etwas ändern. Sie selbst leide sehr unter diesem Zustand, den Anfeindungen aus der eigenen Gemeinschaft sowie

---

45 Berechnet am Mittelwert der Wechselkurse der Jahre 2010–2012 entspricht dies etwa 207.000 Euro (Wallstreet Online, o.J.).

darunter, dass sie für ihre eigenen Kinder eigentlich keine Zukunft mehr in der Gemeinschaft sehe. Im Gespräch mit ihr äußerte sie harte Kritik an der Bundesregierung, die durch ihr Vorgehen, die TIs für das Konsortium und die Programme zu öffnen, solche Konflikte in Kauf nehme oder sogar intendiere, bei denen „das Volk am Ende völlig verwirrt zurückbleibt" (Int5, 04.03.13).

6.2.2 „Hier am Xingu gibt es keine Fischer"– die Nicht-Anerkennung des komplexen Betroffenseins der Ribeirinh@bevölkerung

Für die Region des Amazonasgebietes ist die Lebensweise der Ribeirinh@s von großer kultureller Bedeutung. Entlang der Flüsse Xingu, Iriri und Riozinho do Anfrísio entstand diese Lebensweise infolge des Zuzugs nicht-indigener Bevölkerung zu Zeiten der Kautschukphasen und prägte entscheidend die Entwicklung der Region sowie der Stadt Altamira. Die in diesen Phasen und darüber hinaus stattfindende Niederlassung vieler Familien in der Region und deren Etablierung als Extraktivist*innen und Fischer*innen erfolgte im Austausch mit der indigenen Bevölkerung und deren lokalem Wissen[46]. Was die Ribeirinh@s von der indigenen Bevölkerung unterschied, war ein regelmäßiger Austausch mit der Stadt Altamira, der sowohl auf wirtschaftlichen Austauschbeziehungen als auch auf Verwandtschaftsbeziehungen basierte. Diese Austauschbeziehungen manifestierten sich in der dualen Wohnstruktur, die von einem Teil der Bevölkerung der später geschaffenen Extraktivistenreservate (vgl. Kap. 5.1) und insbesondere von der Ribeirinh@bevölkerung im näheren Umkreis Altamiras gelebt wurde. Auch ein Teil der indigenen Bevölkerung intensivierte mit der Zeit – wie am Beispiel der indigenen Ribeirinh@s im vorherigen Abschnitt gezeigt – ihren Austausch mit der Stadt. In jüngerer Zeit zogen darüber hinaus im Zuge des Tucuruí Wasserkraftwerks vertriebene Ribeirinh@s in die Region. Wie bei den indigenen Ribeirinh@s ist für die Familien eine traditionelle Lebensweise, basierend auf Agroextraktivismus, kleinbäuerlicher (Subsistenz-)Landwirtschaft und Fischerei sowie der dualen Wohnstruktur charakteristisch (vgl. Kap. 5.1). Die ‚Nationale Politik der Nachhaltigen Entwicklung der Traditionellen Völker und Gemeinschaften' (PNPCT) bildet die gesetzliche Grundlage der Anerkennung der Ribeirinh@s als traditionelle Bevölkerung. In der Region Altamira geschah die konkrete staatliche Anerkennung durch die Vergabe der ‚Bestimmung der Autorisierung zur nachhaltigen Nutzung' (*Termo de Autorização de Uso Sustentável* – TAUS) durch die staatliche Behörde *Secretaria do Patrimônio da União* (SPU) an Ribeirinh@familien, die ihnen erlaubte, das staatliche Land der Flussufer und Inseln des Xingu nachhaltig zu bewirtschaften. Diese Anerkennung der Ribeirinh@s als traditionelle Bevölkerung, die eine gesonderte Behandlung dieser im Rahmen des Enteignungsprozesses erfordert hätte, findet im PBA allerdings nicht statt. Anders als für die indigene Bevölkerung ist für die Ribeirinh@bevölke-

---

46 Die Intensität dieser Interaktionen zeigt sich auch darin, dass heute viele Ribeirinh@s Nachfahren von nicht-indigenen Extraktivist*innen und der indigenen Bevölkerung sind.

rung trotz ähnlicher Landnutzungsstrukturen und territorialer Beziehungen demnach kein spezielles Programm vorgesehen, welches die im PBA allgemein geforderte Reproduktion der ursprünglichen Lebensform unterstützen würde. Im PBA wird die Ribeirinh@bevölkerung nur marginal und fast ausschließlich in Bezug auf den Flussabschnitt unterhalb des Staudamms erwähnt. Die duale Wohnstruktur findet dabei keinerlei Erwähnung.

Hinsichtlich der Fischerei, der wichtigsten Subsistenz- und Einnahmequelle der Ribeirinh@s, berücksichtigt der EIA die Auswirkungen, die schon der Kraftwerksbau auf den regionalen Fischbestand haben wird. Diese Analyse bleibt jedoch auf den Fischbestand und die Möglichkeiten der Verringerung der Auswirkungen auf diesen begrenzt. Eine Übersetzung der Erkenntnisse auf die sozioökonomische Ebene der Fischer*innen findet nicht statt. Das PBA geht im „Projekt zum Erhalt der Ichthyofauna" (Norte Energia S.A., 2010, S. 321–338; Vol. 4) auf diese Ergebnisse ein und sieht Entschädigungsmaßnahmen vor, sollten Auswirkungen auf den Fischbestand auftreten. Dazu soll durch Kontrollposten die permanente Kontrolle der Fischfänge stattfinden. Dieses „Projekt der Kontrolle der Ichthyofauna" (ebd., S. 335; Vol. 4) enthält also eine zentrale Rolle im Kontext möglicher Entschädigungen der Fischerei. Ebenfalls im Projekt zum Erhalt der Ichthyofauna enthalten ist das „Projekt zur Förderung nachhaltiger Fischerei" (vgl. ebd., S. 342–352; Vol. 1). Anstatt allerdings in diesem Zusammenhang das lokale Wissen und das spezifische Verhältnis der traditionellen Fischer*innen zum Fluss zu erwähnen und für nachhaltige Fischerei nutzbar zu machen, wird in der Begründung die unausgereifte Kommerzialisierung der traditionellen Fischerei sowie die mangelhafte (Aus-)Bildung der Fischer*innen kritisiert. Entsprechend intendiert das Programm die „Entwicklung des regionalen Fischereisektors" (ebd., S. 346; Vol. 1), das heißt, die Entwicklung einer Wertschöpfungskette sowie die bessere Ausbildung der Fischer*innen. Dem soll auch die Entwicklung der Aquakultur dienen, jedoch nicht um die prognostizierten Umstellung des Fischbestandes fünf Jahre nach der Stauung des Flusses zu überbrücken, sondern um „den Fang heimischer Fischarten ins Gleichgewicht zu bringen" (ebd., S. 346; Vol. 1). Anders als noch im EIA wird hier nicht auf die Schwierigkeiten eingegangen, die die Umstellung auf Aquakultur bedeuten könnte, da diese den Strukturen und Logiken traditioneller Fischerei und deren von Generation zu Generation stattfindender Wissensvermittlung entgegenstehe (vgl. Eletrobrás, 2009, S. 152; Vol. 29). Weiterer Bestandteil des Programms ist die Erstellung eines Forschungszentrums der regionalen Ichthyofauna, welches der Erzeugung wissenschaftlicher Daten zum Ernährungs- und Reproduktionsverhalten der heimischen Fischarten dienen soll, wobei es dazu quantitative und qualitative Methoden anwenden sowie das traditionelle Wissen der Fischer*innen nutzen soll.

Die regionalen Fischer*innen bekamen nie die Möglichkeit, in der Erstellung des Programms zur Förderung nachhaltiger Fischerei zu partizipieren oder andere Programme anzuregen. Ihre Kritik, dass es keine Programme zum Erhalt der regionalen Fischfauna in ihren natürlichen Lebensräumen und somit ihres Lebensunterhaltes gab und ihre Sorge, ihre Lebensform, die auf lokalspezifischem Wissen beruhte, durch die radikale Umstellung des Ökosystems dauerhaft zu verlieren, wurden vom Konsortium und Ibama nicht wahrgenommen. Obwohl die *Colônia de*

6.2 Besonderes Betroffensein und der Kampf um Anerkennung

Pescadores im PBA Erwähnung findet, wurde sie in der praktischen Umsetzung als relevante Akteurin und potentielle Partnerin missachtet. Dies sowie die Missachtung des komplexen Betroffenseins der Fischer*innen erzeugte bei vielen die Wahrnehmung, dass für Norte Energia „hier am Xingu keine Fischer existieren würden" (Gsp19b, 28.02.15). In einem Interview im März 2015 erklärte Sérgio[47], der ehemalige Präsident der Vereinigung der ersten enteigneten Ribeirinh@gemeinschaft Santo Antônio, diese Invisibilisierung seitens des Konsortiums und anderer öffentlicher Einrichtungen mit einer Missachtung der traditionellen Art und Weise der Fischerei. Ähnlich wie deren Darstellung im PBA als mangelhaft hinsichtlich der zugrundeliegenden Ausbildung und der Kommerzialisierung, finde keine Würdigung dieser Arbeit, des ihr zugrundeliegenden Wissens und ihrer kulturellen Bedeutung statt. Er sei deshalb dabei, mithilfe einer Studentin der UFPA eine Dokumentation über die Geschichte der Gemeinschaft Santo Antônio und ihrer Arbeit zu drehen:

> Ich möchte diese Geschichte auf eine andere Art erzählen, weißt du, weil man manchmal anderen Personen erzählt, wie die Arbeit als Fischer in der Gemeinschaft war, und die Personen sagen „Naja, das ist keine große Sache". Aber ich zeige diesen Personen im Film: „Verdammt, das hier **ist** eine Arbeit". Sogar vor der Justiz scheint das notwendig zu sein. Einmal erzählte ein Anwalt, dass es hier am Xingu keine Fischer gäbe. Diese Arbeit soll es ihm vor Augen halten: „Sieh nur, es gibt sie, hier sind es Fischer, die bestimmen, nicht ihr. Ich möchte sehen, wie ihr diese Arbeit macht. **Wir** machen sie. (Int57, 02.03.15; Hervorhebung entspricht Betonung im Original)

Dieser Einschätzung entsprechend reagierte ein Richter auf eine Protestaktion im Jahr 2011 mit den Worten, dass die Fischer*innen kein Recht auf eine finanzielle Entschädigung der Fischerei nach der Stauung hätten, da sie sich auch in andere, nicht betroffene Flussabschnitte zurückziehen könnten (vgl. ISA, 2015, S. 9). Auf diese Weise ignorierte der Richter die lokale Verankerung der traditionellen Fischerei, die auf der Kenntnis der Verhaltensstrukturen und Lebensräume lokaler Fischbestände basierte. Wie es ein enteigneter Fischer ausdrückte, könne er sich nicht vorstellen, flussabwärts zu ziehen und dort die Fischerei fortzuführen, da es dort eine andere Fischerei sei, die er nicht auszuführen wisse (Gsp59, 16.09.15). Gegen diese Invisibilisierung als gesellschaftlich und politisch relevante Akteursgruppe und der Missachtung ihrer traditionellen Praxis wollten die Fischer*innen mit einer politischen Aktion, der *Grande Pescaria*, protestieren und auf diese Weise die kulturelle und ökonomische Bedeutung der lokalen Fischerei demonstrieren. Die jüngst formierte regionale Bewegung der Fischer und Fischerinnen mobilisierte nach Aussage von Xingu Vivo etwa 250 Mitglieder, die am 14. März 2011 im Rahmen eines großen gemeinschaftlichen Events morgens zeitgleich zum Fischen aufbrachen und am Nachmittag ihren Fang vor Ort zubereiteten und unter sich und etwa 400 weiteren Besucher*innen aufteilten (Xingu Vivo, 2011). Doch auch wenn diese Aktion regionale Presse anlockte und sich die Fischer*innen zumindest für den Moment als sichtbare Akteursgruppe positionierten, sei ihr Kampf, so eine Ak-

---

47 Der Name wurde aus Gründen der Anonymisierung geändert.

tivistin, immer ein relativ einsamer gewesen (Gsp19b, 28.02.15). Auch wenn Bewegungen wie Xingu Vivo im Anschluss an die *Grande Pescaria* begannen, sich mit den Belangen der Fischer*innen stärker zu beschäftigen, war es weiterhin die indigene Bevölkerung, die die mediale und gesellschaftliche Aufmerksamkeit erhielt, während Protestaktionen der Fischer*innen sowie die Teilnehmenden von Seiten des Konsortiums kriminalisiert wurden (vgl. Kap. 6.2.1). So erzählte Sérgio von der Gemeinschaft Santo Antônio von gemeinsamen Protesten mit Indigenen auf den Baustellen von Belo Monte, in dessen Anschluss die indigenen Protestierenden zum Verhandeln in ein Büro des Konsortiums gebeten wurden, während gegen die Fischer*innen und andere nicht-indigene Protestierende Anzeigen gestellt und gerichtliche Prozesse eingeleitet wurden. Weil er für sein Recht und den Erhalt seines Flusses protestiere, würde er wie ein Verbrecher behandelt. Da die Fischer*innen auch nach der *Grande Pescaria* keine öffentliche Aufmerksamkeit bekamen und vom Konsortium weitestgehend ignoriert wurden, wurden mehrere Blockaden der Zugangswege zu den Baustellen auf dem Fluss (2012) und auf dem Land (2013) unternommen und das Konsortium auf diese Weise zur Anerkennung der Fischer*innen als relevante Akteursgruppe und zur Ermöglichung regelmäßiger Treffen gezwungen. Nach mehreren Verhandlungen und einer erneuten dreitägigen Sperrung der Transamazônica und der Zugangswege zur Belo Monte Baustelle, erreichten sie ihre Integration in die Pläne einer Siedlung am Flussufer und Rande Altamiras, die spezifische Infrastruktur für die Bedürfnisse der betroffenen traditionellen Bevölkerung bieten sollte und für deren Errichtung sie gemeinsam mit den Vereinigungen der *citadinos* und mithilfe des ISA eingetreten waren.

Die Nicht-Anerkennung des komplexen Betroffenseins der Ribeirinh@s äußerte sich erneut in der Missachtung der Auswirkungen des Staudammbaus auf die Fischerei seitens Norte Energia und Ibama. Seit 2012 begannen sich Ribeirinh@s über eine Veränderung der Wasserqualität – erkennbar durch eine stärkere Trübung, sowie eine Abnahme der Fischbestände – zu beschweren (vgl. Int54, 28.09.15; ISA, 2015). Diese Beschwerden nahmen mit dem Voranschreiten der Bauarbeiten deutlich zu (vgl. Kap. 6.1). In der Nähe der Staudämme, wo sich wichtige Fischereizonen befanden, wurde der Rückgang auch mit den regelmäßigen Explosionen, die für das Abtragen der Gesteinsmassen notwendig waren, und der nächtlichen Beleuchtung der Baustellen begründet. Alle im Jahr 2014 und 2015 interviewten Fischer*innen bestätigten diese drastischen Auswirkungen auf die Fischerei, die demnach so sehr zurückgegangen sei, dass sie ihnen kaum noch Einnahmen bringe (z.B. Int29, 04.03.15; Int32, 12.12.14; GInt53 und GInt55, 08.12.14). Schon in dieser Phase vor der Stauung des Flusses, die Prognosen zufolge eine fünfjährige Pause der lokalen Fischerei provozieren wird, hinsichtlich der jedoch keine finanzielle Entschädigung der betroffenen Fischer*innen vorgesehen ist (vgl. GInt107, 17.09.15), erzählten Fischer*innen von eigenen Existenznöten oder denen Bekannter (vgl. GInt23g und GInt23h, 11.03.15; R32n, 25.09.15). 2014 forderte die *Colônia de Pescadores Z-57* die Entwicklungsbank BNDES dazu auf, eine unabhängige Prüfung der Auswirkungen auf die lokale Fischerei durchführen zu lassen. Nach mehreren Anfragen fand im November 2014 ein Treffen zwischen der

Colônia und Delegierten von Ibama aus Brasília statt, dem jedoch keine Taten seitens Ibama folgten (vgl. GInt53, 08.12.14 Int54, 28.09.15; ISA 2015, S. 8). Es verdeutlichte sich in diesem Zusammenhang die Problematik der zentralen Rolle des Projektes zur Kontrolle der Fischbestände, von dessen Ergebnissen mögliche Entschädigungen der Fischerei abhingen. In einem Bericht von Norte Energia S.A. (2015, S. 49) über die „Bewertung der Wahrnehmungen der Fischer der Volta Grande do Xingu von möglichen Auswirkungen der UHE Belo Monte" heißt es:

> Die Wahrnehmungen hinsichtlich der Menge an Fischen wurden mit Daten aus dem Projekt der Kontrolle der Ichthyofauna konfrontiert, die auf keine Veränderung bezüglich der Quantität der Fische, der Fischgemeinschaft, der Mortalität der Fische oder des Verhaltens der Fische hinweisen.

Des Weiteren heißt es, dass bis jetzt „weder eine Verschlechterung der Wasserqualität, noch ein Anstieg der Wassertrübung" (ebd., S. 49) zu beobachten ist. In Reaktion auf das passive Verhalten Ibamas hatte das ISA bereits im Vorfeld eine eigene Studie zu den Auswirkungen der UHE Belo Monte auf die regionale Fischerei durchgeführt, in der sie für die jeweiligen Flussabschnitte die Einflüsse des Kraftwerkbaus – wie regelmäßiges Explosionen, Abholzung, Abwässer von den Baustellen oder Ausbaggerungen – dokumentierte und diese mit qualitativen Daten von betroffenen Fischer*innen verknüpfte. In dieser Studie erwähnt das ISA Probleme der methodischen Durchführung des Projektes zur Kontrolle der Ichthyofauna, welches für Ernährung und Verkauf entscheidende Fischarten sowie zentrale Fischgründe nicht berücksichtige und außerdem die Daten von teils entfernten Fischereigründen zusammenfasse, die völlig andere Bestände und Charakteristika aufwiesen. Außerdem erhebe es Daten des Fischfangs ausschließlich in den größeren Häfen der Region und ließe so die Kontrolle der regional bedeutsamen Subsistenzfischerei aus, die an diesen Häfen nicht entladen werde (2015, S. 57, 62). Viele Ribeirinh@s reagierten empört auf die Aussage der Studie von Norte Energia, die einmal mehr ihre Wahrnehmung der ihre Realität missachtenden Haltung seitens offizieller Seite bestätigte.

In einem Gespräch mit dem Präsidenten der *Colônia de Pescadores Z-57* im März 2015 äußerte dieser seinen Zorn über die Standhaftigkeit Norte Energias und Ibamas, dass die Fischerei nicht betroffen sei. Dies paralysiere ihre zahlreichen Treffen und führe zu keinem Ergebnis:

> Wir verließen das Treffen [...] unzufrieden bezüglich der eigenen Haltung von Ibama. Sie sagen, dass es keinen Rückgang der *pescada* [Fischart] gebe. [...] Wir sehen alle die Zerstörung im Fluss, der Inseln und noch immer traut sich Ibama zu sagen, [...] dass es keine Auswirkungen gibt. Das hat uns empört und wir verließen den Tisch mit der Intention, uns nicht mehr mit ihnen zu treffen. [...] Diese Treffen bringen uns nicht voran, denn wir werden immer wieder dieselbe Sache hören: Der Fischer ist nicht betroffen. (Int54, 28.09.15)

Der Präsident der *Colônia* vermutete, dass diese Leute von Ibama und Norte Energia wohl in den Märkten sähen, dass es immer noch viel Fisch gebe. Würden sie aber nachsehen, wo dieser Fisch herkomme, dann würden sie bemerken, dass er aus dem Amazonas komme, aus Macapá, aus Abschnitten des Iriri und des Xingu, aber weit entfernt von Altamira. „Der Fischer" (Int54, 28.09.15) sei aufgebracht, denn er würde an seiner eigenen Haut zu spüren bekommen, dass die Fischerei nicht mehr zum eigenen Lebensunterhalt reiche. Dieser Widerspruch zwischen ihrer Realität und den Aussagen Ibamas und Norte Energias werde immer größer. Die Dringlichkeit der Anliegen der Fischer*innen sei akut, statt einer lebensnotwendigen finanziellen Entschädigung bezögen sich die Vorschläge Ibamas und Norte Energias jedoch immer nur auf Projekte wie das der Aquakultur. An Beispiel des Tucuruí Wasserkraftwerks, wo solche Projekte ausprobiert wurden, werde aber die Dauer offensichtlich, bis solch ein Projekt funktioniere. Außerdem habe der Fisch, der aus der Aquakultur gewonnen wird, keine gute Qualität und würde nur unter den Gemeinschaften vor Ort aufgeteilt werden. Ein anderer Fischer bestätigte, dass der Fisch aus der Aquakultur sehr fett und ganz anders als der frisch gefangene Fisch aus der Region sei, den die Leute hier gerne kauften (Int46, 24.10.14). Der Präsident der *Colônia* erklärte, dass es viele Jahre dauern würde, bis sich in dem aufgestauten See wieder Fische einfänden. Wenn es keine positive Antwort von den Autoritäten gäbe, dann würden sich die Fischer*innen aufgrund des existentiellen Drucks bald eine andere Arbeit suchen müssen und die Fischerei in der Region ein Ende finden. Die Autoritäten trügen daher große Verantwortung für die Fischergemeinschaft und sollten mit mehr Zuneigung auf diese blicken, ihre Sorgen ernst nehmen und eine Antwort finden.

6.2.3 Der Zusammenbruch des traditionellen Transportnetzes: *Barqueir@s* und *carroceir@s* als neue Betroffene

Mit der Enteignung der Ribeirinh@bevölkerung, die ihre ländlichen Siedlungen im *beiradão* verlassen mussten, wurde ein komplexes System organisatorischer und ökonomischer Verflechtungen offensichtlich, das zwischen den Ribeirinh@familien sowie weiteren Teilen der sonstigen betroffenen städtischen Wohnbevölkerung und den Berufsgruppen der *carroceir@s* und *barqueir@s* existierte. *Barqueir@s* sind die Bootsführer*innen mittelgroßer motorisierter Boote, die die Transporte zwischen den Häfen der Stadt Altamira und den Flussufern und Inseln eines bestimmten Flussabschnitts des Xingu unternehmen. Zu deren wichtigsten Kundengruppen zählte die Ribeirinh@bevölkerung, die auf den Transport zu ihren Siedlungen angewiesen war, da sich ihre überwiegend kleineren Boote nur für die Fischerei nahe der ländlichen Siedlungen eigneten. Neben dem Personentransport transpotierten die *barqueir@s* auch die für den Verkauf in Altamira bestimmten Agrar- und Fischereiprodukte sowie sämtliches Material, das die Ribeirinh@familien für ihre ländliche Niederlassung benötigten. Der Weitertransport dieser Güter auf dem Landweg wurde schließlich von den *carroceir@s* übernommen. *Carroceir@s* sind die Betreiber von Transportfahrzeugen, die, wie es der Präsident der Vereinigung der *carroceir@s* ausdrückte, „mit der Stadt geboren wurden" (Int84, 03.10.15) und zu den ältesten Transportmitteln der Region gehören. Dieses Transportmittel, die *carroça,* wird von einem Esel oder Maultier gezogen und ist für den Transport schwerer und größerer Güter ausgelegt. Da dieser Transport verhältnismäßig günstig ist, war die *carroça* über die Gruppe der Ribeirinh@s hinaus insbesondere unter der finanziell schwächeren Bevölkerung der Stadt sowie kleineren lokalen, mit schwerem Material arbeitenden Unternehmen ein beliebtes Transportmittel und kam aus diesem Grund insbesondere in den Wohnvierteln der *ADA Urbana* zum Einsatz.

Beide Berufsgruppen, die *carroceir@s* und die *barqueir@s*, nahmen sich durch die Folgen des Belo Monte Kraftwerks als direkt betroffen war, wurden von Norte Energia aber nicht als solche anerkannt. Durch den Wegfall der Ribeirinh@s als festem Kundenstamm und die Abholzung und Sperrung von Flussufern und Inseln, die zuvor durch ihre Strände und/oder kleinen Verkaufsstände und Grillplätze beliebte Freizeitziele gewesen waren, spürten die *barqueir@s*, deren Einsatzgebiet genau das heutige Reservoir umfasst, große Einbußen in der Nachfrage ihrer Arbeit. Gleichzeitig wurden die drei Häfen Altamiras höher gelegt und umgebaut. Im September 2015 wurde gemeinsam mit einer brasilianischen Kollegin eine Gruppe *barqueir@s* besucht, die sich unter einem Unterstand an Altamiras zentralem Hafen *Porto 6* inmitten einer großen Baustelle, umgeben von Baufahrzeugen aufhielt und auf Kundschaft wartete (vgl. Abb. 7). Der Anblick wirkte absurd und der Lärm der Baufahrzeuge war ohrenbetäubend. Die Baufirma hatte längst ein kleines Haus für die *barqueir@s* oberhalb des Hafens gebaut und Norte Energia hatte sie bereits mehrfach dazu aufgefordert, das Gelände zu verlassen. Die *barqueir@s* sahen es jedoch nicht ein, „ihren" (GInt82a, 23.09.15) Hafen zu verlassen, solange sie vom Konsortium nicht als betroffen anerkannt wurden. Der Präsident der Vereinigung der *barqueir@s* erzählte, dass ihre Berufsgruppe bei den Planungen des Wasserkraftwerks und schließlich im PBA keine Berücksichtigung fand. Dass sie selbst betroffen sein würden, wurde ihnen erst im Jahr 2013 bewusst, als sie von der Registrierung und des beginnenden Enteignungsprozesses der Ribeirinh@bevölkerung erfuhren. Während der ersten Versuche der Kontaktaufnahme mit dem Konsortium realisierten sie, dass „unser Beruf für Norte Energia nicht existiert" (GInt82a, 23.09.15). Dabei hätten sie zu Beginn der Gründung ihrer Vereinigung vor Begin des Enteignungsprozesses Norte Energia sogar um materielle Unterstützung für den Sitz der Vereinigung gebeten, da sie sich die notwendige Infrastruktur selbst nicht leisten konnten. Zu ihrer nachträglichen Verwunderung ging das Konsortium damals auf alle ihre Bitten ein: „Wenn unser Beruf für sie nicht existiert, warum haben sie uns dann all das gegeben?" (GInt82a, 23.09.15). In dem Gruppeninterview äußerte ein anderer Bootsführer, dass alle *barqueir@s* eine offizielle Befähigung besäßen, die von der Marine ausgestellt wurde. In Brasilien, so glaube er, würde eine solche Befähigung normalerweise auch die Anerkennung des entsprechenden Berufes bedeuten. Hier am Xingu sei das jedoch anders – so erkenne trotz der offiziellen Befähigung weder die EIA, das PBA, noch Norte Energia an, dass es am Xingu *barqueir@s* gäbe: „Wir werden nicht als *barqueiros* anerkannt, wir sind ein Niemand" (GInt82b, 23.09.15). Zwar gab es einen Bericht von Norte Energia über die Situation der *barqueir@s*, die diese als von dem Projekt Belo Sun betroffen auswiesen. Damit bezog sich der Bericht jedoch lediglich auf die Kooperative der *barqueir@s*, eine andere Vereinigung, die ausschließlich die Ribeirinh@bevölkerung unterhalb des Staudamms in der Volta Grande nahe der Goldmine transportierte (vgl. Kap. 6.1). Ihre Vereinigung hingegen sei auch in diesem Bericht ignoriert worden. Dabei hätten sie zu Beginn sogar den Transport von Arbeiter*innen des Baukonsortiums CCBM übernommen, bis Norte Energia schließlich eine andere Firma dafür anstellte. Diese konstanten Missachtungshandlungen, so einer der interviewten Bootsführer, empfinde er als große „immaterielle Schäden" (GInt82b, 23.09.15).

Nachdem die Kontaktaufnahme mit Norte Energia auf formellem Wege scheiterte, besetzten die *barqueir@s* für 24 Stunden das Büro Norte Energias. Diese Besetzung wurde schließlich von Personal des Konsortiums aufgelöst, ohne dass es eine Reaktion auf ihre Forderungen gab. Durch weitere Protestaktionen erreichten sie schließlich einige Treffen, aus denen jedoch kein konkreter Vorschlag des Konsortiums hervorging. Anfang 2015 besetzten sie daraufhin in einer gemeinsamen Aktion mit einer Gruppe Indigener eine der Baustellen Belo Montes. Nach stundenlangem Ausharren in der heißen Sonne, das als sehr belastend geschildert wurde, wurde ihre Forderung nach einem Treffen mit dem Konsortium von einem Anwalt Norte Energias vorerst abgewiesen. Die Ankunft und Vermittlung eines Verteidigers der DPU ermöglichte schließlich das Treffen, in dem Norte Energia vorschlug eine Studie zur Prüfung der Situation der *barqueir@s* durchzuführen. Da sie keine andere Möglichkeit für sich sahen, stimmten die *barqueir@s* diesem Vorschlag zu. Seit diesem Treffen waren jedoch einige Monate vergangen, in denen die Bauarbeiten an den Häfen fortschritten, es aber keine weitere Reaktion von Norte Energia gab. Die interviewten *barqueir@s* bezeichneten ihre Situation als paralysiert – viele seien verzweifelt, da sie ihre Familie nicht mehr ernähren könnten. Etwa 35 der ehemals knapp über 100 Mitglieder der Vereinigung hätten den Beruf bereits aufgegeben. Der Präsident der Vereinigung betonte, dass sie so lange nicht von ihrem Hafen weichen würden, bis es eine positive Antwort auf ihre Forderungen gebe: „Wir sind hier, um wenigstens einen Ort für uns zu sichern" (GInt82a, 23.09.15). Denn in den Entwürfen der neuen Häfen sei für sie nichts vorgesehen. In der ersten Version des Planes habe das Konsortium ihre Vorschläge, die sie in einem der Treffen mit Norte Energia einbrachten, noch aufgenommen. Dazu zählten, unter anderem, eine Unterkunft für die Bootsführer*innen, eine Anlegestelle, ein Ticketthaus, ein Imbiss und eine Toilette. Der zweite Entwurf habe jedoch bereits weniger enthalten und auf dem dritten seien nur noch die Anlegestelle und eine Rampe vorhanden. Dementsprechend forderten die *barqueir@s* nun eine Garantie, die ihnen einen Platz auf den Häfen mit einer minimalen Infrastruktur einräume. Denn „hier wissen wir, dass wir anerkannt werden. Wir haben unsere Häfen, hier werden wir anerkannt" (GInt82a, 23.09.15). Bislang hätten sie keinerlei Garantie, „nur diese Studie" (GInt82a, 23.09.15), auf die sie noch immer warteten. Aufgrund dieser Ungewissheit und dem Voranschreiten der Bauarbeiten dachten sie darüber nach, eine weitere Protestaktion beispielsweise in Form einer Besetzung des Pepinohafens durchzuführen. Dies scheine die einzige Möglichkeit zu sein, Aufmerksamkeit zu erlangen, denn „bislang wurde uns nur zugehört, wenn wir eine Demonstration gemacht haben" (GInt82a, 23.09.15).

Die *carroceir@s* stellten wichtige Verbündete im Kampf der *barqueir@s* dar. Durch die Transportwege der Warenlieferungen von den Flussufern und Inseln des Xingu zu den Orten des Verkaufs in der Stadt waren die Berufsgruppen direkt miteinander verkettet. Ähnlich wie die *barqueir@s* spürten die *carroceir@s* durch den starken Rückgang der Warenlieferungen der Ribeirinh@s und der erzwungenen Umsiedlung ihres Hauptklientels aus der *ADA Urbana* einen Einbruch in der Nachfrage ihres Transportmittels. Wie der Präsident der Vereinigung der *carroceir@s* in einem Interview mitteilte, sind die Auswirkungen jedoch noch umfassender: Nach der Vergabe der Baulizenz seien die Bevölkerung und das Verkehrsaufkommen in Altamira innerhalb eines Jahres so stark angestiegen wie zuvor in 30 oder 40 Jahren.

Abbildung 7: Der Standort der barqueir@s inmitten der Baustelle des Hafens Porto 6 (eigene Aufnahme, 2015)

Vorher habe es auf den Straßen der Stadt immer die Möglichkeit gegeben, den Autos Platz zu machen. Dies sei heute infolge eines vierfach erhöhten Verkehrsaufkommens jedoch nicht mehr möglich, so dass sich hinter einer *carroça* in der Stadt stets eine lange Schlange an PKW und LKW bilde, was die Arbeit entscheidend behindere. Die geringere Geschwindigkeit der *carroças* sei darüber hinaus mittlerweile ein Problem, da ein Großteil des Klientels in die weit entfernten neuen Wohnsiedlungen umgesiedelt wurde. Da der Weg mit einer *carroça* Stunden dauere, würden eher motorisierte Transportmittel nachgefragt. Während die *carroceir@s* die Entwicklung der Stadt seit ihrer Gründung stets begleitet hätten, scheint die mittlerweile inadäquate Geschwindigkeit der *carroças* Sinnbild dafür zu sein, dass ihnen dies seit der Ankunft Belo Montes nicht mehr gelinge: „Dies ist die ‚Entwicklung', der wir nicht mehr folgen können. [...] Wir leiden aufgrund dieser Konsequenzen [Belo Montes], die sie ‚Fortschritt' nennen. Dieser ‚Fortschritt' ist das Problem" (Int84, 03.10.15). Ihre Forderungen an Norte Energia sollten eine Existenz der *carroceir@s* in Altamira wieder ermöglichen. So forderten sie zum einen, dass ihre alten Standpunkte an den Häfen wiederhergestellt und darüber hinaus mit Unterständen, Boxen für die Tiere und Toiletten ausgestattet würden. Zum anderen forderten sie eine finanzielle Entschädigung, die es den Betroffenen ermöglichen solle, „sich erneut in der Stadt zu rehabilitieren" (ebd.), sei es im selben oder über die Aufnahme eines neuen Berufes.

Auf die Frage, warum die *carroceir@s* seiner Meinung nach nie berücksichtigt wurden, antwortete der Präsident der Vereinigung:

> Wie man hier gerne sagt, gibt es in Altamira eine Bibel namens PBA. [...] Es enthält die Dinge, die vor 20/30 Jahren diskutiert wurden und sie [Norte Energia] gehen von diesem Buch aus, als gäbe es nur das, was dort drinsteht. Und da wir keine Anerkennung hatten, als sie den PBA machten und sie deshalb [...] nicht die Achtsamkeit besaßen, die *carroceiros* oder die *barqueiros* darin aufzuführen, blieben diese Leute also außerhalb des PBA. Und aus diesem Grund, dass wir uns außerhalb dieses heiligen PBA befinden, sagt Norte Energia, dass wir nicht betroffen sind. (Int84, 03.10.15)

Während sich der Präsident der Vereinigung der *carroceir@s* mit den 20/30 Jahren auf die Planungsphase der ersten Version des Kraftwerks, Kararaô, bezog und weniger auf die tatsächliche Ausarbeitung des PBA in den Jahren 2009–2010, so unterstrich er mit dieser Aussage die Macht, die von der Zugehörigkeit zum PBA ausgeht. Während Kapitel 6.2.1 die bedeutsame Position des PBA-CI erläuterte, entscheidet die Erwähnung im allgemeinen PBA, der rechtlichen Grundlage des Enteignungsprozesses, erst einmal darüber, welche Bevölkerungsgruppen überhaupt formal anerkannt werden und welche nicht. Auch wenn die Umsetzung des PBA zeigt, dass eine formale Erwähnung nicht gleichbedeutend mit der tatsächlichen Umsetzung der zugesprochenen Rechte ist, bedeutet die Missachtung einer sozialen Gruppe im PBA, dass diese in der vom Konsortium konstruierten Realität nicht stattfindet. Diese Missachtung und Invisibilisierung wurde bereits am Beispiel der traditionellen Lebensweise der indigenen und nicht-indigenen Ribeirinh@s sowie der *barqueir@s* gezeigt. Da diese Gruppen auf dem formalen Wege der Kontaktaufnahme mit dem Konsortium keine Aufmerksamkeit und Antworten auf ihre Forderungen bekamen, sahen sie die einzige Möglichkeit dafür im Protest. Dieser Protest fand weniger im öffentlichen urbanen Raum statt, sondern eher über Besetzungen der Transamazônica odere der Zugangswege zu den Baustellen beziehungsweise der Baustellen selbst, also dort, wo es dem Konsortium Schaden zufügte. Um genügend Kraft zu haben, Aufmerksamkeit erzeugen und Polizei und Militär konfrontieren zu können, taten sich Ribeirinh@s mit Indigenen zusammen und die

6.2 Besonderes Betroffensein und der Kampf um Anerkennung

barqueir@s mit Indigenen und den *carroceir@s*. Um jedoch auch die Mehrheitsgesellschaft für die Situationen der betroffenen sozialen und Berufsgruppen zu sensibilisieren und Öffentlichkeit zu erzeugen, initiierten insbesondere die sozialen Bewegungen MAB und Xingu Vivo hin und wieder Demonstrationen in der Stadt Altamira. Auch die *carroceir@s* nahmen an der von MAB organisierten Demonstration im März 2015 teil (vgl. Kap. 6.1). Mit den *carroças* der zahlreichen Teilnehmenden stellten sie einen großen Teil des Demonstrationszuges dar (vgl. Abb. 8). Indem sie weder PKW noch LKW vorbeiließen und damit ein lautstarkes Hupkonzert provozierten, instrumentalisierten sie das oben zitierte Alltagsproblem der niedrigen Geschwindigkeit zwecks der Erzeugung von Aufmerksamkeit. Wenn

Abbildung 8: Carroceir@s während der von MAB organisierten Demonstration im März 2015 (eigene Aufnahme, 2015)

diese Teilnahme auch kein konkretes Resultat mit sich brachte, so war es doch eine deutliche Positionierung der *carroceir@s* in der Öffentlichkeit.

Der Präsident der Vereinigung der *carroceir@s* erläuterte im Gespräch die Bedeutung der sozialen Bewegungen Xingu Vivo und MAB, durch die es ihnen möglich gewesen war, ihren Protest auf die Straße zu tragen:

> Die sozialen Bewegungen haben uns beraten. Auf diese Weise haben sie uns den Weg gezeigt, den wir gehen mussten. Oft waren wir verloren, wir hatten nicht die Erfahrung, um uns mit solch einem Giganten wie Norte Energia anzulegen. [...] [Mithilfe der sozialen Bewegungen] haben wir nicht nur gelernt, uns zu verteidigen, wir haben auch gelernt unseren Nächsten mit dem Wissen, das wir erlangt haben, zu helfen. Heute sehe ich mich nicht nur als Repräsentant

der *carroceiros*, sondern auch als Verteidiger der Menschenrechte. Wo ich sehe, dass Menschenrechte verletzt werden, versuche ich zu helfen. (Int84, 03.10.15)

Indem die *carroceir@s* „auf die Straße zogen" und ihren Kampf begannen, erreichten sie ein erstes Treffen in der *Casa de Governo*, infolgedessen Ibama Norte Energia dazu verpflichtete, eine Studie zur Situation der Berufsgruppe durchzuführen. Diese Studie wurde zweimal durchgeführt, beide Male jedoch mit dem Ergebnis, dass die *carroceir@s* nicht betroffen seien. Da diese Studien jedoch Aussagen machten, die in der Wahrnehmung der *carroceir@s* „nicht so wirklich der Realität entsprechen", fuhr eine Gruppe nach Brasília, um diese Studie bei einem Treffen mit Vorsitzenden von Ibama und Norte Energia zu kritisieren. Als auch dieses Treffen ohne Resultat blieb, traten sie in Kontakt mit einer Professorin der UFPA, die daraufhin eine eigene Studie durchführte, die die Auswirkungen Belo Montes auf die *carroceir@s* deutlich und ähnlich wie von der Gruppe selbst geschildert zeigte. Diese Studie wollte Norte Energia nach Meinung des Repräsentanten der *carroceir@s* wiederum nicht akzeptieren, weil „nicht sie es waren, die die Studie durchgeführt haben. Und weil die Studie die Wahrheit sagt" (ebd.). Ein großes Problem von Norte Energia sei demnach, „ihren Willen anderen aufzuzwingen und zu fordern, dass diese etwas akzeptieren, was sich nicht akzeptieren lässt" (ebd.). Die Studie der Professorin, „die nur angefordert wurde um das [wissenschaftlich] zu bestätigen, was die *carroceir@s* tatsächlich in der Stadt erleiden", sei seitdem die Basis, auf der sie ihren Kampf und ihre Forderungen aufbauen. Nachdem ein weiteres Treffen in Brasília im August zuvor erneut kein Ergebnis brachte, seien sie nun mit der Hilfe der DPU vor Gericht gezogen.

6.3 DIE AUSHANDLUNG DES BETROFFENSEINS: EIN KAMPF UM DEUTUNGSHOHEIT

Der Konflikt zwischen Norte Energia und den *carroceir@s* verdeutlicht, dass die Aushandlung der Kategorie des Betroffenseins ein Kampf um die Deutungshoheit über die Wirklichkeit ist. Aufgrund der Position, die dem Konsortium von staatlicher Seite aus zugewiesen wurde, ist dieses in der Lage, durch das eigene Handeln manche Bevölkerungsgruppen als gültig und entschädigungswert und andere als ungültig und außerhalb der praktizierten Anerkennungsmuster zu positionieren. Dies geschieht über den dominanten Fortschritts- und Entwicklungsdiskurs, der sich auch in der Ideologie des *neo-developmentalism* wiederfindet und der, wie Vainer (2009) es ausdrückt und wie es sich anhand der empirischen Daten in diesem Kapitel bestätigt, die betroffene Bevölkerung noch immer als ein Hindernis für die Durchführung des Großprojekts und die Entwicklung des Landes betrachtet. Dieser Diskurs konnte über infrastrukturelle sowie konsumtive Versprechen insbesondere an die indigene Bevölkerung, aber auch an die Mehrheitsbevölkerung Altamiras eine gewisse Bestätigung innerhalb der Gesellschaft finden. Auf diese Weise etablierte er sich in der lokalen diskursiven Ordnung, die die Umsetzung des Großprojektes und die damit einhergehenden Enteignungen entsprechend legitimierte. Dem

PBA, dem Konsortium und den dahinterstehenden, unterstützenden und legitimierenden staatlichen Einrichtungen wurde dadurch eine Autorität zugesprochen, die ihnen diese Umsetzung erlaubte. Mittels dieser autoritären Position beanspruchte das Konsortium die Deutungsmacht über die Kategorie des Betroffenseins und den entsprechenden Verlauf des Enteignungsprozesses.

In diesem Sinne beanspruchte das Konsortium die Deutungshoheit auch über die Situation der betroffenen sozialen Gruppen. Dabei bezog es sich größtenteils auf das PBA, auf Basis dessen sich ihre Perspektive auf die lokale Wirklichkeit darstellte. Teilweise setzte es sich jedoch auch über das PBA hinweg, wie am Beispiel der indigenen Ribeirinh@s erkennbar, oder interpretierte es um, wie im Fall des *etnodesenvolvimento*-Programms und Notfallplans für die Bevölkerung der TIs. Letzteres verdeutlicht, dass selbst innerhalb eines Rahmens der Anerkennung eines komplexen Betroffenseins der indigenen Bevölkerung eine möglicherweise strategische Missachtung der Lebensrealität der Betroffenen stattfand. Die dadurch entstehenden Widersprüche zwischen den Entwicklungsversprechen des Konsortiums und der Missachtung lokaler Lebensrealitäten provozierten ein Ungerechtigkeitsempfinden auf Seiten der indigenen und nicht-indigenen Ribeirinh@s, den *barqueir@s* und den *carroceir@s*, die sich dadurch gezwungen sahen, sich zu organisieren und durch gemeinsames Handeln Aufmerksamkeit auf sich zu ziehen. Über Demonstrationen vor die Niederlassung Norte Energias, Blockaden der Transamazônica und der Zufahrtswege der Baustellen oder wie im Fall der *barqueir@s* durch die Weigerung, ihren Platz zu verlassen konnten die Betroffenen Aufmerksamkeit und Öffentlichkeit erzeugen. Die Straßenblockaden zeigte sich dabei als eine sehr wirksame Strategie, da sich das Konsortium einerseits gezwungen sah Verhandlungen mit den Protestierenden einzugehen, um weiteren finanziellen Schaden abzuwenden. Andererseits konnte diese Konfrontation von prekären Körper mit den repressiven Kräften gemäß der Analysen von Butler und Athanasiou (2013) und Butler (2009; 2016) die Gewaltmechanismen der dominanten Ordnung entblößen, Öffentlichkeit und mediale Aufmerksamkeit und auf diese Weise eine Politisierung ihrer Situation erzeugen.

Während dieser Konflikt auch ein Kampf um materielle Ressourcen war und deren Bedeutung entsprechende Handlungen auf beiden Seiten bedingte, so äußern die Perspektiven Betroffener durch die empfundene Missachtung eigener Lebensrealitäten, deren Deutung das Konsortium beanspruchte, vor allem auch immaterielle Schäden (vgl. GInt82b, 23.09.15). In einer Region, in der häufig eine sehr starke Identifizierung mit dem eigenen Beruf besteht, wurde deren Missachtung als eine Nicht-Anerkennung der Identität und Beschädigung der eigenen Würde wahrgenommen. Im Fall der Ribeirinh@s bedeutet das Negieren der Auswirkungen auf die Fischerei die Invalidisierung ihres lokalen Wissens und dessen kultureller Bedeutung. Es zeigt sich in dieser Analyse eine doppelte Raumaneignung seitens des Konsortiums: So fand nicht nur eine materielle Enteignung der Betroffenen statt; über die Beanspruchung der Deutungshoheit über die lokale Wirklichkeit und die Wirklichkeit der einzelnen Betroffenengruppen vollzog sich auch eine symbolische Aneignung des Raumes (vgl. dazu Acselrad, 2010).

Die ständige Bezugnahme von Norte Energia und Ibama auf den PBA zwecks der Delegitimierung der Forderungen Betroffener führte die Funktion des PBA, das eigentlich den Schutz der Bevölkerung gewähren sollte, ad absurdum, wie Thais Santi vom MPF erklärte: „Und das was geschieht, ist das Gegenteil: Das PBA beschützt das Unternehmen. Wenn es ihm passt, wendet es ihn an. Die anderen Verpflichtungen werden nicht angewendet" (Int90, 27.10.14). So wurde das Monitoring-Projekt zum Zwecke der Delegitimation der Wahrnehmungen der Fischer*innen instrumentalisiert. Da weder die duale Wohnform, noch die Berufe der *barqueir@s* und *carroceir@s* im PBA auftauchen, sah sich das Konsortium auch nicht in der Pflicht, diese zu entschädigen. Eine Anwältin der DPU erläuterte, dass diese Nicht-Anerkennung und die Weigerung zu kompensieren einen Rechtsbruch darstelle. Denn das PBA – für sie ohnehin „ein Dokument zweifelhafter Gültigkeit" (Int108, 22.09.15) – stehe immer noch unter der Verfassung, die eindeutig fordere, dass alle, die durch eine staatliche Politik in ihrer Lebensform beeinträchtigt werden, entsprechend entschädigt werden müssen (Int108, 22.09.15). Weniger auf das PBA und die brasilianische Verfassung als auf ein Subjektbewusstsein eines vorjuristischen Zugehörigkeitsrechts – im Sinne von Arendts „the right to have rights" – sind die Bezüge häufiger Aussagen von Fischer*innen oder Indigenen zu verstehen, die ihr „Recht als Fischer" (TB34b, 29.09.15) oder ihr „Recht als leibliches Kind dieser Erde" (TB34c, 29.09.15) einfordern: „Ich glaube, dass der Bürger, der an den Rändern des Flusses geboren wird, dass wir unsere Rechte haben" (TB34d, 29.09.15).

Auffällig sind die begrenzten Möglichkeiten der Einflussnahme auf die Bestimmung des Betroffenseins und – die von Butler und Spivak (vgl. Kap. 3.3) befürchtete – begrenzte Wirksamkeit der Ausrufung des eigenen Rechts. Die dominante diskursive Ordnung, die Sinn und Wirklichkeit produziert und somit die Anerkennungsstrukturen vorgibt, konstruiert manche Gruppen als gültig und verständlich und andere – wie die indigenen und nicht-indigenen Ribeirinh@s, die weder einem intelligiblen Lebensstil entsprechen, noch den institutionalisierten Anerkennungsstatus der Indigenen der TIs besitzen – als ungültig, unverständlich und somit inexistent. Indem die duale Wohnform der Ribeirinh@s und die entsprechende Bedeutung des Transportsystems auf dem Fluss missachtet wurde, fand auch die Bedeutung der *barqueir@s* keine Anerkennung. Diese Invisibilisierungen zwangen die jeweiligen Gruppen dazu, ihr Dasein durch Protestaktionen wiederholt zu demonstrieren und so ihre Beachtung zu erzwingen. Die dadurch mögliche, jedoch lediglich punktuelle Erzeugung von Öffentlichkeit, in der die Betroffenen erscheinen konnten, deutet auf einen sehr geringen Einfluss ihrer Perspektiven und Wirklichkeiten auf die dominante diskursive Ordnung hin. Die Möglichkeiten der Einflussnahme der indigenen Bevölkerung ist im Vergleich zur Mehrheitsgesellschaft neben ihrer stärkeren medialen Präsenz aufgrund der ihren Belangen zugeordneten Behörde FUNAI und auch APOENA dagegen größer. Auch wenn FUNAI aufgrund der Abhängigkeitsposition von der Regierung bislang eher als Ermöglicherin des Wasserkraftprojektes auftrat, so kann sie in ihrer Rolle als zusätzliche Lizensierungsbehörde (vgl. Kap. 5.3.1) zum Beispiel im Fall von geforderten Korrekturen am PBA-CI starke Einflussnahme auf Ibama und das Konsortium nehmen. Geht es jedoch

6.3 Die Aushandlung des Betroffenseins: Ein Kampf um Deutungshoheit 163

um die Forderungen nicht-indigener Gruppen wie der Ribeirinh@s, der *barqueir@s* oder der *carroceir@s*, argumentiert das Konsortium gegen deren Forderungen meist mit eigenen Studien. Das Vorgehen Norte Energias erscheint vielen Betroffenen darüber hinaus undurchsichtig. Unverständnis wurde von den *barqueir@s* darüber geäußert, dass das Konsortium erst die Gründung ihrer Vereinigung unterstützte, ehe es anschließend ihre Existenz leugnete. *Carroceir@s* und Fischer*innen empörten sich darüber, dass ihr Betroffensein negiert würde, obwohl die Auswirkungen des Großprojektes auf ihre Berufe für jedermann ersichtlich und logisch zu erklären seien. Die indigenen Ribeirinh@s wunderten sich, dass ihre Integration in den PBA-CI dennoch nicht die Anerkennung der in der CI enthaltenen Rechte bedeutete. Bezüglich der traditionellen Lebensweise der Ribeirinh@s war erst eine großangelegte Studie des MPF unter Einbezug von Ibama sowie eine große öffentliche Versammlung notwendig, um Norte Energia zu einer eingeschränkten Anerkennung dieser Lebensform zu bewegen (vgl. Kap. 7.3). Die Haltung Ibamas, die Norte Energia bis dato weitestgehend gewähren ließ, wurde als widersprüchlich gegenüber der staatlichen Anerkennung empfunden, die die Ribeirinh@s durch das TAUS und die *barqueir@s* durch die von der Marine ausgestellten Befähigungsausweise erfahren hatten. Auch wenn von den Betroffenen selbst das Verhalten Ibamas anhand der zentralen Bedeutung des Belo Monte Projektes für die Bundesregierung und das Verhalten Norte Energias anhand finanzieller Motive erklärt wurde, so bedeutet diese Unkalkulierbarkeit und die Ungewissheit ihrer Situation eine nochmals erhöhte psychische Belastung.

Es zeigt sich also die Schwierigkeit der Herausforderung von Sinn- und Bedeutungsstrukturen innerhalb einer auf struktureller sozialer Ungleichheit aufbauenden dominanten Ordnung. So konnten die Widerstandsaktionen in den meisten Fällen zwar Öffentlichkeit erzeugen und die Betroffenen darin performativ positionieren. Die performativen Effekte waren jedoch nicht in der Lage, Abweichungen der Bedeutungsstrukturen zu provozieren und so einen Raum für die Herausforderung der lokalen diskursiven Ordnung zu schaffen. Vielmehr wurde durch die Einbindung der indigenen Ribeirinh@s die Gültigkeit dieser Kategorisierung und der Umsetzung des PBA-CI bestätigt. Die Einwilligung des Konsortiums, Studien zur Situation der Fischer*innen und der *carroceir@s* durchzuführen, reproduzierte ihren epistemologischen Anspruch auf Deutungshoheit. Dieser Kampf um Deutungshoheit, die in der Aushandlung des Betroffenseins stattfindet, setzt sich in der Aushandlung der Kategorie des Eigentums fort, die im folgenden Kapitel analysiert wird. Dort geht es neben der Frage, wer das Recht auf ein neues Haus hat, vor allem auch um unterschiedliche Verständnisse des Wesens von Eigentum. Die Kollision unterschiedlicher Wirklichkeiten zeigt sich in dieser Diskussion besonders eindrücklich.

7 DIE AUSHANDLUNG VON EIGENTUM

Unsere sozialen, familiären und Eigentumsrechte werden uns verweigert. Unsere kulturellen und sozialen Eigenheiten und unsere Art zu sein und zu leben werden ignoriert.

(Enteignete aus dem Viertel *Açaizal*)

In der im vorherigen Kapitel geschilderten Aushandlung des Betroffenseins geht es letztendlich um die Frage, wer das Recht auf finanzielle oder materielle Entschädigung hat. Entsprechend der Darstellung von Fraser (2003; 2008) sind Fragen der soziokulturellen Anerkennung demnach untrennbar mit Fragen der materiellen Verteilung verbunden. Diese Verknüpfung zeigt sich auch in einem weiteren zentralen Disput, der Aushandlung von Eigentum, in dem es sowohl um einen materiellen Verteilungskampf geht als auch um einen Streit über das Wesen und die Funktion von Eigentum. Wie in Kapitel 6.2.1 und 6.2.2 bereits angedeutet existieren in der Region lokale Verständnisse von Eigentum, die teilweise sehr von hegemonialen, durch das Konzept des possessiven Individualismus geprägten Eigentumsverständnissen abweichen.

7.1 ENTEIGNUNG VEREINZELN: DIE DESINTEGRATION VON BETROFFENEN UND NACHBARSCHAFTEN

Im folgenden Abschnitt werden zunächst die Vorgehensweise des Konsortiums bezüglich der Registrierung, Schätzung und Entschädigung sowie deren Unregelmäßigkeiten und die Wahrnehmung dieser seitens der betroffenen Bevölkerung dargestellt. Ein unflexibles, hegemoniales Wohnmodell war dabei nicht in der Lage, die duale Wohnstruktur der Ribeirinh@s anzuerkennen. Anschließend wird gezeigt, wie sich diese Vereinzelungspraxis Norte Energias auf die Integrität der Nachbarschaften und ihrer Bewohner*innen auswirkte.

7.1.1 Der Registrierungs- und Entschädigungsprozess und das Unverständnis für die duale Wohnstruktur

Im *Projeto Básico Ambiental* (PBA) basiert die Definition, wer im Enteignungsprozess das Recht auf finanzielle oder materielle Entschädigung hat, auf Richtlinien des Ministeriums für Nationale Integration aus dem Jahr 2006. Dieses berücksichtigt sowohl Eigentümer*innen (*proprietários*) als auch Besitzer*innen (*posseiros*), die auf dem Grundstück nicht zwingend wohnhaft sein müssen. Des Weiteren werden auch Mietende, Pachtende, Landarbeiter*innen und Erbende beachtet, die zwar keine Inhaber*innen sind, aber das Grundstück bewohnen, bearbeiten und auf ihm produzieren. Sollten sie wertsteigernde Objekte – die sogenannten *benfeitorias* – auf dem Grundstück besitzen, werden ihnen diese ebenfalls entschädigt (Norte Energia S.A., 2010, S. 411 f.; Vol. 1). Das PBA berücksichtigt darüber hinaus immaterielle Aspekte der Enteignung. Das „Programm der Betreuung der betroffenen Bevölkerung" (ebd., S. 167; Vol. 1) sieht spezielle Entwicklungsprojekte vor, die die konkrete sozioökonomische Rehabilitierung der Betroffenen fördern und den Betroffenen auf diese Weise gleiche, oder wenn möglich bessere Lebensbedingungen ermöglichen sollen (ebd., S. 413; Vol. 1; vgl. Kap. 5.4). Die Betroffenen sollen in allen Stufen der Projektimplementation partizipieren; dies soll in Form von Nachbarschaftsgruppen und anhand regelmäßiger Diskussionsrunden und stetiger Kommunikation sowie unter Mithilfe speziell geschulter sozialer Assistent*innen und lokaler Führungspersonen und Repräsentant*innen unterschiedlicher lokaler Institutionen geschehen, wobei alle Informationen stets allen zugänglich sein sollen. Es wird vorgeschlagen, dass dies auch eine Partnerschaft mit Organisationen beinhaltet, die in Konfliktfällen juristische Assistenz leisten. Die gemeinschaftliche Um- und Ansiedlung wird als Voraussetzung für die Minderung der negativen sozioökonomischen Auswirkungen betrachtet (ebd., S. 419–424; Vol. 1).

Der Registrierungs- und Entschädigungsprozess

Für die von Enteignung ihres Grundstückes und ihrer Immobilie Betroffenen sieht der PBA drei Formen der Entschädigung vor (vgl. Kap. 5.4): 1. Finanzielle Entschädigung; 2. assistierter Wohnortswechsel und 3. Umsiedlung in ein *reassentamento*. Dem voran ging ein Prozess der sozioökonomischen Registrierung der Familien, die sich unterhalb der 100 Meter-Marke befanden. Während eine erste Schätzung im EIA 4.362 Familien beziehungsweise 16.420 Personen im urbanen Raum ergab, kam die Registrierung in den Jahren 2011 und 2012 zu einem Ergebnis von 7.790 Familien beziehungsweise 29.290 Personen (vgl. MAB, 2015, S. 110). Mit der Zeit wurden vermehrt Beschwerden von Personen laut, die von der Registrierungsphase nicht erfasst wurden, sei es durch das Auslassen der Immobilie oder weil sie zum Zeitpunkt der Registrierung nicht anwesend waren. Im Anschluss an eine *audiência pública* im November 2014, in der diese Beschwerden geäußert und diskutiert wurden, ging Norte Energia auf die Forderung ein, eine erneute Registrierung durchzuführen, die weitere 405 bislang vom Kataster ausgeschlossene Familien in der Stadt erfasste (vgl. TB5, 12.11.14; ebd., S. 110). Die sozioökonomische Registrierung umfasste schließlich die Schätzung des finanziellen Wertes der Immobilie und des Grundstücks sowie die Beurteilung, welche der betroffenen Familien das Recht auf ein Haus in den *Reassentamentos Urbanos Coletivos* (RUCs) oder den *Reassentamentos Rurais Coletivos* (RRCs) hatte. Die finanzielle Schätzung basierte auf einem Preisbuch, welches die Höhe der finanziellen Entschädigungen für Immobilien, Grundstücke und andere Besitztümer festlegte. Das Preisbuch wurde 2012 von Norte Energia erstellt und trotz des Preisanstiegs in Altamira und Umgebung infolge der starken Zuwanderung seitdem nicht mehr überarbeitet (vgl. TB5, 12.11.14; Int102, 05.03.15; Nóbrega, 2015, S. 104). Weder waren die

Bewohner*innen an der Erstellung des Preisbuches beteiligt, noch war es nach dessen Erstellung für alle einsehbar (vgl. TB5, 12.11.14; E61, 09.10.14). Es teilte die Lage des Grundstücks zunächst in Peripherie oder Zentrum ein, wobei Grundstücke im Zentrum einen deutlich höheren Quadratmeterpreis zugewiesen bekamen. Die Kriterien dieser Einteilung waren aus der Perspektive vieler Betroffener nicht ersichtlich. Tatsächlich schien nur das Stadtviertel *Centro* als Zentrum zu gelten, eine Einteilung, die die Zentralität der meisten Viertel des *baixão* zum Flussufer, zu den Häfen und dem kommerziellen Stadtzentrum sowie die Bedeutung dieser Zentralität für die dortigen Bewohner*innen ignorierte (vgl. GInt48, 14.03.15; Gsp71 und Gsp75, 21.01.15; Int102, 05.03.15) (vgl. Kap. 5.1, Abb. A 1). Selbst das Viertel *Açaizal*, Gründungsort Altamiras und altes Stadtzentrum, das direkt an die Haupteinkaufsstraße der Stadt grenzte, wurde anfangs in die Kategorie Peripherie eingeteilt (vgl. Int61, 09.10.14). Erst als eine Gruppe von Bewohner*innen vereint dagegen protestierte und gerichtliche Schritte ankündigte, wurde das Viertel als Zentrum gewertet, was in einer deutlichen Wertsteigerung des Grundstückspreises resultierte (Gsp61, 05.03.15). Die zweite wichtige Entscheidung wurde hinsichtlich des Materials des Hauses gemacht. Häuser aus Mauerwerk erhielten dementsprechend einen deutlich höheren finanziellen Wert als die aus Holz erbauten *palafitas*.

Die beiden grundlegenden Unterscheidungen – Zentrum oder Peripherie, Mauerwerk oder keines – drückten im Fall der *palafitas* den auf Basis des veralteten Preisbuches ohnehin niedrig geschätzten Grundstücks- und Immobilienwert noch einmal enorm. Daraus resultierende niedrige Werte von 20.000 bis 30.000 Reais[48], die nicht einmal für den Kauf eines Grundstücks in Altamira ausreichten, steigerten die Nachfrage nach der Option der Umsiedlung in eines der fünf in Altamira errichteten RUCs. Den 5.280 registrierten Immobilien standen jedoch nur 4.100 Grundstücke in den RUCs gegenüber. Angesichts der verbreiten Wohnform des Zusammenlebens mehrerer Familienkerne in einem Haus, denen laut PBA jeweils ein eigenes Haus zustehen sollte, erschien diese Anzahl als zu gering kalkuliert. Im zweiten Halbjahr 2014 mehrten sich Berichte, nach denen in solchen Fällen nur ein Familienkern als rechtmäßiger Besitzer der Immobilie anerkannt wurde und das Recht auf ein Haus zugesprochen bekam. Die anderen Familien wurden im entsprechenden Dokument entweder nicht aufgeführt oder aber als Mieterinnen gelistet, die dadurch nur das Recht auf eine einjährige Mietzahlung bekamen (vgl. u.a. TB5, 12.11.14; TB16, 26.01.15; Int65, 04.03.15). Nach Angaben des Koordinators der DPU in Altamira, Francisco Nóbrega, stellte etwa die Hälfte der in der DPU eingereichten Klagen solche Fälle dar (Int102, 05.03.15). Eine Interviewte erzählte von einer Bekannten, die das Recht auf ein Haus abgesprochen bekam, da auch die Unterschrift von ihrem Mann verlangt wurde, von dem sie allerdings schon seit Jahren getrennt war und der in einem anderen Bundesstaat lebte (Int42, 14.12.14). In einem anderen Erfahrungsbericht bekam eine Betroffene das Recht auf ein Haus abgesprochen, da die Dokumente alle auf ihren Ehemann ausgestellt waren, von dem sie seit 20 Jahren getrennt und er darüber hinaus seit 10 Jahren tot war (TB5a,

---

48 Berechnet am Mittelwert der Wechselkurse der Jahre 2014 und 2015 entspricht dies etwa 6.000 bis 9.000 Euro (Wallstreet Online, o.J.).

12.11.14). Besonders häufig wurde von Fällen berichtet, in denen Betroffene – selbst im Fall von Analphabet*innen (vgl. Int102, 05.03.15; Gsp63b, 22.11.14; TB5b, 12.11.14) – „unter Drohungen" (TB34a, 29.09.15) dazu gedrängt wurden, Dokumente zu unterschreiben, die ihnen lediglich das Recht auf eine sehr niedrige Entschädigungssumme zusicherten. Dies geschah den Berichten zufolge meist unter der Ankündigung, dass sie ansonsten leer ausgehen würden – denn der juristische Weg stellte aufgrund der gängigen Verfahrenslänge und der Unwahrscheinlichkeit eines positiven Resultats (vgl. Kap. 3.6) keine Alternative dar:

> Norte Energia kommt an und sagt: „Entweder unterschreibst du oder du verlierst alles. Wenn du vor Gericht ziehst, bekommst du gar nichts". Sie drohen von Anfang an. (Int29, 04.02.15)

So wurde nach Angaben einer Anwältin der öffentlichen Verteidigung des Staates Pará (DPE Pará), Andreia Barros, die bei Enteignungen gesetzlich verankerte Regelung, dass Betroffene das Recht haben, ihre Registrierung anzufechten und eine Neuevaluierung zu fordern, von Norte Energia eigenhändig außer Kraft gesetzt (vgl. GInt3a, 27.10.14). In diesem Sinne verbreitete sich die Wahrnehmung von Altamira als rechtsfreien Raum, in dem Norte Energia nach eigenem Wohlgefallen agieren kann:

> Ich musste gehen, weißt du warum? Weil das die Ethik ist: Wenn du nicht gehen willst, dann zieh doch vors Gericht. Denn weißt du wo das Gericht[49] ist? Nur dort in Brasília. [...] Soll ich etwa nach Brasília? (TB34b, 29.09.15)

In der Zeit von Juni 2014, als die Niederlassung der DPE Pará – die, wie Barros es ausdrückte, zudem kaum strukturiert und für Bundesangelegenheiten wie dem Projekt Belo Monte formal nicht zuständig war (GInt3a, 27.10.14) – in Altamira schließen musste, bis zur Ankunft der DPU im Januar 2015 gab es für die individuellen Fälle von Betroffenen keine Möglichkeit eines kostenfreien juristischen Beistands. In der Zwischenzeit wurde jedoch ein Großteil der Verhandlungen zwischen Norte Energia und den Betroffenen durchgeführt. Francisco Nóbrega (DPU) beschrieb diese Situation als die Abwesenheit des Staates, die für die Region zwar seit jeher charakteristisch sei, in Verbindung mit dem Großprojekt Belo Monte jedoch eine für die betroffene Bevölkerung besonders gefährliche Kombination darstelle. Obwohl die Bundesregierung die Schirmherrin des Großprojektes sei, leiste sie keinerlei Begleitung und Beistand für die Betroffenen. Während das *Casa de Governo* laut Berichten Betroffener nur pro forma in Altamira zu sein scheine und keinen wirklichen Unterschied mache, ließe man Norte Energia gewähren:

> Die Regierung ist weit weg. Also ist hier nur Norte Energia, die Firma, die die Umsiedlungen macht, die Lizensierung interpretiert, das PBA, die Regeln, und zwar auf die Art, die ihr selbst am korrektesten erscheint. [...] Es gibt keinerlei Partizipation der Zivilgesellschaft, der Betroffenen [...] Und das, was mich am meisten besorgt ist die Frage, wer sie beaufsichtigen soll. Ibama lässt das Unternehmen komplett frei agieren. (Int102, 05.03.15)

---

49 Der doppeldeutige Sinn dieser Aussage ist nur schwer ins Deutsche zu übersetzen. Der Betroffene spricht hier beide Male von *justiça*, was übersetzt sowohl Gericht oder Justiz als auch Gerechtigkeit bedeutet.

Bis die DPU nach Altamira kam sei Norte Energia „die absolute Herrin gewesen, die alles nach ihren Vorlieben interpretiert und die Regeln festlegt" (Int102, 05.03.15). Norte Energia sei, wie ein Ribeirinho es noch etwas drastischer ausdrückte, „der Gott Altamiras" (Gsp47b, 23.11.14).

Das Unverständnis für die duale Wohnstruktur

Das PBA wie auch Norte Energia gingen von einem hegemonialen Wohnmodell aus, welches einen festen Wohnsitz vorsieht. Nach dieser Form des Wohnkonzeptes befindet sich der Wohnsitz entweder auf dem Land oder in der Stadt. Dies zeigt sich schon in der Struktur des PBA, welches getrennte Projekte für die Umsiedlung der ländlichen und der städtischen Bevölkerung vorsieht. Es wurde also eine in modernen Nationalstaaten übliche binäre Trennung von Stadt und Land in eine Region importiert, in der anstelle eines klaren Stadt-Land-Gegensatzes seit jeher eine grundsätzliche Verflechtung urbaner und ländlicher Lebensformen besteht. Die Altamira prägenden Entwicklungszyklen des Kautschukbooms oder der Transamazônica (vgl. Kap. 5.1) gingen stets vom ländlichen Raum aus und intensivierten die Verflechtungen Altamiras mit dem Hinterland. Altamira wurde Knotenpunkt des ökonomischen und kulturellen Austausches. Vielmehr aber drückte sich die Verflechtung in der dualen Wohnstruktur eines großen Teils der regionalen Bevölkerung aus. Seit den Kautschukzyklen hatten viele Kautschukzapfer*innen und deren Nachkommen dieses Wohnmodell übernommen, das notwendig war, um sowohl die Tätigkeiten des Extraktivismus, der Fischerei und der kleinbäuerlichen Landwirtschaft fortzuführen als auch einen Teil der Produkte in der Stadt zu verkaufen und städtische Dienstleistungen wahrzunehmen. Vor dem Beginn des Großprojektes und der hohen Zuwanderung praktizierte ein Großteil der Bevölkerung Altamiras als Ribeirinh@s dieses Wohnmodell oder wies durch familiäre oder ökonomische Beziehungen Verbindungen mit diesem Modell auf. Die Wohnsiedlungen des *baixão* waren entsprechend der Bedürfnisse dieser Menschen gewachsen und somit Produkt einer integrierten, wechselseitigen Beziehung mit dem Fluss Xingu, dem Gebiet des mittleren Xingu sowie der Region der Transamazônica.

Das Wohnmodell Norte Energias ignorierte diese lokalen, kulturell und ökonomisch bedeutsamen Strukturen. Für die Betroffenen war es lediglich möglich zwischen der Option eines Hauses im ländlichen Raum oder der eines Hauses im städtischen Raum zu wählen. Für das zweite Haus blieb nur die Option der finanziellen Entschädigung. Die ländliche Umsiedlung war für den Großteil der Betroffenen keine Option. Die RRCs wurden weit entfernt vom Fluss und an ökologisch degradierten Orten entlang der Transamazônica in der Nähe des Pimental und des Belo Monte Staudamms errichtet, an denen die Reproduktion ihrer Lebensform nicht möglich gewesen wäre (vgl. E49, 14.03.15; Int29, 04.03.15). Die städtischen Niederlassungen wiederum, die meist als *palafita* aus Holz erbaut waren, erbrachten, wie oben erläutert, größtenteils nur geringe finanzielle Entschädigungssummen, die für den Neuerwerb einer Immobilie auf dem teuren Grundstücks- und Wohnungsmarkt Altamiras nicht ausreichten. Sehr häufig wurde daher die Option der städtischen Umsiedlung gewählt. Die finanziellen Entschädigungen im *beiradão* ergaben allerdings noch geringere Summen, da die Landnutzung hier auf Basis des TAUS stattfand (vgl. Kap. 6.2.2). Zwar erlaubte das TAUS legal die nachhaltige Landnutzung. Es verhinderte jedoch die Möglichkeit, dass das Land über den Mechanismus des *usucapião* (vgl. Kap. 5.4) in ihren Besitz überging. Für Norte Energia war das TAUS deshalb ein eindeutiges Argument, dass das Stück Land Eigentum des Staates sei und deshalb nicht entschädigt werden könne. Entschädigt wurden nur *benfeitorias*, also Wertsteigerungen wie das verwendete Baumaterial oder die angebauten Nutzpflanzen. Dies ergab Entschädigungssummen, die selten 20.000 Reais überstiegen und teilweise sogar nur im vierstelligen Bereich lagen (vgl. TB5, 12.11.14; TB34, 29.09.15; GInt48 und E49, 14.03.15; Int93, 08.10.15). Thais Santi vom MPF erzählte von einem Gespräch mit einem Ribeirinho, der sich anstelle eines Hauses in einem RRC im Wert von 130.000 Reais für die finanzielle Entschädigung seiner Niederlassung auf einer Insel im Wert von 7.000 Reais und ein Haus in der Stadt entschieden hatte und so sein ländliches Leben vollkommen aufgab. Auf die Frage von Santi, warum er sich nicht für das RRC entschieden hätte, antwortete er:

> Nein, *doutora*, denn die Gegend, die sie mir geben wollten...ich bin Fischer, ich weiß nicht, wie man an der Transamazônica lebt. Ich möchte nicht an der Transamazônica leben, ich wohne dort [am Fluss], ich weiß nur, wie man fischt. (zit. von Int93, 08.10.15)

Das Zitat, das dadurch unterstrichen wird, dass im ländlichen Raum die überwiegende Mehrheit (ca. 75 Prozent) der Betroffenen die finanzielle Entschädigung wählte (vgl. ISA, 2015b, S. 13), verdeutlicht die Ausmaße der Folgen der im Registrierungsprozess verankerten hegemonialen Wohnlogik. Das „oder" der Entscheidungsoption „Stadt oder Land" bedeutete in diesem Sinne das Ende der Lebensform als Ribeirinho. Das Nichtvorhandensein der Option einer Umsiedlung an einen anderen Ort am Flussufer resultierte in der „Umwandlung der Ribeirinhobevölkerung in eine ausschließlich städtische oder landwirtschaftliche Bevölkerung" (ebd., S. 13). Die außerordentlich niedrigen Entschädigungen der ländlichen Niederlassungen bestätigten diese Nicht-Anerkennung der dualen Wohnstruktur und sind nach Meinung Santis Ausdruck einer Ignoranz gegenüber der gesamten Lebensform der Ribeirinh@s:

> Sie berücksichtigen nicht, wieviel eine Lebensform wert ist. Sie berücksichtigen nicht, was der Fluss für einen Wert für ihn [den zitierten Ribeirinho] hat. Sie berücksichtigen nicht, dass er sein Recht verliert zu arbeiten und sein Leben zu reproduzieren. (Int93, 08.10.15)

Diese Nicht-Anerkennung und Zerstörung einer Lebensform ist auch für die Anwältin Oliveira (DPU) ein klarer Rechtsbruch an der brasilianischen Verfassung, der sich das PBA nach wie vor zu fügen habe (vgl. Kap. 6.3). Als solch ein Rechtsentzug wurde die Missachtung der dualen Wohnstruktur von Betroffenen wahrgenommen. Eine erste *audiência pública* im November 2014 bot erstmals die Möglichkeit für die Betroffenen, ihre Wahrnehmung des Prozesses und ihrer Behandlung vor den anwesenden Vetreter*innen von Norte Energia, Ibama und Repräsentanten der Bundesregierung auszudrücken:

> Ich frage, mit welchem Recht Norte Energia uns unser Recht nehmen möchte; wie es sein kann, dass sie an meinem Eigentum auftauchen und sagen: „Wir werden dir kein Haus geben, wir geben dir Geld". Wenn das Geld nur ausreichen würde, um ein Grundstück zu kaufen und ein Haus zu bauen. Aber sie wollen dir 10.000, 20.000 als Entschädigung geben. Ihr anwesenden Autoritäten, jetzt sagen Sie mir, was würden Sie mit 10.000 in einer Stadt wie dieser machen? [...] Norte Energia wird uns unser Recht nicht nehmen. Wenn wir ein Haus in der Stadt haben, dann, weil wir es brauchen. Wenn wir von flussaufwärts kommen, haben wir einen Ort, an dem wir sein können, wenn wir krank sind oder irgendein Geschäft abwickeln müssen oder wenn wir unsere Kinder in die Schule schicken wollen. (TB5e, 12.11.14)

Der Status Norte Energias als „absolute Herrin" (Int102, 05.03.15) wird von der Vortragenden in diesem Zitat entschieden infrage gestellt. Dass das Konsortium für die Betroffenen entscheidet, wie viele Häuser diese benötigen und welche Wohnform angemessen ist, wird als Invasion in die eigenen, privaten Belange und als eine Entmündigung wahrgenommen, zu der das Konsortium keinerlei Recht habe. Denn sie als Betroffene wüssten am Besten, was sie benötigen: „Wenn wir ein Haus in der Stadt haben, dann, weil wir es brauchen" (TB5e, 12.11.14).

7.1.2 *Palafitas* vs. modernes Wohnen

Die Nicht-Anerkennung der dualen Wohnstruktur ist nur ein, wenn auch zentraler, Bestandteil der Auferlegung eines hegemonialen Wohnmodells, das den Betroffenen das Idealbild des modernen Wohnens präsentierte. Dieses Bild wurde den Verhältnissen im *baixão* entgegengesetzt. Bereits im PBA heißt es, dass es sich bei der vom Reservoir betroffenen urbanen Fläche um ein Gebiet handle, dass „größtenteils von Bevölkerung mit niedrigem Einkommen besetzt ist, mit großem Mangel an Infrastruktur und ohne Abwasserentsorgung, welches ein Bild ungeordneter Besetzung erzeugt, mit einem beträchtlichen Auftreten von *palafitas*" (Norte Energia S.A., 2010, S. 382; eigene Hervorhebung). Diese irregulären Besetzungen insbesondere in den Einflussbereichen der Nebenflüsse Altamira und Ambé verursachen „eine signifikante ökologische Degradierung". In der sowohl im PBA, als auch in den Folgejahren in Anzeigen und auf Werbetafeln von Norte Energia erfolgten Schilderung der Prekarität dieser Siedlungen besonders hervorgehoben wurden die saisonalen Überflutungen und die durch die fehlende Abwasserentsorgung nochmals verstärkten ökologischen und gesundheitlichen Folgen. Demgegenüber kündigten Werbetafeln in der Stadt, Werbevideos und Anzeigen von Norte Energia „Entwicklung" und „Lebensqualität" an, die Belo Monte der Stadt und insbesondere den Betroffenen in den neuen Wohnvierteln bringen würde (eigene Beobachtungen 2013, 2014, 2015). Ungeachtet der Einseitigkeit der Darstellung traf Norte Energia mit dieser Propaganda den Nerv vieler Bewohner*innen des *baixão*. Angesichts alltäglicher Probleme der Hygiene, Verschmutzung, Kriminalität und eher einfachen Behausungen wirkte die Darstellung der neuen Häuser und Wohnviertel für einen Teil der Bevölkerung sehr verlockend. Nachdem die Registrierung der betroffenen Familien weitestgehend abgeschlossen war, veröffentlichte Norte Energia die Anzahl der Registrierungen und, je nach Eigentums- und Wohnstrukturen, die möglichen Entschädigungsformen. In dieser Veröffentlichung präsentierte das Konsortium die RUCs als Viertel, die sich „maximal zwei Kilometer vom Ursprungsort" der Betroffenen befinden würden, „mit der kompletten Infrastruktur: geteerte Straßen, Wasser, Licht, Abwassersystem, Schulen, Freizeitbereiche und Gesundheitszentren" (Norte Energia S.A., 2012). Es gebe Häuser aus Mauerwerk zur Auswahl, die je nach Familiengröße zwei (60 m²), drei (69 m²) oder vier Schlafzimmer (78 m²) besäßen. In dieser Form wurden die RUCs auch in einer außerordentlichen Sitzung des PDRSX im Jahr 2012 präsentiert, wie sich eine Betroffene erinnerte:

> Es wurde uns allen ein paradiesischer Ort präsentiert. [...] Wir alle würden das Recht auf ein Haus haben, mit sozialpolitischen Begleitprogrammen. Und in den Treffen, an denen wir teilnehmen würden, würden wir gemeinsam mit den Firmenmitarbeitern in die Viertel gehen. Auch wurde uns gesagt, dass die Straßen und Gemeinschaften gemeinsam umgesiedelt würden, ich würde weiterhin mit meinen Nachbarn und Kindern zusammenwohnen. (TB5d, 12.11.14)

Angesichts der angeblichen Beibehaltung der Nachbarschaftsstrukturen und der immer noch recht zentralen Lage, schien sich für viele Betroffene mit dem Einzug in ein solches modernes Haus ein Traum zu erfüllen. Ohne die Bevölkerung darüber zu informieren, wurde dieser Entwurf jedoch später modifiziert: Anstelle der Häuser verschiedener Größen aus Mauerwerk wurden Betonhäuser mit drei Schlafzimmern und einer Standardgröße von 63m² gebaut (UHE Belo Monte, 8.08.2014). Die RUCs befanden sich nun vier bis sechs Kilometer von den Ursprungsorten der Betroffenen entfernt und wurden an kein öffentliches Transportnetz angeschlossen. Als die ersten Umgesiedelten ihre Häuser bezogen und die Viertel nach Vorgaben des PBA bereits die komplette Infrastruktur aufweisen sollten, gab es weder Schulen noch funktionierende Gesundheitszentren oder Freizeitbereiche (eigene Beobachtungen 2014, 2015). Francisco Nóbrega (DPU) erklärte, dass solche Betonhäuser aufgrund der klimatischen Bedingungen von starker Sonne und starkem Regen absolut ungeeignet seien. Tatsächlich mehrten sich seit Ende 2014 die Berichte über Risse in den Wänden, die sich bei Besuchen einiger Häuser in den RUCs bestätigten (eigene Beobachtungen 2014, 2015). Zugezogene beschwerten sich über sehr hohe Temperaturen in den Häusern und das Fehlen schattiger Plätze im Viertel (vgl. Int44, 22.01.15; GInt41, 25.10.14). Nach starken Regenfällen berichteten Bewohner*innen, dass die Wände feucht waren, Wasser in die Häuser eintrat oder Wasser die Häuser unterspülte (vgl. Gsp70 und Gsp71, 21.01.15; Gsp78, 30.01.15). Das MPF reichte einen juristischen Prozess gegen die Modifizierung des Entwurfes der Häuser ein, dem auch eine gerichtliche Anordnung folgte. Diese wurde jedoch von einem höheren Gericht revidiert.

Auch nach den Modifizierungen der Entwürfe veröffentlichte Norte Energia vor dem Einzug der ersten Enteigneten ein Werbevideo, in dem sie die neuen Wohnviertel als den „Traum vieler Familien der *igarapés*" (zit. in MAB, 2014) bezeichnet: „Dieses neue Viertel wird entsprechend aller Bedingungen die Lebensqualität ausmachen ausgestattet sein, insbesondere mit Wasser, Abwasserentsorgung, Strom; und sehr gut gebaute und komfortable Häuser" (zit. in ebd.). Das Haus wird als sehr kühl und mit viel Komfort, inklusive einer „amerikanischen Küche" dargestellt. Im selben Video wird eine Frau gezeigt, die als eine der ersten in ein RUC einziehen sollte. Die Darstellung ihres alten Viertels in diesem Video gleicht der Darstellung im PBA und vergangener Propaganda; die einseitig prekäre Darstellung wird durch die Nahaufnahmen von Müll und Abwasser unterstrichen. Während das betroffene Gebiet im PBA noch als eine diversifizierte Struktur urbaner Besetzung charakterisiert wird, erwecken die darauffolgenden Darstellungen seitens Norte Energia den Eindruck destrukturierter und ausnahmslos prekärer Wohnviertel. Dementsprechend ist es Norte Energia, welche den Bewohner*innen durch das Projekt Belo Monte endlich ein würdevolles Leben ermöglicht. Diese Darstellung widerspricht jedoch der tatsächlichen Komplexität infrastruktureller und soziokultureller Strukturen. Die betroffenen Viertel wiesen diversifizierte bauliche Merkmale auf: Es existierten sowohl sehr einfache als auch anspruchsvoll gebaute und sehr große *palafitas* sowie gemauerte Häuser unterschiedlichster Qualität. Tatsächlich besaßen die meisten Häuser einen – wenn auch teils irregulären – Stromanschluss und ein Großteil verfügte über einen Wasseranschluss.

Insbesondere aber missachtete die Reduzierung der Darstellungen Norte Energias auf die Häuser sowie die Aspekte Wasser, Strom und Abwassersystem die Bedeutung und den Charakter der nachbarschaftlichen Strukturen und Bindungen, die für die Viertel des *baixão* so entscheidend waren. Die Bedeutung dieser Strukturen hatte mehrere Gründe. Aufgrund der spezifischen Siedlungsgeschichte war die eigenhändige, sukzessive und den Bedürfnissen entsprechend ausgerichtete Konstruktion der Wohnviertel auf gegenseitige Unterstützung angewiesen. Die sozialen Strukturen bestanden teils aus größeren familiären Konstellationen, teils aus langjährigen Bekanntschaften. Ein Großteil des Alltagslebens der Bewohner*innen war schließlich lokal ausgerichtet, so dass das Klientel der örtlichen kleinen Märkte, Friseursalons, Restaurants und Bars überwiegend aus der nachbarschaftlichen Bevölkerung bestand. Neben dieser an den Bedürfnissen ausgerichteten Ausstattung an Dienstleistungen, die durch die Nähe zum kommerziellen Stadtzentrum ergänzt wurde, war ein großer Teil der Bewohner*innen in dem Berufsfeld der Fischerei tätig. Entweder waren sie selbst Fischer*innen oder als *barqueir@s*, *carroceir@s* oder Kaufleute an anderer Stelle der Wertschöpfungskette beschäftigt. So bestanden ökonomische Verflechtungen, die durch eine spezifische Form der Zentralität dieser Viertel – die Nähe zu einem der Häfen, die im Viertel vorhandenen Verkaufspunkte von Fisch sowie die Nähe zu größeren (Super-)Märkten im kommerziellen Stadtzentrum – ermöglicht wurden. Ein weiterer Grund für die Bedeutung gemeinschaftlicher Strukturen bezieht sich auf den Aspekt der Sicherheit. Nachbarschaftliche Kontrolle und Solidarität boten empfundenen oder tatsächlichen Schutz vor einer in der Region schon immer hohen Gewalt- und Drogenkriminalität. Sowohl die dadurch mögliche Prävention als auch aktive Resistenz gegen eindringende kriminelle Strukturen wurden stets als deutlich effektiver als der polizeiliche Schutz dargestellt, wie ein Koordinator von MAB vor dem Hintergrund seiner Erfahrungen aus der nachbarschaftlichen Arbeit bestätigte:

> Denn was die Sicherheit garantiert, ist die Nähe und die Einheit der Gemeinschaft. Es war nie der Staat, der die Sicherheit garantiert hat. Jedes Mal, wenn die Polizei die Gemeinschaft betrat, tat sie es, um zu unterdrücken [...], in der Annahme, dass die Gewalt im Zentrum vom *baixão*

> ausgeht. Dies ist eine Logik hier in Brasilien. [...] Die Polizei muss die Peripherie betreten, um die Armen zu töten. Und die Sicherheit wurde durch die Familien gegeben, die organisiert und gemeinschaftlich waren. (Int11, 22.10.14)

Es bestand also eine enge Verflechtung des Hauses und seiner Bewohner*innen mit dem Ort, an dem es stand. So wie das Haus zweckgemäß einen kühlen Raum darstellte, in dem man schlafen konnte und der als solcher meist von mehr als einer Kernfamilie genutzt wurde, das Leben in der Freizeit bei gutem Wetter jedoch nach draußen vor das Haus, in die Nachbarschaft verlagert wurde, so ist auch Eigentum in einem erweiterten Sinne zu verstehen, der die Nachbarschaft explizit miteinbezieht. Wechselseitige Anerkennung als Eigentümer*innen eines Hauses, das sich diejenigen über die Zeit aufgebaut haben und einer Existenz und Rolle, also letztendlich einer Identität in der Nachbarschaft, die stets eine spezifische Vergangenheit und Geschichte aufwies, waren entscheidend für die Subjektkonstitution der jeweiligen Bewohner*innen. Die Art und Weise, wie man abends oder am Wochenende auch tagsüber vor den Häusern zusammensaß und gemeinsam grillte oder Bier trank, wie man sich im Supermarkt, in der Bar oder einfach auf der Straße traf, wurde als die eigene Lebensform bezeichnet, die nur aufgrund der Nähe zu allem möglich war (Gsp63b, 22.11.14). Man unterstützte sich gegenseitig und wusste über den oder die andere Bescheid. Eine Betroffene bezeichnete den Verlust dieser „alltäglichen Beziehungen dort im Viertel" (Int21a, 18.03.15) als einen Verlust der „Identität als Mensch" (Int21a, 18.03.15). Diese Formulierung unterstreicht die Bedeutung der zwischenmenschlichen Beziehungen für die eigene soziale Integrität. Intersubjektives Handeln und wechselseitige Anerkennung in der Nachbarschaft haben demnach erst die eigene Existenz und Identität als Mensch ermöglicht. Die, wie sie es ausdrückte, „Deterritorialisierung" (Int21a, 18.03.15) durch Belo Monte zerstörte diese lokalen intersubjektiven Strukturen und führte zu dem genannten Identitätsverlust. Diese Schilderungen zeigen beispielhaft, dass bei betroffenen Nachbarschaften mit einem solchen komplexen Sozialgefüge eine klare Trennung in individuelles und kollektives Eigentum nicht sinnvoll ist. Die kollektiven Räume waren demnach auch Teil des individuellen Eigentums, da sie, abgesehen von der soziokulturellen Bedeutung, dieses durch Strukturen der gegenseitigen Unterstützung und der Gewährung von Sicherheit erst ermöglichten. Ein indigener Bewohner des Viertels *Açaizal*, der auf den Ausgang seines Prozesses wartete, während seine Nachbarn um ihm herum bereits umgezogen waren, beschrieb seine ihm zufolge isolierte und einsame Situation mit den Worten: „Heute empfinde ich mein Haus als leer, weil meine Freunde alle nicht mehr hier sind" (Int64, 13.12.14). Das eigene Haus erhielt also erst durch die gemeinschaftlichen Strukturen und die darin enthaltene wechselseitige Anerkennung seinen Wert. Diesen Wert bezog es also weniger aus der Art und Ausstattung des Hauses, sondern vielmehr aus seinem Dasein an diesem spezifischen Ort mit den entsprechenden soziokulturellen Strukturen. Die auf die Baumaterialien und Größe von Haus und Grundstück begründete Schätzung des Konsortiums konnte diesen Wert in keinem Maße widerspiegeln. Neben der Verhältnislosigkeit dieser Summen gegenüber dem teuren Wohnungsmarkt in Altamira ist dies ein bedeutender Grund, weshalb die niedrigen Entschädigungssummen als so respekt- und würdelos wahrgenommen wurden.

7.1 Enteignung vereinzeln

Die erste Siedlung, die im Rahmen von Belo Monte umgesiedelt wurde, war die ländliche Ribeirinh@gemeinschaft Santo Antônio (vgl. Kap. 6.2.2). Sie war direkt von der Baustelle am Staudamm und Kraftwerk Belo Monte betroffen. Laut PBA hätte diese Gemeinschaft das Recht auf eine kollektive Umsiedlung an einen anderen Ort am Fluss gehabt, in der ihnen gleiche oder bessere Lebensbedingungen, an den Bedürfnissen orientierte Infrastruktur, die Fortführung von Produktion und Einkommen und die Beibehaltung der gemeinschaftlichen Strukturen garantiert gewesen wäre. Eine Kommission aus Unternehmens- und Behördenmitarbeiter*innen sowie Repräsentant*innen der Gemeinschaft sollten diese Umsiedlung ausarbeiten (vgl. Norte Energia S.A., 2010, S. 238 ff.). Nach Aussage der Koordinatorin von Xingu Vivo habe es auch schon einen Ort für diese Umsiedlung gegeben, alles sei gemeinsam mit Ibama, der DPE und den Betroffenen abgemacht gewesen (E3, 07.10.15). Nachdem die Registrierung der Gemeinschaft im Jahr 2011 abgeschlossen war, fing Norte Energia jedoch an, die Familien zur Annahme der finanziellen Entschädigung zu überreden. Sérgio, der damalige Präsident der Gemeinschaft, erzählte in einem Interview, dass er bei einem Treffen der Gemeinschaft mit Norte Energia von einem Funktionär des Konsortiums vor die Tür gebeten und ihm „ein großes Haus und ein teures Auto" angeboten wurde, wenn er mit der Organisation der Gemeinschaft aufhöre und die kollektive Umsiedlung nicht weiter unterstütze (Gsp57, 28.02.15). Zwar sei das Angebot gut gewesen, er habe jedoch nicht einmal darüber nachgedacht, es anzunehmen, da dies ohne die Gemeinschaft für ihn keinen Wert und Nutzen gehabt hätte. Da die Bewohner*innen von Santo Antônio „Fischer mit Ruder und kleinem Kanu" (Int57, 02.03.15) gewesen seien und kaum Erfahrung mit Geld hatten, nahmen jedoch viele von ihnen die niedrigen finanziellen Entschädigungen an: „Wir hatten niemals 20.000 in der Hand" (Int57, 02.03.15). Ihre Möglichkeit, weiterhin für eine kollektive Umsiedlung zu kämpfen, die rechtlich durch den fehlenden Besitztitel ihres Gebietes ohnehin gering war, wurden durch den Fortzug derjenigen, die die Entschädigung bereits angenommen hatten, nochmals deutlich geschwächt:

> Die Gemeinschaft, die immer mit mir gemeinsam für die Sache gekämpft hatte, war gegangen. Wir hatten an Kraft verloren. Und so hatten wir keine Möglichkeit mehr zu agieren. (Int57, 02.03.15)

Auch die Unterstützung durch Xingu Vivo verhalf Sérgio nur noch zu seiner individuellen ländlichen Umsiedlung an die Transamazônica, wo er nun „in Isolation" und „Einsamkeit" lebe: „Meine Familie, meine Kinder, Freunde, meine Kameraden, alle sind verschwunden" (Int57, 02.03.15). Aufgrund der unstrukturierten punktuellen Entschädigung und Umsiedlung wisse er von den ehemals 60 Familien nur von fünfen den Wohnort. In dem Interview erinnerte er sich an die Bedeutung der Gemeinschaft, die diese damals für die Mitglieder hatte. So sei diese in Fragen des Zusammenlebens immer sehr gut organisiert gewesen. Man tauschte Ideen aus, half sich gegenseitig wo man konnte, organisierte Fußballturniere und große Feste, zu denen man auch andere Gemeinschaften in der Nähe einlud. Und da bis auf die externen Lehrer*innen niemand in der Gemeinschaft einen Lohn bekam, hätten sie nie etwas gekauft, sondern alles, die Kirche, den Fußballplatz, wie auch die Dinge, die sie für die Vorbereitungen der Turniere und Feste benötigten, eigenständig gebaut und hergestellt. Sérgio erzählte, wie er gerne zwei oder drei Tage in der Woche die Fischerei pausieren ließ, um Arbeit für die Gemeinschaft zu verrichten. Alles in allem habe er damals „ein Leben" (Int57, 02.03.15) gehabt. Das Verhalten Norte Energias ihnen gegenüber bezeichnete er als ein „Massakrieren" (Int57, 02.03.15), so wie er es heute auch bei den Bewohner*innen des *baixão* erlebe.

Tatsächlich schien der Umsiedlungsprozess der städtischen Betroffenen nach einem ähnlichen Schema zu verlaufen. So geschah dieser nicht wie im PBA dargestellt auf kollektive, sondern punktuelle Art und Weise. Diejenigen Familien, deren Prozesse abgeschlossen waren, bekamen ihre Häuser in den RUCs zugewiesen beziehungsweise erhielten ihre Entschädigung und ihr Haus wurde abgerissen. Dieses Vorgehen hatte einerseits womöglich praktische Gründe. So vermutete Francisco Nóbrega (DPU), dass die Bearbeitungsdauer der unterschiedlichen Prozesse je nach Wohnsituation der Familien extrem variierten. Um eine Nachbarschaft geschlossen umzusiedeln, hätte also bis zum Abschluss des letzten Falls gewartet und die Häuserreihe im jeweiligen RUC die ganze Zeit reserviert werden müssen (Int102, 05.03.15). Die Praxis der punktuellen Umsiedlung initiierte jedoch einen Prozess der Fragmentierung und Desintegration nachbarschaftlicher Beziehungen. Die Umstände, dass jede Familie mit ihrem eigenen Prozess beschäftigt war und der sukzessive Wegzug einzelner Familien erschwerten entschieden die Organisation innerhalb der Nachbarschaft, die angesichts der Unregelmäßigkeiten und Rechtsverletzungen im Prozess wichtig gewesen wäre. Gabriela[50], eine ältere Bewohnerin des Viertels *Açaizal*, erkannte daher eine Strategie des Konsortiums, durch die Vereinzelung der Prozesse ebendiese kollektive Organisation und den dadurch möglichen Widerstand zu verhindern:

> Und so verhandeln sie nicht mit allen gemeinsam, wie es sein sollte. Sie handeln wissentlich, hier nehmen sie mich, dort drüben jemand anderes; das ist, damit wir schwach bleiben. Wenn sich viele zusammentun, dann wird man stark. Es wird einfacher, eine Klage zu gewinnen. [...] Sie sind sehr wachsam. (Int61, 09.10.14)

Nur so sei es dem Konsortium möglich, neben der ihrer Meinung nach ungerechtfertigten Kategorisierung *Açaizals* als Peripherie den Häusern sehr niedrige, teils unterschiedliche und insgesamt für die Betroffenen häufig nicht nachvollziehbare finanzielle Werte zuzuschreiben sowie vielen Betroffenen das Recht auf ein Haus abzuerkennen (vgl. Kap. 7.1.1). Sie selbst lebte seit 30 Jahren in dem Viertel und gemeinsam mit ihrer Tochter und deren Kindern in einem Haus. Zu diesem Zeitpunkt im November 2014 hatte nur ihre Tochter das Recht auf ein Haus zugesprochen bekommen. Sie selbst sollte nur ein Jahr lang Miete gezahlt bekommen: „Ich habe kein Recht auf ein Haus, kannst du das fassen? Nur Entschädigung. Ich habe dort schon gewohnt, als das Haus gebaut wurde" (Gsp63b, 22.11.14). Das Haus wurde zudem fälschlicherweise der Kategorie „kein Mauerwerk" zugeteilt, was zu-

---

50 Der Name wurde aus Gründen der Anonymisierung geändert.

sammen mit dem Quadratmeterpreis der Peripherie einen sehr niedrigen Gesamtwert im Falle finanzieller Entschädigung zur Folge hatte. Wichtiger als dieser ökonomische Aspekt, betonte sie, sei jedoch die gemeinschaftliche und familiäre Frage:

> Ich habe meinen Nachbarn, der hier seit mehr als 30 Jahren wohnt. Ich habe mich nie mit meinen Nachbarn gestritten, ich möchte weiterhin mit ihnen zusammenwohnen. Ich wohne hier, mein Sohn wohnt gleich dort drüben. Ich möchte weiterhin mit meinen Kindern wohnen, weil ich alt bin. Meine Tochter wohnt wegen meines Alters mit mir zusammen, ich kann nicht mehr alleine wohnen. Wir sind eine Familie. [...] Nun wollen sie meine Tochter an irgendeinen Ort schicken. Mir wollen sie ein Jahr Miete zahlen. Und mein Sohn geht, wohin weiß ich nicht. Wie kann das sein? Wie kann es sein, dass du eine Familie so trennst? (Int61, 09.10.14)

Mit dem Bruch gemeinschaftlicher Beziehungen ging auch eine deutliche Verschlechterung der Sicherheitssituation einher. Nach Aussagen mehrerer Bewohner*innen von *Açaizal* hatte sich die Situation bereits mit dem Baubeginn Belo Montes zunehmend verschlechtert (Int61, 09.10.14.; Gsp63a, 22.11.14). Die zugezogenen Arbeiter seien für sie kein Problem gewesen, erklärte Gabriela. Arbeiter, die im Viertel Häuser mieteten oder in einem Hotel am Rande des Viertels unterkamen, hätten sich gut in die Gemeinschaft integrieren können, sie hätten sich oft unterhalten und gemeinsam Spiele der Fußball-Weltmeisterschaft angesehen (Int61, 09.10.14). Ein großes Problem sei jedoch die deutlich angestiegene Drogenkriminalität. So hätten die Verkaufsstellen für Drogen in der Stadt und auch in ihrem Viertel zugenommen. Sobald sie in ihrer Nachbarschaft eine solche Verkaufsstelle entdeckten, würden sie zwar gemeinsam versuchen, diese zu vertreiben. Mit dem Fortzug von Familien aus dem Viertel und der Destrukturierung der Gemeinschaft gelangen jedoch immer mehr kriminelle Strukturen in das Viertel und es fiel zunehmend schwer, diese einzudämmen. Auch seien zunehmend jugendliche Bewohner*innen aus dem Viertel in Drogenkriminalität involviert. So erzählte sie von dem Sohn eines Nachbarn, der aufgrund seiner Verwicklung in den Drogenhandel vor einem halben Jahr im Alter von 17 Jahren gegenüber ihrem Haus erschossen wurde. Anders als früher könne man nun nicht mehr gemeinsam abends auf der Straße sitzen, sich unterhalten und Bier trinken, sondern würde hinter verschlossenen Türen leben (Int61, 09.10.14). Diese Schilderungen decken sich mit Berichten aus anderen Vierteln des *baixão*. Besonders prekäre Fälle stellten Betroffene dar, die nicht oder erst sehr spät von dem Registrierungsprozess erfasst wurden und nach dem Fortzug ihrer Nachbar*innen und der Zerstörung dieser Häuser völlig isoliert in den verlassenen Vierteln wohnen blieben (vgl. Abb. 9). Ein betroffener Familienvater, der in seinem Haus ein kleines Lebensmittelgeschäft unterhielt, erzählte, dass sein Umsatz um 99 Prozent zurückgegangen sei (Int80, 22.03.15). Neben den fehlenden Einnahmen sei aber insbesondere die Sicherheitssituation besorgniserregend. So gebe es viele Kriminelle, die sich in der Gegend herumtrieben. Er habe von vielen Einbrüchen und Überfällen gehört, man könne auf offener Straße erschossen werden. Nachts, wenn es völlig dunkel sei, seien sie dieser Gefahr schutzlos ausgeliefert, so dass sie nicht mehr richtig schlafen könnten. Es gebe eine junge Frau, Aninha, die in dieser Gegend sehr bekannt sei, weil sie überall einbreche, wo sie nur könne. Sie rauche Drogen und sei „sehr gefährlich und gewalttätig" (Int80, 22.03.15). Aus diesem Grund begleite er seine Kinder jeden Tag zur Schule und zurück. Er warte nur darauf, dass endlich eine Antwort vom Konsortium käme und sie hier wegziehen könnten. Diese Unmöglichkeit der Fortexistenz der Familien in den isolierten Häusern unterstreicht einmal mehr die Verflechtung individueller und kollektiver Eigentumsstrukturen in den betroffenen Wohnvierteln. Auf die Nachfrage, wie das Leben vor dem Wegzug der anderen Familien in der Nachbarschaft gewesen sei, beschrieb der Interviewte dieses als sehr positiv:

> Vorher war es eine gute Sache, ruhig. Es gab nicht diese Geschichte der Herumstreicher. [...] Vorher war das Geschäft wunderbar. Bis zum vergangenen Jahr war es gut für mich. Meine Schwiegermutter wohnte gegenüber, meine Schwager, Nachbarn, es war wunderbar. Aber heute kann man nicht mehr ruhig schlafen, weil man Angst hat, Angst, Angst, Angst. (Int80, 22.03.15)

Abbildung 9: Das isolierte Haus des Interviewten im baixão in Altamira (eigene Aufnahme, 2015)

Die Destrukturierung der Nachbarschaften spiegelte sich auch in den RUCs wieder, die infolge des individualisierten Umsiedlungsprozesses sukzessive durch Familien unterschiedlicher Herkunftsviertel belegt wurden. In einer Gesellschaft, die enge nachbarschaftliche Bindungen gewohnt und aus verschiedenen Gründen darauf angewiesen war, schürte diese Form der Ansiedlung großes Misstrauen und Ängste, wie es eine Aktivistin von MAB bestätigte:

> Eine der ersten Forderungen [Zugezogener] war, Beleuchtung in einer Straße anzubringen, die bislang unbeleuchtet war, weil sich die Bevölkerung nicht sicher fühlte. Stell dir vor, vorher

7.1 Enteignung vereinzeln

warst du in dieser Gemeinschaft, in der du die Leute kanntest. [...] Du wusstest sogar, wer Drogenhändler war und wer nicht, wer die Gebiete kontrollierte. In *Jatobá* kennt niemand die Nachbarn, die Leute haben noch keinerlei Vertrauen. (GInt22a, 19.03.15)

Zugezogene berichteten von rivalisierenden kriminellen Banden, die ihren Einfluss zuvor auf die jeweiligen Viertel aufgeteilt hätten und nun in dieselben RUCs umgesiedelt worden seien (vgl. Int41, 25.10.14; E42a, 14.12.14). Es wurde gar von dem Fall einer Frau berichtet, die im RUC *Jatobá* ein Haus gegenüber dem Haus des Mörders ihres Sohnes bekommen habe (E49, 14.03.15). Entsprechend mehrten sich in der zweiten Jahreshälfte von 2014, dem ersten Jahr der Umsiedlungen, bereits Berichte von gewalttätigen und tödlichen Konflikten im RUC *Jatobá*, welches als erstes bezogene RUC eine Art Modellcharakter haben sollte (vgl. GInt22b, 19.03.15; Int20, 18.03.15). Auch im RUC *São Joaquim* erzählte eine Zugezogene von zunehmenden gewalttätigen Konflikten und Überfällen durch Verbrecher, die ihrer Meinung nach alle aus *Açaizal* kämen und ihre Drogengeschäfte nun im neuen Viertel fortführen würden (Gsp78, 30.01.15). Zunächst gab es noch keinerlei öffentliche Plätze, die einer Gemeinschaftsbildung hätten dienen können. Erst 2015 wurde in *Jatobá* als erstem Viertel ein überdachter Sportplatz gebaut. Da weder die Häuser Schatten spenden noch ausreichend große Bäume in den Vierteln vorhanden sind, gab es keine schattigen Plätze, an denen man sich hätte aufhalten können. So boten häufig nur die recht schnell in den Vierteln entstandenen Bars einen Aufenthaltsort und die Möglichkeit des Zeitvertreibs, jedoch auch den Schauplatz gewalttätiger Konflikte unter Alkoholeinfluss. Durch die fehlenden Sicherheit verleihenden Strukturen wurde mit einem Mal wieder die Präsenz öffentlicher Sicherheitskräfte relevant. Diese würden das RUC jedoch nur auf Nachfrage betreten und dann meist viel zu spät erscheinen, so die Aussage Umgesiedelter im RUC *Jatobá* (vgl. TB21, 03.03.15). Des Weiteren wurde eine private Sicherheitsfirma erwähnt, die in dem Viertel patrouilliere, allerdings nur täglich zwischen 18:30 und 19:00 Uhr (Gsp63b, 22.11.14). Aufgrund dieser prekären Sicherheitssituation begannen viele Familien, ihre Häuser durch Gitter an den Fenstern, der Tür oder gar durch Mauern um das Haus sicherer zu machen (vgl. Abb. 10). Mit dem Material der alten Häuser wurde an die neuen Häuser angebaut, um schattige Plätze zu schaffen, das Haus zu vergrößern oder durch Holzwände die Möglichkeit zu haben, Hängematten aufzuhängen. Trotz eines fünfjährigen Verbots von Norte Energia, Änderungen an den Häusern vorzunehmen, da ansonsten eine ebenso lange Garantie auf die noch nicht im rechtlichen Eigentum der Zugezogenen befindlichen Häuser verfallen würde, waren solche Modifikationen an der Mehrzahl der Häuser in allen RUCs zu beobachten (eigene Beobachtungen 2014, 2015; vgl. Abb. 11). Durch die Modifizierungen versuchten sie den von ihnen empfundenen Mängeln der Häuser, wie die geringe Sicherheit – die sich sowohl auf die bauliche Stabilität der Häuser, als auch auf wahrgenommene Kriminalität im Viertel bezog –, die geringe Größe, die Innentemperatur, die Unmöglichkeit, an den Betonwänden Hängematten aufzuhängen oder die fehlenden Schattenplätze, etwas entgegenzusetzen. Indem sie das inadäquate Betonhaus ihren Bedürfnissen entsprechend modifizierten, fanden durch die Bewohner*innen aktive Aneignungen dieser Wohnräume statt. Beinahe stoisch wurde durch diese Handlungen Norte Energias Bild des modernen Hauses durch den Einsatz der bevorzugten Baumaterialien der alten Häuser konterkariert,

Abbildung 10: Durch Bewohner*innen errichtete Mauern um Häuser im RUC São Joaquim (eigene Aufnahme, 2015)

wodurch eine optische Annäherung der neuen an die alten Wohnviertel stattfand. Solche Aneignungsprozesse bezogen sich in der Anfangszeit zunächst nur auf das eigene Grundstück. Die nachbarschaftlichen Strukturen, bei vielen Umgesiedelten zuvor bedeutender Bestandteil und Bedingung ihres Eigentums, waren zerstört und die soziale Integrität vieler Umgesiedelter beeinträchtigt. Die Vielzahl eigener Probleme, wie Identifikations- und Anpassungsschwierigkeiten an den neuen Wohnort, Probleme an den Häusern und die entsprechenden Behebungsversuche sowie unbekannte soziale Strukturen waren zunächst große Hindernisse für die Organisation der Wohnbevölkerung (vgl. E42b, 09.03.15).

7.1 Enteignung vereinzeln

Abbildung 11: Anbau an Häuser im RUC Jatobá (eigene Aufnahme, 2015)

Neben Sicherheitsbedenken sowie baulichen und materiellen Mängeln an den Häusern der RUCs galten Beschwerden Zugezogener insbesondere dem fehlenden Anschluss an ein öffentliches Transportsystem. So waren die RUCs zu Beginn nicht wie angekündigt an ein öffentliches Transportsystem, sondern lediglich an ein Schulbussystem angeschlossen, das die Viertel jedoch nicht komplett befuhr. Im Fall des RUC *Jatobá* hielt der Bus nur am Eingang des Viertels. Bewohner*innen, die am Ende des Viertels oder in dem dahinterliegenden RUC *Água Azul* wohnten, mussten bis zu zwei Kilometer zu der Haltestelle laufen, was angesichts der extremen klimatischen Bedingungen einen hohen Kraftaufwand bedeuten kann (vgl. Int39, 07.03.15). Beschwerden wurden geäußert, dass die Fahrtzeiten der zweistündig fahrenden Busse nicht mit den Unterrichtszeiten übereinstimmten, so dass die Kinder mitunter bis zu einer Stunde vor oder nach dem Unterricht vor der Schule warten mussten (vgl. TB21, 03.03.15). Für die Umgesiedelten schien nun alles weit weg zu sein. Solange es noch keine funktionierenden Gesundheitszentren, Schulen und Supermärkte in den RUCs gab, waren sie immer noch auf das Zentrum angewiesen. Dies war nun aber für den Großteil der Bewohner*innen ohne eigenes Motorrad oder Auto nur per Taxi oder das etwas günstigere Mototaxi erreichbar. Bei gleichzeitigem Wegfall des Einkommens vieler aufgrund des Prozesses der Umsiedlung – so mussten kleine Läden oder Restaurants erst wiederaufgebaut werden und neue Kundschaft finden – waren die dadurch entstehenden Kosten kaum zu stemmen. Insbesondere die Fischer*innen waren dadurch betroffen. Da sie das Material für die Fischerei zu ihrem Boot an einem der Häfen transportieren mussten und sich *carroças* für diese Distanz nicht eigneten (vgl. Kap. 6.2.3), waren sie auf ein Taxi angewiesen. Die Kosten einer Hin- und Rückfahrt beliefen sich aber auf etwa 100 Reais (ca. 30 Euro), was – insbesondere vor dem Hintergrund der gesunkenen Fangquoten – in keinem Verhältnis zu den Einkünften aus der Fischerei stand (vgl. TB21, 03.03.15; TB34c, 29.09.15). Darüber hinaus mehrten sich Berichte über den Raub der nun nicht mehr bewachten Boote, weswegen viele Fischer*innen ihr Boot verkauften, um so zumindest noch den Verkaufserlös zu haben (vgl. Gsp59, 16.09.15). Angesichts dieser Probleme offenbarte sich retrospektiv einmal mehr die besondere und für die Lebensform vieler Betroffener bedeutende Zentralität der Viertel des *baixão*, wie es Francisco Nóbrega im März 2015 auf Basis der bei der DPU eingehenden Beschwerden bestätigte:

> Das PBA sieht vor, dass das *reassentamento* eine Schule habe muss, einen Gesundheitsposten haben muss, ein Transportsystem haben muss. Und nichts davon wurde bis jetzt gemacht. [...] Die Leute wohnen heute schon dort in *Jatobá*, in *São Joaquim*, ohne Zugang zu diesen Dienstleistungen, die...Dienstleistungen, die ihnen zugänglich waren, als sie hier im Zentrum wohnten. Wenn sie auch in *palafitas* wohnten, an gesundheitlich bedenklichen Orten, in sehr prekären Situationen, so waren sie doch in der Nähe der Schule, des Krankenhauses, sie waren in der Nähe des Gesundheitspostens und nun wohnen sie weit weg und die große Mehrheit hat keine Transportmöglichkeit. [...] Wenn es auch eine *palafita* war, eine prekäre Wohnsituation, so war es doch ein komfortabler Wohnraum, das heißt, komfortabel für sie. Sie haben sich gut gefühlt, weil sie eine Hängematte anbringen konnten, nah am Fluss waren. (Int102, 05.03.15)

Eine Ribeirinha bezeichnete diesen Enteignungs- und Umsiedlungsprozess als einen Wechsel „von der Favela ins Elend" (Gsp47a, 23.11.14). Es sei vielleicht ein einfaches Leben gewesen, die von Norte Energia würden es als armes Leben bezeichnen, aber sie mochte es so; sie wollte nichts anderes und es sei ihre Entscheidung so zu leben. Laut Einschätzungen der DPU, MAB und eigener Interviews im RUC *Jatobá* gab es abhängig von der vorherigen Wohnsituation und Lebensform zwar auch – meist kürzlich – Zugezogene, die glücklich in ihrem neuen Haus waren (vgl. Int102, 05.03.15; GInt22b, 05.03.15; Gsp43, 22.01.15). Doch die Mehrheit und diejenigen, die schon länger dort wohnten, seien, so Nóbrega, unzufrieden und würde die Situation nicht annehmen: „Ich möchte in meinem [ehemaligen] Haus sein, ich habe Sehnsucht nach meiner Straße, meinem Nachbarn" (Int102, 05.03.15). Hinzu kämen hohe Stromkosten von 200 bis 300 Reais[51], die die Bewohner*innen der RUCs durch die Regularisierung nun plötzlich monatlich zahlen müssten. So zitierte ein Koordinator von MAB eine Bewohnerin von *Jatobá*, die sagte, sie führten ein „Leben der Mittelklasse, nur dass wir keine Mittelklasse sind" (zit. in GInt22b, 05.03.15). Vielen Betroffenen schien erst durch konkrete persönliche Erfahrungen rechtlicher Probleme und Unregelmäßigkeiten im Registrierungs- und Entschädigungsprozess sowie der Destrukturierung alter und neuer Nachbarschaften die Auswirkungen Belo Montes auf ihr Leben bewusst zu werden:

> Bis dahin war der Bevölkerung nicht sehr bewusst, was dieser Eingriff in ihr Leben bedeutete. [...] Viele von ihnen hatten einen Traum, sie glaubten an einen besseren Ort umgesiedelt zu werden, dass das Haus besser sein würde. Sie glaubten also an etwas, dass, als es konkret wurde,

---

[51] Berechnet am Mittelwert der Wechselkurse der Jahre 2014 und 2015 entspricht dies etwa 60 bis 90 Euro (Wallstreet Online, o.J.).

7.1 Enteignung vereinzeln

sich als unwahr herausstellte. Das ursprüngliche Projekt der Umsiedlung, das Norte Energia der Bevölkerung gezeigt hatte, hatte sich komplett gewandelt. (E19, 02.03.15)

Eine selbst betroffene Aktivistin von Xingu Vivo erinnerte sich, wie auch ihnen in ihrem alten Viertel *Aparecida* vermittelt wurde, dass „alles sehr schön sein würde, [...] dass du dein Haus verlassen und an einen besseren Ort als den, an dem du wohntest, ziehen würdest". Heute wüsste sie, dass „mein Viertel betrogen wurde" (Int21a, 18.03.15). Im Widerspruch zum PBA, das eine breite Partizipation der Betroffenen in Form von Nachbarschaftsgruppen, Diskussionen und gemeinsamem Vorgehen vorsah, fühlten sich die Betroffenen, wie diese Schilderungen beispielhaft zeigen, vom Prozess der sozioökonomischen Registrierung gänzlich ausgeschlossen. Statt einer Verhandlung empfanden viele den Prozess eher als eine Auferlegung. Dies wurde in der *audiência pública* vom November 2014 deutlich:

> [...] und dass, was ich hier beobachtet habe, alles was hier gesagt wurde [...] – wir hören, dass von Verhandlungen gesprochen wird, aber ich denke, dass verhandeln bedeutet, auf einen gemeinsamen Nenner zu kommen, von beiden Seiten. Aber in diesem Prozess sehe ich keine Verhandlung, ich sehe Auferlegungen. (TB5c, 12.11.14)

Ein anderer Beitrag handelte von der Würdelosigkeit des Prozesses, in dem es den Betroffenen in keinem Moment möglich war, ihre soziokulturellen Besonderheiten und Bedürfnisse zu artikulieren:

> Nachdem wir wie Vieh gezählt wurden, begann die Phase der Auferlegungen, der Empörung. Dieser Prozess der Umsiedlungen und Entschädigungen ist turbulent, er vollzieht sich nicht in Form einer Verhandlung, sondern wie eine Auferlegung. Es wurde uns nicht einmal die Möglichkeit gegeben, unsere kulturellen und familiären Besonderheiten einzubringen und einen Gegenvorschlag zu präsentieren. (TB5d, 12.11.14)

Das Schlimmste an dem ganzen Prozess, so Gabriela aus *Açaizal*, sei demnach die respektlose Art und Weise ihrer Behandlung und die Missachtung der sozialen und familiären Situation seitens des Konsortiums. Infolge des unstrukturierten „Umsiedlungsprozesses der Enteignung, die wir erleiden" sei sie „emotional gealtert" (Int61, 09.10.14). So sei es nicht der ökonomische Wert an sich, der sie an der niedrigen Schätzung ihres Hauses am meisten störe: „Es ist die Art und Weise, wie sie sich weigern, mehr zu zahlen" (Int61, 09.10.14). Dies zeige die Respektlosigkeit gegenüber ihrer eigenen Geschichte in diesem Viertel und ihrem Leben, das sie sich in ihrem Viertel und mit ihrem Haus selbst aufgebaut habe: „Ich werde nicht gehen. Ich werde mein Haus nicht auf diese Weise hergeben. Auf dass sie mir die gerechte Summe zahlen, die es wert ist". Dies sei das Mindeste – denn den Verlust ihrer eigenen Lebensgeschichte könnten sie ohnehin nicht begleichen: „Hat sie einen Preis? Nein, hat sie nicht. Meine Lebensgeschichte hat keinen Preis. Verstehst du?" (Int61, 09.10.14). Vielmehr noch als der ökonomische Wert des Hauses, als die Wohnlage „nahe des kommerziellen Zentrums, der Bank, des Krankenhauses, der Läden, des Supermarktes" (Int61, 09.10.14), die für sie aufgrund ihres voranschreitenden Alters immer wichtiger würden, wiege der immaterielle Verlust der Enteignung. Entsprechend ihres Ausdrucks der „emotionalen Alterung" klagte Gabriela über einen schlechten psychischen und körperlichen Gesundheitszustand. Wie auch von anderen Betroffenen geäußert, erzählte sie von Depressionen, die sie nicht mehr schlafen ließen und erhöhtem Blutdruck. Letzterer steige insbesondere, wenn sie Mitarbeiter*innen von Norte Energia aufsuche, deren von ihr als respektlos und ungerecht bezeichnete Verhalten sie aufrege. In der Fragmentierung der Nachbarschaft erkannte sie einen Machtverlust, der dieses Verhalten des Konsortiums überhaupt erst ermögliche. Um dieser Fragmentierung entgegenzuwirken wolle sie gemeinsam mit Nachbarinnen den Versuch unternehmen, eine Vereinigung der von Belo Monte Betroffenen zu gründen. In diesem Zusammenhang sprach Gabriela insbesondere von einem respektvollen Verhalten, das sie auf diese Weise vom Konsortium einfordern wollten.

Dieses Teilkapitel erläuterte eine Vereinzelungspraxis des Konsortiums, die sich in mancher Hinsicht aus ökonomischen und zeitlichen Zwängen sowie der Größenordnung des Registrierungs- und Entschädigungsprozesses und einer entsprechend komplexen Koordination der Maßnahmen ergab und dadurch teils bewusst, teils unbewusst die Fragmentierung der Nachbarschaften provozierte. Komplexe lokale Eigentumsverständnisse fanden in diesen Handlungen keine Anerkennung. So vollzogen sich Enteignungen zunächst über Formen der diskursiven Enteignung, die den Betroffenen die Deutungshoheit über ihren privaten Raum entzogen und die *palafitas* symbolisch in ein antagonistisches Verhältnis gegenüber ein durch die RUCs repräsentiertes modernes und würdiges Wohnen setzte. Dass viele Betroffene die Maßnahmen und Entscheidungen Norte Energias als Auferlegungen empfanden und sich aus Entscheidungsprozessen, in die sie ihre Perspektiven hätten einbringen können, ausgeschlossen fühlten, ist auch eine Folge dieser diskursiven Enteignung, die ihnen die Fähigkeit zu eigener Deutung und Bewertung absprach. Die Nicht-Anerkennung lokaler Eigentumsstrukturen und die Fragmentierung der Nachbarschaften bewirkten schließlich Formen sozialer Beraubung, die die Einbettung des Enteignungsprozesses in Strukturen der Alterität – des *being dispossessed* – verdeutlichen (vgl. Butler und Athanasiou, 2013): Für die Betroffenen bedeutete dies ihre Aberkennung als rechtsfähige Subjekte und der Gültigkeit ihrer Lebensform. Die Verletzung ihrer sozialen Integrität und Würde äußerte sich unter anderem in psychischen und physischen Erkrankungen. Der Ausdruck der Deterritorialisierung, die eine Betroffene für diesen Prozess benutzte, verdeutlicht diesen Verlust lokaler intersubjektiver Strukturen und territorialer Referenzen. Bei vielen bewirkte dies eine gewisse Handlungsunfähigkeit und erschwerte die ohnehin durch die kaum vorhandene Existenz von Kommunikationsplattformen schwierige Partizipationsmöglichkeit noch einmal enorm. Die Vereinzelungspraxis zeigt sich in diesem Sinne als eine Möglichkeit der Marginalisierung und Prekarisierung der Betroffenen, die diese aus der gesellschaftlichen und politischen Teilhabe ausschloss. Fragmentierung und Handlungsunfähigkeit erschwerten demzufolge die Möglichkeit dieser Gruppen, in der Öffentlichkeit zu erscheinen und, im Sinne von Tullys (1999) *agonic game*, Einfluss auf Bedeutungszuschreibungen und die Verteilung von Anerkennung zu nehmen.

7.2 ENTEIGNUNG KOLLEKTIVIEREN: DIE EINFORDERUNG ECHTER VERHANDLUNG UND PARTIZIPATION

Die Fragmentierung der Nachbarschaften schwächte die Betroffenen in ihrer Möglichkeit, sich als wahrnehmbare Akteur*innen zu positionieren und Einfluss auf den Verlauf des Enteignungsprozesses zu nehmen – dies wurde von Betroffenen, sozialen Bewegungen und unterstützenden Einrichtungen wie dem MPF oder dem ISA gleichermaßen erkannt. Im arendtschen Sinne ergab sich daraus die Notwendigkeit, sich zusammenzutun, zu organisieren und auf diese Weise Machtpotential zu erzeugen, das ihnen die Möglichkeit verleihen könnte, Erscheinungsräume zu erzeugen und sich wirkungsvoll in den Aushandlungsprozess von Enteignung einzubringen. Herausforderungen ergaben sich nicht nur durch die verringerte Handlungsfähigkeit vieler Betroffener, sondern auch durch eine allgemein fragmentierte lokale Widerstandslandschaft sowie die defizitären Strukturen juristischer Unterstützung. Ehe auf die Arbeit der sozialen Bewegungen und Versuche der Organisierung der Betroffenen eingegangen wird, widmet sich der kommende Abschnitt der Rolle und Arbeit des MPF und der Versuche der Stärkung der Strukturen juristischer Unterstützung.

7.2.1 Rechtliche und institutionelle Möglichkeiten der Verhandlung und Partizipation

Vor der Ankunft der DPU war das MPF die einzige Instanz juristischer Unterstützung für die nicht-indigene Bevölkerung, die sich mehrheitlich keinen privaten Anwalt leisten konnte. Da das MPF jedoch keine individuellen Fälle behandeln kann, galt der Versuch stets der Kollektivierung der Fälle, auf Basis derer Anzeigen gestellt und juristische Verfahren eingeleitet werden konnten. Diese Kollektivierung kann darüber hinaus als politische Strategie gegen die im vorherigen Kapitel erläuterte Vereinzelungs- und Fragmentierungspraxis betrachtet werden, die die Ermächtigung der durch diese Praxis geschwächten Bevölkerung ermöglichen sollte (R17a, 02.02.15; TB33a, 28.09.15). Aufgrund der langsamen Arbeitsweise des juristischen Apparates und des Instrumentes der *suspensão de segurança* (vgl. Kap. 5.3.1), welches mehrmals angewendet wurde, war diese Methodik trotz zahlreicher Verfahren – im März 2016 wurde das 25. Verfahren eingeleitet (MPF, 08.03.2016) – recht ineffektiv. Erfolge konnten nur bezüglich zeitlich begrenzter gerichtlich angeordneter Stilllegungen der Bauarbeiten sowie von Ibama verhängter Ordnungsstrafen erzielt werden. Auf den Lizensierungsprozess übten die Verfahren keinen direkten Einfluss aus, wobei davon ausgegangen werden kann, dass sie einen indirekten Einfluss auf die im Oktober erfolgte Ablehnung der ersten Anfrage der Betriebslizenz hatten. Die Aktivitäten des MPF in Altamira richteten sich deshalb parallel auch auf die Anwendung eines weiteren Instrumentes, den *audiências públicas*. So besitzt das MPF die Kompetenz, auf Basis kollektiver Anliegen solche öffentlichen Versammlungen einzuberufen. Aufgrund seiner einflussreichen Position ist es dabei oftmals in der Lage, entscheidungsfähige Repräsentant*innen der entsprechenden Behörden, Institutionen oder Unternehmen, beispielsweise aus der Hauptstadt Brasília, zu gewinnen.

Die audiência pública vom 12. November 2014

Die von den Staatsanwältinnen des MPF, Thais Santi und Cynthia Ribeiro Pessôa, einberufene *audiência pública* vom 12. November 2014 war das Resultat einer stärkeren Mobilisierung der sozialen Bewegungen sowie von Einzelpersonen wie Gabriela aus *Açaizal*, die angesichts selbst erlebter oder ihnen zugetragener Missstände im Registrierungs- und Entschädigungsprozess das MPF über die Notwendigkeit einer solchen öffentlichen Versammlung informierten. Für die meisten Betroffenen war die Versammlung seit Beginn des Registrierungs- und Entschädigungsprozesses die erste Möglichkeit, verantwortlichen öffentlichen und privaten Vertreter*innen gegenüberzutreten und ihre eigenen Perspektiven auf den Prozess zu schildern. So waren auf dieser Versammlung Repräsentant*innen mit Entscheidungsgewalt von Ibama, FUNAI, DPU, des Präsidentschaftssekretariats und der BNDES sowie von Norte Energia anwesend. Entsprechend lang war die Liste der Redebeiträge Betroffener. In einem eigenen Beitrag während der Versammlung sprach Gabriela von der zwei Jahre zuvor stattgefundenen Präsentation der RUCs, in der ihnen diese als das „Paradies" (TB5d, 12.11.14) geschildert wurden, mit Backsteinhäusern für alle, kompletter Infrastruktur und sozialpolitischen Programmen zur Unterstützung der Zugezogenen; Versprechen, die nicht eingehalten wurden. Sie wendete sich schließlich direkt an den Vertreter Norte Energias:

> Viele Male habe ich Norte Energia aufgesucht, aber nie gelangte ich bis zu dem *Senhor*. Aber heute wird mich der *Senhor* hören, ob er will oder nicht. Ich möchte weiterhin in der Nähe von Terezinha wohnen, die meine Kleidung macht; in der Nähe von Rai, die meine Haare macht; mein Essen dort in dem Supermarkt von Raimundo kaufen. Und ich möchte weiter mit meinen Nachbarn zusammenwohnen, mit denen ich seit fast 30 Jahren zusammenlebe. Da es [aufgrund der punktuellen Umsiedlung] so aber nicht mehr sein wird und aufgrund des Leidens, dass wir seit zwei Jahren wegen dieser Aussicht erfahren, ist die Mehrheit der Frauen heute krank, hat Depressionen, Schlaflosigkeit. (TB5d, 12.11.14)

In diesem Beitrag versuchte sie das Leiden und die prekäre Situation vieler Betroffener durch die genaue und namentliche Schilderung gemeinschaftlicher und privater Gewohnheiten konkreter, greifbarer und auf diese Weise für die Anwesenden nachvollziehbarer zu machen. Vor dem Hintergrund der Missachtung Norte Energias verdeutlichte sie durch diese Darstellung die Bedeutung des sozialen Netzes und der nachbarschaftlichen Gemeinschaft. Die Namensnennung reproduzierte im Moment des Redebeitrags die wechselseitige Anerkennung der Bewohner*innen und ihrer Funktionen untereinander. Gabriela präsentierte sich bei diesem Beitrag keineswegs als vulnerable, alte Frau. Für ihren Beitrag stieg sie die Stufen zu dem erhöhten Podium der anwesenden Vertreter*innen hoch und sprach direkt die Repräsentanten Norte Energias und der Bundesregierung an. Ihr entschiedenes Auftreten und die energische Vortragsweise sorgten für eine starke Präsenz im Raum.

7.2 Enteignung kollektivieren 187

Diese temporäre Raumaneignung wurde von dem Publikum, dem sie sich immer wieder zuwendete, durch Applaus unterstützt und mitgetragen. Als sie schließlich ankündigte, ein von ihrer Nachbarschaft entworfenes Dokument vorlesen zu wollen, merkte der Koordinator der Versammlung an, dass angesichts der anstehenden Redebeiträge keine Zeit dafür sei. Sie bestand jedoch darauf, habe sie doch 45 Minuten gewartet, bis die Versammlung nach der Mittagspause verspätet fortgesetzt wurde. Das Dokument der Nachbarschaft schilderte aus deren Perspektive den Ausschluss der Betroffenen aus jeglicher Entscheidungsfindung. Zahlreiche Treffen ergaben keine Ergebnisse, anstelle von Vereinbarungen unterschrieben sie lediglich die Anwesenheitslisten. Das Dokument spielte damit auf die im PBA geforderte Partizipation der Bevölkerung und die Einbindung der Nachbarschafte in die Entscheidungsprozesse an:

> Es gab weder Transparenz noch Respekt in der Steuerung dieses Prozesses und deshalb wurde diese Bedingung nicht erfüllt. Die Bevölkerung wurde nicht angehört, der Prozess der Registrierung wurde auf unbefriedigende Art und Weise durchgeführt und ignorierte unsere kulturellen und sozialen Besonderheiten. (TB5d, 12.11.14)

Abbildung 12: An der audiência pública Teilnehmende fordern konkrete Beschlüsse ein (eigene Aufnahme, 2014)

Während die Erwähnung der kulturellen und sozialen Besonderheiten nochmals die oben zitierte alltagsweltliche Schilderung unterstrich, wurde das Recht der Bevölkerung auf Anhörung, deren Einforderung die gesamte Versammlung unterlag, durch die raumaneignende Präsenz und das Bestehen auf das Vorlesen des Dokumentes zeitweise eigenständig eingeholt. Scheinbar private Nöte und banale alltagsweltliche Schilderungen erhielten in diesem Rahmen einen grundsätzlich politischen Charakter. Es erfolgten in dieser Versammlung zahlreiche ähnliche, kämpferische Beiträge, die vom Publikum meist durch Applaus und Zurufe unterstützt wurden und ihre Aneignung der Versammlung als ein Raum des Gehörtwerdens verdeutlichte. Antwortete eine*r der anwesenden Repräsentant*innen nicht auf eine aus dem Publikum gestellte Frage, wurde die Antwort lautstark eingefordert. Als sich die Versammlung schließlich dem Ende neigte und Beschlüsse und weiteres Vorgehen schriftlich festgehalten werden sollten, versammelte sich ein Teil des Publikums um das Podium herum und versuchte, sich durch Forderungen bestimmter Inhalte und konkreter Formulierungen in die Ausarbeitung dieser einzubringen (vgl. Abb. 12).

Neben dem Beschluss, die DPU in Altamira schnellstmöglich und zunächst mit wechselnder Besetzung einzurichten, wurde die Bildung eines interinstitutionellen Schlichtungsrates (*Câmara de Conciliação*) vereinbart. Zweck dieses Schlichtungsrates sollte die Vermittlung zwischen Norte Energia und Enteigneten sein, die im Registrierungs- und Entschädigungsprozess Probleme jeglicher Art erfahren hatten. Alle an der Versammlung teilnehmenden Einheiten, inklusive zunächst auch Norte Energia, sagten ihre Teilnahme an dem Rat zu. Der Beschluss traf unter der betroffenen Bevölkerung auf breite Zustimmung. Dennoch bestanden Bedenken, ob dieser angesichts des fortgeschrittenen Enteignungs- und Umsiedlungsprozesses überhaupt in der Lage sein könne, dem Ausmaß an Unstimmigkeiten und Rechtsverletzungen gerecht zu werden (vgl. Gsp63b, 22.11.14). Diese Bedenken wurden schließlich auch in der ersten öffentlichen Versammlung des Rates am 13. Januar geäußert[52] und durch die Abwesenheit Norte Energias verstärkt, die, wie die Staatsanwältin Thais Santi mitteilte, aus der Empfehlung des MPF resultierte, der DPU den Vorsitz des Schlichtungsrates zu übergeben. Auf dem zweiten Treffen des Schlichtungsrates am 02. Februar[53], wartete das MPF noch immer auf einen Gegenvorschlag des Konsortiums. Die Befürchtung der Teilnehmenden, dass Norte Energia nicht Teil des Rates sein würde, bewahrheitete sich schließlich und schwächte den Rat entschieden. Die Idee des Rates, einen Raum der Anhörung einzurichten, der allen Betroffenen zugänglich sein und die interinstitutionelle Klärung unterschiedlicher Formen von Rechtsverletzungen sowie die Sammlung und gebündelte Weitergabe von Informationen an die DPU ermöglichen sollte, wurde infolgedessen nicht umgesetzt (R17a und R17b, 02.02.15).

Die Ribeirinh@studie des MPF als alternatives juristisches Instrument

Ende des Jahres 2014 und in den ersten Monaten von 2015 begannen Ribeirinh@s das Büro Xingu Vivo sowie das MPF aufzusuchen und sie über ihre prekäre Lage

---

52 Teilnehmende: Repräsentant*innen des MPF, der DPU, der FUNAI, Ibamas, des Präsidentschaftssekretariats, des ISA, der indigenen Bevölkerung in Form der Vereinigung INKURI sowie der sozialen Bewegungen Xingu Vivo und MAB.
53 Teilnehmende: Repräsentant*innen des MPF, der DPU, der FUNAI, der UFPA, des ISA, der indigenen Bevölkerung in Form der Vereinigung INKURI sowie der sozialen Bewegungen Xingu Vivo und MAB

7.2 Enteignung kollektivieren

zu informieren. Etwa zeitgleich intensivierte die Vereinigung der indigenen Ribeirinh@s ihren Kampf, konnte trotz ihrer formalen Einbindung in das PBA-CI jedoch keine entsprechenden infrastrukturellen Leistungen erkämpfen (vgl. Kap. 6.2.1). Das Ausmaß der problematischen Situation der Ribeirinh@bevölkerung wurde auf diese Weise sukzessive ersichtlich. Gängige juristische Vorgehensweisen schienen in diesem Fall jedoch keine Aussicht auf Erfolg zu bieten. Durch die Erfahrungen der durch das MPF gestellten, zahlreichen unbearbeiteten oder letztendlich gescheiterten Anzeigen stellten diese angesichts der Dringlichkeit der Situation keine Option dar. Die Idee der Studie bezeichnete Santi daher als eine kreative Alternative:

> Als mir die Ernsthaftigkeit dessen, was das Konsortium mit den Siedlungen der Ribeirinhos anstellte, bewusstwurde – wenn wir gerichtlich vorgehen würden, dann hätten wir keinerlei Aussichten auf Erfolg, nicht wahr?! Die Untersuchung also, was ist sie, sie ist eine Alternative, eine kreative Option. [...] Die Untersuchung bot die Möglichkeit, dass man eine Menge Institutionen hierherholen könnte, eine Menge. Ich sage eine Menge, denn ich rief alle an, damit sie hierherkämen. [..] Es kam der Nationale Rat für Menschenrechte, es kam Ibama, es kam FUNAI [aus Brasília], es kam das Sekretariat für Menschenrechte, das Casa de Governo... (Int93, 08.10.15)

Die tatsächliche Teilnahme all dieser Institutionen an den empirischen Arbeiten führte Santi zu einem Teil auf die Präsenz des in Brasilien renommierten Bundesstaatsanwalts für Bürgerrechte des MPF zurück. Seine Anwesenheit machte einmal mehr die Dringlichkeit der Situation deutlich: „Sie mussten kommen" (Int93, 08.10.15). Die Besuche der Wohnorte der Ribeirinh@s im *beiradão* oder ihrer neuen städtischenWohnorte machte den Teilnehmer*innen nach Aussage Santis und des daraufhin erschienenen Berichts (vgl. Ministério Público Federal, 2015) das Ausmaß der Deterritorialisierung der Ribeirinh@s und deren prekäre Umstände bewusst. Letztendlich trafen sie von sich aus die Entscheidung, in den Prozess einzugreifen:

> [Ich] habe Ibama nicht darum gebeten sich zu äußern, aber Ibama redete, das Fischereiministerium redete, alle redeten. Alle äußerten sich im Rahmen ihres Einflussbereichs und das alles erreichte Norte Energia als eine Empfehlung der Suspendierung der Räumungen. [...] Das Präsidentschaftssekretariat übernahm die Koordinierung eines interinstitutionellen Dialogs. Also wurden alle von der Untersuchung zusammengerufen um zu diskutieren, zusammen mit Norte Energia, mit allen Bereichen der Regierung [...] Jede einzelne [Einrichtung] mit ihrem Beitrag. Und das Resultat war, dass die Regierung eine Reihe an Workshops vorschlug. (Int93, 08.10.15)

Santi betonte also, dass es nicht das MPF war, dass das weitere Vorgehen nach der Untersuchung bestimmte, sondern die Regierung mit ihren unterschiedlichen Institutionen und Behörden. Denn die Regierung sei ein keinesfalls homogenes Konstrukt und in den unterschiedlichen Abteilungen gebe es durchaus Menschen, die – insbesondere anhand derlei Eindrücke der Untersuchung – eine Zuneigung zu solchen Gruppen wie den Ribeirinh@s empfänden. Das alternative juristische Instrument der Untersuchung vor Ort zeigte in diesem Sinne eine entschiedenere Wirkung als es eine *audiência pública* hätte machen können. Zudem sei angesichts der Invisibilisierung der Ribeirinh@s diese Studie notwendig gewesen, um diese erst in das Bewusstsein der Institutionen und Behörden zu rücken, bevor man eine *audiência pública* überhaupt hätte einberufen können (vgl. Grupo de Acompanhamento Interinstitucional, 2017, S. 12). Santi bezeichnete die Studie im Interview deshalb als einen großen Erfolg und das daraus entstandene Projekt einer kollektiven Wiederansiedlung inklusive der Vergabe einer Verwaltungsmacht an die Ribeirinh@s als eines, „das sehr interessant sein könnte" (Int93, 08.10.15) (vgl. Kap. 7.3.4). Es hänge allerdings von Garantien seitens der Regierung und insbesondere Ibamas ab, da sie befürchtete, dass sich in Zeiten der damaligen Regierungskrise die Haltung der Regierung schlagartig ändern könne. Auch sei sie unsicher, wie sich Norte Energia im Verlauf des Projektes verhalten würde. Der komplizierte Charakter eines solchen interinstitutionellen Dialogs zeigte sich während eines internen Treffens der Einrichtungen am Vortag der *audiência pública*, als sich Kommunikationsprobleme und unklare Positionen insbesondere zwischen Ibama und Norte Energia zeigten (vgl. TB33, 28.09.15).

Die Rolle der öffentlichen Verteidigung (DPU)

Obwohl die Bemühungen des institutionellen Unterstützungsnetzwerks der Betroffenen der Kollektivierung der Probleme galten, waren die durch die Praxis der individuellen Verhandlungen hervorgerufenen Probleme derart dringlich, dass sie eine ebenfalls individualisierte Antwort erforderten. In dieser Hinsicht öffnete sich mit der Ankunft der DPU für die Betroffenen ein zuvor verschlossenes Verhandlungsfenster. Der damalige Vorsitzende der DPU hatte bereits im Jahr 2011 versucht, eine Niederlassung in Altamira zu erwirken (vgl. Int108, 22.03.15). Damals war die Vulnerabilität der lokalen Bevölkerung und die Ausmaße der sozialen Folgen eines solchen Großprojektes an sich mehrenden Fällen von Menschenhandel erkennbar geworden. Aufgrund der damals bestehenden Bindung der DPU an die Bundesregierung wurden die Anfragen jedoch zurückgewiesen. Im Jahr 2013 und nochmals 2014 erkämpfte die DPU eine Verfassungsänderung, die ihr ermöglichte, eigenständig ihren Haushaltsplan zu erstellen und ihn mit den entsprechenden finanziellen Forderungen bei der Bundesregierung einzureichen. Obwohl diese laut Verfassungsänderung die Autonomie der DPU akzeptieren und die Mittel bereitstellen muss, habe die damalige Präsidentin Dilma laut Schilderungen der Verteidigerin Rita Cristina de Oliveira sowohl 2014 als nochmals 2015 eigenhändig Mittel gestrichen, so dass die DPU zweimal vor Gericht ziehen musste, um die Wiederherstellung der Mittel zu erzwingen (vgl. Int108, 22.09.15). Als die Dringlichkeit einer Niederlassung in Altamira nicht zuletzt im Rahmen der *audiência pública* vom November 2014 eklatant wurde, schickte die DPU auf freiwilliger Basis und im zweiwöchigen Wechsel Teams von Verteidiger*innen und Angestellten nach Altamira – ein Zustand, den Oliveira aufgrund der schwierigen Umstände als den einer pro forma Anwesenheit bezeichnete. Während die Zukunft der DPU bis dato stets ungewiss blieb, erreichten sie im September 2015 schließlich die Verstetigung der Niederlassung. Von zu Beginn insgesamt etwa 2.000 Fällen konnten die Verteidiger*innen pro Tag 30 neue Fälle aufnehmen. Zum Zeitpunkt des Interviews mit dem Koordinator Nóbrega Anfang März 2015 wurden knapp 500 Fälle betreut, von denen für gut 100 bereits eine Lösung gefunden war (Int102, 05.03.15). Im September 2015 waren es bereits 3.000 Prozesse, die zwei Verteidiger*innen und zwei Angestellte betreuen mussten. Wie Oliveira es ausdrückte, seien sie eigentlich zu spät nach Altamira gekommen:

> Wir versuchen also, diese Schäden, die die Bevölkerung erlitten hat...denn es ist ein Prozess der Gewalt von „Entwicklung", das ist schon eine feste Tatsache; wir können nur versuchen, die Folgen zu mindern, nicht wahr?! Genau genommen im Nachhinein. [...] Dass sich die Firma für die Wiederherstellung der Lebensformen der Betroffenen verantwortet, das ist unser Ziel. Tatsächlich kamen wir ein bisschen spät, oder?! (Int108, 22.03.15)

Stattdessen wäre es sinnvoll gewesen, schon zu Beginn des Großprojekts vor Ort zu sein und die Bevölkerung über ihre Rechte aufzuklären. Denn dass sie laut PBA zahlreiche Rechte und Norte Energia Verantwortungen gegenüber der Bevölkerung hätten, so die Verteidigerin, sei vielen gar nicht bewusst. Es habe also weder staatliche Politik gegeben, die die Stadt infrastrukturell auf das Großprojekt vorbereitete, noch solche, die die Bevölkerung rechtlich vorbereitete (Int108, 22.03.15). Das Aufgabengebiet der DPU in Altamira galt nur der Behandlung von Fällen rund um die städtischen RUCs. Wenn diese Einordnung auch die Trennung des PBA und Norte Energias in einen strikt ländlichen und städtischen Raum reproduzierte, so war sie doch dem aus dieser Trennung resultierenden rechtlich unterschiedlichen Rahmen sowie der Tatsache geschuldet, dass die personell eingeschränkte DPU nicht in der Lage war, alle Fälle zu bearbeiten und nach Aussage Nóbregas bereits mit dem beschränkten Aufgabengebiet mehr als ausgelastet war (Int102, 05.03.15). Aufgrund der Anwesenheit nur eines Richters in Altamira und entsprechend langer Bearbeitungszeit juristischer Prozesse und angesichts der Dringlichkeit der Anliegen bevorzugte die DPU direkte Verhandlungen mit Norte Energia, deren Erfolgsquote nach Angaben Nóbregas mit etwa 70 Prozent sehr hoch sei. Nur bei den übrigen Fällen, für die keine Lösung gefunden werden konnte, würden juristische Prozesse eingeleitet. Es gebe jedoch Familien, die erst kürzlich und somit nach dem von Norte Energia bestimmten Registrierungsstopps im Jahr 2011 nach Altamira gezogen seien und denen die DPU nicht helfen könne. Während diese Regelung offiziell zum Schutz der Bewohner*innen vor solchen potentiellen Invasoren erlassen wurde, die in der absoluten Minderheit seien, würde sie nach Meinung Nóbregas stattdessen gegen diese angewendet. So sei dieser Registrierungsstopp nicht eindeutig kommuniziert worden. Nur Dokumente, die ein Datum vor dem Stopp aufwiesen, würden akzeptiert. Problematisch sei diese Regelung auch in Bezug auf Investitionen, die nach 2011 in am Wohnhaus betriebenen kleinen Gewerben wie beispielsweise Imbissen, kleinen Märkten oder Werkstätten getätigt wurden und die der Regelung nach nicht entschädigt würden (vgl. Gsp71, 21.01.15).

7.2.2 Soziale Bewegungen und die Organisierung der Wohnbevölkerung

Die formal rechtlichen Möglichkeiten durch das MPF und die DPU ersetzten nicht die zentrale Rolle, die die sozialen Bewegungen in der Bewusstseinsbildung, Aufklärung und Organisierung[54] der betroffenen Bevölkerung spielten. Wie die Staatsanwältin Santi erklärte, seien diese Arbeit und die dadurch mögliche Kollektivierung der Probleme essentiell, weswegen der Zusammenarbeit zwischen ihnen, dem MPF und der DPU eine große Bedeutung zukäme (R17a, 02.02.15). Die sozialen Bewegungen waren jedoch durch die intern bedingte Fragmentierung der Widerstandskultur (vgl. Kap. 5.3.3) und durch das Vorgehen Norte Energias, das beispielsweise MAB, Xingu Vivo und die indigene Bewegung nach deren Aussagen gegeneinander ausspielte, stark geschwächt (vgl. Kap. 6.2.1). Viele neue Akteur*innen traten stattdessen auf. So gewannen insbesondere die relativ jungen Vereinigungen der städtischen Indigenen an Einfluss, darunter die Vereinigung INKURI der Ethnie Curuaia, die durch eine effektive Mobilisierung ihrer Mitglieder bei Treffen mit Mitarbeiter*innen von Norte Energia und APOENA Einigungen über während des Registrierungs- und Entschädigungsprozesses entstandene Rechtsverletzungen erzielen konnte (vgl. Int25, 25.02.15; TB15, 14.01.15). Auch der Vereinigung der indigenen Ribeirinh@s, Tyoporemô, gelang es durch die Mobilisierung ihrer Mitglieder, sich als Akteurin zu positionieren und in Verhandlung mit Norte Energia zu treten (vgl. Kap. 6.2.1). Auf Nachbarschaftsebene bestätigten Initiativen wie die der Gruppe um Gabriela aus dem Viertel *Açaizal* die Wirkungskraft von Selbstorganisierung und einvernehmlichem Handeln. Zwar war es der Gruppe nicht gelungen, eine Vereinigung der von Belo Monte Betroffenen zu bilden (vgl. Anmerkungen dazu in Kap. 7.1.2). Zu groß war ihrem Bericht zufolge die Schwierigkeit, die dispersen und mit ihren Angelegenheiten beschäftigten Betroffenen über den gesamten Bereich der *ADA Urbana* hinweg zu erreichen und zu mobilisieren. Stattdessen organisierte sich die Gruppe auf nachbarschaftlicher Ebene und konnte dadurch bemerkenswerte Erfolge erzielen. Konkrete Errungenschaften dieser Mobilisierung waren die Wertung *Açaizals* als Zentrum und entsprechend höhere Entschädigungen der Häuser und Grundstücke. Es seien demnach vor allem die gemeinsame Bewusstseinsbildung und der gemeinschaftliche Austausch über ein wirkungsvolles rechts- und selbstbewusstes Auftreten in den individuellen Verhandlungen gewesen, die manche dazu befähigt hätten, nicht nur erfolgreich ihr Recht auf ein Haus einzufordern, sondern das ihnen zugewiesene gegen ein Haus in der Nähe ehemaliger Nachbar*innen zu tauschen (Gsp61, 05.03.15). Gabriela selbst habe das Recht auf ein Haus zugesprochen und darüber hinaus ein Grundstück doppelter Größe und eine zusätzliche hohe Entschädigungssumme bekommen. Mit dem Geld wolle sie nun auf ihrem Grundstück ein Haus für ihren Sohn bauen lassen, der selbst kein Haus bekommen habe. Wie Gabriela aber mehrmals

---

54 Der Begriff der Organisierung verdeutlicht gegenüber dem eher statischen Terminus der Organisation den prozesshaften und emanzipierenden Charakter des Sich-selbst-Organisierens und wird deshalb für den Prozess der Selbstorganisation der Gemeinschaften verwendet (vgl. Kap. 6.1).

betonte, sei der zentrale Erfolg der Bewegung gewesen, Anerkennung und Respekt von dem Konsortium erkämpft zu haben. Angesichts des erschöpfenden und häufig deprimierenden Kampfes und ihres bis vor kurzem vorherrschenden Gefühls, ihr Leben würde zu Ende gehen, sei dies sehr zufriedenstellend (Gsp61, 05.03.15).

Herausforderungen der sozialen Bewegungen: Fragmentierung und Kriminalisierung

Aufgrund Gabrielas Erfahrung in Politik und politischem Widerstand sowie andere erfahrene Schlüsselpersonen der Nachbarschaft wie eine langjährige indigene Aktivistin war es der Nachbarschaft in *Açaizal* möglich gewesen, eine eigene Bewegung zu bilden. Andere Nachbarschaften verfügten jedoch nicht über ein solches Erfahrungs- und Wissenskapital und waren auf die Expertise der in der Region aktiven sozialen Bewegungen Xingu Vivo und MAB angewiesen. Diese hatten seit der Implementierung Belo Montes jedoch an öffentlichem Ansehen und Einfluss eingebüßt, was die Koordinator*innen mit den Folgen einer Fragmentierungsstrategie des Konsortiums begründeten. Aktivist*innen von Xingu Vivo erzählten, dass indigenen *lideranças* regelrecht gedroht wurde, dass sie keine Leistungen mehr bekämen, würden sie weiter mir Xingu Vivo zusammenarbeiten (vgl. Gsp57, 28.02.15; Kap. 6.2.1). Die Kooptierung vieler Indigener schuf einen Bruch im Verhältnis zwischen Xingu Vivo und der indigenen Bevölkerung: „Vorher hatten wir immer ein sehr gutes Verhältnis. Was diese Spaltung verursacht hat, war dieses Entwicklungsmodell von Belo Monte" (Int2, 05.03.15). Diese Perspektive übertrug sich auch auf die Mehrheitsgesellschaft Altamiras, wie eine mit Xingu Vivo assoziierte Aktivistin vermutete:

> Vor vier Jahren war Xingu Vivo das AIDS-Virus. Die Bevölkerung konnte ihm nicht näherkommen, weil sie sich sogleich angesteckt und keine gute Verhandlung mit Norte Energia hätte machen können. [...] Der Prozess der Implementierung solcher Großprojekte trennt zuerst Familien, dann isoliert er die Gruppen, die dagegen kämpfen. Über die Medien unternimmt es eine Hirnwäsche, über Vermittelnde, die es unter das Volk schickt, um das Volk zu betrügen, um zu sagen: Wenn ihr weiter diesen Bewegungen folgt, dann bekommt ihr keine gute Verhandlung. (Int19a, 16.12.14)

Als besonders schwerwiegend scheint darüber hinaus ein Prozess der Kriminalisierung der sozialen Bewegungen und ihrer Führungspersonen zu wirken, der von allen Widerstandsgruppen wiederholt geäußert wurde. Neben regelmäßigen Strafen für widerständige Personen infolge von Baustellenbesetzungen (vgl. Kap. 6.2.2) ging das Konsortium insbesondere gegen die Führungspersonen Xingu Vivos und MABs vor. Diese haben zahlreiche Prozesse sowie richterliche Verfügungen gegen sich, die ihnen verbieten, sich dem privaten Gelände der Baustellen zu nähern, wobei bei Missachtung Geldstrafen in Höhe von 50.000 Reais gezahlt werden müssen. Ein Koordinator von MAB nannte dies „einen Prozess der de facto Einschüchterung der Führungspersonen" (Int11, 22.10.14). Dafür bekomme das Konsortium staatliche Unterstützung, zum einen durch das Militär auf den formal privaten Baustellen und zum anderen durch die Kooperation mit der Justiz. Die Koordinatorin von

Xingu Vivo sprach von der psychischen Belastung dieser „Versuche der psychischen Demoralisierung" (Int3, 07.10.15). So seien es „beleidigende Prozesse, die nur versuchen, mich zum Schweigen zu bringen und dass ich mich von der Fortsetzung meines Kampfes gegen Belo Monte zurückziehe" (Int3, 07.10.15). Eine jüngere Aktivistin von Xingu Vivo, die seit 2013 vermehrt in der Bewegung aktiv wurde, erzählte, dass Funktionär*innen von Norte Energia auf die damals bei Xingu Vivo aktiven Jugendlichen und jungen Erwachsenen zugegangen seien und ihnen Geldsummen angeboten hätten, wenn sie von der Bewegung Abstand nähmen (Int21a, 18.03.15). Ihr selbst seien 5.000 Reais angeboten worden, anders als viele andere habe sie jedoch abgelehnt und sei der Bewegung treu geblieben. Andere hätten angefangen, in dem Großprojekt zu arbeiten, so dass Xingu Vivo beinahe die komplette Basis junger Menschen verlor.

Mit der Wiederaufnahme des Großprojektes unter der regierenden Arbeiterpartei PT entfernten sich Teile der Bewegungen vom Kampf gegen Belo Monte, weil sie der PT nahestanden und weil sie sich die Finanzierung eigener Projekte von dem Budget des PDRSX erhofften, beziehungsweise wie im Falle der FVPP die Mittelvergabe im Sinne ihrer Ziele beeinflussen wollten. Es zeigte sich in dieser Hinsicht die fatale Wirkung der Machtübernahme der PT für die traditionelle Widerstandskultur der Region, die durch ihr geeintes Auftreten über die 1980er und 1990er Jahre hinweg großen regionalen Einfluss entwickelt hatte (vgl. Kap. 5.3.3). Thais Santi vom MPF äußerte diesbezüglich die Vermutung, dass gerade aufgrund dieser Verwurzelung der Widerstandskultur in den Strukturen der PT diese die einzige Partei gewesen sei, der durch die Kooptierung von Parteimitgliedern und die daraus resultierenden internen Konflikte das Aufbrechen des Widerstands gegen Belo Monte gelingen konnte (Int93, 08.10.15). Ein ähnlicher Konflikt äußerte sich auch im Verhältnis zwischen den noch aktiven Bewegungen MAB und Xingu Vivo. So beschuldigte Xingu Vivo MAB aufgrund deren traditioneller Nähe zur PT der Verhandlung und Kooperation mit der Bundesregierung (vgl. Int20, 18.03.15). MAB, die die Ursache der Politik großer Wasserkraftwerke aus einer marxistischen Perspektve heraus eher in der Logik und Dynamik des globalen Kapitals verortet und weniger in der Ausrichtung der damaligen PT-geführten Bundesregierung, kritisierte wiederum die Haltung Xingu Vivos, jegliche Verhandlungsoptionen abzulehnen und auf einem „Stopp Belo Monte"-Diskurs zu verharren. Die Bewegungen habe sich dadurch von den Perspektiven und Bedürfnissen der Betroffenen entfernt (vgl. Int11, 22.10.14). Diese ideologischen Differenzen schwächten den lokalen Widerstand nicht nur in absoluter Hinsicht, sondern des Öfteren auch durch parallele, aber nicht aufeinander abgestimmte Aktionen, die sich gegenseitig behinderten. Im Folgenden wird die politische Arbeit und strategische Ausrichtung MABs und Xingu Vivos anhand von Beispielen erläutert.

7.2 Enteignung kollektivieren

Die Arbeit von MAB und die Demonstration vom 11. März 2015

Ähnlich wie Xingu Vivo hatte auch MAB zu Beginn der Implementierung Belo Montes in den Jahren 2009 bis etwa 2012 eine Ausrichtung des Widerstands gewählt, die sich gegen den Bau des Wasserkraftwerks richtete. Durch eine mediale und internationale Ausrichtung konnte diese Strategie außerhalb Brasiliens große Aufmerksamkeit gewinnen. Ein Koordinator von MAB bezeichnete dieses Nein jedoch als eine arrogante und exklusive Nachricht, die die Mehrheit der lokalen Bevölkerung ausgeschlossen habe (GInt22b, 19.03.15). Denn diese sei nicht zwingend gegen Belo Monte gewesen, da Norte Energia mit ihren Versprechungen genau den Nerv der Zeit und die Bedürfnisse der lokalen Bevölkerung getroffen habe:

> [...] [W]ir verharrten nur in dem Diskurs „Stopp Belo Monte" und wir hatten Schwierigkeiten zu erfassen, was die Forderungen waren, die die Menschen für den Widerstand gegen Belo Monte vereinen würden. Und es gab viele Forderungen hier, diejenigen, die Norte Energia für sich gewinnen konnte: zum Beispiel, ich gebe euch Wohnraum, ihr werdet Schulen haben, ihr werdet gut entschädigt werden. [...] Die Bevölkerung war für Belo Monte, nicht, weil sie Belo Monte oder Staudämme mag, oder weil sie der Umwelt keinerlei Beachtung schenkt, im Gegenteil. Die Bevölkerung war für Belo Monte, weil sie darin die einzige Möglichkeit sah, ein Haus zu haben, eine Arbeit, die Gesundheit zu verbessern, Dinge die, wie wir jetzt sehen, sich nicht bewahrheitet haben. (GInt22b, 19.03.15)

Es war also notwendig zu verstehen, warum große Teile der lokalen Bevölkerung Belo Monte positiv gegenüberstanden. Es mussten qualifizierte und konkrete Forderungen entwickelt werden, die die Bevölkerung erreichen konnten. Deshalb versuchte MAB der betroffenen Bevölkerung zu vermitteln, dass ein solches Großprojekt keine Bedingung für das Recht auf Wohnraum sei, sondern dass es bereits ein entsprechendes Gesetz für dieses Recht und politische Programme gebe. Eine Organisierung der Bevölkerung bedeutete also zunächst ihre Aufklärung über ihre Rechte. Darüber hinaus sollte ihnen die Logik solcher Großprojekten und der dahinterstehenden Machtstrukturen und Profitinteressen vermittelt werden, da diese grundlegend für den Entzug ihrer Rechte sei. Für diese Arbeit eigneten sich nach Aussage des Koordinators die Nachbarschaften als Basisgruppen, da bei ihnen bereits soziale und organisatorische Strukturen bestanden und langfristig eine autonome Arbeit ohne die konkrete Hilfe der Koordinator*innen von MAB möglich erschien (vgl. Int11, 22.10.14). Dazu wurden in den Nachbarschaften zunächst Personen gesucht, die mithilfe der Unterstützung durch entsprechendes Informationsmaterial von MAB die Koordination der zukünftigen Basisgruppen übernehmen konnten. Diese hatten schließlich eine Größe von zehn bis 15 Personen, die sich einmal im Monat trafen, um im Sinne einer politischen Basisbildung oben genannte Aspekte zu besprechen und die konkreten Forderungen der Gruppe zu diskutieren. Dies sei eine Strategie, die nach Meinung des Koordinators von MAB sehr gut funktioniere:

> Es ist also an sich eine schwierige Arbeit. Aber im Grunde ist sie einfach. [...] Man arbeitet mit denjenigen, die tatsächlich an dem Problem, die Rechte der Gemeinschaft zu garantieren, interessiert sind. [...] Was ist die zentrale Forderung dieser Personen? Es ist die Garantie des Rechts auf Wohnraum. [...] Man muss den ersten Schritt machen, man nimmt Personen, die noch nicht

> in einem Prozess der Organisierung auf diesem Level involviert waren. Heute befinden sie sich bereits in der Phase des Kampfes, sie wissen, dass es nicht Norte Energia ist, die ihnen Wohnraum geben werden. [...] Wenn sie nicht kämpfen, dann werden sie diese Garantie auf Wohnraum sicher nicht bekommen. (Int11, 22.10.14)

Durch diesen Schritt öffne sich ein Fenster für den Dialog mit der Gesellschaft. Um ein umfassenderes Bewusstsein zu entwickeln, würden in einem zweiten Schritt Aspekte diskutiert, die über den Wohnraum hinausgehen. Dies seien Themen wie das Recht auf Gesundheit oder Bildung oder der hohe Strompreis in Pará und die Privatisierung des Energiesektors:

> Es scheinen also neue Forderungen einzufließen. Dies ist eine interessante Dynamik, weil sich die Personen bis dahin noch nicht mit dieser Realität beschäftigt haben, mit diesen Problemen. Sie fangen also an, sich mit diesen Fragen zu beschäftigen und darüber zu reflektieren. (Int11, 22.10.14)

Diese Strategie intendiere die Emanzipation und die Ermächtigung der Betroffenen, damit diese in der Lage seien sich selbst zu repräsentieren. So sei es ein Unterschied, ob man ein Treffen mit Norte Energia und fünf Repräsentant*innen mache oder ob 40 Menschen erschienen und organisiert ihre Forderungen stellten: „Es ist viel schwieriger 40 Menschen zu betrügen oder zu belügen als fünf" (Int11, 22.10.14). Die organisierten Basisgruppen stellten auch die Grundlage für Nachbarschaftsvereinigungen in den RUCs dar, deren Formierung aufgrund der dispersen Umsiedlungen zwar zunächst schwierig war, die sich aber ab Beginn des Jahres 2015 erst in Jatobá und schließlich auch in den übrigen RUCs bildeten und eine wichtige Voraussetzung für die Einforderungen infrastruktureller Maßnahmen und die sukzessive Aneignung der neuen Viertel darstellten (vgl. Gsp42, 09.03.15).

Die Demonstration am 11. März 2015 war auch eine Demonstration dieser Organisierung. Die unterschiedlichen sozialen und beruflichen Gruppen bildeten Blöcke und machten ihre Forderungen durch Transparente oder, besonders deutlich im Fall der *carroceir@s* (vgl. Kap. 6.2.3), durch ihre Präsenz als solche sichtbar. Der Weg des Demonstrationszugs durch die Innenstadt und die anliegenden, dicht besiedelten Wohnviertel bis zum RUC Jatobá und den Sitz Norte Energias sowie die regelmäßigen Redebeiträge, die über Lautsprecher übertragen wurden, erzielten große Aufmerksamkeit bei der Stadtbevölkerung. An der Niederlassung Norte Energias gab es weitere Redebeiträge. Als mehrmalige Versuche der Kontaktaufnahme und der Forderung direkter Verhandlungen mit führendem Personal des Konsortiums nicht erwidert wurde, spannten die Demonstrierenden eine große Zeltplane auf, unter der sie ein Lager einrichteten und sich auf eine längere Anwesenheit vorbereiteten. Für alle Anwesenden wurden Getränke und warmes Essen verteilt. Einige Erwachsene nahmen mit Kindern eine überdachte Terrasse des Gebäudes ein, auf der die Kinder zu malen und zu basteln begannen. Auf einer Leine wurden einige der gemalten Bilder aufgehängt. Mehrmals wurde über Lautsprecher verkündet, dass die Protestierenden so lange und notfalls auch über Nacht bleiben würden, bis Norte Energia mit ihnen verhandele. Die Zeltplane diente somit nicht

7.2 Enteignung kollektivieren

Abbildung 13: Kinder nehmen eine Terrasse der Niederlassung Norte Energias ein (eigene Aufnahme, 2015)

nur als Sonnenschutz und das Spielen der Kinder nicht nur deren Zeitvertreib. Viel mehr war es eine Inszenierung des Privaten, durch die die prekäre Situation der Teilnehmenden als eine öffentliche Angelegenheit umgedeutet und somit Öffentlichkeit und Aufmerksamkeit eingefordert wurden. Ihre physische Präsenz, die durch die Zeltplane, die Lautsprecher und die Transparente unterstützt wurde, demonstrierte ihre soziale Existenz und wehrte sich gegen ihre Prekarisierung – das heißt, in den Worten von Butler und Athanasiou (2013, S. 18), gegen die Einnahme ihres hegemonial zugewiesenen „ordnungsgemäßen Platzes" am Rande der Gesellschaft, abseits jeglicher Kompensationsprogramme. Ihr Durchhaltevermögen brachte ein erstes Resultat: am Nachmittag wurde eine Gruppe von sechs Repräsentant*innen der jeweiligen Gruppen zu direkten Verhandlungen zugelassen. Zwar wurden in diesen Gesprächen keine direkten Lösungen gefunden. Es wurden für die jeweiligen Gruppen jedoch weitere Treffen vereinbart und so Verhandlungsprozesse initiiert. In diesem Sinne fand zumindest eine formelle Wahrnehmung der Gruppen und ihrer Anliegen statt.

Abbildung 14: Eine Zeltplane dient als Sonnenschutz sowie der Raumaneignung (eigene Aufnahme, 2015)

Die Arbeit von Xingu Vivo und die Organisierung der Frauen

Mit dem Beginn des Umsiedlungsprozesses wurden vielen Betroffenen die tatsächlichen Auswirkungen Belo Montes auf ihr Leben und die Nichterfüllung vieler Versprechen des Konsortiums und der Bundesregierung erst bewusst (vgl. Kap. 7.1.2). Viele Versprechen des Konsortiums hatten sich nicht bewahrheitet, dafür aber die Warnungen der sozialen Bewegungen, die diese zu Beginn des Registrierungsprozesses so unpopulär gemacht hatten. In dieser Phase des Umsiedlungsprozesses ab dem Jahr 2014 begann auch Xingu Vivo anstelle des früheren, radikalen Kampfes gegen den Bau des Wasserkraftwerks diesen vielmehr auf die Einforderung der Rechte der Betroffenen auf Wohnraum und faire Entschädigung zu richten. Dies geschah vor allem auf Basis der Tatsache, dass es nun Teile der lokalen Bevölkerung waren, die die Bewegung um Hilfe baten (Int19a, 16.12.14). Obwohl Xingu Vivo immer bemüht war, diese Belange in einem übergreifenden Kampf gegen das vorherrschende Entwicklungsmodell zu positionieren, orientierte sich die Bewegung nun direkt an den Bedürfnissen der Betroffenen. Das Büro Xingu Vivos wurde eine Anlaufstelle für Menschen, denen das Recht auf ein Haus abgesprochen und/oder sehr niedrige Entschädigungssummen zugewiesen wurden. Aktivist*innen

Xingu Vivos verschriftlichten diese Schilderungen in Form von Klagen und überreichten sie schließlich gesammelt dem MPF in Altamira. Da das MPF nur kollektive Belange behandeln kann, war die beidseitige Hoffnung, dass sich auf Basis dieser individuellen Fälle eines Tages eine Sammelklage durchführen oder eine Versammlung einberufen ließe. So war die *audiência pública* vom November 2014 unter anderem ein Resultat dieser Kollektivierung von Klagen.

Aus diesem Kontakt mit Betroffenen entwickelten sich regelmäßige Treffen. Die daran Teilnehmenden waren bis auf wenige Ausnahmen Frauen, die, wie nicht zuletzt auf diesen Treffen deutlich wurde, tendenziell stärker von dem Enteignungsprozess betroffen waren als Männer. So sind es in den regionalen Familienstrukturen immer noch überwiegend die Frauen, die für den Haushalt und die Kinder zuständig sind. Einige waren durch Trennung oder den Tod des Ehemanns alleinerziehend. Der Entzug ihres Wohnraumes, die ungewisse Zukunft und das Ausgesetztsein gegenüber Gewalt unterschiedlichster Form ließen viele die Brutalität des Enteignungsprozesses ganz besonders spüren. Mit dem Baubeginn Belo Montes nahm die physische Gewalt gegen Frauen und Jugendliche, darunter Morde, Vergewaltigungen, Prostitution und Menschenhandel, massiv zu (R18d, 24.02.15; vgl. auch Marin und A. d. C. Oliveira, 2016; A. d. C. Oliveira, 2013). Die Mehrheit der betroffenen Frauen, die ab Ende 2014 wöchentlich im Gebäude von Xingu Vivo zusammenkamen, waren zuvor nicht in der Widerstandsbewegung organisiert gewesen. Die Treffen sollten, ähnlich wie bei MAB, dem gegenseitigen Austausch, der Aufklärung über Rechte und auf diese Weise der Ermächtigung der Betroffenen dienen, damit sie in der Lage seien, anderen ebenso zu helfen und gemeinsam organisiert für ihre Rechte zu kämpfen (vgl. TB16, 26.01.15). In den Gesprächen wurde die psychische Belastung, die einige der Frauen empfanden, offenbar. Eine Frau erzählte unter Tränen von ihren ersten Erfahrungen des Protests auf der Straße. Anfangs habe sie sich geschämt, auf die Straße zu gehen. Sie habe immer wieder geglaubt, dass es sowieso nichts bringe. Dann habe sie jedoch gelernt, dass die Gerechtigkeit, die es in der Stadt früher gegeben habe, nicht mehr existiere. Weder in der Niederlassung von Norte Energia, noch auf der Polizeistation habe man ihr Aufmerksamkeit geschenkt. Um Aufmerksamkeit zu bekommen und Lösungen für die eigenen Probleme zu finden, gebe es nur die Möglichkeit des Kampfes (R18a, 24.02.15). Eine Aktivistin von Xingu Vivo nahm diesen Aspekt der Gerechtigkeit und der strukturellen Gewalt auf:

> Rosa hat eine sehr wichtige Sache genannt: Gerechtigkeit. Sie hat von einer persönlichen Geschichte erzählt und wir könnten sagen: „Ah, aber das ist ihr Problem". Ist es wirklich nur ihr Problem? Nun, es gibt eine Geschichte der häuslichen Gewalt. Und wenn man raus geht auf die Straße, dort gibt es sie auch. Die Gewalt zerstört gerade alle eure Häuser, jedes einzelne. Es verwüstet, es hinterlässt uns in einem miserablen Zustand. Es behandelt uns wie das Überbleibsel der Gesellschaft von Altamira. [...] Aber sie erzählt auch von einer Hoffnung für uns: Die Frauen müssen sich nicht länger ducken. (R18b, 24.02.15)

Diese Aussage bezog sich auch auf einen Protest der Gruppe am Vortag vor dem Sitz Norte Energias. Früh morgens hatte sich die Gruppe dort versammelt und die Aufmerksamkeit auf sich gelenkt, indem sie lautstark die Niederlassung betrat. Der

Protest ermöglichte ihnen noch am selben Tag eine Versammlung mit Norte Energia. Als diese Erfahrungen am Folgetag beim Treffen der Gruppe aufgearbeitet wurden, betonten Aktivistinnen Xingu Vivos den Mut der Frauen, die diesen Protest initiiert und sich, anders als die im Hintergrund verweilenden Männer, ohne Furcht dem Sicherheitspersonal Norte Energias und der schwer bewaffneten Bundespolizei gestellt hätten. Durch diese und andere Aktionen wüssten sich die Frauen nun gegen die Gewalt, die sie tagtäglich erfuhren, zu wehren und sich einzumischen (R18b, 24.02.15). Von den Teilnehmerinnen kam Zustimmung, dass sie zuvor alleine nichts erreicht und nur durch das Kollektiv der Gruppe die Kraft und Macht hätten, sich zu wehren. Auf dem Treffen in der Folgewoche verdeutlichte eine Aktivistin Xingu Vivos im Rückblick noch einmal die Notwendigkeit und die Macht der Geschlossenheit:

> Bei einer gelungenen Demonstration protestieren wir mit Mut im Gesicht, angesichts unseres Leids. [...] Also brauchen wir eine Überzeugung: Sie zerstören unseren Frieden. Das ist ganz wichtig, das vereint uns. Deshalb umarmen wir uns, mögen wir uns. Wenn wir in solch einer Situation sind, wird die Polizei kommen. [...] Sie sind dort, mit Waffen, allem. Aber ein Detail: Sie wollen uns weder töten, noch schlagen – wenn wir vereint sind. Denn ihr habt eine sehr große Kraft, denn ihr seid Frauen. Und ihr habt Kinder in eurer Mitte. (R18b, 24.02.15)

In diesem Zitat wird der Kraft der Zerstörung, die für die Aktivistin Norte Energia und die Sicherheitskräfte symbolisieren, die Macht der Kollektivität, des Zusammenhalts und der gegenseitigen Unterstützung entgegengesetzt. So trage das ganze Leid der Zerstörung, dass ihnen widerfahre, auch das Potential einer Vergemeinschaftung und kollektiver Macht. Vor dem Hintergrund der Mobilisierung der Frauen und unter Zitation der biblischen Geschichte der Apokalypse, in der es eine schwangere Frau ist, die am Ende die Bestie besiegt, resümierte die Aktivistin, dass es an den Frauen liege, ein neues Altamira zu errichten. Denn sie seien die „Schöpferinnen des Lebens" (R18b, 24.02.15). Dies hätten sie auch mit der Präsenz ihrer Kinder, die einige der Frauen zum Protest hatten mitbringen müssen, demonstriert.

In den Worten der Aktivistin zeigt sich der Versuch der Konstruktion eines Narrativs, das dem Diskurs und Verhalten Norte Energias, das sie wie das „Überbleibsel der Gesellschaft von Altamira" (R18b, 24.02.15) behandele, entgegengesetzt wird. Das Narrativ richtet sich ähnlich wie im Fall der an der Demonstration von MAB teilnehmenden prekären Gruppen (vgl. Kap. 7.2.2) gegen eine prekarisierende, hegemoniale Zuweisung des „ordnungsgemäßen Platzes" (Butler und Athanasiou, 2013, S. 18) am Rande der Gesellschaft und im privaten Raum. Stattdessen wird der gesellschaftliche Wert der Frauen, ihr Mut und in diesem Sinne ihre Handlungsfähigkeit und -macht bekräftigt. Entsprechend Honneths kritischer Theorie konstruiert solch ein Narrativ eine „kollektive Semantik" (Honneth, 2016 [1994], S. 262), die eine alternative Sicht auf die gesellschaftliche Wirklichkeit bietet und im Sinne eines „subkulturellen Deutungshorizont[s]" (ebd., S. 262) die Motivation für und die Legitimierung von einem politischen Kampf um Anerkennung bietet.

7.2 Enteignung kollektivieren

Innerhalb der Frauengruppe wurde dieses Narrativ vor dem Hintergrund des erfolgreichen Protesterlebnisses schnell aufgenommen und untereinander bestätigt. Dies äußerte sich in einem Selbstbewusstsein, das sich auch auf einer gemeinsam mit Xingu Vivo organisierten Demonstration am 06. März 2015 – der Bezug auf den internationalen Frauentag am 08. März nahm – durch das Zentrum Altamiras zeigte. Als „Frauen des Xingu" (TB22, 06.03.15) klagten sie dort die physische und strukturelle Gewalt an, unter denen Frauen seit Beginn der Implementierung Belo Montes vermehrt zu leiden hätten. Sie prangerten die Vertreibung aus ihren Häusern an und forderten mit Bezugnahme auf ihre ungewisse Wohnsituation „würdigen Wohnraum". Vor diesem Hintergrund protestierten sie gegen die zu erwartende Vergabe der Betriebslizenz und forderten auf Transparenten, Schildern und über Redebeiträge Gerechtigkeit und Respekt ein. In diesem Kontext positionierten sie sich als „Verteidigerinnen von Altamira und dem Fluss Xingu". Obwohl sie eine

Abbildung 15: Demonstration der Frauengruppe im Zentrum Altamiras (eigene Aufnahme, 2015)

relativ kleine Gruppe waren, erzeugten sie bei Passant*innen durch ihre Präsenz und den Lärm, den sie veranstalteten, große Aufmerksamkeit (vgl. Abb. 15), was ihrem Ziel der öffentlichen Demonstration ihrer physischen und sozialen Existenz sowie ihrer prekären Situation entsprach. Nachdem, wie zuvor erwartet, Norte Energia keine Reaktion auf die Demonstration zeigte, erreichte am 24. März eine Gruppe von etwa 50 Frauen gemeinsam mit einer Gruppe von *barqueir@s* in einer weiteren Protestaktion vor der Niederlassung Norte Energias direkte Verhandlungen. In diesen Verhandlungen wurde einigen Frauen schließlich das Recht auf ein Haus zugesprochen. Eine Aktivistin von Xingu Vivo schilderte den Protest als Erfolg und wichtigen Schritt:

> Es war eine sehr gute politische Aktion, weil Norte Energia immer gesagt hatte, dass diese Leute kein Recht [auf ein Haus] hätten. Heute haben sie jedoch anerkannt, dass sie dieses Recht sehr wohl besitzen. (Gsp21c, 25.03.15)

Eine Gruppe derjenigen, die an diesem Tag keinen Erfolg hatten, sah sich wenige Woche darauf mit der Aufforderung konfrontiert, ihre Häuser zu verlassen. Auslöser dafür war der Bau einer neuen Brücke, die über ihre Grundstücke im Viertel *Baixão do Tufi* verlaufen sollte. Mithilfe von Straßensperrungen und Barrieren versuchten sie, das Voranschreiten der Baufahrzeuge zu stoppen. Zehn Tage konnten sie ihre Blockade halten. Nach Angaben der Protestierenden und Xingu Vivos hatten sie jedoch durch starken Regen und ihre bereits teilweise oder vollständig zerstörten Häuser sowie konkrete Drohungen von Funktionär*innen Norte Energias und der *Polícia Militar* große Belastungen zu ertragen (vgl. Abb. 16; Gsp21c, 13.03.17). Einem von den Protestierenden und Xingu Vivo gemeinsam verfassten offenen Brief zufolge wurde ihnen neben persönlichen Anfeindungen und körperlicher Gewalt wiederholt die Räumung angedroht (Xingu Vivo, 11.04.2015). In einem weiteren Aufruf baten sie

> um die Unterstützung aller, die glauben, dass es der richtige Weg ist, zu kämpfen und niemals die eigenen Rechte preiszugeben, selbst wenn diese von denen abgestritten werden, die sie garantieren sollten. (Xingu Vivo, 14.04.2015)

Die Gesellschaft Parás zur Verteidigung der Menschenrechte (SDDH) unterstützte den Protest mit einem Schreiben an das Sekretariat für öffentliche Sicherheit des Bundesstaates Pará, in dem sie die Autorisierung einer Schutzleistung öffentlicher Sicherheitskräfte gegenüber einem privaten Unternehmen infrage stellten und diese eines brutalen Vorgehens gegenüber Frauen und anderen Betroffenen, „die demokratisch für ihre Rechte kämpfen", bezichtigten (SDDH, 15.04.2015). Einige Fälle konnten infolge der medialen Aufmerksamkeit, die das Einschreiten der SDDH verursachte, gelöst und insbesondere bessere Entschädigungen ausgehandelt werden. Auch wurden die Frauen und Familien nach Aussage der Koordinatorin Xingu Vivos anschließend etwas besser behandelt (vgl. Int3, 07.10.15.). Wenngleich sich dieser Prozess hinzog und Familien noch im Oktober 2015 „inmitten der Trümmer" der Baustelle lebten (Int3, 07.10.15), berichtete die oben zitierte Aktivistin von

Abbildung 16: Die Weigerung von Bewohner*innen des Viertels Baixão do Tufi, ihr Grundstück zu verlassen (Xingu Vivo, 14.04.2015)

Xingu Vivo in einem Gespräch im März 2017, dass ein Großteil der Frauen zu diesem Zeitpunkt die Anerkennung ihrer Rechte und die Zuteilung eines Hauses im RUC erreicht habe. Der positive Ausgang ihres Kampfes habe angesichts der Belastungen, die sie währenddessen auszuhalten hatten, zu großer Erleichterung bei den Frauen und ihren Familien geführt und sie in der Legitimität ihrer Rechtseinforderungen bestätigt. Allerdings sei diese anfängliche Erleichterung, so betonte die Aktivistin, beim Bezug der Häuser einer Ernüchterung angesichts der geringen Größe und Qualität dieser gewichen (Gsp21d, 25.03.15). Wie schon MAB plante auch Xingu Vivo die Fortsetzung und Ausweitung der Arbeit mit der Frauengruppe auch in den RUCs, um diesen und anderen Problemen zu begegnen. Von einem Aufbau gemeinsamer Strategien und Strukturen der beiden Bewegungen war in Interviews und Gesprächen jedoch keine Rede.

Vereinzelung vs. Kollektivierung

Die sozialen Bewegungen, Nachbarschaftsinitiativen oder Vereinigungen übernahmen die Aufgabe der Rechtsaufklärung und Bewusstseinsbildung der Betroffenen, die entsprechend der Verteidigerin Rita de Oliveira eigentlich die Bundesregierung noch vor Beginn des Großprojektes hätte erfüllen müssen (vgl. Kap. 7.2.1). In der

Vereinzelung und Dekontextualisierung der Probleme erkannten sie eine Systematik, der nur durch eine Kollektivierung und Organisierung der Bevölkerung begegnet werden konnte. Denn aus der Vereinzelung resultierte eine Destrukturierung des gesamten privaten Raums der Betroffenen, die über den Entzug des Hauses hinausging und die Komplexität des Enteignungsprozesses enorm erhöhte. Durch den Entzug von Rechten, sozialer Anerkennung und der Zerstörung gemeinschaftlicher Strukturen wechselseitiger Anerkennung erlebten die Betroffenen einen Eingriff in ihre private Sphäre, der sie zu einem gewissen Grad ihrer gemeinschaftlichen Handlungsfähigkeit beraubte. Die durch einvernehmliches Handeln mögliche Erzeugung von Öffentlichkeit, in der sie erscheinen und Diskurs und Praxis des Konsortiums hätten herausfordern können, wurde ihnen auf diese Weise deutlich erschwert. Die Organisierung der Betroffenen war daher eine Möglichkeit, die gemeinschaftlichen Strukturen zu rehabilitieren und zu stärken, ein politisches sowie Rechtsbewusstsein auszubilden und auf diese Weise zu Handlungsmacht zurückzufinden.

Honneth (2016 [1994]) erkennt die Möglichkeit der Rückgewinnung von Handlungsmacht bereits in der Entwicklung einer kollektiven Semantik und eines subkulturellen Deutungshorizonts, die über wechselseitige Anerkennung und Umdeutung die Konstruktion einer kollektiven Identität ermöglicht. Solch ein Deutungshorizont wurde unter anderem durch die Kontextualisierung Belo Montes in einen größeren Sinnzusammenhang von Macht- und Kapitalinteressen geschaffen, damit die entsprechende Systematik von den Betroffenen erkannt und das Verhalten verantwortlicher öffentlicher oder privater Akteur*innen eingeschätzt und eingeordnet werden konnte. Als entscheidend betrachtet Honneth in dieser Hinsicht schließlich den politischen Protest, der zum einen öffentliche Wahrnehmung und zum anderen konkrete materielle Verbesserung und/oder symbolische Anerkennung provozieren kann. Die Beispiele der Frauengruppe und der Demonstration von MAB zeigen die Bedeutung performativer Handlungen im Protest, die sich, teilweise durch die Aneignung und Instrumentalisierung restriktiver Bedingungen, ähnlich wie in den Beispielen in Kapitel 6, gegen die Zuweisung des ordnungsgemäßen Platzes und den Prozess der Prekarisierung wehren. Solche Protesthandlungen stellen innerhalb des Enteignungsprozesses Praktiken der Aneignung der Deutungsmacht über den eigenen Körper, die eigene Situation und die Position innerhalb der Gesellschaft dar. Angesichts der Vereinzelungspraxis des Konsortiums wurde in diesem Teilkapitel die Bedeutung dieser Organisierung der Nachbarschaften für die Wiedergewinnung ihrer Handlungsfähigkeit und die Möglichkeit ihres Erscheinens in der Öffentlichkeit und somit für ihre Einflussnahme auf die Aushandlung der Kategorie Eigentum verdeutlicht.

Ein Problem des Widerstands stellte dabei dessen punktueller Charakter dar. So waren es zumeist einzelne soziale oder berufliche Gruppen, die für ihre Rechte protestierten. In nur wenigen Fällen fanden gemeinsame Proteste, beispielsweise von Fischer*innen und Indigenen, *barqueir@s* und *carroceir@s* oder den unterschiedlichen Gruppen auf der Demonstration von MAB statt (vgl. Kap. 6.2.2 und 6.2.3). Die sozialen Bewegungen MAB und Xingu Vivo führten unabhängig voneinander und teils parallel Protestaktionen durch und vergaben die Möglichkeit der

Bündelung ihrer Kräfte. Den jeweiligen Aktivist*innen war dieses Problem durchaus bewusst. Als Norte Energia im Februar 2015 die Betriebslizenz erfragte und dies die stärkere Mobilisierung unterschiedlicher Betroffenengruppen hervorrief, war die Gründung des Forums zur Verteidigung Altamiras (*Foro em Defesa de Altamira* – FDA) ein Versuch, die unterschiedlichen Gruppen und sozialen Bewegungen zu vereinen und gemeinsam gegen die Vergabe der Lizenz vorzugehen. Bis auf eine Demonstration gegen die Erteilung der Betriebslizenz am 07. Mai 2015, an dem nach Angaben des Forums 20 unterschiedliche Organisationen und Gruppen teilnahmen, trat das Forum jedoch nicht weiter öffentlich auf und blieb, wie es der darin partizipierende Präsident der Vereinigung der *carroceir@s* ausdrückte, vielmehr ein Raum des Austauschs und der gegenseitigen Bildung und Orientierung (Int84, 03.10.15). Ein sukzessives Distanzieren MABs von dem Forum bestätigte erneut die Schwierigkeit der Zusammenarbeit der sozialen Bewegungen, die im Zuge der brasilianischen Regierungskrise durch die öffentliche Positionierung einiger Aktivist*innen MABs in Verteidigung der damaligen Präsidentin Dilma eine Vertiefung der ideologischen Gräben erfuhr und so das Machtpotential des Forums deutlich verringerte. Der Praxis der Vereinzelung stellten die sozialen Bewegungen ihre Praxis der Organisierung und Kollektivierung entgegen, über die sie gemeinschaftliche Werte und die soziale Funktion des Eigentums demonstrierten. Dies waren alternative Deutungen der Wirklichkeit, die über die Überschreitung dominanter Grenzen im Protest Irritationen und auf diese Weise performative Effekte erzeugten und so in Konfrontation zu einer dominanten Deutungsweise der Wirklichkeit traten. Das Hervorrufen solcher Irritationen geschah jedoch zu punktuell, als dass die performativen Effekte Verschiebungen der dominanten Bedeutungsstrukturen und Raum für die Vermittlung eines alternativen Verständnisses von Eigentum hätten erzeugen können. Es bestätigt sich das Dilemma, dass nur über die stetige Wiederholung solcher performativer Irritationen Bedeutungen in der diskursiven Ordnung verschoben werden können und dass ansonsten aufgrund der notwendigen ständigen Bezugnahme auf diese Ordnung die in ihr enthaltenen Bedeutungsstrukturen reproduziert werden. Im folgenden Teilkapitel wird das Beispiel der indigenen und nicht-indigenen Ribeirinh@s analysiert, deren eindeutigere, epistemologische Abgrenzung zu einem dominanten Eigentumsverständnis zum einen und zum anderen ihre strukturelle Unterstützung im Rahmen des Projektes der Wiederansiedlung ihre Möglichkeiten der Einflussnahme auf die Aushandlung von Bedeutungsstrukturen im Vergleich zur sonstigen Bevölkerung entscheidend vergrößerte.

7.3 EIGENTUM VOR DEM HINTERGRUND UNTERSCHIEDLICHER EPISTEMOLOGIEN

Das alles hat für mich aufgehört. Heute wohne ich weit weg von allem. Mein Kamerad ist die Einsamkeit.
(Ehemaliger Präsident der Ribeirinh@gemeinschaft Santo Antônio)

In der Analyse der im Enteignungsprozess zentralen Frage darüber, wer das Recht auf ein neues Haus und wer das Recht auf wie viel finanzielle Entschädigung hat, wird ein grundlegender Konflikt offenbar: Vielmehr als um den finanziellen oder materiellen Aspekt geht es in der Aushandlung von Enteignung um die Frage der Funktion von Eigentum und um unterschiedliche Verständnisse dieser Kategorie. Dies zeigte sich schon in der Analyse der Nachbarschaften des *baixão*. Dieser Konflikt führt somit auch entlang epistemischer Grenzen. Nach B. d. S. Santos (2010a) lässt sich in der funktionalistischen, gewinnorientierten Ausrichtung des Großprojekts Belo Monte eine der modernen, westlichen Welt entsprungene, sich als universell präsentierende Epistemologie identifizieren, die maßgeblich die darin enthaltenen Kategorieverständnisse wie die des Eigentums und das Vorgehen im Enteignungsprozess bedingt. In den Kapiteln 6.2.1 und 6.2.2 wurde bereits eine Distanz zwischen dieser dominanten Epistemologie und den Wissensformen und -praktiken der indigenen und nicht-indigenen Ribeirinh@s erkennbar, die entsprechend widersprüchliche ontologische Wahrnehmungen bedingt. Diese epistemische und ontologische Dimension des Konflikts, die am Beispiel der Ribeirinh@s besonders deutlich wird, fügt der Analyse der Aushandlung von Bedeutungsstrukturen innerhalb des Enteignungsprozesses eine wichtige analytische Perspektive hinzu. Das Projekt der Wiederansiedlung der Ribeirinh@s, das bereits in der Einleitung Erwähnung fand und mit der Zeit zum zentralen Kräftefeld des Aushandlungsprozesses von Enteignung wurde, war dabei ein konkreter Versuch der Etablierung eines alternativen Eigentumsbegriffs und erfordert daher eine Analyse der Wirkung erzielter performativer Effekte hinsichtlich potentieller Bedeutungserweiterungen innerhalb der dominanten diskursiven Ordnung.

Das Erzählen von Geschichten stellt eine wichtige Methode der Wissensvermittlung und Sozialisierung der Ribeirinh@s dar (vgl. Grupo de Acompanhamento Interinstitucional, 2017, S. 15). Aus diesem Grund soll sich dem Eigentumsverständnis und dessen epistemischen Grundlagen im Folgenden zunächst auch anhand zweier beispielhafter Geschichten angenähert werden.

7.3.1 Sérgio und der „Fischer ohne Fluss"

Die Ribeirinh@gemeinschaft Santo Antônio war die im Zuge des Großprojekts Belo Monte erste enteignete Siedlung (vgl. Kap. 7.1.2). Während eines Besuches seines neuen Hauses an der Transamazônica (Gsp57 und E57b, 28.02.15) sowie in einem darauffolgenden Interview (Int57, 02.03.15) schilderte der ehemalige Präsident der Gemeinschaft, Sérgio, ausgiebig sein damaliges Leben als Fischer und Ribeirinho in der Gemeinschaft und vermittelte so einen Eindruck der entsprechenden Bedeutungsstrukturen. Sérgio beschrieb die Zeit in Santo Antônio als eine von Autonomie und Freiheit. Obwohl es ein sehr einfaches Leben in der Siedlung gewesen sei, habe er alles gehabt, was er brauchte:

> Vorher hatte ich meine Arbeit, ich hatte meine Stunde der Freizeit, meine Stunde der Ausgelassenheit. [...] Ich hatte meine Stunde zum Scherzen, zum Bier trinken. Das alles hat mir nichts abverlangt. Ich hatte die Freiheit, dies zu tun. (Int57, 02.03.15)

14 seiner 25 Jahre als Fischer fischte Sérgio vom Boot aus mit einem Netz. Er sei damals immer am späten Nachmittag um 17 Uhr alleine hinausgefahren (Gsp57, 28.02.15). Alleine nachts auf dem Fluss habe er alle Gesänge der Vögel und Geräusche der Tiere kennengelernt und konnte sie alle zuordnen. Er wusste genau, wo sich welche Fische befanden. Alleine nachts auf dem Wasser zu sein, seien für ihn die größten Momente gewesen. Der Fluss habe ihm Kraft und Energie gegeben. Da man den Fisch nicht frisch halten konnte, wurde der Fang direkt verzehrt und unter der Gemeinschaft aufgeteilt. Als man in der Gemeinschaft begann, Geld zu verwenden, habe er begonnen, Zierfische zu fangen, weil diese einen guten Verdienst einbrachten. Diese Art der Fischerei erforderte das Tauchen: „Als ich anfing zu tauchen, verdoppelte sich mein Glück" (Gsp57, 28.02.15) – denn unter Wasser habe sich für ihn eine neue Welt aufgetan. Schon bald habe er sich gut unter Wasser ausgekannt, er kannte die Regeln und wusste, wo sich welche Fische befanden. In dieser Zeit begann er gemeinsam mit seinem Stiefsohn zu tauchen. Wie Sérgio erzählte, hatten die beiden an Land kein besonderes Verhältnis, sie hatten keine Gesprächsbasis und kommunizierten kaum; jeder habe sein eigenes Leben gelebt. Der Sohn sei viel in Bars und mit dem Motorrad unterwegs gewesen, er hatte viele Unfälle und es schien, als würde er an Land nicht zurechtkommen. Wenn Sérgio ihn aber fragte, ob sie gemeinsam fischen wollten, dann sei er Feuer und Flamme gewesen und sofort begannen die beiden, ihre Ausfahrt zu planen. Unter Wasser fanden die beiden dann schließlich zueinander. Sie kommunizierten mit Gesten und Zeichen und hatten die gleiche Sprache. Seit er nicht mehr fischen gehe, sei dieser Draht verloren gegangen und sie hätten so gut wie keinen Kontakt mehr. Diese Erzählung unterstreicht die verbindende und identitätsverleihende Funktion des Flusses und der Fischerei. Soziale Verbindungen gingen demnach nicht nur über disperse Umsiedlungen verloren, sondern auch über den Verlust des verbindenden Lebens im *beiradão* und auf dem Fluss.

Im Gegensatz zu seinem jetzigen, isolierten und prekären Dasein an der Transamazônica, das er sich mit Maurerarbeiten versuche zu finanzieren, bezeichnete Sérgio das frühere als „ein Leben" (Int57, 02.03.15). Die Gemeinschaft und die regelmäßigen Interaktionen sowie das Dasein und die Identität als Fischer und die Beziehung zum Fluss waren zentrale Aspekte, die dieses Leben ausmachten, wie er unter starken Emotionen erklärte:

> Wenn ich mein Haus verließ, hielt ich an jedem Haus von Freunden an, trank einen Kaffee, unterhielt mich mit den Leuten und ging weiter, kam am Fluss an, wartete auf das Material. Dann ging ich raus zum Fluss, der Fluss war da, mit offenen Armen, wartend. Und ich ging... (Int57, 02.03.15)

Vielmehr als ein Beruf war die Fischerei für ihn ein Teil seiner Persönlichkeit: „Diese Erinnerung des Fischens, die Fischerei ist nicht nur ein Beruf. Diese Sache werde ich nie vergessen [...]. Ich werde niemals den Fluss vergessen" (Int57, 02.03.15). Diese besondere Bedeutung spiegelt sich in seinem persönlichen Verhältnis zum Fluss Xingu wieder, der für ihn wie „ein Vater, eine Mutter, ein Freund – und ein Kamerad" war. Eine Grundlage seiner Arbeit als Fischer sei somit immer der Respekt vor dem Fluss und der Natur gewesen. Denn wenn man die Natur nicht respektiere, würde diese irgendwann rebellieren. Er selbst habe 25 Jahre mit dem Xingu verbracht „und nie hat er sich gegen mich aufgelehnt" (Int57, 02.03.15). So habe er den Fluss mit der Zeit kennengelernt, er sei für ihn wie eine Schule, eine Ausbildung gewesen. Er habe gelernt, den Fisch dort zu finden, wo er sich aufhielt und nur so viel zu fangen, wie er benötigte. Nie habe er den Fluss angeklagt, da er ihn immer ernährt habe.

In Sérgios Darstellung zeigt sich die Bedeutung des Wissens, das der Fluss Xingu ihm als eine Schule, eine Ausbildung lehrte. So sei er zwar aufgrund der fehlenden Möglichkeit einer formellen Schulausbildung Analphabet. Die Ausbildung des Xingu habe ihn jedoch reich an überlebenswichtigem Wissen gemacht. Der Xingu wird dabei als ein nicht-menschlicher und dennoch mindestens gleichwertiger Akteur betrachtet, der ein respektvolles Verhalten verlangt. In diesem Zusammenhang äußerte er die Hoffnung, dass der Xingu gegen Belo Monte rebellieren und das Wasserkraftwerk nicht funktionieren werde (Int57, 02.03.15).

Alternativ zum Schreiben benutzte Sérgio die Methode des Erzählens, um dieses Wissen und diese Wirklichkeit festzuhalten. So habe er schon viele Journalist*innen empfangen, um seine Geschichte zu erzählen. Sein Leben sehe nun so aus, dass, „wenn Gott die Möglichkeit eröffnet", er sich den Leuten zur Verfügung stelle. Erneut stellte er den Kontrast seines Wissens zu der dominanten Wirklichkeit dar: „Aus der Realität weiß ich, was die Natur ist; was der Kapitalismus ist, das weiß ich nicht" (Int57, 02.03.15). Der Film, den er gemeinsam mit einer Studentin machte (vgl. Kap. 6.2.2), ist eine solche Form der Vermittlung und des Festhaltens des Wissens und der Wirklichkeit „der Fischer, die vom Fluss lebten. Es ist eine sehr schöne Geschichte, die ich teilen möchte, sowohl durch diesen Film, als auch durch meine Erinnerungen" (Int57, 02.03.15). Gleichzeitig ist es eine Verarbeitung des Bruchs seines persönlichen Verhältnisses zur Fischerei und dem Xingu. So gibt es in dem Film eine Szene, in der er sich von dem Fluss verabschiedet: „Wegen des Respekts vor dem Fluss und der Notwendigkeit der Hilfe, die er mir immer gegeben hat, gehe ich zum Fluss um mich von ihm zu verabschieden, ihm für all das zu danken" (Int57, 02.03.15). Sein Leben als Fischer habe er aber nicht zurückgelassen. Vielmehr sei die Fischerei seine feste Identität, die er nie verlieren würde und die ihn am Leben halte und ihm Kraft gebe (Gsp57, 28.02.15). Diese Identität als Fischer, die Erfahrung der Enteignung, die ihm die weitere Ausführung dieser Tätigkeit verbot und die Zerrissenheit zwischen einem Zustand der Isolation, Resignation und Hoffnungslosigkeit und der Hoffnung auf eine Rückkehr an den Fluss versuchte Sérgio neben dem Film auch in einem Gedicht zu verarbeiten, das er „Der Fischer ohne Fluss" nannte:

7.3 Eigentum vor dem Hintergrund unterschiedlicher Epistemologien

Das Ruder ist sein Stift.
Das Kanu ist sein Stuhl.
Und der Fluss ist sein Thron.
Ein Fischer, der das Recht verloren hat zu fischen,
der sich aber nicht das Recht nehmen lässt, zu leben.
Ein Fischer, der keine Hoffnung mehr hat.
Ein Fischer, der aber nicht müde wird.
Der nicht müde wird, für seinen Traum zu kämpfen,
der vorübergegangen, aber der noch nicht beendet ist.
(Int57, 02.03.15)

Sérgios Geschichte liefert einen Eindruck der epistemischen und ontologischen Grundlagen eines alternativen Verständnisses von Eigentum, das untrennbar von dem Leben in der Gemeinschaft und dem persönlichen Verhältnis zum Xingu ist und durch diese Wechselseitigkeit erst ein vollständiges Subjektdasein ermöglicht. Dieses Verständnis einer integrierten Existenz von menschlichen und nichtmenschlichen Akteur*innen positioniert sich somit in Widerspruch zu einer funktionalistischen Perspektive auf Fluss und Eigentum, wie sie dem Großprojekt Belo Monte unterliegt. Die Trennung von der Gemeinschaft und vom Fluss bedeutet ein Bruch dieser Beziehungen und den Verlust des Subjektdaseins. Sérgios Äußerung aus dem Eingangszitat, dass die Einsamkeit sein Kamerad sei, verdeutlicht ebenso wie die Aussage, dass er früher „ein Leben" (Int57, 02.03.15) hatte, die psychosozialen Folgen dieses Bruchs infolge des Verlusts des eigenen. Gleichzeitig zeigte sich in Gesprächen die Bedeutung, die das Erzählen seiner Geschichte, seines Gedichts und die Äußerung von Aufmerksamkeit für Sérgio hatte. Indem seine Worte Gehör fanden, bedeutete dies eine Zuweisung von Anerkennung gegenüber seiner Perspektive und den darin enthaltenen epistemischen Überzeugungen. Diese Anerkennung verhalf ihm zu einer schrittweisen Aneignung der neuen Situation – ein wichtiger Grund, weshalb er sich seiner Aussage nach bereitwillig zur Verfügung stellte, seine Geschichte anderen weiterzugeben.

7.3.2 Maria und Naldos „bedrohtes Paradies" und das Phänomen der verbrannten Häuser

Maria und Naldo[55] lebten bis zu Beginn der 1990er Jahre in Tucurui. Naldo hatte dort am Staudamm gearbeitet, doch als sie ihr Grundstück verlassen mussten, bekamen sie nur ein Achtel der ihnen ursprünglich versprochenen Entschädigung. Gemeinsam mit ihren sechs Töchtern kamen sie anschließend nach Altamira, wo sie sich neu erfinden mussten. Sie kauften ein Grundstück im *baixão*, auf dem sie begannen, ein Haus zu bauen. Nach dem erfolglosen Versuch als Maschinenarbeiter zu arbeiten entschloss sich Naldo, Fischer zu werden (GInt49b, 14.03.15). Im Jahr 1995 begann die Familie auf einem Inselstück, von dem aus Naldo zum Fischen hinausfuhr, ein Haus bauen und Landwirtschaft zu betreiben (vgl. Abb. 17). So nahmen sie die Lebensweise der Ribeirinh@s an und lebten sowohl auf ihrer Insel, auf der sie landwirtschaftlicher Tätigkeit sowie der Fischerei nachgingen, als auch in ihrer Nachbarschaft im *baixão*, von wo aus sie ihre landwirtschaftlichen Produkte in der Stadt verkauften. 2010 erhielten sie von der SPU schließlich das TAUS (vgl. Kap. 6.2.2). Während eines Besuchs ihrer Insel erklärten sie ausgiebig die unterschiedlichen Nutzpflanzen und Baumarten, die es auf der Insel gab und deren Verkauf als Ergänzung der Einnahmen aus der Fischerei dienten (Gsp47b, 23.11.14).

Abbildung 17: Maria und Naldo vor dem Haus auf ihrer Insel (eigene Aufnahme, 2014)

55 Die Namen wurden aus Gründen der Anonymisierung geändert.

7.3 Eigentum vor dem Hintergrund unterschiedlicher Epistemologien 211

Der Verkauf der Früchte der Murici- und Graviola-Bäume sowie der Erträge von Bananenstauden, Ananas und Maniok in Altamira ergaben demnach beträchtliche Erträge (GInt49a, 14.03.15). In der Regenzeit von November bis März, wenn die Reproduktion der Fischpopulation stattfindet und die Fischerei staatlich verboten ist, bauten sie die einjährigen Nutzpflanzen an und investierten viel Zeit in ihre kleinbäuerliche Landwirtschaft.

Die Landwirtschaft und die Fischerei dienten neben der Generierung von Einkünften vor allem der eigenen Ernährung. Maria und Naldo erwähnten immer wieder, dass es der Fluss und die Insel seien, die ihnen alles überlebenswichtige schenkten. Es sei ihr „Supermarkt" (Gsp47a, 23.11.14), ihre „Kreditkarte" (Gsp47a, 23.11.14). Im Gespräch betonten die beiden, dass dieser Ort viel mehr sei als eine Einnahmequelle. Maria erzählte, dass der Fluss sie jung halte. Er gebe ihr Kraft, das Wasser erfrische sie und an einem größeren Ast, der über das Wasser ragte, mache sie regelmäßig Fitnessübungen (vgl. Abb. 18). So sei die knapp 60-jährige „vom Alter her alt, aber im Gesicht jung geblieben" (Gsp47a, 23.11.14). Wenn sie auf ihrer Insel sei, dann falle aller Stress ab. Zwar sei es keine einfache Arbeit, aber hier könne sie zur Ruhe kommen. Sie brauche keinen elektrischen Strom, die Natur gebe ihr alles. So könnten die beiden tagelang auf der Insel und in ihrer einfachen Behausung leben. Maria zeigte einige Pflanzen auf der Insel, denen sie eine medizinische oder spirituelle Funktion zuwies, die sie ausgiebig erklärte. Für alle erdenklichen körperlichen und mentalen Probleme gebe es Pflanzen, die helfen würden. So berge nicht nur der Fluss zahlreiche Geschichten; jede einzelne Pflanze

Abbildung 18: Marias „natürliches Fitnessstudio" (eigene Aufnahme, 2014)

habe ihre eigene Geschichte, ihren Sinn und ihre Bestimmung (Gsp47a, 23.11.14). Angesichts der drohenden Enteignung und der bereits spürbaren Veränderungen bezeichnete Maria die Insel als ihr „bedrohtes Paradies" (Gsp47a, 23.11.14). So merke sie bereits an der stärkeren Strömung des Flusses, dass dieser „wütend" (Gsp47a, 23.11.14) sei. Für sie bedeute dies bereits Schwierigkeiten, da sie zwei relativ kleine Boote besäßen, die in einem wütenden Fluss nicht bedienbar seien.

Die Äußerungen von Maria und Naldo verdeutlichen exemplarisch die sowohl immaterielle Bedeutung der Inseln für ihre Bewohner*innen als auch, durch die Erträge aus der Landwirtschaft und der Fischerei, deren konkrete existentielle Bedeutung für ihr physisches Überleben. Resigniert erklärte Naldo, dass Norte Energia diese Bedeutung missachte und dadurch provoziere, „dass der Fischer stehlen geht und die Frau des Fischers Dreck isst" (Gsp47b, 23.11.14). Da den Leuten nichts Anderes übrigbliebe, gebe es täglich mehr Verbrechen in Altamira. Die Zerstörung der Inseln und die Vertreibung der Familien bezeichnete er als „ein solch großer Raub, der für keinen mehr begreifbar ist" (Gsp47b, 23.11.14). Während Norte Energia die ersten Häuser mit 131.000 Reais entschädigt habe, würde die Firma nun „nur noch Schwachsinn [geben]: 20.000, 10.000, 5.000, 3.000 [Reais]..." (Gsp47b, 23.11.14). Norte Energia könne vorgehen, wie es wolle und diese Vormachtstellung habe die Regierung dem Konsortium verliehen: „Der Gott hier heißt Norte Energia" (Gsp47b, 23.11.14). Aus diesem Grund gebe es weder Richter, noch einen Bürgermeister oder Abgeordnete, „niemanden der für uns ein Wort einlegt".

Die Worte Naldos belegen, dass die niedrigen Entschädigungssummen, die sich lediglich auf den zugewiesenen Marktwert der *benfeitorias* bezogen, in Kombination mit der Nicht-Anerkennung der Auswirkungen des Staudammbaus auf die Fischerei (vgl. Kap. 6.2.2) als Respektlosigkeit gegenüber dem Beruf der Fischerei und allgemein dem Ribeirinh@dasein empfunden wurden. Dies bedeutet die Missachtung der eigenen Leistungen, sowohl was die tägliche, beziehungsweise saisonale Arbeit angeht als auch die Leistung, sich ohne staatliche Unterstützung ein solches Leben aufgebaut zu haben. Dies bezieht sich sowohl auf ihr Leben im *beiradão* als auch auf das davon untrennbare Leben im *baixão*, das ähnlich geringe Wertschätzung erfuhr. So sei die Entschädigungssumme für das Haus, das sie nach dem Umzug aus Tucurui beinahe ohne finanzielle Grundlagen Stück für Stück gebaut hätten, unbegründet von anfangs angebotenen 150.000 Reais auf 84.000 Reais reduziert worden (GInt49b, 14.03.15). Sie klagten dagegen, waren aber nicht erfolgreich. Verzweifelt erwähnte Naldo wiederholt, dass dies nun schon das zweite Mal sei, dass sie enteignet würden. Damals glaubten sie, mit dem Leben als Ribeirinh@s ihre Bestimmung gefunden zu haben. Dieses Mal habe er nicht mehr die Energie, sich nochmals neu zu erfinden. Mit 74 Jahren sei er zu alt, außerdem sei er während des Registrierungsprozesses an den Beinen erkrankt:

> **Naldo**: Ich werde von hier weggehen müssen, ich werde mit der Fischerei aufhören müssen, mit allem aufhören.
>
> **Interviewer**: Was könnten Sie sich vorstellen, stattdessen zu machen?
>
> **Naldo**: Ich weiß es nicht mehr. Denn früher war ich jung, jetzt bin ich alt. Ich kann es mir nicht einmal vorstellen. (Gsp47b, 23.11.14)

7.3 Eigentum vor dem Hintergrund unterschiedlicher Epistemologien 213

An den Reaktionen und Äußerungen Naldos lassen sich die Folgen des Entzugs sozialer Anerkennung erkennen. So war es insbesondere die Respektlosigkeit, unter der er psychisch litt und die er auch als ein Grund für die Erkrankung seiner Beine nannte, die im Verlauf des Entschädigungsprozesses begann und sich seit Ende 2014 deutlich verschlimmert hatte. Bei einem Besuch des Hauses der Familie im *baixão* im März 2015 drückte Naldo seine Verzweiflung angesichts seines ergebnislosen Kampfes um Anerkennung aus. So habe er das Konsortium immer wieder aufgesucht, den Dialog und die Verhandlung gesucht, doch vom Konsortium nur Lügen gehört. Schließlich wurde ihm bewusst, dass Norte Energia unter keinen Umständen eine höhere Summe zahlen würde und dass diese Lügen Kalkül seien:

> Ich möchte nicht mehr. Warum möchte ich nicht mehr? Ich habe bereits verloren, ich habe schon erkannt, dass ich verliere, dass ich sogar mein Leben verlieren werde! Denn es ist zu viel für mich, ich... ich halte es nicht mehr aus, mich mit ihnen abzugeben. Mit so vielen Lügen. Ich kann nicht mehr! (GInt49b, 14.03.15)

In den klaren Grenzen des Anzuerkennenden, die sich Naldo in dem Kontakt mit dem Konsortium offenbarten, erkannte er ökonomische und politische Interessen, die sich der Anerkennung seiner Perspektive widersetzten. Aus diesem Grund sah er keinen Sinn mehr darin, den Kampf weiterzuführen. Es äußert sich in dieser Wahrnehmung ein epistemischer Konflikt, der entlang der Einforderung alternativer Bewertungsperspektiven und -kriterien und dem Beharren auf scheinbar objektiven Kriterien des Preisbuches sowie der rechtlichen Eigentumsstrukturen verläuft und die Interessenstrukturen hinter der Produktion und Herausforderung epistemischer Grenzen verdeutlicht.

Es waren diese Erfahrungsberichte, die Thais Santi vom MPF dazu bewegten, die Ribeirinh@studie als alternatives juristisches Instrument auszuprobieren (vgl. Kap. 7.2.1). Die Ribeirinh@s sollten die Gelegenheit bekommen, ihre Erfahrungen, die bislang kaum gehört und im Enteignungsprozess marginalisiert worden waren, gegenüber Entscheidungsträger*innen von Ibama, FUNAI und anderen Einrichtungen zu schildern. Als rechtliche Absicherung fungierte stets die Notwendigkeit der Möglichkeit einer Reproduktion der Lebensweisen der Betroffenen, die im PBA festgeschrieben war (vgl. Kap. 6.2.2). Die Ergebnisse dieser Studie veranlassten Ibama, am 06. Juli 2015 jegliche Entschädigungs- und Umsiedlungshandlungen Norte Energias zu suspendieren, bis die Irregularitäten und die Unangemessenheit des Vorgehens geklärt und das Projekt der Wiederansiedlung der Ribeirinh@s geplant sei. Nach der Präsentation eines Vorschlags von Norte Energia über Wiederansiedlungen wurde die Suspendierung am 03. September aufgehoben. Es gab jedoch Beschwerden, dass das Konsortium auch in der Phase der Suspendierung noch Familien enteignet und Häuser teils ohne oder nur mit sehr kurzfristiger Vorwarnung zerstört habe. Unter diesen Beschwerden waren auch Berichte über Verbrennungen von Häusern.

Auch das Haus von Maria und Naldo fiel einer solchen Verbrennung zum Opfer. Naldo befand sich zu der Zeit in ärztlicher Behandlung in Belém. Nach einem Besuch in Belém, erzählte Maria, habe sie am Montag, den 31. August 2015, einen Anruf von Norte Energia bekommen, dass sie am 03. September ihr Haus auf der

Insel entfernen würden. Sie machte sich direkt auf den Weg, um das Haus auszuräumen. Als sie jedoch an ihrer Insel ankam, sah sie, dass bereits alles abgebrannt war (Int50, 19.09.15; vgl. Abb. 19). Dieser Anblick war für sie unerträglich, wie sie einen Monat darauf erzählte, während sie Fotos von der Insel zeigte:

> Das war mein Paradies...alles sauber. Guck dir die Früchte an. Sie haben mich vernichtet. Diesen Tag war ich so...ich wollte sie umbringen. Nie wieder werde ich dieselbe Person sein wie vorher. (Gsp51a, 30.09.15)

Abbildung 19: Die Reste des verbrannten Hauses auf dem Inselstück von Maria und Naldo (Möhring, 2015)

Wegen der Suspendierung sei sie sicher gewesen, dass nichts passieren würde. Nun habe sich Norte Energia aber sogar über das Gesetz von Ibama gestellt. Sie verstand diese Handlung als eine Antwort auf ihren Weigerung, die Insel zu verlassen sowie auf ihre langjährige Widerstandstätigkeit gegen Belo Monte und in der Xingu Vivo Bewegung. So habe sie in diesem Zusammenhang auch ihre Nachbar*innen im *baixão* davon überzeugt, Widerstand zu leisten und keine Dokumente über niedrige Entschädigungen zu unterschreiben. Norte Energia habe sie deshalb, wie auch andere Aktivistinnen von Xingu Vivo, ständig beobachtet. Da sie nur noch die verbrannte Stelle vorfand, vermutete Maria, dass die Mitarbeiter*innen von Norte Energia die größeren Objekte wie die Kochstelle oder große Werkzeuge mitgenommen hätten. Während des Besuchs, der mit einer Gruppe Studierender stattfand, zeigte sie noch einmal die unterschiedlichen Nutzpflanzen und erklärte, wie viel jede der einzelnen an Einnahmen eingebracht hatte. Insgesamt seien sie pro Monat gemeinsam mit den Einnahmen aus der Fischerei auf ein Einkommen von 3.200 bis 3.500 Reais[56] gekommen. Diese Einnahmen fielen nun komplett weg: „Sie haben uns praktisch ins Elend versetzt" (Int50, 19.09.15). Auf dem Rückweg erzählte Maria stark emotionalisiert, dass die vielen Ribeirinh@familien aus ihrer Realität und ihrem Leben vertrieben wurden. Man habe sie einfach in eine andere Realität gestoßen, in der sie nicht zurechtkämen. Später fügte sie hinzu: „Wir sind wie Vögel, denen die Flügel abgeschnitten wurden. Wir sind zwar noch da, aber..." (Int50, 19.09.15).

Wenngleich Maria und Naldo die Insel aufgrund der Erkrankung Naldos und der Ungewissheit in den Monaten zuvor kaum noch genutzt hatten (vgl. Kap. 7.3.2), kann der Brand als das faktische Ende ihres Lebens als Ribeirinh@s gewertet werden. Maria hatte zuvor ihre Nachbar*innen im Viertel *Invasão dos Padres* im *baixão* – ebenso größtenteils Ribeirinh@s oder Fischer*innen – davon überzeugt, nicht das Haus in den RUCs zu wählen, sondern stattdessen mit der finanziellen Entschädigung eine neue Nachbarschaft nach ihren Vorstellungen zu errichten. Aufgrund des teuren Bodenmarktes taten sie dies schließlich am äußersten Rand der Stadt, mit einer im Vergleich zu den RUCs ähnlichen oder gar größeren Entfernung zum Fluss und Stadtzentrum. Ähnlich der ehemaligen Fischer*innen in den RUCs sahen auch sie sich gezwungen, ihren Beruf aufzugeben: Zu groß sei die Distanz zum Fluss und zu schlecht bereits die Wasserqualität, so dass es kaum noch Fische gebe (Gsp51a, 30.09.15; vgl. Kap. 6.2.2). Während eines Besuch dieses Viertels gab es eine Begegnung mit einem Nachbarn, der dabei war, alleine ein doppelstöckiges Haus zu errichten. Hier wollte er seinen Laden einrichten, den er im *baixão* besessen hatte, der ihm jedoch nicht entschädigt worden war (vgl. Abb. 20). Der Mann, der vor langer Zeit eine Hand bei einer Explosion in einer Goldmine verloren hatte, kam zwar nach eigener Aussage beim Hausbau gut zurecht. Im *baixão* sei er jedoch auch Fischer gewesen und habe nun mit einem doppelten Verdienstausfall zu kämpfen. Da es noch lange dauere, bis das Haus und der Laden darin fertig seien, müsse er so lange irgendwie über die Runden kommen (Gsp51c, 30.09.15).

Im gemeinsamen Gespräch mit Maria und dem Nachbarn bezeichnete dieser das neue Wohnviertel als ein „Geisterviertel" (Gsp51c, 30.09.15): „Sie haben alle vernichtet, alle sind gestorben" (Gsp51c, 30.09.15). Denn wenn man einen Ribeirinho von seiner Insel werfe, seiner Fischerei ein Ende setze und ihn in die Stadt versetze, weit weg von allem, dann bringe man ihn um. Ohne Fischerei, Landwirtschaft, ohne Fluss und ohne die Insel könne er nicht leben. Was solle er auch machen? Etwas Anderes als das habe er nicht gelernt, ein anderer Beruf sei unmöglich (Gsp51c, 30.09.15). Maria stimmte ihm zu und sprach unter Bestätigung des Nachbarn von ihrem Leben und der Nachbarschaft in ihrem Viertel *Invasão do Padres*

---

56 Berechnet am Mittelwert der Wechselkurse der Jahre 2010–2014 entspricht dies rund 1200–1300 Euro (Wallstreet Online, o.J.).

im *baixão*, wo sie nah am Fluss und in einem „Luxus-Apartment" (Gsp51a, 30.09.15) gelebt hätten. „Nie wieder werden wir so glücklich sein, wie wir es damals waren. Das war ein Leben" (Gsp51a, 30.09.15). Schließlich zeigte sie auf ihrem Handy Fotos von ihrer Insel vor und nach der Verbrennung des Hauses. Auf ihre Worte, dass Norte Energia sie mit dieser Tat vernichtet habe, reagierte der Nachbar mit den Worten: „Siehst du? Es ist ein Trauma" (Gsp51c, 30.09.15).
Die Schilderungen aus dem „Geisterviertel" deuten auf einen Prekarisierungspro-

Abbildung 20: Das Haus des Nachbarn im „Geisterviertel" (eigene Aufnahme, 2015

zess hin, den Butler und Athanasiou (2013) als den durch die diskursive Ordnung bedingten Ausschluss aus der Öffentlichkeit bezeichnen. Im Sinne von Derridas *ontopology* habe die Enteignung als kontrollierende und regulierende Praxis die Ribeirinh@s an ihren „ordnungsgemäßen Platz" (Butler und Athanasiou, 2013, S. 18) verwiesen, deren geographische Peripherie als symbolhaft für die gesellschaftliche Randstellung dieses Platzes begriffen werden kann. Der lebensnotwendigen Ressourcen und ihrer damit verknüpften Lebensweise beraubt, versetzte sie dieser Prozess in einen Zustand „of perennial occupation as non-being and non-having" (ebd., S. 19) – ein Zustand, den der Begriff des Geisterviertels widerspiegelt. Es ist die Aberkennung der Gültigkeit der eigenen Wirklichkeit und Lebensweise, symbolisiert durch die verbrannten Häuser und materialisiert in Form der physischen Enteignung und Umsiedlung. Dieser Entzug sozialer Anerkennung, der gleichermaßen die materielle Ebene betrifft und der Entzug ihres im PBA niedergeschriebenen Rechts auf die Reproduktion ihrer Lebensweise verletzte viele der Zugezogenen dieses Viertels derart in ihrer Würde und sozialen Integrität, dass diese aufgrund psychischer und/oder physischer Erkrankungen nicht mehr in der Lage waren, ihren Kampf um Anerkennung fortzuführen. Dies bestätigten erneut die Worte Naldos, der während des Besuches erzählte, dass er im Fernsehen einen Mann gesehen habe, der für einen geringfügigen Diebstahl direkt ins Gefängnis gesteckt worden sei. Die richtigen Verbrecher seien doch aber die Leute aus der Regierung oder von Firmen wie Norte Energia. Diese würden aber nie belangt: „Das Gesetz ist nur für die armen Schweine, nicht für die, die Geld haben" (Gsp51b, 30.09.15). Er habe gegen diese Leute und für seine Rechte gekämpft, habe aber nichts bekommen. Nun könne er nicht mehr kämpfen: „Meine Worte sind nichts wert" (Gsp51b, 30.09.15).

7.3.3 Eigentum, Territorialität und der epistemologische Konflikt

B. d. S. Santos (2010b) erkennt in der modernen, westlichen Epistemologie ein „abyssisches Denken" (ebd., S. 23), das aus einem „System sichtbarer und unsichtbarer Abgrenzungen" (ebd., S. 23) besteht:

> Die unsichtbaren Abgrenzungen sind anhand radikaler Linien festgelegt, die die soziale Realität in zwei unterschiedliche Universen teilt: Das Universum ‚dieser Seite der Linie' und das Universum ‚der anderen Seite der Linie'. Die Trennung ist eine solche, dass ‚die andere Seite der Linie' als Realität verschwindet, inexistent wird, das heißt, als inexistent produziert wird. [...] Der fundamentale Charakter des abyssischen Denkens ist die Unmöglichkeit der Kopräsenz beider Seiten der Linie. (B. d. S. Santos, 2010b, S. 23 f.)

Während im dominanten Entwicklungsdiskurs Belo Montes die betroffenen Stadtviertel und ihre *palafitas* als das Unwürdige und Unterentwickelte konstruiert werden, dem das moderne Wohnen in den RUCs und der allgemeine Fortschritt durch das Großprojekt entgegensteht, schafft es eine Ordnung, die durch dichotome Gegensatzpaare wie entwickelt/unterentwickelt anhand der Produktion des Anderen das Erstrebenswerte, in diesem Fall die Entwicklung und das moderne Wohnen definiert. Solch ein Gegensatzpaar markiert die sichtbare Abgrenzung, wohingegen die Wirklichkeit der Ribeirinh@s, das heißt, ihre duale Wohnstruktur, die Diversität ihrer Tätigkeiten und das dieser Lebensform zugrunde liegende Wissen hinter eine unsichtbare Grenzlinie verschoben wird, die diese als nicht existent markiert. So fand die Lebensform der Ribeirinh@s weder im PBA, noch im Verlauf des Enteignungsprozesses Erwähnung oder Beachtung. Durch derartige Kategorisierungen wird eine Ordnung geschaffen, die den Kategorien zugrundeliegende Wertigkeiten nicht mehr hinterfragt. Solch ein abyssisches Denken spiegelt sich auch in den in Kapitel 7.1.1 genannten Entschädigungskriterien wider, die keinen Raum für alternative Definitionen oder Bewertungen von Zentralitäten oder Baumaterialien zulassen. Die „Unmöglichkeit der Kopräsenz beider Seiten der Linie" (ebd., S. 24) zeigt sich am Beispiel der Unmöglichkeit der dualen Wohnstruktur, die, indem die beiden Wohnorte untrennbar miteinander zusammenhängen und das eine ohne das andere nicht existieren konnte, der Trennung in Stadt und Land und der Annahme eines unilokalen Wohnorts widersprach. Die Perspektive eines komplexen, komplementären Systems aus menschlichen und nicht-menschlichen Akteur*innen, deren Existenz voneinander abhängt und in dem das Wissen um die Eigenschaften und das Verhalten der nicht-menschlichen Elemente erst die Arbeit und das eigene Überleben ermöglichen, widersprach einer im dominanten Entwicklungsdiskurs enthaltenen dichotomisierenden Perspektive auf das Mensch-Natur-Verhältnis, die sich nicht zuletzt im Prinzip der Entschädigung der *benfeitorias*, also ausschließlich der an der Natur vorgenommenen Veränderungen äußerte.

Das Wissen um die Eigenschaften und das Verhalten der nicht-menschlichen Elemente betrifft unter anderem das Wissen um die Nutzung der Pflanzen, die Veränderungen des Flusspegels, das Verhalten und die Aufenthaltsorte der unterschiedlichen Fischarten sowie die Pflanzen, von deren Früchten sich die Fische in der Regenzeit ernährten (vgl. Kap. 6.2.2). Für die Präsidentin der Vereinigung Tyoporemô der indigenen Ribeirinh@s war die genaue Kenntnis von Fluss und Wald „unsere Wissenschaft" (Int29, 04.03.15). Ähnlich wie Maria den Fluss als ihre Kreditkarte bezeichnete, seien Fluss und Wald durch die Anwendung dieses Wissens für sie wie ein Supermarkt: „Wir gehen zum Fluss, holen alles aus dem Fluss, was wir zum Essen brauchen. Wir gehen zum Wald, dort gibt es alles. [...] Viele verschiedene Früchte, Medizin aus dem Wald" (Int29, 04.03.15). Dieses Wissen umfasst auch die spirituelle Ebene, indem es dem Fluss, dem Wald oder den einzelnen Pflanzen Charaktereigenschaften zuordnet, die ein respektvolles Verhalten erfordern. Demnach kann ein respektloses Verhalten gegenüber dem Fluss diesen erzürnen und die Ernährungssicherheit, die dieser immer gab, gefährden. In solchen Zuweisungen, wie auch in den Bezeichnungen von Vater, Mutter oder Kamerad sind Unterscheidungen zwischen menschlichen und nicht-menschlichen Akteur*innen kaum noch erkennbar. Vielmehr ist es Ausdruck einer anderen Ontologie, in der dem Sein des Menschen in der Welt, wie auch dem Sein des Flusses oder der Pflanzen eine ganz andere Rolle zugeordnet wird.

Dementsprechend nahmen die Häuser auf den Inseln oder auch in Santo Antônio nur eine unter vielen Funktionen und Aufgaben ein, die den privaten Raum prägten. So erfüllten sie ihren Zweck, erhielten ihren Wert aber erst über die territorialen Referenzen des Ortes, an dem sie sich befanden und der Interaktion mit Fluss und Wald. Ähnlich wie bei den Nachbarschaften im *baixão* handelte es sich im *beiradão* um ein Eigentumskonzept, dass dem Konzept des possessiven Individualismus widerspricht, das Eigentum seines weltlichen Charakters enthebt und austauschbar macht. Der Begriff des eigenen Hauses bezeichnete bei den Ribeirinh@s nicht nur die Materialität des Gebäudes, sondern ebenjene territorialen Referenzen, die gemeinschaftlichen Strukturen und die jahrelange Arbeit, die in den Aufbau der eigenen Existenz und die Bearbeitung des Stück Land im *beiradão* investiert wurde. Es bezeichnet die eigene Schaffenskraft, die in der Kultivierung offenbar wurde und in stolzen Erläuterungen der unterschiedlichen Pflanzen, der Art und Weise der Kultivierung und ihres Ertrags ihren Ausdruck fand. Solche Aneignungsleistungen resultierten im hegelschen Sinne in wechselseitiger Anerkennung der Ribeirinh@s, die sich in Schilderungen von Wegbeschreibungen entlang des

Xingu widerspiegelten, die gewöhnlich über die namentlichen Referenzen der jeweiligen Inselbewohner*innen gegeben wurden. Die Vertreibung und die niedrigen Entschädigungssummen wurden als Missachtungen dieser Leistungen empfunden. Die Tatsache, dass in die Entschädigungssummen der Inseln nur die *benfeitorias*, also menschliche Modifizierungen der Natur einflossen, stand in einem klaren Widerspruch zu diesem erweiterten Verständnis von „Haus", dem auch die folgende Aussage von Naldo zuzuordnen ist:

> Wenn ich niemanden finde, der für mich spricht, werde ich da drin sterben. Dort auf der Insel, dort im See [d.h. Reservoir]. Denn ich habe schon einmal alles verloren, durch einen Staudamm, ich habe alles verloren, was ich hatte. Hier noch einmal das Haus verlieren? Nein, wartet, Leute! (GInt49b, 14.03.15)

Die sich aus der dualen Wohnstruktur ergebende Wechselbeziehung und Mobilität zwischen Fluss, Insel- und Uferzonen sowie der Stadt, die wechselseitige Anerkennung und die dieser Anerkennung zugrundeliegenden Routinen, Praktiken und Regeln produzierten Territorialitäten, das heißt Fähigkeiten zur Ausübung von Kontrolle und Einfluss auf ein geographisches Gebiet (vgl. Kap. 3.5.1). Die Routinen, Praktiken und Regeln basierten auf dem Verständnis von Territorium als ein komplexes, komplementäres System aus menschlichen und nicht-menschlichen Akteur*innen und dem spezifischen Wissen der Ribeirinh@s. Diese Territorialitäten wirkten auf das Territorium gleichsam konstitutiv wie erhaltend. Dementsprechend würde ein Verstoß gegen diese immanenten Regeln und eine Invasion in das Territorium das Gleichgewicht zerstören und Reaktionen hervorrufen wie die genannte Wut oder Rebellion des Flusses. Das Großprojekt Belo Monte und die Intervention Norte Energias wurden von vielen Ribeirinh@s als eine solche Invasion empfunden, die dem Territorium immanente Gesetze, Normen und Werte sowie die Expertise der Ribeirinh@s missachtete. Dieses Vorgehen – und darunter insbesondere die Nicht-Anerkennung der Auswirkungen des Staudammbaus auf die Fischerei sowie die Weigerung, den durch die Stauung provozierten Ausfall der Fischerei zu entschädigen (GInt107, 17.09.15; vgl. Kap. 6.2.2) – löste entsprechende Empörung bei den Ribeirinh@s aus. Die Ribeirinh@studie des MPF und die Reaktionen der teilnehmenden Einrichtungen bedeutete zunächst einen Bruch mit den Strukturen systematischer Nicht-Anerkennung. Die Suspendierung jeglicher Umsiedlungen und Entschädigungen und das geplante Projekt der Wiederansiedlung ließen die Möglichkeit tatsächlicher Anerkennung seitens der verantwortlichen Einrichtungen erahnen. Die *audiência pública* vom 29. September 2015 stellte für die Ribeirinh@s vorerst eine Möglichkeit dar, ihre epistemischen und ontologischen Perspektiven gegenüber den eingeladenen Repräsentant*innen der verantwortlichen Einrichtungen[57] zu äußern, die demonstrativ den Gültigkeit beanspruchenden wissenschaftlichen Daten der anwesenden Repräsentant*innen sowie der kapitalistischen Logik

---

57 Teilnehmende: Repräsentant*innen des MPF, der DPU, von Ibama, FUNAI, Norte Energia, der SPU, des Ministeriums für Fischerei und Aquakultur, des Ministeriums für Bergbau und Energie, der Stiftung Getúlio Vargas, des ISA, des Sekretariats für Menschenrechte, des Präsidentschaftssekretariats und der *Casa de Governo* sowie Wissenschaftlerinnen der UNICAMP und der UFPA.

Belo Montes entgegengestellt wurden (vgl. Kap. 6.2.2). Viele Äußerungen richteten sich speziell gegen die Haltung Norte Energias und Ibamas, die Fischerei sei durch den Staudammbau unbeeinflusst. Ein Ribeirinho, der in der Vergangenheit bei der Datenaufnahme über die lokale Fischerei für Norte Energia gearbeitet hatte, äußerte sein Unverständnis darüber, dass der Nutzung seines Wissens nun die Leugnung dessen Gültigkeit folge:

> In 2011 und 2012 machte ich eine Dokumentation, ausgerechnet gemeinsam mit der *Polícia Federal* und Personal von Norte Energia [...], in der ich bewies, dass ich 2.000 Kg Fisch pro Monat verkaufte [...] während ich heute 50 Kg pro Monat verkaufe. Verstehst du? Also, warum sind wir nicht betroffen? (TB34b, 29.09.15)

Andere Ribeirinh@s erklärten ausgiebig die Verhaltensweise der unterschiedlichen Fischarten, um die Abholzung der Bäume und Sträucher, von deren Früchten sich diese ernähren und die Abhängigkeit ihres Ablaichverhaltens von den saisonalen Flussschwankungen als logische Gründe für den Rückgang des Fischbestandes aufzuführen. Mit Aussagen wie „Ich habe Wissen für euch" (TB34f, 29.09.15) konfrontierten sie demonstrativ die wissenschaftlichen Daten des Konsortiums und forderten die Gültigkeit und Anerkennung ihres spezifischen Wissens ein. Die Limitationen der wissenschaftlichen Daten zeigten sich demnach in der Unfähigkeit der Repräsentant*innen, in ihrer Gegend zu überleben. So würden sie die Situation vor Ort nicht kennen, da sie „immer nur dort in ihrem Büro" (TB34f, 29.09.15) seien. Sie hingegen hätten diese Kenntnisse, weil sie Fischer seien, wobei das Wort „Fischer" (TB34k, 29.09.15) lang und breit betont wurde. In dieser Hinsicht wurde ein gewisses – möglicherweise ironisches – Verständnis geäußert, dass das Personal von Ibama und anderen föderalen Organen nicht zugeben könnte, dass die Fischer*innen recht hätten; denn dann würden sie wahrscheinlich ihren Job verlieren und wären aufgeschmissen, denn sie könnten nicht wie die Ribeirinh@s von der Natur leben (TB34b, 29.09.15).

Mit Darstellungen ihres naturnahen Lebens und dessen immateriellen Reichtums positionierten sie dieses in Kontrast und als wahrnehmbare Alternative zum kapitalistischen Entwicklungsmodell, dass ihnen mit der Umsetzung des Großprojektes eine Steigerung der Lebensqualität versprochen hatte:

> Ich bin hier um mein Recht auf ein gutes Leben einzufordern. Wie ist es, gut zu leben? Mein gutes Leben bedeutet kein teures Auto in Brasília oder in Altamira. Mein gutes Leben ist dort, nahe des Flusses, an einem Ort, an dem es keinen Autolärm und sonstige Geräuschbelästigung gibt. Um die Wahrheit zu sagen, ich brauche nicht mal elektrische Energie, um gut zu leben. (TB34b, 29.09.15)

Ein indigener Ribeirinho erklärte die essentielle, konstitutive Bedeutung der Natur für ihr Leben und begründete die Legitimität ihres Modells mit ihrer nachhaltigen Lebensweise:

> Es ist wichtig, am Flussufer zu wohnen, denn, um ein bisschen von unserer indigenen Nation zu sprechen: Das Wasser, der Wald, die Inseln; das ist das Wichtigste für uns. Unser Fisch. Es ist wichtig für uns, ins Wasser zu steigen, dass wir dieses Wasser unseres Volkes spüren. In unserem Wald zu wandern, den Geruch zu spüren. [...] Und jede einzelne dieser Inseln, die

7.3 Eigentum vor dem Hintergrund unterschiedlicher Epistemologien

zerstört wurden, ist ein Teil unseres Lebens. Denn wir erkunden sie, wir schützen sie, wir erhalten unsere Inseln, unseren Fluss, unseren Fisch. Wo ist unser Fisch geblieben? Wo sollen wir bleiben? [...] Es ist unser Fisch, den wir verlieren, wir verlieren eine Sache, die Teil unseres Lebens ist. Unser Leben lang haben wir geschützt, erhalten, mithilfe unsrer Fischerei überlebt, die nun zu Ende ist. (TB34d, 29.09.15)

Die Betonung des Schützens und Erhaltens ist auch ein Hinweis auf die Missachtung dieser Leistungen, die durch die Zerstörung des Flusses und der knapp 400 Inseln zunichtegemacht wurden. Dieser Verlust wurde als irreversibel dargestellt, denn die Zerstörung dauere nicht nur die stets genannten fünf Jahre an, bis sich eine neue Fischpopulation ansiedle: „Dieser Verlust dauert den Rest unseres Lebens an" (TB34d, 29.09.15). Ähnlich äußerte eine nicht-indigene Ribeirinha:

Was passiert mit unserer Natur? Bis wann sollen wir noch mit ansehen, wie sie alles zerstören, was uns gehört? Sie zerstören nicht nur uns, sondern unseren Traum, den Traum unserer Kinder". (TB34e, 29.09.15)

Solch eine Wahrnehmung der umfassenden Zerstörungskraft Belo Montes auch auf das eigene Leben war unter den Ribeirinh@s sehr verbreitet. Es entspricht der Aussage Sérgios, dass er früher in der Gemeinschaft Santo Antônio ein Leben gehabt habe, das mit der Enteignung und der neuen Situation fern des Flusses und seiner Gemeinschaft beendet wurde. Naldo erwähnte mehrmals, dass er seine Insel unter den gegebenen Umständen nicht hergeben würde, eher würde er auf seiner Insel sterben (GInt49b, 14.03.15). Die Präsidentin der Vereinigung der indigenen Ribeirinh@s Tyoporemô (vgl. Kap. 6.2.1) betonte, dass die indigenen Ribeirinh@s ohne den Fluss und den Wald nichts nützen würden. Entsprechend gravierend wären die Folgen einer Umsiedlung an einen Ort, an dem sie auf diese Elemente nicht mehr zugreifen könnten: „Für uns wäre es das Gleiche, wenn sie uns töten würden" (Int29, 04.03.15). Der deutlich artikulierte Schmerz vieler Ribeirinh@s angesichts der Zerstörung der Natur drückte sich auch in der Hoffnung aus, dass sich die Natur und der Fluss an diesen Zerstörungshandlungen rächen würden. Damit wurde die auch von Sérgio (vgl. Kap. 7.3.1) geäußerte Hoffnung verbunden, dass das Wasserkraftwerk möglicherweise nie funktionieren würde (vgl. Int39, 07.03.15). Solcher Respekt vor den Kräften der Natur ließen in Verbindung mit Zweifeln an den menschlichen Fähigkeiten und ihren wissenschaftlichen Daten auch konkrete Ängste bei den Bewohner*innen unterhalb des Pimental-Staudamms entstehen, die befürchteten, dass der Staudamm das Gewicht der drei Flüsse Iriri, Curuá und Xingu nicht aushalten und eines Tages brechen könnte (TB23f, 11.03.15).

Die Trennung der modernen Wissenschaften in isolierte Teilelemente, die sich sowohl in Natur- als auch in Wirtschaftswissenschaften wiederfindet, widerspricht somit einer integrierten, komplementären Betrachtungsweise, wie sie sich bei den Ribeirinh@s erkennen lässt (vgl. B. d. S. Santos, 2010b, S. 21). Der dem Kapitalismus inhärente individualistische und gewinnorientierte Ansatz widerspricht der Bedeutung der Gemeinschaft und einer entsprechend solidarischen Perspektive bei den Ribeirinh@s. Sind ihre Wirklichkeiten auch keinesfalls untereinander identisch oder frei von kapitalistischen Strukturen, so befinden sich solche epistemischen und ontologischen Vorstellungen der Ribeirinh@s doch im Widerspruch zu der Logik

Belo Montes und dessen inhärenter funktionalistischer und gewinnorientierter Perspektive. In dem Maße, wie die (Re-)Produktion intelligibler Normen Herrschaftsstrukturen und -Interessen sichert, kann auch die damit zusammenhängende Produktion epistemischer Grenzen konkreten Interessen dienen und im Sinne von Athanasious epistemischer Gewalt Naturwissenschaften zum Zwecke des Invalidisierens anderen Wissens einsetzen, wie es im Fall der Studie über die Auswirkungen des Staudammbaus auf die Fischerei geschah.

Der Artikulation des Wissens der Ribeirinh@s und der Einforderung dessen Gültigkeit auf der *audiência pública* kann ein performativer Anspruch zugeordnet werden. Formulierungen wie „unser Fluss" (TB34d, 29.09.15) und „unser Fisch" (TB34d, 29.09.15) demonstrierten die Zugehörigkeit dieser Elemente zum Eigenen und forderten die Respektierung dieser Wirklichkeiten. Zusammen mit den selbstbewussten und zeitweise belehrenden Äußerungen ihres Wissens wurde auf diese Weise ein klarer territorialer Anspruch gestellt, der durch das Projekt der Wiederansiedlung gewährleistet werden sollte. Der folgende Abschnitt untersucht den Verlauf der Umsetzung dieses Projekts bezüglich dessen Potenzial der Gewährleistung dieser territorialen Ansprüche und der tatsächlichen Zuweisung von Anerkennung.

7.3.4 Die Wiederansiedlung der Ribeirinh@s: Ein Projekt der Anerkennung alternativer Eigentumsstrukturen?

Als Reaktion auf die Nicht-Anerkennung der Ribeirinh@bevölkerung und ihrer traditionellen Lebensweise und der daraus resultierenden Unangemessenheit des ohnehin prekären Registrierungs- und Entschädigungsprozesses sollte die *audiência pública* vom 29. September 2015 der Beginn einer Reihe der sogenannten Ribeirinh@dialoge sein, die durch eine explizite Einbindung der Ribeirinh@s und die Ermöglichung eines Dialogs mit Norte Energia das Projekt der Wiederansiedlung zu einem Projekt der Anerkennung, Partizipation und Ermächtigung machen sollten (vgl. Abb. A 4 im Anhang). Nach Einschätzung der Anthropologin Sônia Magalhães (UFPA) konnte es angesichts des komplexen Deterritorialisierungsprozesses, den die Ribeirinh@s erlitten hatten, selbst bei einer umfassenden Begleitung und materiellen Unterstützung der Familien nur darum gehen, auf langfristige Sicht die besten Bedingungen für eine Annäherung an ihre ursprüngliche Lebensweise und dann eventuell die Reproduktion dieser zu ermöglichen (TB33c, 28.09.25). Die vielfach zu beobachtenden psychischen und körperlichen Erkrankungen waren Anzeichen dessen, was die Ribeirinh@s im Zuge ihrer Enteignung erfahren hatten (vgl. Kap. 7.3.2). Thais Santi bezeichnete die geplante Wiederansiedlung als ein Projekt, das sich die Ribeirinh@s aneignen und über das sie selbst bestimmen sollten, denn es müsse sich ganz klar von den bisherigen Erfahrungen im Enteignungsprozess abgrenzen (TB33a, 28.09.15; TB34j, 29.09.15). Die Mediation dieser Ribeirinh@dialoge sollte durch das *Casa de Governo* erfolgen. Das Präsidentschaftssekretariat, welches offiziell zu der *audiência pública* und somit der ersten Etappe der Ribeirinh@dialoge einlud, formulierte folgende Ziele für die Dialoge:

7.3 Eigentum vor dem Hintergrund unterschiedlicher Epistemologien   223

- Die Partizipation der Ribeirinhos in der Definition und Wiederbesetzung der verbliebenen Uferzonen und Inseln des Xingu garantieren;
- die Partizipation im Monitoring der Fischereiressourcen fördern;
- Räume der Kommunikation schaffen, um die duale Wohnstruktur und den Zugang zu öffentlichen Dienstleistungen zu garantieren und
- die Begleitung der Prozesse der Zwangsräumung und der Entschädigung durch die Bundesregierung ermöglichen. (Francesco und Carneiro, 2016, S. 4)

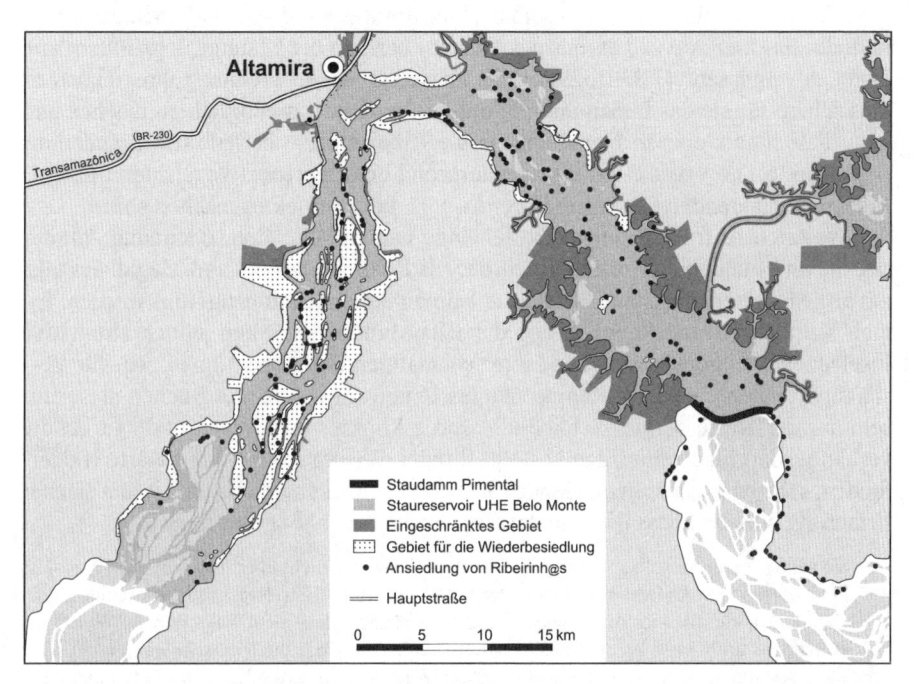

Abbildung 21: Ehemalige Ribeirinh@siedlungen, für die Wiederansiedlung geeignete und eingeschränkte Gebiete im Reservoir des Pimental-Staudamms (verändert nach SPU, 2015)

Bei einem Treffen der geladenen Einrichtungen am Tag zuvor äußerten die anwesenden Anthropolog*innen jedoch bereits Bedenken in Bezug auf die von der SPU für die Versammlung entworfene Karte (vgl. Abb. 21), die die verbleibenden Insel- und Uferflächen im Reservoir des Staudamms abbildete. Denn diese enthielt keinerlei Informationen über die Namen und Bedeutungen der Inseln für die Ribeirinh@s und war nach Auffassung von Magalhães „kein Material, um mit traditioneller Bevölkerung zu arbeiten" (TB33c, 28.09.15). Die Karte spreche weder von den erfolgten Verhandlungen und den geplanten Überprüfungen dieser, noch von den aus der Studie und den Überprüfungen resultierenden Verpflichtungen der verantwortlichen Einrichtungen, womit sie das Fehlen jeglicher Garantien für die Ribeirinh@s meinte. So äußerte sie Zweifel, dass die Karte für die Ribeirinh@s verständlich sei und von ihnen angenommen würde. Tatsächlich zeigten sich am Tag darauf bei den Ribeirinh@s große Probleme, diese Karte zu verstehen. Während sie auf Basis errechneter Daten objektiv die nach der Stauung verbleibenden Gebiete darstellen sollte, ergab sich für viele Ribeirinh@s ein erstes Unverständnis bezüglich der reduzierten Darstellung auf das Gebiet oberhalb des Staudamms. Die Karte ignorierte somit den gesamten Abschnitt des reduzierten Flusspegels entlang der Volta Grande, was an der Zielstellung des Projektes lag, wie auch mehrmals von den anwesenden Repräsentant*innen erklärt wurde. In der Wahrnehmung der unterhalb des Staudamm Lebenden bedeutete dies jedoch die erneute Ignoranz ihrer Wirklichkeit und ihres Betroffenseins: „Alle, die wir heute hier sind, meine Fischerfreunde; das hier, sie zeigen nur das Gebiet oberhalb der Stauung – und unterhalb bleibt es vergessen" (TB34f, 29.09.15). Diese künstliche Trennung ihres Territoriums schien für sie das Leben unterhalb des Staudamms unmöglich zu machen und hinterließ sie als ebenso betroffen wie die Ribeirinh@s oberhalb des Staudamms (vgl. Kap. 6.1) – was sie vor dem Hintergrund einer Perspektive auf den Fluss als zusammenhängenden Organismus genauso Teil des Projektes machen sollte.

Weiteren Aufruhr erzeugte die fehlende namentliche Kennzeichnung Altamiras, die anschließend hinzugefügt wurde. Als Reaktion auf die von Magalhães tags zuvor geäußerten Bedenken waren die Namen der Inseln hinzugefügt worden. Einige Nachfragen und Redebeiträge der Ribeirinh@s enthielten jedoch alternative Inselbezeichnungen entsprechend ihrer ehemaligen Bewohner*innen, was für Verständnisprobleme bei dem Repräsentanten Ibamas oder längeres Suchen dieser Inseln auf der Karte sorgte. Schließlich wurde konkret die Datengrundlage für die verbleibenden Flächen infrage gestellt. Einige, die ihre Insel auf der Karte wiederfanden, sahen diese als verbleibende Fläche gekennzeichnet, obwohl sie aus eigener Erfahrung wussten, dass diese in der Regenzeit regelmäßig überflutete:

> Sie sagten zu dieser gelben Fläche, dass sie *wahrscheinlich* nicht überflutet wird. [...] Nur, dass ihr *Wahrscheinlich* niemals dort war. Denn dort, im Winter [d.h. Regenzeit], ist es eine Tatsache, die wir für alle hier Anwesenden bestätigen können, dass mein Vater dort im Winter das erntet, was im Wasser ist, wenn es überflutet wird. Also, dass ihr *Wahrscheinlich* nicht diese Insel überfluten wird, das entspricht nicht der Wahrheit. Also, die Karte, ihr könnt gerne behaupten, dass sie wahr ist, aber sie ist eine Lüge. [...] Wir haben es in Tucurui gesehen: Niemals würde es überfluten – und es überflutete. Verstehen Sie? Es sollte niemals passieren – und es passierte. (TB34g, 29.09.15; Hervorhebungen entsprechen Betonung im Original)

Vor dem Hintergrund eigener Erfahrungen fragten sich einige irritiert, ob das gelbe Gebiet denn wirklich nur die hügeligen Inseln meine, denn nur die würden in der Regenzeit aus dem Fluss ragen. Das Gebiet sei dann aber sehr klein:

> Es sind sehr wenige Inseln, die wir dort mit Hügeln haben. Die anderen, liebe Regierung, ich möchte euch sagen, dass *alle* anderen Gebiete, die keine Hügel haben, im Winter überfluten. [...] Also, meine große Sorge ist diese, denn wir sehen, dass es *viele* Familien sind, die eine Unterkunft brauchen, um ihre Lebensweise wiederherzustellen, einen Wohnraum, ein Gebiet zum Fischen. (TB34h, 29.09.15; Hervorhebungen entsprechen Betonung im Original)

Ernste Bedenken wurden ebenfalls dahingehend geäußert, dass die Wiederansiedlung ungeachtet der vorherigen Bewohner*innen geschehen sollte. Da die verfügbare Fläche wesentlich geringer als die ursprüngliche sein würde, sah das Projekt eine deutlich intensivere Nutzung vor. Die Vorstellung aber, ein anderes Inselstück zu besiedeln, das nicht ihres war, sondern einer anderen Familie gehörte, kam für einige der Anwesenden nicht infrage.

Diese während der Versammlung aufgedeckten Probleme bestätigten die Notwendigkeit der Partizipation der Ribeirinh@s in dem Projekt der Wiederansiedlung. Zu diesem Zweck wurde am Ende der Versammlung die Gründung einer Arbeitsgruppe von Ribeirinh@s beschlossen, die mithilfe der Begleitung durch das MPF und Wissenschaftler*innen die Kriterien für die Wiederansiedlung ausarbeiten sollten. Ein weiterer Beschluss war die Gründung einer technischen Gruppe, die die Ribeirinh@dialoge permanent begleiten sollte[58]. Norte Energia verpflichtete sich, jegliche eigenständigen Wiederansiedlungen zu unterlassen, eine Erhebung der Ribeirinh@bevölkerung durchzuführen, potentielle Gebiete der Wiederansiedlung zu bestimmen und Möglichkeiten der Umsiedlung, der Wiederherstellung der Lebensform und der Vorbeugung und Lösung von Landkonflikten zu erarbeiten.

Schon während der Treffen der technischen Gruppe im März und April 2016 zeigten sich nach Francesco und Carneiro (2016) jedoch erneut Unzulänglichkeiten im Vorgehen Norte Energias. So hatte das Konsortium die Kriterien der Arbeitsgruppe der Ribeirinh@s für den Prozess der Wiederansiedlung nicht übernommen, sondern stattdessen eigene Kriterien entwickelt. Dies hatte zur Folge, dass erneut zahlreiche Ribeirinh@s von den Registrierungen ausgeschlossen und stattdessen Menschen miterfasst wurden, die Inselgebiete für die Freizeitnutzung besaßen; unter ihnen ein bekannter Bankier, Altamiras Sekretär für Gesundheit sowie ein Flugzeugpilot und Chef einer regionalen NGO (ebd., S. 14 ff.). Eine Studie der anschließend am Projekt beteiligten Brasilianischen Gesellschaft für den Fortschritt der Wissenschaft (SBPC) über den Verlauf der Ribeirinh@dialoge berichtet, dass erste Wiederbesetzungen ungeachtet ehemaliger Wohnstrukturen oder der Eignung der Böden geschahen (Cunha und Magalhães, 2016). Ribeirinh@s berichteten von Drohungen, dass sie leer ausgehen würden, sollten sie das ihnen zugeordnete Land nicht akzeptieren (Francesco et al., 2016a, S. 109 f.). Familienzusammenhänge wurden auseinandergerissen und es kam zu Konflikten mit Großgrundbesitzer*innen sowie um Ernteerträge vorhandener Kulturpflanzen zwischen vorherigen und neuen Besitzer*innen (Francesco et al., 2016b, S. 117 f.).

Den Aussagen der Studie folgend, wurde der Verlauf der Ribeirinh@dialoge anstelle einer Aneignung durch die Ribeirinh@s erneut durch ein vereinzelndes und autoritäres Vorgehen Norte Energias dominiert. Thais Santi erkannte in den Ribeirinh@dialogen daraufhin ein Kalkül der Bundesregierung[59] und betrachtete diese als gescheitert, wie sie es in einem späteren Bericht schildert:

---

58 Die technische Gruppe sollte neben einer Gruppe von Ribeirinh@s aus Repräsentant*innen der folgenden Einrichtungen bestehen: *Casa de Governo*, Ibama, Sekretariat für Menschenrechte, DPU, Norte Energia, MPF sowie verschiedene Forschungsinstitutionen und zivilgesellschaftliche Organisationen.

59 Angesichts der brasilianischen Regierungskrise war das Jahr 2015 und das erste Halbjahr 2016, in denen die Ribeirinh@studie und die Ribeirinh@dialoge stattfanden eine politisch unsichere Zeit. Die Ungewissheit hinsichtlich der politischen Entwicklungen wurde von der Staatsanwältin Santi als einen die Planbarkeit und Vorhersagbarkeit des Wiederansiedlungsprojektes erschwerenden Faktor bezeichnet (Int93, 08.10.15). Es kann vermutet werden, dass das Forcieren

Das, was sich Ribeirinho-Dialoge nannte, war in Wahrheit jedoch eine Strategie der Regierung, um den Beginn der Aktivität des Wasserkraftwerks zu garantieren. Der Ankunft des Präsidentschaftssekretariats in Altamira folgte: 1. Die Fortsetzung der Evakuierung der Inseln; 2. Die Erteilung der Betriebslizenz für Belo Monte, ohne dass die Frage der Ribeirinhos gelöst war; 3. Die unilaterale Modifizierung der Karte der angebotenen Gebiete durch Norte Energia, mit ihrer deutlichen Reduzierung; 4. der Ausstieg der Regierung aus dem Prozess und; 5. Norte Energia nimmt sich das Vorrecht zu definieren, was ein Ribeirinho ist. (Santi, 2017, S. 5 f.)

Um die ursprünglichen Ziele des Projekts der Wiederansiedlung doch noch erreichen zu können, bat das MPF die SBPC im Juni 2016 um ihre Kooperation. Nachdem Ibama das MPF Altamira im August 2016 um die Ausarbeitung eines Planes für die richtige Identifizierung der Ribeirinh@s, die Wiederherstellung ihrer Lebensform und die Gebiete der Wiederansiedlung gebeten hatte, fanden zwischen September und November umfangreiche, von der SBPC koordinierte Studien statt. Unter anderem wurden von Ribeirinh@s, Mitarbeiter*innen des ISA und Wissenschaftler*innen Begehungen der potentiellen Ansiedlungsflächen unternommen,

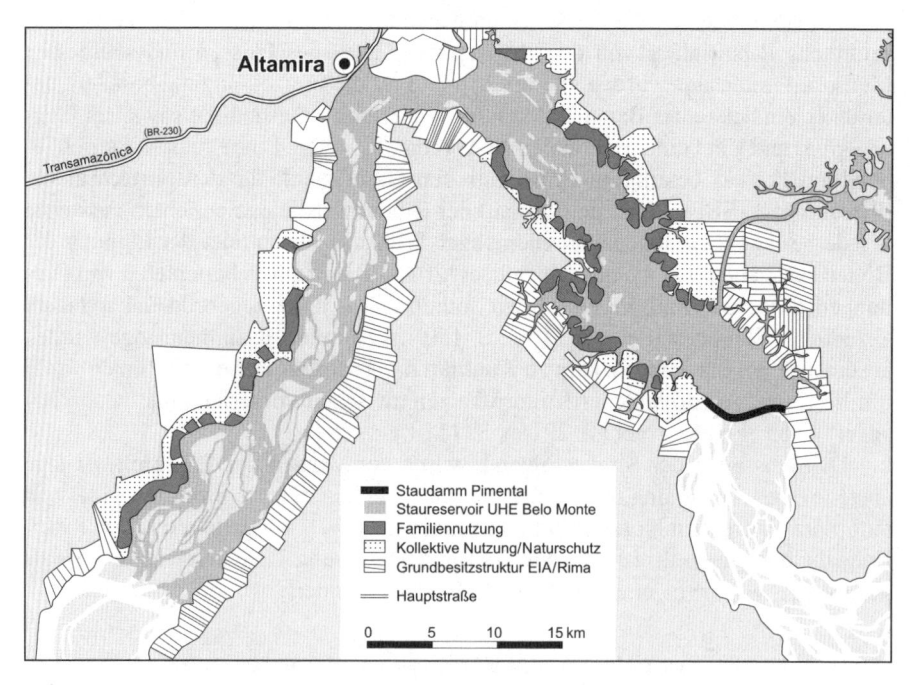

Abbildung 22: Für die Wiederansiedlung ausgewählte Gebiete für Familiennutzung sowie kollektive Nutzung und Naturschutz im Reservoir des Pimental-Staudamms (verändert nach SPU, 2015 und Villas-Boas et al., 2016, S. 355)

der Inbetriebnahme Belo Montes in Zusammenhang mit diesen politischen Schwierigkeiten steht.

bei denen auf Basis der von der Arbeitsgruppe der Ribeirinh@s festgelegten Kriterien[60] die Auswahl geeigneter Gebiete stattfand. Auf Basis der auf diesen Kriterien basierenden Auswahl der Gebiete wurde eine Karte erarbeitet (vgl. Abb. 22), die sich in ihrem Ergebnis deutlich von der ursprünglichen Karte der *audiência pública* vom 29. September 2015 unterschied (vgl. Abb. 21). Insbesondere wurden große Flächen der zuvor als – offiziell aufgrund möglicher Wasserstandsschwankungen – beschränkt ausgewiesenen Gebiete als für die Wiederansiedlung geeignet bestimmt. Während Norte Energia Flächen mit 500 Meter Uferzone und 250 Meter Tiefe als geeignet ausgewiesen hatten, ergab die Auswertung mit Ribeirinh@s Flächengrößen von 250 Metern Uferzone und 900 Metern Tiefe. Dahinter sollten sich Bereiche für die kollektive Nutzung beispielsweise von Waldflächen durch Agroextraktivismus befinden, die außerdem eine ökologische Schutzfläche, einen Korridor für die Wanderung von Tieren sowie einen Schutz vor benachbartem Großgrundbesitz und dessen Vieh darstellen sollten. Für die Bereitstellung dieser Flächen sollten auch Enteignungen von Großgrundbesitz ermöglicht werden (vgl. Villas-Boas et al., 2016, S. 349 f.).

Die Ausarbeitung der Karte und der Entwürfe der Wiederansiedlungsgebiete entstanden im Rahmen der „Woche der Ribeirinh@s" (vgl. Cunha und Magalhães, 2016, S. 434) vom 07. bis 11. November 2016 in Altamira, in der eine Reihe von öffentlichen Versammlungen und Diskussionsrunden stattfanden (vgl. ebd.). Während dieser Woche wurden die aus den unterschiedlichen Projekten hervorgegangenen Ergebnisse präsentiert und diskutiert. In einer abschließenden *audiência pública* am 11. November[61] wurde der Bericht der SBPC an Ibama übergeben.

> Bei dieser Gelegenheit ergriffen dieselben Ribeirinhos, die 2015 noch auf ihren Inseln aufgesucht und angehört werden mussten, so groß war das Schweigen, das herrschte, entschieden das Mikrofon, füllten den Saal des Kongresszentrums in Altamira und, gemeinsam mit circa 800 Fischern, Indigenen und Bewohnern anderer Regionen des Xingu, forderten sie das Recht ein, ihre Ribeirinho-Geschichte im *beiradão* mit Würde fortzuführen. (Santi, 2017, S. 7)

Aus den Diskussionsrunden gingen mehrere Forderungen der Ribeirinh@s über die Gestalt und die Bedingungen des Projektes hervor, die schriftlich festgehalten wurden. Die Forderungen betrafen: ein Verbot des Weiterverkaufs des erworbenen Gebietes, damit verhindert werde, dass sich die Nachbarschaft wieder verändere oder das Land von Großgrundbesitzer*innen aufgekauft würde; die Berücksichtigung und der Erhalt der bedeutsamen sozialen Netze; verbindliche Garantien ihrer Rechte über das Territorium; administrative Autonomie über das Territorium (vgl. Villas-Boas et al., 2016, S. 356; Gonçalves et al., 2016, S. 336 ff.).

---

60 Diese Kriterien lauteten: direkter Zugang zum Fluss; eine für landwirtschaftliche Aktivitäten geeignete Bodenqualität und Hangneigung; Waldflächen, die agroextraktivistische Aktivitäten ermöglichen und Zugang zu sauberem Trinkwasser (aus Fluss, Bach oder Brunnen) (Villas-Boas et al., 2016, S. 349 f.).
61 Teilnehmende: Präsidentin von IBAMA und Repräsentant*innen der SPU, der nationalen Wasseragentur ANA, von Norte Energia, der DPU, der DPE, des Nationalen Rates für Menschenrechte CNDH, des Umweltsekretariats Parás SEMAS und weitere öffentliche Einrichtungen (Cunha und Magalhães, 2016, S. 8).

Des Weiteren bestand für die Ribeirinh@s die Notwendigkeit, eine politische Vertretung zu bilden, um diese Forderungen politisch auch durchsetzen zu können und ein erneutes Scheitern des Projektes zu verhindern. In einer Rede auf der Versammlung hatte die Vorsitzende der SBPC, Manuela Carneiro da Cunha, bereits bekräftigt, dass „die Selbst-Identifizierung und die Anerkennung durch die Gruppe eine unabdingbare Voraussetzung für den Prozess der Reterritorialisierung der Ribeirinhos" (Grupo de Acompanhamento Interinstitucional, 2017, S. 7) sei. Daraus ergab sich die Idee der Gründung eines „Rat[s] der Ribeirinhos des Reservoirs" (ebd., S. 7). Dem Rat, dessen Gründung im Anschluss an die Versammlung stattfand, sollte die Kompetenz der Identifizierung der Ribeirinh@s sowie eine politische Entscheidungsfähigkeit verliehen werden und er sollte an allen die Ribeirinh@s betreffenden Entscheidungsprozessen teilhaben. Außerdem wurde eine interinstitutionelle Gruppe[62] gegründet, die den Ribeirinh@rat und dessen Interaktion mit externen Einrichtungen begleiten sollte (ebd., S. 113 ff.).

Zwischen dem 13. Januar und 06. März 2017 fand der „Prozess der sozialen Anerkennung" (ebd., S. 14) statt, der eine Reihe von Treffen „mit dem Ziel der Systematisierung der sozialen Anerkennung der Ribeirinh@familien, die vor der Räumung durch Norte Energia entlang der Ufer des Flusses Xingu lebten" (ebd., S. 14) bezeichnete. Dieser Prozess begann mit der Entwicklung der Kriterien für die Anerkennung der Ribeirinh@s in Form einer Selbstdefinition. Die unterschiedlichen Erzählungen der anwesenden Ribeirinh@s wurden von der interinstitutionellen Gruppe zu Papier gebracht und am Ende zu einem einseitigen Text verdichtet. So sollten Kriterien nicht nur entlang der Lebensweise, sondern anhand von Identitäten ermittelt und „eine erweiterte Bewertung der unzähligen Beziehungen, die der Ribeirinho zu seinem Territorium unterhält" (ebd., S. 14) erlaubt werden. In den darauffolgenden Wochen trafen sich die Ribeirinh@s – unterteilt nach ihren ehemaligen Wohngebieten in fünf Gruppen – um entsprechend der Kriterien die legitimen ehemaligen Bewohner*innen, die als Ribeirinh@s ein Recht auf Berücksichtigung im Prozess der Wiederansiedlung haben sollten, zu identifizieren. Nach anschließenden Treffen zur Überprüfung und Bestätigung der gesammelten Namen wurden die endgültigen Ergebnisse an die interinstitutionelle Gruppe übergeben, die diese in Form eines Berichts an Ibama weiterleiteten (vgl. ebd.).

Das Projekt der Wiederansiedlung der Insel- und Uferzonen im Bereich des Reservoirs von Belo Monte kann angesichts einer zuvor erfolgten Invisibilisierung der Ribeirinh@s als soziale Gruppe als wichtiger Prozess der Bewusstseinsbildung bezeichnet werden, der schon mit der Mobilisierung der Ribeirinh@s und der dadurch provozierten Studie begann. Die interinstitutionelle Ribeirinh@studie des MPF und die *audiência pública* vom September 2015 verlieh den Ribeirinh@s zum ersten Mal im Enteignungsprozess eine Stimme und gab ihnen die Möglichkeit, ihre epistemischen und ontologischen Perspektiven auf den Prozess öffentlich und gegenüber den verantwortlichen Einrichtungen zu äußern. Diese Möglichkeit wurde

---

62 Diese Gruppe besteht aus Repräsentant*innen folgender Einrichtungen: Ibama, FUNAI, Sekretariat für Menschenrechte, MPF, DPU, DPE, FUNAI, UFPA, Xingu Vivo und ISA (Grupo de Acompanhamento Interinstitucional, 2017, S. 115).

7.3 Eigentum vor dem Hintergrund unterschiedlicher Epistemologien

ergriffen – durch die zahlreichen Redebeiträge und geäußerten Geschichten begannen sie sich auf der Versammlung öffentlich als Ribeirinh@s zu positionieren. Die territorialen Ansprüche, die sie dabei stellten, sollten durch das Projekt umgesetzt werden. Das weiterhin missachtende Vorgehen Norte Energias während der Phase der Ribeirinh@dialoge und der Rückzug des Präsidentschaftssekretariats aus dem Prozess verdeutlichten jedoch ein weiteres Mal die Grenzen der dominanten Anerkennungsstrukturen, die in Form epistemischer Gewalt reproduziert wurden. Anstelle einer tatsächlichen Anerkennung und Gerechtigkeit trat das auf, was Fanon (2008 [1967]) als „white justice" (ebd., S. 172), eine den Interessen der Elite dienende Gerechtigkeit bezeichnet. Das dadurch generierte Bewusstsein über die Unmöglichkeit tatsächlicher Anerkennung bewirkte erst die vollkommene Aneignung des Projektes durch die Ribeirinh@s mittels der Studien und Workshops mit der SBPC sowie der Gründung des Ribeirinh@rates. Diese tatsächliche Aneignung ermöglichte die Emanzipation der Ribeirinh@s als selbstbestimmte Akteur*innen. Santis Bewertung der Gründung des Rates und der Selbst-Identifizierung im Bericht vom März 2017 mutet beinahe euphorisch an:

> Vom stillen Widerstand, der 2015 von der Untersuchungsgruppe konstatiert wurde, bis zur fast übermenschlichen Anstrengung eines jeden Ratsmitglieds, sich in diesen zwei Monaten der Versammlungen gegenwärtig zu machen, wurden wir Zeuge eines wahrhaftigen Kampfes einer Gruppe wieder zu existieren und wir begegneten einem Narrativ einer Welt, dessen Verlust nicht zugelassen werden darf. Die Ribeirinhos treten in diesem Narrativ hervor, mindestens der Hoffnung ermächtigt, und nehmen sich als Akteure der Bewahrung des Reservoirs an. Wie eine Brücke der Koexistenz von Belo Monte mit einer Welt am Xingu, die im Begriff ist, zerstört zu werden. (Santi, 2017, S. 12)

Dunker und Katz (2017) bezeichnen die Bildung des Ribeirinh@rates als „ein politisches Ereignis großer politischer Relevanz für die psychische Rekonstruktion und die subjektive Konfrontation mit dem durch den Wandel der Lebensweise dieser Bevölkerung ausgelösten Leid" (ebd., S. 109). Der Prozess der sozialen Anerkennung war demnach der einer wechselseitigen Selbstversicherung, die ein gemeinsames Narrativ schuf, das sowohl die Reproduktion der eigenen Identität als auch die Produktion einer kollektiven, politischen Identität ermöglichte. Anhand dieses Prozesses war es möglich, das erfahrene Leid aufzuarbeiten, in die eigene Identität einzuarbeiten und entsprechende Forderungen zu formulieren, die einer erneuten derartigen Erfahrung sozialer Missachtung vorbeugten. Auf diese Weise fanden die Teilnehmenden wieder zur Handlungsfähigkeit zurück. Dunker und Katz stellen die dadurch wiedergewonnene Handlungsfähigkeit der Körper in arendtscher Tradition als die Voraussetzung für den Kampf um Öffentlichkeit dar: „[D]er Raum, den der Rat ihnen zuwies, gab ihnen die psychische Verfassung und Bereitschaft zurück, die für die Konfrontation, die der Kampf erfordert, notwendig ist und die ein kranker Körper nicht realisieren kann" (ebd., S. 109; vgl. Kap. 3.3).

Obwohl sich die Namensliste des Ribeirinh@rates bis dato noch nicht in konkreten Wiederbesiedlungen niedergeschlagen hatte, bestätigte die Zeremonie anlässlich des einjährigen Bestandes des Rates am 02. Dezember 2017 diese Einschätzungen. Wie eine teilnehmende Mitarbeiterin der *Fundação Getúlio Vargas* berichtete, wurde von den anwesenden Ribeirinh@s wie auch von Akteur*innen des ISA,

MPF und der DPU in Redebeiträgen und Unterhaltungen immer wieder die Ermächtigung der Ribeirinh@familien betont, die durch ihren Kampf und Widerstand in Form des Anerkennungsprozesses und des Rates geschehen sei. Diese Ermächtigung wurde sowohl politisch im Sinne der Anerkennung des Rates als relevanter politischer Akteur und der Annahme der Liste der gesammelten Namen durch Ibama gedeutet als auch sozial im Sinne der gegenseitigen Anerkennung der Ribeirinh@s und ihrer Selbstidentifikation. So betonte eine Ribeirinha, dass viel wichtiger als die Anerkennung durch Norte Energia diese gegenseitige Anerkennung und das Zusammenfinden als eine soziale Gruppe gewesen sei. Wie es die Koordinatorin von Xingu Vivo ausdrückte war die „Einjahresfeier zur Gründung des wichtigen Ribeirnhos-Rates [...] wirklich ein großes Fest der Freude für uns" (Int4, 19.12.17).

Über die kartographische Darstellung ihres Eigentumsverständnisses in den Bestimmungen über die Wiederansiedlungsgebiete und die Struktur dieser Gebiete, die Ibama überreicht wurden, hielten die Ribeirinh@s ihre territorialen Ansprüche, Strukturen und Werte performativ fest. Gleichzeitig waren die Umsetzung in Karten und Skizzen, wie auch die Verschriftlichung der Selbstdefinition der Ribeirinh@s Maßnahmen einer interkulturellen Übersetzung ihrer Perspektiven – wie sie B. d. S. Santos (2011) als Bedingung für die Möglichkeit epistemischer Debatten nennt –, die diese für die verantwortlichen Einrichtungen intelligibel machen sollten. Die tatsächliche Realisierung dieser Ansprüche wird von dem Grad der Anerkennung abhängen, die die verantwortlichen Einrichtungen dem Ribeirinh@rat als politischem Akteur zuweisen werden. Während die Bedeutung dieses Prozesses für den prekären körperlichen und psychischen Zustand vieler Ribeirinh@s bislang als hoch eingeschätzt werden kann, kann dies jedoch nicht darüber hinwegtäuschen, dass sich nicht wenige, insbesondere ältere Ribeirinh@s, aufgrund ihres schlechten körperlichen und psychischen Zustands infolge der Enteignung einen Neuanfang im *beiradão* nicht mehr vorstellen können. Darüber hinaus werden die ökologische Transformation sowie zukünftig erforderliche Enteignungen und Umsiedlungen von Nicht-Ribeirinh@s große Herausforderungen für die geplante Reterritorisalisierung der Ribeirinh@s darstellen.

7.4 DIE AUSHANDLUNG VON EIGENTUM: VEREINZELUNG VS. KOLLEKTIVIERUNG ALS DAS RINGEN UM ÖFFENTLICHKEIT

Von Belo Monte Betroffene haben auf vielfältige Weise versucht, alternative Verständnisse von Eigentumsschaft und Territorium, beziehungsweise Territorialität zu vermitteln, um auf die komplexen Formen der Nicht-Anerkennung und die daraus resultierenden Rechtsverletzungen, die sie erlebt haben, hinzuweisen. Diese Verständnisse widersprechen der Annahme eines durch Besitz und Eigentum souveränen Subjekts, indem sie Eigentumsschaft als sich erst aus den Strukturen wechselseitiger Anerkennung generierend betrachten. Das Wohnhaus gewinnt somit erst an Bedeutung und wird etwas Eigenes, indem es in spezifische nachbarschaftliche und territoriale Strukturen eingebunden ist, die ihm Sinn verleihen. Die Nachbarschaft erfährt ihre Bedeutung nicht nur durch konkrete Strukturen der gegenseitigen

7.4 Vereinzelung vs. Kollektivierung als das Ringen um Öffentlichkeit

Unterstützung, sondern auch durch gemeinsame Freizeitaktivitäten, die den Bewohner*innen eine Identität als Mensch und somit ein Leben verleihen. Ähnlich verhält es sich mit den territorialen Strukturen, die, wie besonders deutlich bei den Ribeirinh@s erkennbar, nicht nur für das physische Überleben notwendige Ressourcen liefern, sondern auch eine Identitätsfunktion innehaben. Ein in diese Strukturen eingebundener privater Bereich wird zu Eigentum, das wiederum vollständige Subjekte im Sinne eines Daseins als „Menschen" (Int21a, 18.03.15) mit einem „Leben" (Int57, 02.03.15) produziert. Indem Eigentumsstrukturen über das Wohnhaus hinausgehen und sich im Sinne eines wechselseitig konstitutiven Verhältnisses als nicht trennbar von ihrer Umgebung erweisen, verfließen die Grenzen zwischen individuellem und kollektivem Eigentum. Die Perspektive auf solch ein differenziertes Eigentumsverständnis verdeutlicht, warum der Enteignungsprozess auf viele Betroffene derart komplexe Auswirkungen hatte.

Die Aushandlung von Eigentum fand somit in einem Spannungsfeld der Nicht-Anerkennung dieser Eigentumsstrukturen auf der einen Seite statt, die sich durch die Anwendung einer Vereinzelungspraxis in der Zerstörung dieser Strukturen manifestierte und im Sinne der Zuweisung des ordnungsgemäßen Platzes einen Prozess der Prekarisierung der Betroffenen auslöste; und der Versuche einer Kollektivierung auf der anderen Seite, die dadurch die Wiederaneignung des privaten Raums und die Möglichkeit politischen Handelns erkämpften und die Herausforderung dieser Zuweisungen ermöglichten. Wie bei der Aushandlung des Betroffenseins ist somit auch die Aushandlung von Eigentum ein Kampf um Deutungshoheit. Nach Tully (1999), in Anlehnung an Foucault (1983), werden Wahrheiten und somit Bedeutungsstrukturen im agonistischen Spiel ausgehandelt, das im Sinne von Arendts politischem Handeln eine öffentliche Sphäre produziert, in der jedoch auf konflikthafte Art um Einfluss und Anerkennung gerungen wird. Versuche der Exklusion bestimmter Gruppen aus diesem Spiel und der Kampf um Teilhabe an dem Spiel können durch Situationen der Konfrontation und der dadurch erzeugten Öffentlichkeit bereits Teil dieses agonistischen Spiels sein. Die in Kapitel 7.1 und 7.2 dargestellten Protestformen konnten durch solche Konfrontationen mit den enteignenden Akteur*innen kurzzeitige Öffentlichkeiten produzieren, waren jedoch größtenteils nicht dazu in der Lage, sich als Akteur*innen nachhaltig in einem agonistischen Spiel zu positionieren und wirksam Einfluss auf die diskursive Ordnung und die entsprechenden Bedeutungsstrukturen zu nehmen. Dafür waren sie zu vereinzelt und zu partikulär. Das Projekt der Wiederansiedlung der Ribeirinh@s hingegen konstruierte einen strukturellen Rahmen, innerhalb dessen die Ribeirinh@s schließlich in der Lage waren, weitestgehend geschützt vor den Wertezuschreibungen der dominanten diskursiven Ordnung und der Einflussnahme durch die dominanten Akteur*innen einen Gegendiskurs zu produzieren, in den sie insbesondere auch ihre epistemischen Überzeugen einfließen lassen konnten. Der Verlauf und das Scheitern der Ribeirinh@dialoge hatten zuvor die epistemologische Dimension des Konflikts und die Art und Weise, inwieweit eine dominante Epistemologie die intelligiblen Grenzen des Verständlichen und Gültigen entscheidend bestimmen und verfestigen kann, verdeutlicht.

Die Artikulation ihres alternativen Eigentumsverständnisses und dessen territoriale Konsequenzen innerhalb ihres Gegendiskurses könnte am ehesten in der Lage dazu sein, durch den möglichen Einfluss dieses Gegendiskurses Bedeutungsverschiebungen innerhalb der diskursiven Ordnung zu erzeugen und somit die Grenzen der Intelligibilität langfristig zu erweitern. Dies kann ansatzweise bereits an der Aufnahme des Konzepts der dualen Wohnstruktur in den Diskurs um Belo Monte beobachtet werden. Die epistemischen Differenzen zur dominanten diskursiven Ordnung können dabei aufgrund ihrer öffentlichen Wirksamkeit als entscheidend dahingehend betrachtet werden, dass die Ribeirinh@s überhaupt die Aufmerksamkeit erhielten, die ihnen den Raum des Prozesses der sozialen Anerkennung ermöglichte. Dieser Raum erinnert an Frasers (1993) subalterne Gegenöffentlichkeiten, die einen Gegenentwurf zu einer von sozialer Ungleichheit geprägten bürgerlichen Öffentlichkeit darstellen. Angesichts der Möglichkeiten des Konsortiums und anderer verantwortlicher Einrichtungen über die Vereinzelungspraxis öffentliche Einflussnahme auf den dominanten Diskurs zu verhindern, könnten solche Gegenöffentlichkeiten eine Möglichkeit für Betroffene darstellen, sich durch einen ausgereiften Gegendiskurs als, wenn auch nicht gleichberechtigte, dann doch wahrnehmbare und relevante Akteur*innen zu positionieren. Anhand der Verknüpfung der empirischen Erkenntnisse mit dem theoretischen Analyserahmen dieser Arbeit wird das folgende Kapitel die Aushandlung von Enteignung als diesen Kampf um Öffentlichkeit und Deutungshoheit untersuchen und die Möglichkeiten solcher Gegenöffentlichkeiten analysieren.

8 DIE AUSHANDLUNG VON ENTEIGNUNG

Betroffensein und Eigentum äußerten sich als die beiden zentralen Kategorien innerhalb des Enteignungsprozesses, deren Bedeutungen den Betroffenen vom Konsortium als gegeben, also bereits ausgehandelt präsentiert wurden. Betroffensein zeigte sich dabei als eine enge Kategorie, die nur wenigen Gruppen den Status eines besonderen Betroffenseins zusprach und, entgegen des Umweltplans (*Projéto Básico Ambiental* – PBA), diverse Auswirkungen auf Ressourcenverfügbarkeit und berufliche Tätigkeiten sowie traditionelle Lebensweisen nicht anerkannte. Im Verlauf des Registrierungs- und Entschädigungsprozesses wurden auch die limitierenden Bedeutungsstrukturen des Eigentumsbegriffs offensichtlich, die entgegen des PBAs weder territoriale noch soziale Strukturen berücksichtigten und somit im Widerspruch zu der lokalen Wirklichkeit standen. Während anfänglicher Widerstand im Sinne des „Stopp Belo Monte"-Diskurses mit Beginn der Implementierung des Wasserkraftwerkes und im Zusammenhang mit den Hoffnungen der betroffenen Bevölkerung auf ein besseres Leben weitestgehend an Unterstützung verlor, formierte sich Widerstand, als vielen Betroffenen bewusstwurde, dass ihre Wirklichkeit keine Anerkennung und ihre Hoffnungen keine Erfüllung finden würden. Dieser Widerstand richtete sich nicht unbedingt gegen das Großprojekt als solches, sondern beabsichtigte die Modifizierung der Bedeutungsstrukturen von Betroffensein und Eigentum und die Ausweitung der Anerkennungsstrukturen.

Die zentrale Fragestellung dieser Arbeit richtet sich nach dem **Wie** des im Rahmen von Belo Monte stattfindenden Enteignungsprozesses. Der Fokus der Untersuchung liegt demnach auf der Aushandlung der Bedeutungsstrukturen der Kategorien Betroffensein und Eigentum. Es stellt sich dabei die Frage, wie sich Betroffene vor dem Hintergrund von Machtassymetrien und sozialer Ungleichheit positionieren, um in der Lage zu sein, Einfluss auf diese Aushandlung zu nehmen. Auf Basis des theoretischen Analyserahmens konnte dabei angenommen werden, dass der Konflikt um Enteignung primär ein Kampf um Anerkennung und Öffentlichkeit ist. Die Zentralität dieser Dimensionen konnte im Verlauf der empirischen Untersuchung bestätigt werden. Um das **Wie** des Enteignungsprozesses verstehen und auf eine Theoretisierungsebene heben zu können und damit eine Konzeptualisierung des Enteignungsbegriffs zu ermöglichen, werden die empirischen Ergebnisse aus Kapitel 6 und 7 in diesem Kapitel analytisch auf Elemente dieses Kampfes um Anerkennung und Öffentlichkeit hin untersucht und diskutiert.

8.1 DIE VERNICHTUNG DES PRIVATEN UND DIE VERHINDERUNG VON ÖFFENTLICHKEIT

Die Analyse der empirischen Daten zeigt, dass unter den interviewten Betroffenen ein Eigentumsverständnis vorherrscht, dass sich sehr von dem liberalen Konzept eines durch Besitz und Eigentum souveränen Subjekts und dem Verständnis von Eigentum als monetär bestimmbarem, weltlich losgelöstem Besitz, unterscheidet (vgl. Kap. 3.2, 7.1.2 und 7.3.3). Der hegelsche Ansatz erweist sich dabei als eine geeignete hermeneutische Perspektive, um die Entstehung und die Funktion solcher Strukturen erkennbar zu machen. Ein Eigentumswesen, das sich über Anerkennungs- und Gemeinschaftsstrukturen sowie territoriale Referenzen konstituiert und eine Unterscheidung zwischen kollektivem und individuellem Eigentum erschwert, war mit den dominanten Normen der Registrierungs- und Entschädigungspraxis des Konsortiums nicht kompatibel[63].

In einer Region, in der aufgrund ihrer Rolle in der nationalen Entwicklungspolitik (vgl. Kap. 5.2) der Staat, wenn überhaupt, dann meist nur im Rahmen extraktivistischer Tätigkeiten anwesend ist und in denen enorme sozioökonomische Disparitäten herrschen, war Gewalt und Kriminalität immer ein großes Problem und machte Strukturen nachbarschaftlicher Unterstützung besonders wichtig (vgl. Kap. 5). So erscheint es nicht verwunderlich, dass mit dem Großprojekt Hoffnungen auf materielle Verbesserungen, eine stärkere Anwesenheit des Staates, sozialpolitische Programme und infrastrukturellen Ausbau verbunden wurden. Dies wurde durch den Entwicklungsdiskurs des Konsortiums sowie das umfassende Maßnahmenpaket des PBA weiter untermauert, das die Berücksichtigung lokaler Strukturen und kollektive Umsiedlungen in infrastrukturell ausgebaute und unweit vom Stadtzentrum und Flussufer entfernte Siedlungen versprach. Zwar existieren in der Region aufgrund der Diversität ihrer soziokulturellen Strukturen entsprechend vielfältige Erfahrungen und Wahrnehmungen und es gab Betroffene, die durch das neue Haus materiell profitierten. Die Mehrheit der Betroffenen jedoch sah sich stattdessen mit einer umfangreichen Missachtung ihrer Eigentumsstrukturen konfrontiert.

Die Enteignung begann während der Registrierungsphase auf einer diskursiven Ebene und manifestierte sich in den Dokumenten Norte Energias über das jeweilige Recht auf Entschädigung. Sie materialisierte sich schließlich in der Vereinzelung und Fragmentierung der Nachbarschaften und an den neuen Orten der Wiederbesiedlung, die den Bedürfnissen der Mehrzahl der Enteigneten grundlegend widersprachen. Im Widerspruch zum PBA und teilweise auch der brasilianischen Verfassung wurden die Betroffenen zahlreicher Rechte beraubt. Dies entzog ihnen die Anerkennung als rechtsfähige Subjekte und traf sie entsprechend der Anerken-

---

63 Die Abgrenzung von Logiken des possessiven Individualismus darf aufgrund dessen Verbindung mit dem kapitalistischen System nicht darüber hinwegtäuschen, dass die Lebensweisen der Betroffenen alle auf eine gewisse Art in kapitalistische Kreisläufe eingebunden waren, im Fall der Ribeirinh@s beispielsweise über den Verkauf von Fisch oder landwirtschaftlichen Produkten. Diese wirtschaftlichen Tätigkeiten dienten jedoch überwiegend der eigenen Subsistenz und initiierten auf lokaler Ebene keinerlei Akkumulationskreisläufe.

nungssphären Honneths (2016 [1994]) in ihrer Selbstachtung und verletzte ihre soziale Integrität (vgl. Kap. 3.4.1). Honneth erkennt im Rechtsentzug die Aberkennung der moralischen Zurechnungsfähigkeit (vgl. Honneth, 2016 [1994], S. 211). Im empirischen Beispiel wird dies anhand der Bevormundung deutlich, die die Betroffenen durch eine unilaterale, auf unklaren Prinzipien beruhende Zuteilung von Eigentümerschaften und monetären Werten oder die Aberkennung der Notwendigkeit der dualen Wohnstruktur seitens des Konsortiums erfuhren. Bezüglich Honneths dritter Anerkennungssphäre der sozialen Wertschätzung erfuhren die Betroffenen die Missachtung ihrer Leistungen hinsichtlich der sukzessiven Konstruktion eines Lebens an jenem Ort und des daraus erwachsenen Subjektbewusstseins, das im hegelschen Sinne über Strukturen wechselseitiger Anerkennung innerhalb der Nachbarschaft und der weiteren städtischen Gesellschaft ausgebildet und bestätigt worden war. Eine Reproduktion intersubjektiver Anerkennungsverhältnisse am neuen Wohnort wurde durch die Vereinzelungspraxis des Konsortiums entscheidend erschwert.

Eine Zuschreibung von Wertigkeiten durch das Konsortium geschah nicht nur hinsichtlich der Schätzung der zu enteignenden Immobilien, sondern auch in Bezug auf Lebensformen. Dies lässt sich insbesondere am Beispiel der Ribeirinh@s erkennen. So wurden manche Niederlassungen auf Inseln unter Missachtung ihrer unter anderem landwirtschaftlichen Funktion als bloße Fischereistandorte bezeichnet. Ihr Dasein als traditionelle Fischer*innen fand bereits im PBA nur geringfügig und dann meist negativ konnotiert Erwähnung (vgl. Kap. 6.2.2). Der Entschluss, den Ausfall der Fischerei nicht zu kompensieren, deklarierte diesen Beruf als nicht entschädigungswert. Schließlich teilte die sich wiederholende Nicht-Anerkennung ihrer traditionellen Lebensform und dualen Wohnstruktur diese im Sinne von Butlers und Athanasious (2013, S. 19) „socially assigned disposability" als wertlos ein. Die Verteidigerin Oliveira von der DPU bezeichnete dies als „die Gewalt der Indifferenz" (Int108, 22.09.15):

> Das ist schlimmer, als wenn du dorthin gehst und die Person angreifst. Du missachtest alles, was sie denkt, alles was sie ist, ihre Lebensform. Ich glaube, das ist die schlimmste aller Gewalttaten, nicht wahr?! Du missachtest die Existenz, die Art der Existenz der Personen. (Int108, 22.09.15)

Durch diese Zuschreibung von Wertigkeiten drang das Konsortium in den privaten Bereich der Betroffenen ein. Die Wertzuschreibungen und die Präsentation eines angeblich modernen und guten Lebens in den RUCs sowie des Fortschritts, den Belo Monte endlich bringe, kategorisierten das Leben im *baixão*, indirekt über den Entwicklungsdiskurs oder direkt durch Darstellungen in Werbefilmen oder Berichten, als minderwertig (vgl. Kap. 7.1.2). Über epistemische Grenzen – deren Rigidität B. d. S. Santos (2010b) auf das in der dominanten westlichen Epistemologie verankerte abyssische Denken zurückführt (vgl. Kap. 7.3.3) – und ihren Einfluss auf die diskursive Ordnung, wurden alternative Wissens- und Erkenntnisformen und daraus resultierende Wirklichkeiten und Lebensformen als ungültig und inexistent markiert.

Das Eindringen in den privaten Bereich zerstörte dessen Funktion als weltlich verankerten Raum des Rückzugs, der Geborgenheit und der Verborgenheit, die Arendt (2015 [1976], S. 86) als für den Menschen so dringlich erachtet. Der Entzug von Nachbarschaft, territorialen Referenzen und Ressourcen sowie Anerkennung bedingte die Vernichtung des privaten Raums und die Prekarisierung der Betroffenen. Die Produktion dieser Bevölkerungsgruppen als prekär, also als solche Leben „[that] do not qualify as recognizable, readable, or grievable" (Butler, 2009, S. xii f.) kann im Sinne der Funktion von Enteignung als Instrument der Kontrolle und Aneignung seitens dominanter Kräfte verstanden werden, das bestimmten Gruppen ihren ordnungsgemäßen Platz am Rande der Gesellschaft zuweist und direkt mit der Zuschreibung von Wertigkeiten verknüpft ist (vgl. Kap. 3.3). Die Folgen der Prekarisierung äußern sich in psychosozialen Problemen der Betroffenen, die neben den Strukturen der Nicht-Anerkennung durch Ausübung psychischer Gewalt in Form von ständiger Ungewissheit, Drohungen, Kriminalisierung oder der (unangekündigten) Zerstörung und Verbrennung von Häusern hervorgerufen wurden. Die psychosozialen Folgen dieser Erlebnisse manifestieren sich in Traumata, Depressionen, Erschöpfungszuständen und in der Häufung körperlicher, insbesondere Herz-Kreislauf-Erkrankungen (vgl. auch Katz und L. Oliveira, 2016). Indem diese Merkmale über eine Verletzung der Würde und sozialen Integrität hinausgehen und sich psychische Probleme auch in einer Verletzung der physischen Integrität äußern, zeigt sich die Verknüpfung von Honneths Anerkennungssphären (ebd., vgl. Kap. 7.1.2, 7.3.2).

Die Vernichtung des Privaten vollzog sich nicht nur über materielle, sondern auch über immaterielle Enteignung, das heißt den Entzug von gesellschaftlicher und rechtlicher Anerkennung. Infolge der Abhängigkeit sozialer Existenz von Strukturen der Alterität bedeutete dieses *becoming dispossessed* die Aberkennung der Gültigkeit der eigenen Lebensweise und Wirklichkeit und produzierte die Betroffenen als unvollständige Bürger*innen und Subjekte (vgl. Kap. 4.1). Die psychosozialen Folgen beeinträchtigten die Handlungsfähigkeit der Betroffenen, die Holston (2008) als Bedingung für die Möglichkeit der Teilhabe am gesellschaftlichen und politischen Leben und somit *citizenship* erachtet (vgl. Kap. 3.1). Angelehnt an Butlers (2011) Versuch, Arendts (2015 [1976]) am Beispiel der griechischen Polis dargestellte wechselseitig konstitutive Verbindung von privatem und öffentlichem Bereich auf ihre Untersuchung prekären Lebens zu übertragen, sind es diese Verletzungen, die den privaten Körper darin beeinträchtigen, die Voraussetzungen für ein Handeln und Erscheinen des öffentlichen Körpers bereitzustellen (vgl. Kap. 3.2). Dies bedeutet den Entzug des Rechts auf Zugehörigkeit:

> Mit Hannah Arendt können wir sagen, dass das Ausgeschlossensein, der Ausschluss von der Teilnahme an der Pluralität, die den Erscheinungsraum entstehen lässt, bedeutet, des Rechts beraubt zu werden, Rechte zu haben. Plurales und öffentliches Handeln ist die Ausübung des Rechts auf einen Platz und auf Zugehörigkeit, und diese Ausübung ist das Mittel, durch das der Erscheinungsraum vorausgesetzt und ins Leben gerufen wird. (Butler, 2016a, S. 82)

8.1 Die Vernichtung des Privaten

Das Geisterviertel der ehemaligen Ribeirinh@s ist in dieser Hinsicht emblematisch (vgl. Kap. 7.3.2). Die durch Strukturen der Nicht-Anerkennung und der psychischen Gewalt erfolgte Vernichtung ihres privaten Raums, das heißt, ihres kollektiven und individuellen Eigentums im *baixão* und im *beiradão*, bedeutete das Ende ihrer Handlungsfähigkeit sowohl auf materieller als auch auf psychosozialer Ebene. Ersteres war bedingt durch die Transformation des Flusses, die niedrigen Entschädigungen und die Bedingungen des neuen Wohnorts – Bedingungen, die die Fortführung der Fischerei und ihres Lebens als Ribeirinh@s unmöglich machten. Nach Aussagen Interviewter (vgl. Int21a, 18.03.15) lässt sich dabei von einem Prozess der Deterritorialisierung sprechen. Der Begriff des Territoriums kann sinnvoll die Komplexität der räumlichen Beziehungen und Eigentumsstrukturen sowie die Konsequenzen dieses Verlustes greifen (vgl. Kap. 7.3.3). So wurde Territorialität – die Fähigkeit zur Ausübung von Kontrolle und Einfluss über ein Territorium (Haesbaert, 2004, S. 86 f.) – erst durch die wechselseitige Anerkennung innerhalb der Gemeinschaft und der daraus entstandenen Fähigkeit zur eigenen Positionierung im sozialen und schließlich im physischen Raum ermöglicht, wie es auch im Bericht der SBPC verdeutlicht wird:

> Ausgehend von der Anerkennung, die von der Gruppe an eines ihrer Mitglieder verliehen wurde, konnte dieses erscheinen, es ist anerkannt. Diese Handlung, artikuliert im System der Identifizierungen, verleiht ihm die imaginäre und symbolische Voraussetzung, um sich positionieren, bewegen und über das Territorium agieren zu können. (Katz und L. Oliveira, 2016, S. 234)

Territorialität als Handlungsfähigkeit machte erst das Dasein als Ribeirinh@ aus und bedeutete ein spezifisches „In-der-Welt-Sein" (ebd., S. 233). Fischer*in an diesem Abschnitt des Xingu zu sein, war demnach nicht nur ein Beruf, sondern eine spezifische Form der Besetzung des Territoriums und des Agierens über dieses:

> Es gibt für diese Personen keinen anderen Fluss. Die Identität des Ribeirinho wird beeinträchtigt, wenn dieser aufhört zu fischen, um beispielsweise Maurer zu werden. Es geschieht eine systematische Veränderung im Lebensrhythmus, in der Art, Menschen zu treffen, in der Zugehörigkeit und vor allem in der untereinander vermittelten Anerkennung. (Katz und L. Oliveira, 2016, S. 233)

Deterritorialisierung ist der prozesshafte Verlust dieser Beziehungen. Die Selbstbezeichnung von Sérgio, ein „Fischer ohne Fluss" zu sein (vgl. Kap. 7.3.1), bedeutet ein Dasein als „ein Subjekt ohne die Möglichkeit, die seine Zugehörigkeit regelt" (ebd., S. 233). Es weist auf die Unhaltbarkeit dieses Zustandes hin, da wie im Geisterviertel ein Leben ohne Fluss unmöglich erscheint und so die eigene Identität durch diesen Verlust derart beeinträchtigt ist, dass eine Aneignung des neuen Wohnorts und die Produktion von Territorialität undenkbar anmuten. Wie es Ausdrücke wie „unser Fluss" (TB34d, 29.09.15) oder „Der Xingu ist unser Leben" (Int36, 26.02.15) widerspiegeln, ist „mit dem Fluss leben und mit ihm in Beziehung treten [...] das, was das gesamte System der Identifizierungen dieser Gemeinschaft in Funktion hält" (ebd., S. 233). Die Betroffenen wurden auf diese Weise von vollständigen Subjekten und Bürger*innen zu Geistern, die zwar als Gemeinschaft ein neues Viertel errichten, ihr Leben jedoch als beendet betrachten und in ihrem neuen

Dasein keinen Sinn und keine Perspektive erkennen. Aussagen wie „Sie haben alle vernichtet, alle sind gestorben" (Gsp51c, 30.09.15) oder „Wir sind wie Vögel, denen die Flügel abgeschnitten wurden" (Int50, 19.09.15) belegen dies eindrücklich. So deuten die Äußerungen „Ich kann nicht mehr kämpfen" oder „Meine Worte sind nichts wert" auf die Hindernisse des Übergangs des privaten in den öffentlichen Körper.

Eine Destrukturierung des Privaten zeigt sich auch im Fall der Bevölkerung der *Terras Indígenas* (TIs) (vgl. Kap. 6.2.1). So wurden die komplexen sozioökologischen Beziehungen der Indigenen durch die Konsumartikel, die sie im Rahmen des Notfallplans bekamen, nachhaltig geschädigt. Sie schufen eine Abhängigkeit von der Stadt, die ihre territorialen Referenzen und ihre Territorialitäten entscheidend beeinträchtigten und ihren Alltag destrukturierten. Damit einhergehender Alkoholismus und die Konsequenzen der Art und Weise der Umsetzung des Notfallplans entfachten soziale Konflikte und lösten gemeinschaftliche Strukturen auf. Dies hinderte die Bevölkerung an einem einvernehmlichen, machtvollen Handeln und ihrem Erscheinen in der Öffentlichkeit, was die paradox anmutende Situation entstehen ließ, dass die Gruppe der indigenen Bevölkerung der TIs trotz ihrer massiv gestiegenen Präsenz in der Stadt aus der Öffentlichkeit weitestgehend verschwand.

Durch den Ausschluss der betroffenen Bevölkerung aus jeglichen, diese direkt betreffenden Entscheidungsprozessen sowie über unilateral vom Konsortium festgelegte und von Ibama bewilligte Vorgehensweisen wurde von Beginn an versucht, Partizipation und Öffentlichkeit zu verhindern. Denn wie Arendt (2015 [1976]) zeigt, entsteht Macht, sobald Menschen gemeinsam und einvernehmlich handeln und ist das, „was den öffentlichen Bereich, den potentiellen Erscheinungsraum zwischen Handelnden und Sprechenden, überhaupt ins Dasein ruft und am Dasein erhält" (ebd., S. 252). Angesichts einer starken Widerstandskultur in der Region, die bereits einmal das Großprojekt verhindert hatte, galt die durch den Notfallplan erfolgte Kooptierung indigener *lideranças* und die Kriminalisierung der sozialen Bewegungen ihrer Fragmentierung und Schwächung. Da insbesondere die lokale soziale Bewegung Xingu Vivo ihren Erfolg aus der Zusammenarbeit mit der indigenen Bewegung und dem daraus resultierenden medialen Interesse zog, hatte die Kooptierung vieler Indigener verheerende Konsequenzen. Xingu Vivos Strategie war vor allem die einer transnationalen Vernetzung gewesen, die Partnerschaften mit internationalen NGOs wie Greenpeace, Amazon Watch oder International Rivers suchte. Mit dem Ende der indigenen Bewegung, dem Baubeginn Belo Montes sowie repressiver Bedingungen bezüglich der Proteste insbesondere ausländischer Akteur*innen ging für diese NGOs die Perspektive im Kampf gegen Belo Monte verloren, so dass sie sich sukzessive zurückzogen. Da Xingu Vivo zwar auf internationaler Ebene zeitweise Öffentlichkeit erzeugen konnte, ihr dies durch den fehlenden Kontakt zur nicht-indigenen lokalen Bevölkerung sowie zu zentralen lokalen und nationalen Diskursen auf diesen Ebenen jedoch nicht gelang, befanden sie sich nach dem Abzug der internationalen NGOs in einer isolierten Lage. Wie es der Koordinator des Ablegers von Xingu Vivo in Belém ausdrückte, habe man international den Kampf gegen Belo Monte gewonnen; innerhalb Brasiliens seien sie gegen den dominanten Entwicklungsdiskurs jedoch nicht angekommen (Int14, 14.10.14).

Tatsächlich gerieten soziale Bewegungen immer mehr in die Defensive und der Entwicklungs- und Fortschrittsdiskurs des Konsortiums, der die Bedürfnisse der lokalen Bevölkerung mit seinen attraktiven Verheißungen zu nutzen wusste, gewann an Dominanz. Der produktive Einfluss dieses Diskurses auf die diskursive Ordnung und die (Re-)Produktion dominanter intelligibler Normen mit den darin enthaltenen epistemischen Überzeugungen marginalisierten und entwirklichten andere Lebensformen und Wirklichkeiten (vgl. Meißner, 2012, S. 28). Das Versprechen der Steigerung der Lebensqualität an die städtische Bevölkerung, infrastrukturelle Versprechen sowie die Vergabe von Konsumgütern an die Bevölkerung der TIs und die Vereinzelung der Nachbarschaften verhinderten entschieden die Entstehung von Macht auf Seiten der Betroffenen, die dadurch mögliche Erzeugung von Öffentlichkeit und schließlich die Herausforderung der diskursiven Ordnung. Durch diese Unterbindung von Öffentlichkeit und Pluralität gelang dem Konsortium und den dahinterstehenden Regierungseinrichtungen die weitestgehende Entpolitisierung des Konflikts und die Produktion einer dominanten Wirklichkeit. Fraser (1993) bezeichnet diese Wirklichkeit als Produkt einer bürgerlichen Öffentlichkeit[64], die der liberalen Vorstellung einer *single comprehensive public sphere* entspricht, in der durch die liberale Überzeugung der Gleichberechtigung aller im öffentlichen Raum eine tatsächliche soziale Ungleichheit verschleiert wird (vgl. Kap. 3.4.2). Wie in Arendts Darstellung der öffentlichen Sphäre in der griechischen Polis wird das auf sozialer Ungleichheit basierende Private und die Exklusion marginalisierter Gruppen aus den Diskursen in der Öffentlichkeit herausgehalten und eine Verhandlung dieser Strukturen im Sinne eines Meta-Diskurses verunmöglicht (vgl. Fraser, 2008, S. 19). Die durch die der liberalen Gesellschaft inhärenten sozialen und patriarchalischen Hierarchisierung ohnehin produzierte materielle Ungleichheit und anti-pluralistische kulturelle Anerkennungsstrukturen, die partizipatorische Parität verhindern, werden dadurch weiter verfestigt.

Die die bürgerliche Öffentlichkeit beherrschende dominante diskursive Ordnung gibt somit eine Wirklichkeit vor, in der die Energiegewinnung schon als ausgehandeltes öffentliches Gut präsentiert wird und kapitalistische wirtschaftliche Entwicklung und eine spezifische, als modern deklarierte Wohnform als anzustrebende Ziele gelten. Eigentum wird in diesem Sinne entlang liberaler Grundsätze des possessiven Individualismus als losgelöst von territorialen und sozialen Referenzen präsentiert (vgl. Kap. 3.2) und alternative Wohnmodelle werden als unverständlich ausgegrenzt. Indem diese Wirklichkeit alternative Wirklichkeiten ausgrenzt, stellt sie sich als alternativlos und unverhandelbar dar. Das macht sie jedoch

---

64 Trotz der nur eingeschränkten Möglichkeit eines Transfers des Attributs „bürgerlich" aus dem europäischen in den (insbesondere nord-)brasilianischen Kontext, drückt der Begriff der bürgerlichen Öffentlichkeit doch gut den konstitutiven Zusammenhang mit der dominanten Diskursformation aus, die wesentlich durch die bürgerlich geprägten Metropolen insbesondere Südostbrasiliens beeinflusst ist. Der Begriff soll deshalb für die vorliegende Arbeit verwendet werden.

grundsätzlich undemokratisch und nichtöffentlich. Mit Bezugnahme auf Mansbridge (1993) weist Fraser (1993, S. 130) auf die bürgerlich-republikanische Annahme hin, dass in der Öffentlichkeit über das Gemeinwohl debattiert und es auf diese Weise produziert wird. Wird in der Öffentlichkeit jedoch ein Wir konstruiert, dass subalterne Gruppen aus der Teilnahme an der Debatte ausschließt und ihnen das Gemeinwohl schließlich auf bevormundende Weise präsentiert, haben subalterne Gruppen gar nicht die Möglichkeit, in Verhandlungen ihre tatsächlichen Bedürfnisse herauszufinden und zu erkennen, dass sie in diesem Wir und dem daraus resultierenden Gemeinwohl gar nicht miteinbezogen sind. So bemerkten viele von Belo Monte Betroffene erst mit der Enteignung ihres privaten Bereichs, dass sie gar nicht Teil der von Belo Monte Profitierenden sein würden. Frasers Perspektive einer bürgerlichen Öffentlichkeit verdeutlicht somit die der Konstruktion von Diskursen und Wirklichkeiten zugrundeliegenden Interessenstrukturen.

Auf diese Weise wurde ein Zustand provoziert, den Arendt (2015 [1976]) als ein zentrales Merkmal der Massengesellschaft betrachtet, in der Massenkonsum und daraus resultierende Entpolitisierung dazu geführt haben, dass die Menschen nicht mehr in der Lage sind, durch politisches Handeln einen öffentlichen Bereich zu erzeugen. Die Unterbindung einer pluralistischen Öffentlichkeit verhinderte das Auftreten und Wirklich-werden marginalisierter Gruppen in der dominanten Wirklichkeit. Die Invisibilisierung und die ihr zugrundeliegenden Mechanismen stellten eindeutige Hürden für die Betroffenen zu partizipatorischer Parität und ihrer Möglichkeiten der Einflussnahme in den Prozessverlauf dar (vgl. Kap. 6.2). Zwar gab es immer wieder Momente der Öffentlichkeit, also kurzzeitig bestehende Erscheinungsräume, wie die *Grande Pescaria* im März 2011, als hunderte Bewohner*innen Altamiras an die Promenade kamen, den Fang mit den Fischer*innen vor Ort zubereiteten und unter sich aufteilten, feierten und diskutierten und die Fischer*innen als handlungsmächtige, politische Akteur*innen in Erscheinung traten (vgl. Kap. 6.2.2). Angesichts der repressiven Kräfte des Konsortiums, das die Belange und Forderungen der Fischer*innen auch im Zuge mehrfacher Treffen weiterhin nicht anerkannte, waren diese jedoch auch mit den punktuellen Blockadeaktionen in den Jahren 2012 und 2013 nicht in der Lage, den Erscheinungsraum innerhalb der Gesellschaft Altamiras zu reproduzieren und als politische Akteur*innen die diskursive Ordnung zu beeinflussen.

8.2 DER KAMPF UM ÖFFENTLICHKEIT UND DIE PERFORMATIVITÄT DES WIDERSTANDS

Über seinen Einfluss auf die lokale diskursive Ordnung war das Konsortium also gemeinsam mit den staatlichen Akteur*innen bis zu einem gewissen Grad in der Lage, Bedeutungsstrukturen und darin enthaltene epistemische Grenzen, die die Anerkennungsstrukturen bedingen, zu beeinflussen. Durch die gesellschaftliche Bestätigung der diskursiven Ordnung wurden auch die Grenzen der Intelligibilität stetig reproduziert. Entsprechend schwierig war es für Betroffenengruppen, durch

8.2 Der Kampf um Öffentlichkeit

Proteste erzeugte Erscheinungsräume aufrecht zu erhalten und die diskursive Ordnung herauszufordern. Mit Beginn der Entschädigungs- und Umsiedlungsmaßnahmen nahmen Proteste jedoch merklich zu und zeigten dem Konsortium und staatlichen Akteur*innen die Grenzen der Kontrollierbarkeit der Diskursformation und der dominanten Wirklichkeit auf.

Die Motivation für Widerstand lässt sich mittels einer honnethschen Analyse der individuellen Ebene zunächst in der Enttäuschung der durch Sozialisierung erlernten Anerkennungserwartungen in der rechtlichen und/oder gesellschaftlichen Sphäre verorten, die sich dem Individuum in Form negativer Gefühlsregungen wie Wut oder Verzweiflung offenbart (vgl. Kap. 3.4.1). Sie entsteht durch die Verletzung bestehender Rechte wie dem Entzug des Rechts auf ein Haus, der Zerstörung der Nachbarschaft oder durch die fehlende Nachvollziehbarkeit unterschiedlicher Entschädigungssummen oder -formen. Wenn der Ursprung solcher negativen Gefühlsreaktionen als soziale Ungerechtigkeit gedeutet wird, kann dies zu politischen Handlungen motivieren. Denn „die affektive Spannung, in die das Erleiden von Demütigungen den einzelnen hineinzwingt, ist von ihm jeweils nur aufzulösen, indem er wieder zur Möglichkeit des aktiven Handelns zurückfindet" (Honneth, 2016 [1994], S. 224). Die Wahrscheinlichkeit einer solchen Deutung hängt zunächst von Vorhandensein und Intensität eines Moralempfindens innerhalb der Gesellschaft ab. Ob die Empfindung sozialer Ungerechtigkeit schließlich politisches Handeln motiviert, ist wiederum eine Frage der „politisch-kulturelle[n] Umwelt der betroffenen Subjekte" (Honneth, 2016 [1994], S. 224).

Die lokale diskursive Ordnung in Altamira und Umgebung war durch die Diskurse und die Entwicklungsversprechen von Norte Energia, die das Großprojekt umgaben, und die von einem großen Teil der regionalen Bevölkerung bestätigt wurden, geprägt. Auf diese Weise wurde Widerstand lange Zeit weitestgehend unterdrückt. Während der Entschädigungsphase führten die Handlungen des Konsortiums jedoch zu einem Widerspruch zwischen diesen Verheißungen und der Entwicklung der tatsächlichen Situation. Diese Widersprüche stellten die Legitimität des Großprojekts und der Autorität Norte Energias sowie die hinter diesen Handlungen stehenden Diskurse sukzessive infrage. Das Vorhandensein sozialer Bewegungen und die Bereitschaft der Bewegungen und Betroffenen, sich aufeinander einzulassen, schufen eine politisch-kulturelle Umwelt, die eine Kontextualisierung dieser Widersprüche ermöglichte. Durch moralische und politische Bewusstseinsbildung und die Konstruktion eines Gegendiskurses entwickelten die Betroffenen gemeinsam mit den Bewegungen einen „intersubjektiven Deutungsrahmen" (ebd., S. 226), innerhalb dessen sie sich artikulieren, gesellschaftliche Prozesse interpretieren und Vorstellungen alternativer Wirklichkeiten konzipieren konnten. Den sozialen Bewegungen kam somit wieder eine zentrale Rolle im Konflikt um Belo Monte zu.

Ähnlich wie Honneth also die Möglichkeit politischen Widerstands von mehreren Variablen abhängig macht, beschreibt Butler (2009) die Unmöglichkeit der Souveränität auch im Protest. Widerstand und dessen Möglichkeit und Verlauf sind wie soziale Existenz in Strukturen der Alterität eingebettet und somit nicht Resultat von Entscheidungsprozessen souveräner Individuen, sondern Resultat komplexer

Wechselwirkungen zwischen den direkt und indirekt involvierten Akteur*innen sowie ihrer materiellen Umwelt und den diesen Interaktionen zugrundeliegenden Normen. Die Unmöglichkeit Wirkung und Verlauf von Widerstand vorherzusehen zeigt Parallelen zu Arendts Begriff des Neuen, das unvorhersehbar durch die menschliche Fähigkeit der Natalität und dem dadurch in intersubjektivem politischen Handeln enthaltenen kontingenten Faktor entstehen kann. Während Arendt dies jedoch im Zusammenhang mit der Aushandlung öffentlicher Themen betrachtet, die frei von privaten Zwängen sind, gilt es dabei die ganz konkreten materiellen Existenzsorgen zu beachten, die bei der Mehrzahl der Betroffenen das Empfinden sozialer Ungerechtigkeit und die Entscheidung für politischen Widerstand beeinflussen. Dies zeigt die Verflechtung von Aspekten der Anerkennung und der materiellen Verteilung, die einander bedingen und die hinter politischem Protest gegen Enteignung stehen (vgl. Fraser und Honneth, 2003). Politischer Widerstand war somit ein Weg, akute Handlungsunfähigkeit durch die verletzte rechtliche und gesellschaftliche Anerkennungssphäre zu überwinden und zukünftige Handlungsfähigkeit zu ermöglichen, indem versucht wurde, den kompletten Verlust des Privaten zu verhindern.

Bei der Betrachtung der unterschiedlichen Protesthandlungen zeigt sich die in Kapitel 3.2 und 3.3 erläuterte Relevanz der Schnittstellen des Privaten und Öffentlichen. In dieser Hinsicht erscheint insbesondere die Inszenierung des Prekären in der Öffentlichkeit relevant, wie sich am Beispiel der Frauengruppe, die sich regelmäßig bei Xingu Vivo traf, erkennen lässt. Die durch patriarchische gesellschaftliche Strukturen bedingte Marginalisierung der Frau bewirkte durch ihre unverhältnismäßig starke Bedrohung angesichts der Zerstörung des Privaten paradoxerweise ihr öffentliches Auftreten sowie eine Politisierung des Konflikts. Die Demonstration ihrer Prekarität, die durch das Erscheinen ihrer unerwarteten Körper und insbesondere auch das ihrer Kinder geschah, trug das Private ins Öffentliche. Ihre Selbstbezeichnung als Schöpferinnen des Lebens demonstrierte, dass sie es sind, die private und schließlich öffentliche Präsenz erst möglich machen und dass die im Kontext von Belo Monte angestiegene Gewalt an Frauen alle etwas angeht und öffentlich thematisiert werden muss. Diese Demonstration der Prekarität produzierte in Interaktion mit der materiellen Umwelt, den Mitarbeiter*innen Norte Energias und der Bevölkerung Altamiras sowie mittels des Erzeugens medialer Aufmerksamkeit Öffentlichkeit, in der die Frauen erscheinen konnten. Ähnliches geschah in einem hohen öffentlichkeitswirksamen Maße während der von MAB organisierten Demonstration am 11. März 2015 (vgl. Kap. 7.2.2), in der unterschiedliche marginalisierte Gruppen einen Erscheinungsraum produzierten, in dem sie durch ihre massive Präsenz auf ihre prekäre Situation aufmerksam machten. Die Inszenierung des Privaten spielte im Zuge der sich inszenierenden Berufsgruppen – besonders deutlich im Auftreten der *carroceir@s* erkennbar – und schließlich infolge des Niederlassens vor dem Gebäude Norte Energias eine zentrale Rolle. Es demonstrierte das Prekäre und machte es auf diese Weise politisch. Solche Proteste vor dem Gebäude Norte Energias, das sich durch Zäune und die Blockierung der Zufahrtsstraße bestmöglich gegen Öffentlichkeit abzuschotten versuchte, deuteten diesen Ort zeitweilig von einem Symbol der Repression in einen Ort des Protests und der Emanzipation um.

Ein Extremfall dieser Demonstration des Prekären war der existentielle Kampf einiger Frauen und ihrer Familien im Viertel *Baixão do Tufi*. Das brutale Vorgehen der Sicherheitskräfte konnte die Aufmerksamkeit, die den Protestierenden seitens der Medien und der Gesellschaft für Menschenrechte Parás zukam, nicht verhindern – stattdessen steigerte es die Aufmerksamkeit noch einmal deutlich. Infolge ihrer Zusammenarbeit mit Xingu Vivo wussten sie die Repressalien als repräsentativ für den gesamten Enteignungsprozess zu instrumentalisieren und in ihren Protest einzubauen. Solche Weigerungen, den eigenen privaten Raum zu verlassen, bezeichnen Butler und Athanasiou (2013, S. 21) als Handlungen radikaler Reterritorialisierung, in denen der Funktion von Territorialität als repressives Herrschaftsinstrument ein alternatives Konzept von Territorium entgegengesetzt werden kann. Im Fall einiger Ribeirinh@s konnte dieses Am-Ort-Verweilen ihre performative Wirkung im Nachhinein in der *audiência pública* vom September 2015 erzeugen, in der die ohne Vorankündigung stattfindenden Zerstörungen oder gar Verbrennungen von Häusern als gewaltsame Antwort auf das Am-Ort-Verweilen zu einem Symbol der von den Ribeirinh@s erfahrenen Repressionen wurde. Mit ihren Redebeiträgen, in denen sie territoriale Elemente und Werte artikulierten, produzierten die Ribeirinh@s auf der Versammlung ein solches alternatives Konzept im Sinne eines Werteterritoriums, das nicht auf Herrschaft und Kontrolle, sondern auf Gemeinschaft, Respekt und einem integrierten Zusammenwirken menschlicher und nicht-menschlicher Elemente basiert.

Das Handeln der Protestierenden nimmt direkten Bezug auf ihr Gegenüber, das heißt auf die Mitarbeiter*innen des Konsortiums, private und/oder öffentliche Sicherheitskräfte oder das Militär. Indem dominante Grenzen überschritten werden und entgegen intelligibler Normen gehandelt wird, unterscheidet sich dieses Handeln signifikant von alltäglichem Handeln. Die protestierenden Prekären befinden sich außerhalb des Platzes, der ihnen innerhalb der Gesellschaft zugewiesen ist, sie erscheinen an Orten, die für andere Zwecke gedacht und teilweise privat sind. Althussers (1977) Interpellation der Protestierenden durch die Sicherheitskräfte werden von diesen nicht erwidert. Diese Verstöße gegen die Normen der diskursiven Ordnung sorgen für Irritationen und provozieren die Kollision sich widersprechender Positionen. Nach Isin (2008) lassen sich diese konfrontativen Proteste als „acts of citizenship" bezeichnen. Denn das Handeln der Protestierenden und die entsprechenden Reaktionen des Gegenübers werden dadurch politisch, wodurch sich die Protestierenden als politische Subjekte produzieren. Durch das politische Handeln wird Öffentlichkeit erzeugt, in der das Überschreiten der Grenzen von Privat und Öffentlich sowie anderen gesellschaftlichen Ordnungen und über diese Irritationen die Protestierenden als politische Subjekte erscheinen und performative Effekte hervorrufen. Diesem Erscheinen des Prekären in der Öffentlichkeit schreiben Butler und Athanasiou (2013) und Butler (2009, 2016) ein großes performatives Potential zu. Es ist diese direkte räumliche Konfrontation des Prekären mit der etablierten Ordnung, den „forces of dispossession" (Butler und Athanasiou, 2013, S. 22), die durch das Überschreiten der Grenzen Irritationen und öffentliche Wirkung hervorrufen kann. Dadurch entstehende performative Effekte können temporäre Abweichungen und Verschiebungen von Bedeutungsstrukturen provozieren und so Raum für die Herausforderung dominanter Ordnungen öffnen.

Besonders deutlich erscheint diese Konfrontation im Fall der Straßenblockaden an der Transamazônica und den Zufahrten der Baustellen des Großprojekts, die einerseits durch die direkte Schädigung des Großprojekts und andererseits durch das mediale Interesse die Aufmerksamkeit des Konsortiums erzwang. Die Vulnerabilität gegenüber den privaten und – in Gestalt des Militärs – staatlichen enteignenden Akteur*innen ist dabei ein medial begehrtes Motiv und wurde von den Protestierenden durch eine gewisse Inszenierung instrumentalisiert. Während dies im Fall traditionell gekleideter Indigener besonders auffällig geschah, fand diese Instrumentalisierung auch durch die Art der Ausführung alltäglicher Notwendigkeiten, beispielsweise in Form einer großen Essenszubereitung statt. Als Reaktion auf die hegemoniale Zuweisung ihres ordnungsgemäßen Platzes, die die Betroffenen im Zuge der Enteignung auf brutale Art spürten, eigneten sich die Protestierenden in solchen Momenten der Konfrontation Handlungsmacht an und wiesen sich ihren Platz innerhalb der sozialen Ordnung selbst zu. Indem die enteignenden Akteur*innen auf die Protestierenden eingingen, entstand eine Situation intersubjektiven politischen Handelns, die an sich bereits eine geringfügige Umverteilung des Anerkennungskapitals zugunsten der Protestierenden bedeutete (vgl. Tully, 2000). Die Schnittstelle zwischen privat und öffentlich wurde dabei verschoben – sei es durch das Erscheinen ihrer Körper und des Privaten in der Öffentlichkeit oder durch die Weigerung, den privaten Raum zu verlassen. Das Private konnte auf diese Weise politisiert, soziale Ungleichheit offengelegt und die Bezeichnung des Staudammbaus als öffentliches Interesse infrage gestellt werden.

Es zeigt sich in diesen Betrachtungen das performative Moment solcher *acts of citizenship*. Indem die Protestierenden die repressiven Bedingungen durch die direkte Konfrontation instrumentalisierten, machten sie sich diese zu eigen und deuteten ihr vulnerables Ausgesetztsein um in ein: „‚[w]e are still here', meaning: ‚We have not yet been disposed of. We have not slipped quietly into the shadows of public life: we have not become the glaring absence that structures your public life'" (Butler und Athanasiou, 2013, S. 196). Durch das Zusammenkommen und einvernehmliche Handeln Protestierender erzeugten sie Macht und übten, anstelle die repressiven Kräfte über sich handeln zu lassen, selbst Handlungsmacht aus. Auf diese Weise eigneten sie sich, zumindest temporär, ihren eigenen Körper – als Ort umstrittener Eigentumsverhältnisse – an. Indem marginalisierte Gruppen in solchen Handlungen sowohl entsprechend intelligibler Normen fehl am Platz sind (*out-of-place*) als auch sich mit ihren materiellen Körpern demonstrativ an diesem Ort platzieren (*in-place*), legten sie die Grenzen der Intelligibilität offen und forderten diese gleichzeitig heraus: „Acted upon, and yet acting, bodies-in-place and bodies-out-of-place at once embody and displace the conditions of intelligible embodiment and agency" (ebd., S. 22). Die bei Straßenblockaden erforderliche gemeinsame Organisation und Verpflegung und das gemeinsame Agieren der Frauen, die sich an den

Händen halten, sich so gegenseitig unterstützen und Entschlossenheit demonstrieren, sind in solchen Momenten gelebte gemeinschaftliche Werte und Prinzipien, die der hierarchisierenden Vereinzelungspraxis des Konsortiums als alternatives Gesellschaftsmodell gegenübergestellt werden (vgl. Kap. 7.2).

Diese Beispiele verdeutlichen die Aussage Butlers (2011), dass politisches Handeln und Öffentlichkeit nicht an öffentliche Plätze gebunden ist, sondern ihre Wirkung gerade an dafür nicht vorgesehenen Orten erzeugen. Politisches Handeln schafft temporär bestehende Erscheinungsräume, in denen die Betroffenen auftreten und sich darin im Konflikt mit anderen Akteur*innen den Raum und den eigenen Körper aneignen und umdeuten können. Es sind diese von Cresswell (1996) genannten *transgressions*, die die Grenzen von privat und öffentlich überschreiten, auf diese Weise die dominanten räumlichen Ordnungen des *in-place* und *out-of-place* herausfordern und so das gängige *public-private-divide* in Frage stellen. Aus solchen Handlungen der Aneignung und Umdeutung repressiver Elemente und des eigenständigen Sich-Positionierens können performative Effekte entstehen, die langfristig zur Anerkennung der Existenz und der Situation marginalisierter Gruppen führen können und sich mittelfristig beispielsweise in einer respektvolleren Behandlung der widerständigen Frauen im *Baixão do Tufi* zeigten. Konnten Verhandlungen erkämpft werden, äußerte sich seitens des Konsortiums jedoch häufig ein bevormundendes Verhalten, dass Athanasious Bezeichnung der epistemischen Gewalt nahekommt (vgl. Butler und Athanasiou, 2013, S. 26). Denn durch die Einwilligung eigener Studien wurde den Betroffenen die Urteilsfähigkeit über ihre eigene Situation abgesprochen und wissenschaftliche Methoden schließlich zum Zwecke der Durchsetzung der eigenen Interessen missbraucht. Dies zeigen das Beispiel der Studie über die Auswirkungen des Staudammbaus auf die Fischerei (vgl. Kap. 6.2.2), wie auch der Fall der *carroceir@s*, die schließlich selbst eine wissenschaftliche Studie organisierten, deren Ergebnisse vom Konsortium jedoch abgelehnt wurden (vgl. Kap. 6.2.3). Auch diese epistemische Gewalt bekämpfte die Macht auf Seiten der mobilisierten Betroffenen – so konnte Norte Energia durch die Ankündigung von Studien Protestbewegungen paralysieren. Anstatt jedoch Macht auf der eigenen Seite zu produzieren, führte etwa die vehemente Nicht-Anerkennung der Auswirkungen auf die Fischerei zu einer mittelfristigen Untergrabung der Autorität Norte Energias, die unter anderem die Ribeirinh@studie des MPF und den darauffolgenden Anerkennungsprozess der Ribeirinh@s provozierte.

In der Konfrontation des Prekären mit der etablierten Ordnung zeigt sich das konstitutive Verhältnis von Macht und Öffentlichkeit. Arendt (2015 [1976], S. 252) argumentiert, dass Macht nur dann entstehen und fortdauern kann, „wenn Worte und Taten untrennbar miteinander verflochten erscheinen, wo also Worte nicht leer und Taten nicht gewalttätig stumm sind". Durch den Widerspruch zwischen den Versprechen und der tatsächlichen Vorgehensweise des Konsortiums verlor es entschieden an Legitimität, Zuspruch und somit an Macht und provozierte erst die Mobilisierung eines Teils der Bevölkerung. Der Machtverlust auf Seiten des Konsortiums führte so zu einem Machtgewinn auf Seiten der Betroffenen und den sozialen Bewegungen. Um ihre Interessen zu wahren, konnten die privaten und öffentlichen Sicherheitskräfte auf die Macht der mobilisierten Betroffenen wiederum nur mit gewalttätig stummen Taten reagieren, die die entstehende Macht der Protestierenden im gewissen Maße zwar zerstören, jedoch bei entsprechender medialer Öffentlichkeit von den Betroffenen auch öffentlichkeitswirksam instrumentalisiert werden konnten.

8.3 DIE PRODUKTION VON GEGENÖFFENTLICHKEITEN ALS WEG ZU PARTIZIPATORISCHER PARITÄT

Durch die performativen Effekte des Widerstands konnte punktuell Anerkennung erkämpft werden, die aber stets nur innerhalb der vom Konsortium vorgegebenen Spielregeln stattfand. So konnte die Nachbarschaft aus *Açaizal* zwar eine respektvollere Behandlung und eine bessere Kategorisierung und Bewertung ihres Viertels und ihrer Häuser erkämpfen – dies änderte jedoch nichts an den Bewertungskategorien und der Art und Weise der Behandlung anderer Betroffener außerhalb des Viertels. Die Frauengruppe konnte für einige ihrer Teilnehmerinnen ein Haus in einer der RUCs erkämpfen – die Inadäquatheit der Betonhäuser und die unangemessenen Strukturen der RUCs blieben jedoch bestehen. Berufsgruppen, wie die *barqueir@s* oder die *carroceir@s*, die zwar ihre Anerkennung als solche zugesprochen bekamen, erfuhren die teils durch Studien des Konsortiums belegte, wiederholte Nicht-Anerkennung ihres Betroffenseins. Indigene Gruppen erkämpften zwar materielle Errungenschaften, stellten durch ihre Protesthandlungen aber nicht die grundsätzliche Vorgehensweise des Konsortiums infrage, deren Brutalität insbesondere in der Ausführung des Notfallplans offensichtlich wurde.

Anerkennung fand also immer nur in dem Maße statt, wie sie die Interessen und die Position des Konsortiums und der staatlichen Akteur*innen nicht gefährdete. Dieses Muster zeigt sich auch im Rahmen der vom MPF anberaumten Initiativen, als beispielsweise Norte Energia in dem Moment aus dem Schlichtungsrat ausstieg, als die DPU den Vorsitz des Rates übernehmen sollte und so großen Einfluss auf die Ausrichtung des Rates hätte nehmen können. Gleichzeitig bestätigten die Errungenschaften der meisten Protestierenden die Gültigkeit der vom Konsortium eingerichteten Registrierungs- und Entschädigungsformen. Die Annahme eines Hauses im RUC stellte zugleich eine, wenn auch ungewollte, Legitimierung der Häuser und RUCs dar. Der Kampf der Nachbarschaft aus *Açaizal* für eine Kategorisierung des Viertels als Zentrum bestätigte die Gültigkeit dieses hierarchisierenden Bewertungsschemas. Die widerständigen Handlungen und die sie unterstützende politische Bildungsarbeit seitens der sozialen Bewegungen sowie die Erfolge der Protestierenden gestalteten zwar einen wichtigen Prozess der Persönlichkeits- und Bewusstseinsbildung der Betroffenen und halfen in der Wiederherstellung ihrer verletzten sozialen Integrität und Würde, so dass einige Betroffene überhaupt ihre Handlungsfähigkeit zurückerlangten. Die Betroffenen konnten Einfluss auf die Aushandlung von Enteignung nehmen, waren aber längst nicht in der Position gleichberechtigter Teilnehmender. Sie konnten gewissermaßen die Anwendung der aus den intelligiblen Normen hervorgehenden Spielregeln beeinflussen, diese aber

8.3 Die Produktion von Gegenöffentlichkeiten

nicht grundsätzlich in Frage stellen. Widerstandshandlungen wie die der Ribeirinh@nachbarschaft aus dem Viertel *Invasão dos Padres*, die geschlossen auf Häuser in den RUCs verzichteten und gemeinsam ein neues Viertel errichteten, stellten sich der Bestätigung der dominanten Kategorien zwar entgegen. Sie konnten mit dieser Handlung jedoch keine Öffentlichkeit erzeugen und blieben de facto in ihrem „Geisterviertel" gefangen.

Es bestätigt sich in diesen Beispielen das Dilemma, das Butler und Athanasiou (2013) im Widerstand gegen neo- oder postkoloniale Strukturen erkennen: Um verständlich zu sein und überhaupt Effekte generieren zu können, muss sich der Widerstand auf intelligible Kategorien beziehen, die zwangsläufig diskursiv in (post-)koloniale „epistemologies of sovereignty, territory, and property ownership" (ebd., S. 27) eingebettet und konstitutiv für diese Strukturen sind. Der Widerstand der Betroffenengruppen erzeugte unterschiedliche performative Effekte, von denen manche die diskursive Ordnung herausforderten, wie im Fall der gesellschaftlichen Selbst- und Neupositionierung, andere diese Ordnung durch die Einforderungen des Rechts auf ein Haus in den RUCs oder einer besseren Kategorisierung ihrer Nachbarschaft jedoch bestätigten. So bedeutete die Bestätigung der Gültigkeit und Legitimität dieser Häuser und der neuen Viertel sowie der Kategorien die Bestätigung der hierarchisierenden gesellschaftlichen Ordnung, auf der diese basierten. Dies wird besonders am Beispiel der im *Baixão do Tufi* protestierenden Frauen und Familien deutlich, die sich das Recht auf ein Haus erkämpften, sich jedoch in den RUCs durch die schlechte Qualität der Häuser und der prekären Strukturen in den Vierteln erneut mit der dominanten, Hierarchien reproduzierenden Gesellschaftsordnung konfrontiert sahen. Norte Energia wiederum konnte wiederholt auf Plakaten die Vergabe des tausendsten oder zweitausendsten Hauses und die damit verbundene vermeintliche Erhöhung der Lebensqualität der Betroffenen als einen ihre Präsenz und Handlungen legitimierenden Erfolg verkünden. Dies bestätigt Spivaks (2008) Aussage, dass Rechte sich nur über die Assimilation in bestehende juristische Strukturen einfordern lassen – wobei der rechtliche Rahmen des PBA und dessen selektive Umsetzung durch Norte Energias ein Spiegelbild der Rolle juristischer Strukturen in Brasilien darstellt (vgl. Kap. 3.6) –, die insbesondere in postkolonialen Ländern auf der Ausgrenzung bestimmter Bevölkerungsgruppen basieren. Die Assimilation marginalisierter Gruppen bedeutet jedoch die Bestätigung dieser Strukturen und dadurch indirekt die Reproduktion der gesellschaftlichen Hierarchien. Ein langfristiges Ziel performativen Widerstands muss also die Etablierung neuer Begrifflichkeiten oder die Umdeutung der bestehenden sein, die alternativen epistemologischen Kontexten entstammen können, aber auf irgendeine Art wahrnehmbar und verständlich sein müssen. Diese Schwierigkeit zeigt sich ansatzweise in der Inkompatibilität des Eigentumsverständnisses der Ribeirinh@s mit dem Registrierungs- und Entschädigungsvorgang und dem Aufwand, den es in Form der Studie des MPF, mehreren *audiências públicas* und sonstigen Treffen und Studien im Rahmen der Ribeirinh@dialoge benötigte, um diese alternativen Strukturen und Perspektiven ansatzweise wahrnehmbar und verständlich zu machen.

Dominante Normen und Ordnungen erhalten ihre Gültigkeit nur über ihre ständige performative Bestätigung und Reproduktion. Durch die dadurch gegebene grundlegende Instabilität von Ordnungen können Bedeutungsverschiebungen und Abweichungen entstehen, die Raum für unvorhersehbare, möglicherweise subversive Effekte schaffen und die Herausforderung der diskursiven Ordnung ermöglichen (vgl. Kap. 3.3). Diese performativen Effekte müssen aber wiederum ihrerseits immer wieder bestätigt werden, um langfristig Bedeutungsverschiebungen der intelligiblen Normen zu erzeugen und die tatsächliche Erweiterung von Anerkennungsstrukturen zu erreichen. Die in den oben erläuterten Protestformen erzeugten performativen Effekte der Aneignung von Handlungsmacht und der Selbst-Positionierung durch die Verschiebung der Schnittstelle von öffentlich und privat waren demnach für die Protestierenden zwar wichtige Momente in ihrem Kampf um Anerkennung und Öffentlichkeit. Sie konnten sich temporär als wahrnehmbare Subjekte positionieren, punktuelle Anerkennung sowie als Resultat daraus materielle Verbesserungen erlangen. Es gelang ihnen auf diese Weise, ihre systematische Marginalisierung und Invisibilisierung zumindest zeitweise aufzubrechen. Um ihre Wirklichkeit und die ihr immanenten Bedeutungen von Betroffensein und Eigentum jedoch dauerhaft in die diskursive Ordnung einzubringen und sie auf diese Weise als wahrnehmbare Perspektiven neben den dominanten Verständnissen etablieren zu können, fehlte es an einer stärkeren Inszenierung dieser Bedeutungsstrukturen und einer regelmäßigen Reproduktion der performativen Effekte. Die erzielten performativen Effekte reichten demnach nicht aus, um im Kontext eines ungleichen Kräfteverhältnisses die Hürden zu partizipatorischer Parität zu überwinden und mit einer gleichberechtigteren Teilhabe an den Entscheidungsprozessen Bedeutungsverschiebungen der zentralen Kategorien zu provozieren. Fraser (1993) erkennt in diesen Hürden ein grundsätzliches Problem subalterner Bevölkerungsgruppen und warnt sie aufgrund dieser Unmöglichkeit tatsächlicher Gleichberechtigung vor ihrer Teilhabe in der bürgerlichen Öffentlichkeit (vgl. Kap. 8.1). So sei es innerhalb dieser Sphäre unmöglich „to undertake communicative processes that were not [...] under the supervision of dominant groups" (ebd., S. 123). Mit Butler und Athanasiou (2013) kann argumentiert werden, dass solch eine liberal und bürgerlich geprägte Öffentlichkeit auf der gesellschaftlich dominanten diskursiven Ordnung aufbaut und eine Artikulation ohne Bezugnahme auf diese Ordnung entsprechend schwierig bis unmöglich ist. Eine Teilhabe bewirkt letztendlich, wie oben dargestellt, nur die Legitimierung und Stärkung der dominanten Ordnung, da sie den Schein demokratischer Entscheidungsprozesse erweckt, durch Unterdrückungsmechanismen subalterne Bevölkerungsgruppen aber daran hindert, sich wirkungsvoll in den Diskurs einzubringen. Da sich Anerkennungsstrukturen aus der diskursiven Ordnung generieren, kann eine tatsächliche Ausweitung dieser jedoch nur über die Erweiterung der Normen der Intelligibilität geschehen.

Als Alternative schlägt Fraser (1993) die Produktion beständiger subalterner Gegenöffentlichkeiten vor, das heißt, „parallel discursive arenas where members of subordinated social groups invent and circulate counterdiscourses to formulate oppositional interpretations of their identities, interests, and needs" (ebd., S. 123). Subalterne Gegenöffentlichkeiten erlauben somit die Artikulation und diskursive Interaktion subalterner Stimmen, durch die kulturelle Identitäten nicht nur ausgedrückt, sondern auch konstruiert werden (Fraser, 1993, S. 126). In diesem Sinne wirken Gegenöffentlichkeiten ermächtigend und erlauben den Teilnehmenden mit den darin produzierten Gegendiskursen in Auseinandersetzung mit der diskursiven Ordnung zu treten. Denn ein ausgereifter, einvernehmlicher Gegendiskurs kann, kombiniert mit einem organisierten Auftreten, selbst marginalisierte Gruppen gegenüber einer dominanten Wirklichkeit und ihrer zugrundeliegenden diskursiven Ordnung in den jeweiligen diskursiven Konfrontationen und der daraus entstehenden Öffentlichkeit sichtbar machen und ihnen Macht in der Aushandlung von Bedeutungsstrukturen verleihen. Auf diese Weise kann „a widening of discursive contestation" (ebd., S. 124) und daraus folgend die Ausdehnung des diskursiven Raums, das heißt die Reduzierung der Hürden zu partizipatorischer Parität geschehen:

> [I]n stratified societies, subaltern counterpublics have a dual character: On the one hand, they function as spaces of withdrawal and regroupment; on the other hand, they also function as bases and training grounds for agitational activities directed toward wider publics. It is precisely in the dialectic between these two functions that their emancipatory potential resides. This dialectic enables subaltern counterpublics partially to offset, although not wholly to eradicate, the unjust participatory privileges enjoyed by members of dominant social groups [...]. (Fraser, 1993, S. 124)

Wie aus diesem Zitat erkennbar wird, ist die Bezeichnung der Gegenöffentlichkeit nicht auf die Momente einer arendtschen Öffentlichkeit reduziert, die nur durch ein aufgrund unterschiedlicher Perspektiven mögliches politisches Handeln aufrechterhalten werden kann. Obwohl politisches Handeln im Sinne intersubjektiven Austausches und kontroverser Diskussionen auch innerhalb der von Fraser genannten Rückzugsräume auftreten kann, bezeichnet der Begriff vielmehr den strukturellen Rahmen der „discursive arena" (ebd., S. 123), der die Bildung eines Gegendiskurses und die Emanzipation der jeweiligen Gruppe ermöglicht. Dieser Rahmen bietet die strukturelle Basis für die Möglichkeit einer regelmäßigen Reproduktion tatsächlicher, pluralistischer Öffentlichkeiten, die insbesondere im Aufeinandertreffen mit „wider publics" (ebd., S. 124) und der daraus resultierenden diskursiven Konfrontation entstehen und sichtbar werden.

In den temporären Erscheinungsräumen der oben betrachteten Proteste waren solche Gegenöffentlichkeiten durch die Demonstration alternativer, gemeinschaftlicher Werte und alternativer Konzepte von Territorium zeitweilig erkennbar. Die sich mithilfe von Xingu Vivo organisierende Frauengruppe produzierte in Debatten über ihre Situation und den weiteren Kontext einen eigenen Diskurs, schuf auf diese Weise einen Raum des Rückzugs und trug den Diskurs über die Demonstration im Zentrum Altamiras und die Proteste vor der Niederlassung Norte Energias nach außen und in Konfrontation mit der liberalen, bürgerlichen Öffentlichkeit. Ähnlich verhält es sich mit der Nachbarschaftsorganisierung mithilfe von MAB, die auf nachbarschaftlicher Ebene durch die Einbindung unterschiedlicher Akteur*innen und Perspektiven eine Art Gegenöffentlichkeit produzierte, die die Betroffenen dazu ermächtigte, mit dem Demonstrationszug durch Altamira und vor die Niederlassung Norte Energias die Konfrontation mit der bürgerlichen Öffentlichkeit aufzunehmen. Inwieweit in diesen Gegenöffentlichkeiten Momente tatsächlicher, arendtscher Öffentlichkeit entstehen können, ist immer eine Frage der in ihr enthaltenen Pluralität von Perspektiven und Differenzen und die Aushandlung dieser in Form diskursiver Interaktion. Denn diese Interaktion erzeugt Öffentlichkeit, in der Pluralität erscheinen kann. Dies unterscheidet das Konzept von Öffentlichkeit von dem einer Gemeinschaft, deren Ziel die Produktion von Homogenität und Konsens ist (Fraser, 1993, S. 141). Gegenöffentlichkeiten benötigen demnach sowohl eine gewisse Porösität und Kontingenz, die dem spontanen und temporären Charakter von Öffentlichkeit entspricht, als auch einen strukturellen Rahmen für die permanente Reproduktion und Verstetigung von Öffentlichkeit.

Die *audiência pública* vom November 2014 war ein Versuch, der Artikulation subalterner Bevölkerungsteile nicht nur eine Bühne zu bieten, sondern auch Strukturen für die Verstetigung der Artikulationsmöglichkeit in Form einer Gegenöffentlichkeit zu schaffen. Tatsächlich wurden durch die anwesenden Einrichtungen, der Initiierung – wenn auch nicht Verstetigung – eines Schlichtungsrates sowie der Etablierung der DPU in Altamira Strukturen geschaffen, die die Position der Betroffenen stärkten, wichtige Kommunikationskanäle lieferten und das Anberaumen zukünftiger Versammlungen erleichterten. Auf diesen bauten schließlich auch die Ribeirinh@studie und das daraus resultierende Projekt der Wiederansiedlung auf. Die Grenzen einer, die verantwortlichen Akteur*innen einbeziehenden, scheinbaren Gegenöffentlichkeit, die durch nicht eingehaltene Zusagen von Norte Energia und deren Ausstieg aus dem Schlichtungsrat, der diesen entschieden schwächte, bereits erkennbar waren, wurden durch das Scheitern der Ribeirinh@dialoge jedoch offensichtlich: Solange die verantwortlichen staatlichen Behörden die Koordination solcher Initiativen innehatten, deren Ablauf bestimmten und Norte Energia weiterhin die Hoheit über die Durchführung der Registrierungs-, Entschädigungs- und Umsiedlungsmaßnahmen zuwiesen, konnten die Betroffenen unmöglich zu gleichberechtigten Verhandlungspartner*innen werden, Einfluss auf die diskursive Ordnung nehmen und die bestehenden Spielregeln infrage stellen. Das Vorgehen Norte Energias während der Ribeirinh@dialoge bestätigte, dass das Konsortium niemals eine Form der Anerkennung praktizieren würde, die seine Position schwächte. Der Ausstieg des Präsidentschaftssekretariats aus dem Projekt senkte die Hoffnung, dass ihre aus der Studie resultierende Anerkennung der traditionellen Lebensform der Ribeirinh@s zu einer langfristigen Erweiterung der im Kontext großer Entwicklungsprojekte praktizierten Anerkennungsstrukturen führen würde[65]. Die Normen der Intelligibilität der bürgerlichen Wirklichkeit bestimmten weiterhin auch diesen Entwurf einer Gegenöffentlichkeit.

Es bestätigt sich die von Fanon (2008 [1967]) geäußerte Unmöglichkeit der Überwindung (neo-)kolonialer Strukturen durch die Anerkennung seitens der Elite. Indem sie dadurch die Deutungsmacht auch über die Form dieser Anerkennung und die Anzuerkennenden übernimmt, könne keine tatsächliche Gerechtigkeit, sondern nur eine den Interessen der Elite dienende „white justice" (ebd., S. 172) entstehen.

---

65 Diese Hoffnung war allerdings von vornherein aufgrund der Regierungskrise, einem sich abzeichnenden rechtskonservativen Machtwechsel und der damit einhergehenden erschwerten Planbarkeit relativiert (vgl. Int.93, 08.10.15)

Es fand im Verlauf der Ribeirinh@dialoge insbesondere durch das missachtende Handeln und die Definition Norte Energias, wer als Ribeirinh@ gelte, weiterhin eine Bevormundung dieser statt, die auf diese Weise ihrer Selbstbestimmung beraubt wurden. Athanasiou nennt dies eine symbolische und epistemische Gewalt ausübende „diskursive und affektive Aneignung" (Butler und Athanasiou, 2013, S. 26; eigene Übersetzung) der Betroffenen. Diese Aneignung und fortdauernde Bevormundung begründet die Kritik von Butler und Athanasiou sowie Motha (2006) an solch einer Versöhnungspolitik, die – den Merkmalen einer dominanten, liberalen Wirklichkeit entsprechend – fortbestehende soziale und ökonomische Strukturen der Unterdrückung nur verschleiere (vgl. Kap. 3.3). So folgten der Übernahme der Koordination durch das Präsidentschaftssekretariat die zügige Evakuierung der Inseln und die Inbetriebnahme Belo Montes. Dies verdeutlichte die Persistenz eines Wirtschaftsmodells, das marginalisierten Gruppen, die der Logik eines Entwicklungs- und Fortschrittsdiskurses entgegenstehen, weiterhin keine gleichberechtigte Teilnahme an den Entscheidungsprozessen erlaubt.

Die sich wiederholende Fremdbestimmung und Bevormundung durch externe Akteur*innen dahingehend, was Ribeirinh@s seien und wie diese zu leben hätten, bedeutete eine diskursive Aneignung der Ribeirinh@s und den daraus resultierenden Entzug jeglicher Selbstbestimmung, Selbstinterpretation und Selbstdefinition. An diesem Beispiel wird deutlich, was Butler (2001) mit dem Ausdruck der „Enteigenbarkeit" (ebd., S. 55) des eigenen Körpers meint, den sie aus Hegels Dialektik von Knechtschaft und Herrschaft herausliest. Diese Enteigenbarkeit kann sowohl im materiellen Sinne, als die Möglichkeit der Verweisung der prekären Körper an ihren ordnungsgemäßen Platz, als auch diskursiv, im Sinne des Entzugs der Deutungshoheit über das eigene Wesen und die eigene Wirklichkeit, verstanden werden. Der Kampf um diese Körper als „Ort[e] umstrittenen Eigentums" (ebd., S. 55) zeigt sich somit auf der einen Seite in den Versuchen der Durchsetzung dieser Zuweisungen und auf der anderen Seite in den Herausforderungen dieser im Sinne der Selbstpositionierung und Weigerung, diesen Platz einzunehmen sowie der Einforderung der eigenen Deutungshoheit. Um im Fall der Ribeirinh@s eine wirkungsvolle Gegenöffentlichkeit erzeugen zu können, musste demnach eine komplette Aneignung des Prozesses der Wiederansiedlung durch die Ribeirinh@s erfolgen. Die Zusammenarbeit mit der SBPC, die Gründung des Ribeirinh@rates und der „Prozess der sozialen Anerkennung" (vgl. Kap. 7.3.4) bedeuteten somit eine Form der Wiederaneignung des eigenen Körpers auf der materiellen, diskursiven und epistemischen Ebene. Ein zentraler Aspekt dabei war die während des Prozesses der sozialen Anerkennung stattfindende Selbstdefinition der Bedeutung der Kategorie Ribeirinh@, auf deren Basis schließlich die Identifizierung der Namen der Betroffenen stattfand. Trotz der Anwesenheit von Wissenschaftler*innen und anderen Mitgliedern der sogenannten interinstitutionellen Gruppe wurden diese Selbstdefinition und die Identifizierung explizit an die Ribeirinh@s übertragen, um deren diskursive und epistemische Wiederaneignung zu ermöglichen. Diese Aneignung fand nach Aussagen des Berichtes der interinstitutionellen Gruppe über Diskussionen statt, in die unterschiedliche Wahrnehmungen und Perspektiven der Ribeirinh@s einflossen und die aus diesem Grund teilweise kontrovers verliefen (vgl. Grupo de

Acompanhamento Interinstitucional, 2017). Um alle Perspektiven und die gängige Methode des Geschichtenerzählens der Ribeirinh@s als Form der Selbsterkennung und Wissensüberlieferung zu berücksichtigen, wurde die Selbstdefinition schließlich – im Sinne einer interkulturellen Übersetzung (vgl. B. d. S. Santos, 2011) – in Form eines einseitigen Textes verfasst, mit dem sie sich von den rigiden und fehlerhaften Definitionskategorien des Konsortiums abgrenzten (vgl. Kap. 7.3.4).

Das Zusammenkommen unterschiedlicher Akteur*innen mit verschiedenen Hintergründen, Wahrnehmungen und Perspektiven und die unter ihnen stattfindenden Diskussionen schufen einen Rahmen, in dem die unterschiedlichen Perspektiven der Ribeirinh@s gleichberechtigt erscheinen konnten und in der sie den Raum fanden, ihre spezifischen epistemischen Überzeugungen in einen Prozess der sozialen Anerkennung einzubringen. Sie lässt sich in diesem Sinne als eine subalterne Gegenöffentlichkeit bezeichnen, die abseits der dominanten Wirklichkeit alternative Wirklichkeiten aushandeln und produzieren konnte. Die durch die Produktion eines eigenen Gegendiskurses in diesem „Rückzugsraum" (Fraser, 1993, S. 124; eigene Übersetzung) mögliche Überschreitung der dominanten Grenzen der Intelligibilität ermöglichte die Prozesse der Selbstdefinition und Identifikation und eine Bewusstseinsbildung der Ribeirinh@s, über die sie ihre Identität als Ribeirinh@s (re-)konstruierten und sich als eine politische Gruppe positionierten. Dies geschah anhand der wechselseitigen Anerkennung und Bestätigung einer gemeinsamen Identität als Ribeirinh@s. Durch die Kooperation und Mediation von und den Austausch mit unter anderem öffentlichen Institutionen und Wissenschaftler*innen sowie im Rahmen dieses Prozesses stattfindenden medialen Äußerungen und Publikationen erfuhren die Ribeirinh@s diese Anerkennung nicht nur untereinander, sondern auch von Seiten der weiteren Gesellschaft. Gemeinsam mit der Zusicherung der Gültigkeit dieses Prozesses durch Ibama rekonstituierte diese Zuweisung an Anerkennung die Ribeirinh@s nach Honneth in der rechtlichen Sphäre als zurechnungsfähige und in der gesellschaftlichen Sphäre als würdevolle Subjekte (vgl. Honneth, 2016 [1994], S. 211; Kap. 3.4.1). Diese Rekomposition der Handlungsfähigkeit äußerte sich sodann in einer regen Beteiligung zunächst an den Versammlungen und Workshops und schließlich an dem Prozess der sozialen Anerkennung (vgl. Kap. 7.3.4).

Inwieweit die Ribeirinh@s durch ihre dadurch geschehene Ermächtigung die diskursive Ordnung beeinflussen können, hängt neben der allgemeinen gesellschaftlichen Rezeption dieses alternativen Diskurses primär von der tatsächlichen Anerkennung und dem Umsetzungswillen von Ibama ab, das auf der einen Seite einen Kommunikationskanal zur dominanten Wirklichkeit darstellt, auf der anderen Seite aber wiederum die Abhängigkeit von der Anerkennung durch die für Belo Monte verantwortlichen Einrichtungen verkörpert. Diese haben es mit dem Ribeirinh@rat nun aber mit einem Akteur zu tun, der „mindestens der Hoffnung ermächtigt" (Santi, 2017, S. 12) mit eigenem Gegendiskurs die Konfrontation mit der dominanten diskursiven Ordnung eingehen kann. Der kontingente Charakter von Öffentlichkeiten und dem Wettbewerb zwischen diesen wiederum kann im arendtschen Sinne stets Neues hervorbringen und lässt keine Voraussagen zu. Es zeigt sich an diesem Beispiel also das performative Potenzial subalterner Gegenöffentlichkeiten, die im Rahmen einer durch entsprechende Strukturen ermöglichten Verstetigung marginalisierte Stimmen zu Wort kommen lassen können und es prekären Gruppen ermöglichen, sich selbst zu positionieren und als ermächtigte, handlungsfähige Akteur*innen performativ hervorzubringen.

8.4 DAS AGONISTISCHE SPIEL UND DER KAMPF UM DIE MATERIELLE UND SYMBOLISCHE RAUMANEIGNUNG

Die Erzeugung von Gegenöffentlichkeiten zeigt sich am Beispiel der Ribeirinh@s als geeigneter Weg zur Verringerung der Hürden zu partizipatorischer Parität und gleichberechtigter Teilnahme an der Aushandlung von Enteignung, die innerhalb einer auf sozialer Ungleichheit basierenden bürgerlichen Öffentlichkeit nicht möglich wäre. Die stetige Reproduktion einer Gegenöffentlichkeit, die notwendig ist, um die Ausweitung des diskursiven Raums zu provozieren, benötigt jedoch einen entsprechenden strukturellen Rahmen, der dies ermöglicht. Das Beispiel des Ribeirinh@rates verdeutlicht die Verknüpfung solcher Strukturen mit Ereignissen, die es aus einer historischen Kontingenz heraus einer spezifischen Gruppe ermöglichen, in die Öffentlichkeit zu treten und Aufmerksamkeit zu erlangen. Dazu zählten nicht nur die Ereignisse, die die Ribeirinh@studie nach sich zog, sondern auch die strukturellen Stärkungen infolge der *audiência pública* vom 12. November 2014 und die Mobilisierung der Ribeirinh@s, die die sozialen Bewegungen und das MPF aufsuchten. Da dieser Prozess auch eine Ausdifferenzierung der subalternen Bevölkerung bedeutete, musste die Unterstützung der Ribeirinh@s als spezifische sozialer Gruppe entsprechend legitimiert sein. Ausgehend vom MPF geschah dies anhand der Hinweise auf die Hürden im Bereich der kulturellen Anerkennung und die daraus resultierende Bevormundung und Invisibilisierung der Gruppe. Die Ribeirinh@studie zeigte schließlich auch einen Prozess der ökonomischen Prekarisierung der Ribeirinh@s, der gemeinsam mit der kulturellen Ebene der Nicht-Anerkennung die Partizipation der Ribeirinh@s in sie direkt betreffenden Entscheidungsprozessen, in die sie ihre unterschiedlichen Perspektiven gleichberechtigt hätten einbringen können, unmöglich machte. Es zeigt sich darin ein Gerechtigkeitsbegriff, der Frasers (2008) Konzept der partizipatorischen Parität entspricht, der aber auf den Großteil der betroffenen Bevölkerung, der einen Prozess der Prekarisierung erfuhr, anwendbar war. Um die Sonderstellung der Ribeirinh@s zu legitimieren, wurde deshalb die sogenannte traditionelle Lebensweise der Ribeirinh@s sowohl vom MPF, ISA und anderen unterstützenden Akteur*innen als auch von den Ribeirinh@s selbst hervorgehoben und dem dominanten kapitalistischen Modell, das diese Nutzungsformen systematisch marginalisierte, entgegengestellt. Im Sinne des Konzepts der Umweltgerechtigkeit bezogen sich das Projekt der Wiederansiedlung und die Forderung nach dessen Aneignung argumentativ auf eine strukturelle, diskursiv verhaftete Ungerechtigkeit. Die gleichwertige Achtung der subalternen Stimmen der Ribeirinh@s und ihres Wissens konnte demnach nur über eine gleichberechtigte Partizipation erreicht werden.

Auf der *audiência pública* vom September 2015 widmeten sich demzufolge viele Redebeiträge dieser Artikulation ihrer unterschiedlichen Lebensform, wobei sich die Ribeirinh@s mit Darstellungen ihres Schützens und Erhaltens und ihres sensiblen Wissens um die Verhaltensweisen der Fische und des Flusses als Expert*innen für diesen Lebensraum präsentierten. So bedeutete dies auch die Darstellung eines Gegenmodells der Inklusion und Diversität zum kapitalistischen, monofunktionalistischen Modell. Indem die Ribeirinh@s in den *audiências públicas* die Zerstörung des Waldes, des Flusses und der Fischereigründe thematisierten, forderten sie im Sinne der ökologischen Gerechtigkeit (vgl. Kap. 3.5.1) die gleichberechtigte Achtung auch nicht-menschlicher Akteur*innen und stellten ihr Nutzungsmodell auf diese Weise als das legitime dar. In der Selbstdefinition der Ribeirinh@s sind es insbesondere Hinweise auf die Notwendigkeit der dualen Wohnstruktur, der diversifizierten Nutzungsformen und der gemeinschaftlichen Strukturen für das soziokulturelle und ökonomische Überleben, die in diesem Sinne dem *capability* Ansatz von Nussbaum und Sen (2010 [1993]) und der Notwendigkeit des *individual functioning* entsprechen. Durch diese Bezugnahmen soll begründet werden, warum Ribeirinh@s gegenüber anderen Siedler*innen, die diese Strukturen nicht für das soziokulturelle und ökonomische Überleben benötigen, zu bevorzugen sind (vgl. Kap. 3.5.1). So stellt die Selbstdefinition der Ribeirinh@s im Rahmen des Prozesses der sozialen Anerkennung und die daraus resultierende performative Selbstpositionierung als handlungsfähige politische Gruppe einen wichtigen Faktor von Territorialität dar, die den Anspruch diskursiver Deutungsmacht erhebt (vgl. Kap. 7.3.3, 7.3.4).

Der Konflikt um Belo Monte ist, wie Acselrad et al. (2004) es allgemein für Umweltkonflikte konstatieren, demnach ein Konflikt um die materielle und symbolische Aneignung des Raumes. Es geht dabei um grundsätzliche Fragen der Betrachtung und Nutzung natürlicher Ressourcen und der Deutungshoheit, auch im juristisch-politischen Sinne, die territoriale Ansprüche begründen. Die Argumente verlaufen dabei entlang epistemischer Überzeugungen, die zur Legitimierung des eigenen Geltungsanspruchs auch instrumentalisiert werden können. Dieser politische Aspekt muss bei der Betrachtung der diskursiven Positionierung der Ribeirinh@s beachtet werden. Erläuterungen ihrer Unabhängigkeit von elektrischer Energie und sonstigen Luxusgütern galten somit der Entkräftigung des utilitaristischen Arguments der Energieknappheit und des steigenden Energiebedarfs. Die Betonung des Respekts untereinander und gegenüber den nicht-menschlichen Akteur*innen sowie die Betonung der Bedeutung der Gemeinschaft galt auch der Hervorhebung des zerstörerischen Charakters der kapitalistischen Logik Belo Montes. Im Konflikt um Belo Monte und im Kampf um Deutungshoheit zeigt sich also in den Worten von Cavedon und Vieira (2007, o.S.) „die permanente Spannung zwischen unterschiedlichen Interessen und Konzepten bezüglich der symbolischen und materiellen Aneignung der Umwelt".

Die Aushandlung von Enteignung lässt sich als ein Konflikt um die Sinn und Wirklichkeit produzierenden Bedeutungsstrukturen des Eigentumsbegriffs und dem sich daraus ergebenden Verständnis des Betroffenseins und somit um die Deutungshoheit über diese Begrifflichkeiten bezeichnen. Der Enteignungsprozess umfasst also weit mehr als den Entzug von Haus und Grund oder sonstigen Ressourcen. Er ist ein grundsätzlich relationaler Konflikt um die materielle und symbolische, also diskursive Aneignung des Raumes, der sowohl die Versuche und Strategien der Durchsetzung von Interessen seitens der enteignenden Akteur*innen und die daraus resultierenden Formen diskursiver, epistemischer und psychischer Gewalt als auch die Reaktionen der Betroffenen umfasst, die über unterschiedliche Formen eines teils performativen Widerstands Öffentlichkeit erzeugen, in der sie die Anerkennung ihrer selbst und ihrer Wirklichkeiten einfordern. Diese Aushandlung fand im Rahmen des Staudammbaus Belo Monte auf verschiedenen Ebenen und in unterschiedlichen Räumen statt: Auf nachbarschaftlicher Ebene, in *audiências públicas* und anderen Versammlungen, in spontanen öffentlichen Räumen des Protests oder in der ansatzweise verstetigten Gegenöffentlichkeit der Ribeirinh@s. Der Begriff des Territoriums erweist sich entsprechend als eine sinnvolle Ergänzung zu dem des Eigentums, da er die vielfältigen raumwirksamen Elemente und Faktoren und ihr Zusammenspiel betrachtet und mit dem Begriff der Deterritorialisierung eben diesen Zusammenbruch territorialer und darin enthaltener kommunikativ-gemeinschaftlicher Referenzen ausdrückt, der die Komplexität der Enteignung und die Schwierigkeit der Aneignung des neuen Wohnraums bedingt. Wie beim Begriff des Eigentums gilt es dabei, sich von (post-)kolonialen Epistemologien zu lösen, was durch neue oder die Bedeutungserweiterung bestehender Ausdrücke geschehen kann. Wenngleich die Bildung neuer Ausdrücke als der langfristig wirkungsvollere Weg erscheint, ist er doch wenig praktikabel, zu sehr ist der Begriff des Eigentums in der dominanten diskursiven Ordnung, wie auch in Gegendiskursen, verankert. Praktikabler erscheint die Möglichkeit einer semantischen Erweiterung des Eigentumsbegriffs, der im Fall Belo Monte anhand der dualen Wohnstruktur, die über das Wiederansiedlungsprojekt und die stetige Thematisierung dieses Wohnmodells ihren Weg in den lokalen und teilweise überregionalen Diskurs um Belo Monte gefunden hat und möglicherweise langfristig von der gesamtgesellschaftlichen diskursiven Ordnung aufgenommen wird, ansatzweise erkennbar ist. Die Äußerungen alternativer territorialer Werte und alternativen, beziehungsweise im Sinne von Santos' (2010, 2011) Wissensökologie ergänzenden Wissens fanden im Zuge der Ribeirinh@dialoge und des Prozesses der sozialen Anerkennung bereits Eingang in die Diskurse um Belo Monte. Der weitere Verlauf des Wiederansiedlungsprojekts und der damit einhergehenden Aushandlungen wird zeigen, inwieweit diese alternativen Wirklichkeiten zu einer Bedeutungsverschiebung der Kategorien Eigentum und Territorium innerhalb der dominanten diskursiven Ordnung auf lokaler und gegebenenfalls auch höherer Ebene beitragen können.

Da die tatsächliche Aushandlung von Bedeutungsstrukturen nur über politisches Handeln in der Öffentlichkeit geschehen kann und Enteignung eine direkte Invasion in den privaten Bereich der Betroffenen bedeutet, die durch die Zerstörung desselben die Unfähigkeit der Betroffenen zu öffentlichem, politischen Handeln auslöst, ist die Aushandlung von Enteignung immer auch ein Konflikt um den Ausschluss aus und den Kampf um Öffentlichkeit. Die Notwendigkeit subalterner Öffentlichkeiten ist eine Folge des Ausschlusses subalterner Gruppen aus auf liberalen

Vorstellungen und sozialer Ungleichheit aufbauenden bürgerlichen Öffentlichkeiten. Diese Differenzierung in unterschiedliche Öffentlichkeiten bedeutet jedoch auch die Reduzierung der jeweiligen Pluralität, die laut Arendt (2006 [1961]) voraussetzend für die Existenz von Öffentlichkeit ist, die sowieso nur im Moment des politischen Handelns existiert. Eine bürgerlich geprägte, dominante Öffentlichkeit kann durch die Marginalisierung anderer Öffentlichkeiten eher den Charakter einer Pseudoöffentlichkeit erlangen oder überhaupt verschwinden und dadurch, wie bei Arendts (2015 [1976]) Bezug auf die Massengesellschaft und in anderem Maße zeitweise im Fall von Belo Monte, die Entpolitisierung einer Gesellschaft bedeuten. Der Begriff der subalternen Gegenöffentlichkeit bezeichnet, angewendet auf das arendtsche Verständnis, eher den strukturellen Rahmen, der eine regelmäßige Reproduktion von Öffentlichkeit erlaubt und über eine darin stattfindende Produktion eines Gegendiskurses die jeweiligen subalternen Gruppen dazu ermächtigt, in Konfrontation zur bürgerlichen Öffentlichkeit und ihrer Wirklichkeit zu treten. In diesen Konfrontationen kann die gleichberechtigte diskursive Interaktion, die Arendt (2006 [1961], 2015 [1976]) als politisches Handeln bezeichnet und die sowohl sprachlich als auch körperlich stattfindet, schließlich tatsächliche, pluralistische Öffentlichkeit erzeugen. Abbildung 23 zeigt modellhaft die Erzeugung einer pluralistischen Öffentlichkeit, innerhalb derer über die Produktion einer Gegenöffentlichkeit die Teilhabe marginalisierter Gruppen in der Aushandlung von Bedeutungsstrukturen möglich wird. Der konflikthafte Charakter dieses Wettbewerbs zwischen Öffentlichkeiten bestätigt Tullys (1999) Begriff des agonistischen Spiels, der Arendts politisches Handeln aufgreift, dieses aber als einen grundsätzlich agonistischen Kampf unterschiedlicher Perspektiven um Deutungsmacht und somit um Inklusion und Exklusion interpretiert. Indem in diesem Kampf um Anerkennung und die Regeln der Anerkennung die Aushandlung der unterschiedlichen Perspektiven und ihrer zugrundeliegenden Diskurse geschieht, wird Anerkennungskapital (um-)verteilt und es finden Verschiebungen der ökonomischen, kulturellen und politischen Machtverhältnisse statt (vgl. Kap. 3.6).

Die empirische Untersuchung zeigte, dass aufgrund einer strukturellen sozialen Ungleichheit Gruppen in diesem Spiel in der Lage sein können, andere Gruppen zu exkludieren und ihre wirkungsvolle Teilnahme an diesem Spiel zu verhindern. Nach Gambetti (2016, S. 35) geschah dies durch antagonistische Grenzziehungen, die die „spaces of agonistic encounter" radikal einschränkten und „minorities potentially capable of destabilizing normalizing discourses and practices" aus der Öffentlichkeit und den Verhandlungen exkludierten. Demnach ging es in den Protesten für die entsprechenden Gruppen zunächst darum, überhaupt am Spiel teilnehmen zu können. Die agonistischen, pluralisierenden Konfrontationen der Proteste durchbrachen somit die antagonistischen Grenzziehungen und verliehen der Aushandlung von Enteignung erst einen agonistischen Charakter. In der Schwierigkeit, einen Status als gleichberechtigte Verhandlungspartner*innen zu erreichen, äußerte sich jedoch die fortwährende Diskurshoheit der dominanten Akteur*innen. So konnten die protestierenden Gruppen die Anwendung der aus den intelligiblen Normen hervorgehenden Spielregeln beeinflussen, nicht jedoch die Spielregeln selbst. Das Beispiel der Ribeirinh@s zeigte das Potential von Gegenöffentlichkeiten, die

8.4 Das agonistische Spiel

diesen Gruppen eine stärkere diskursive Grundlage verschaffen können, dadurch ihre Handlungsmacht stärken und ihnen über performative Handlungen einen stärkeren Einfluss auf die Spielregeln erlauben. Auf diese Weise kann ein Nebeneinander unterschiedlicher Öffentlichkeiten entstehen, so dass es letztendlich nicht um die Integration der jeweiligen Gegenöffentlichkeit in die bürgerliche Öffentlichkeit geht. Vielmehr sind es die Konfrontationen untereinander, die – sich in diesem Sinne an Mouffes (2002) Begriff der agonistischen Öffentlichkeit annähernd – tatsächliche, pluralistische Öffentlichkeit erzeugen und in denen Bedeutungsstrukturen ausgehandelt werden, woraus wiederum eine Ausweitung der Grenzen der Intelligibilität resultieren kann (vgl. Abb. 23). Durch die in dieser Aushandlung stattfindende Verschiebung von Machtverhältnissen kann es zu einer stärkeren Anerkennung von Gegenöffentlichkeiten kommen, die zu Bedeutungsverschiebungen innerhalb der diskursiven Ordnung führen kann, die letztendlich die dominanten Grenzen der Intelligibilität herausfordern. Die Aushandlungen in solchen Konfrontationen zwischen Öffentlichkeiten sind jedoch im Sinne von Arendts politischem Handeln kontingent, also in ihrem Ausgang unvorhersehbar. Abbildung 23 zeigt vereinfacht mögliche Abläufe dieser komplexen Konfrontationen, die keinesfalls dialektische Prozesse darstellen, die im hegelschen Sinne in einen harmonischen Konsens als Endzustand münden. Vielmehr können diese Ergebnisse im Sinne des agonistischen Spiels immer wieder herausgefordert und neu verhandelt werden. So wie es kein souveränes Subjekt geben kann, kann auch keine Öffentlichkeit und darin produzierte Wirklichkeit Souveränität erlangen. Öffentlichkeit und Wirklichkeit konstituieren sich erst über das wechselseitige, konflikthafte Verhältnis mit anderen Wirklichkeiten, sind so grundsätzlich relationalen Charakters und stets in

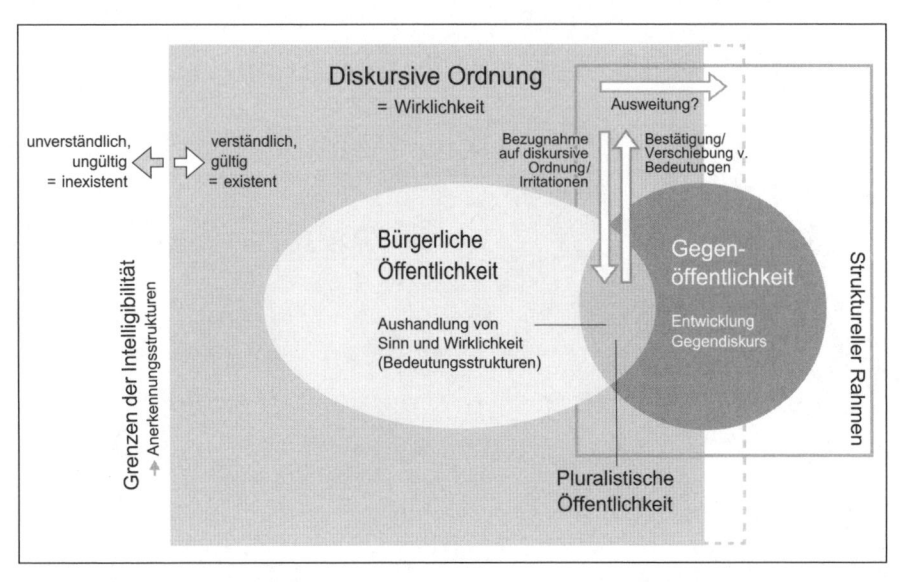

Abbildung 23: Die Aushandlung von Bedeutungsstrukturen durch die Erzeugung pluralistischer Öffentlichkeit (eigener Entwurf)

Veränderung begriffen. Diese Einbettung diskursiver Ordnungen in Strukturen der Alterität nimmt den jeweiligen Interessengruppen die Möglichkeit, diese Ordnungen gegen unvorhersehbare performative Effekte zu sichern (vgl. Butler, 2009).

Solche Machtverschiebungen lassen sich auch im Rahmen des Staudammbaus Belo Monte erkennen, dessen Entwicklungsdiskurs durch die Nichteinhaltung von vorher ausgehandelten, im PBA festgehaltenen Bedingungen und die Art und Weise der Durchführung des Registrierungs- und Entschädigungsprozesses massiv an Anerkennung und Legitimität einbüßte. In diesem Zuge fand durch eine stärkere Mobilisierung der Bevölkerung und durch den Aktivismus insbesondere des MPF, aber auch des ISA und der wissenschaftlichen Gemeinschaft sowie einer mit diesen Ereignissen einhergehenden Sensibilisierung der Gesellschaft und Medien eine Machtverschiebung statt. Sie ließ den Betroffenen und insbesondere den Ribeirinh@s stärkere Aufmerksamkeit zukommen und erlaubte die verstetigte Produktion einer Gegenöffentlichkeit. Auf der anderen Seite konnte die Fragmentierung der lokalen Widerstandsstrukturen nur begrenzt überwunden werden. Dies zeigen die vielen punktuellen Protestaktionen, die fehlende Zusammenarbeit von Xingu Vivo und MAB und die Schwierigkeit des Forums zur Verteidigung Altamiras, sich über einheitliches Handeln einen Namen zu machen und Aufmerksamkeit innerhalb der Gesellschaft Altamiras zu erzeugen.

9 SCHLUSSFOLGERUNGEN

Mit der Untersuchung von Enteignungsstrukturen im Rahmen eines Entwicklungsgroßprojekts reiht sich diese Arbeit in die Forschungen über *development-induced displacement and resettlement* (DIDR) ein und intendiert, wie in den Zielformulierungen dargelegt, einen Beitrag zum Verständnis der Reproduktion von destrukturierten Lebensformen zu leisten. In der sozialwissenschaftlichen Diskussion um Entwicklungsgroßprojekte und Enteignung stellt sich in dieser Hinsicht eine Erkenntnislücke dar. Denn es überwiegen weitestgehend strukturalistische Perspektiven, die Enteignung unter Vernachlässigung der Untersuchung der konkreten Akteursstruktur als abstrakten Prozess darstellen oder aber eine Perspektive auf Proteste und involvierte Konfliktparteien bieten, die Mechanismen hinter den Konflikten um Enteignung jedoch nicht erklären können. Viele Untersuchungen erwähnen eine immaterielle Ebene der Enteignung, gehen jedoch nicht den analytischen Schritt der Untersuchung der Interaktion und wechselseitigen Bedingung der materiellen und die immateriellen Ebene. Es ist dieses **Wie** des Enteignungsprozesses, dem sich nur über ein poststrukturalistisches Verständnis des Wesens und der Wirkungsmechanismen von Eigentum, Aneignung und Enteignung angenähert werden kann.

Diesem **Wie** widmete sich diese Arbeit, indem es die Frage stellte, wie im Rahmen des Großprojekts Belo Monte Enteignung über die Bedeutungsstrukturen der Kategorien Betroffensein und Eigentum ausgehandelt wird, welche Deutungen und Wirklichkeiten den jeweiligen Kategorieverständnissen zugrunde liegen und welche Strategien Betroffene in ihrem Kampf um Anerkennung und Öffentlichkeit anwenden. Letztendlich stellte sich die Frage, wie sich der Verlauf dieser Aushandlung auf die von den Betroffenen empfundenen Enteignungsstrukturen auswirkte.

Es wurde ein relationaler Enteignungsbegriff entwickelt, der aus einer hegelschen Perspektive heraus die Einbettung des Eigentums und der Prozesse der Aneignung und Enteignung in Strukturen der Alterität zeigt und durch den dualen Enteignungsbegriff von Butler und Athanasiou (2013) eine Differenzierung in *being dispossessed* und *becoming dispossessed* erfährt. Dabei wurde deutlich, dass Aneignung, Eigentum und Anerkennung in einem wechselseitig konstitutiven Verhältnis stehen und Voraussetzung für das Erscheinen von Subjekten in der Öffentlichkeit sind. Arendt (2015 [1976], 2006 [1961]) liefert hierbei eine wichtige Perspektive auf das Wesen von Öffentlichkeit, in der durch politisches Handeln Sinn und Wirklichkeit konstruiert werden und auf das dafür grundlegende wechselseitige Verhältnis von privatem und öffentlichem Bereich. Das Konzept der körperlichen Performativität und ihrer Verbindung mit dem der Prekarität von Butler und Athanasiou (2013) und Butler (2009, 2016) stellte sich dabei als wichtige Ergänzung zu Arendts primärem Fokus auf die diskursive Ebene politischen Handelns und der darin enthaltenen Voraussetzung sozialer Gleichberechtigung heraus. In Kombination mit Frasers (1993) Kritik an bürgerlichen Öffentlichkeiten und ihrem Vorschlag subalterner Gegenöffentlichkeiten liefert die Verknüpfung von Performativität und Prekarität einen Ausweg aus Arendts Verharren in einer bürgerlichen Vorstellung von Öffentlichkeit, die nur über die Exklusion spezieller Bevölkerungsgruppen funktioniert. Diese Ansätze bestätigen den bereits in Hegels (1969) vorvertraglichen sozialen Konflikten und der Herrschaft-Knechtschaft-Dialektik erkennbaren konflikthaften Charakter des Strebens nach Anerkennung. Honneths (2016 [1994], 2003) Konzeptualisierung dieses Kampfes um Anerkennung bringt wichtige Erkenntnisse über die Folgen von Nicht-Anerkennung und den politisch-kulturellen Rahmen, in dem solche Folgen ein Ungerechtigkeitsempfinden provozieren und zu politischem Widerstand motivieren können. Fraser (2008) liefert mit ihrem Fokus auf kollektive Gruppen und die strukturelle Ebene dabei eine gute Ergänzung zu Honneths normativer individuell-psychologischer Perspektive. Darüber hinaus bietet sie mit ihrer Kritik an liberal-demokratischen Vorstellungen sozialer Gleichheit eine Alternative zu Honneths idealisierender Perspektive auf den teleologischen Liberalismus. Die von Schlosberg (2007) geäußerte Relevanz der Anerkennungs- und Gerechtigkeitskonzepte von Honneth und Fraser für die Betrachtung von Umweltkonflikten und die Diskussion von Umweltgerechtigkeit, bestätigte sich im Verlauf der vorliegenden Arbeit, wobei sich eine Verbindung mit epistemologischen Ansätzen wie dem von B. d. S. Santos (2010, 2011) als sinnvoll erwies. In diesem Zusammenhang und auch in der Betrachtung der brasilianischen Diskussion um den Begriff des Betroffenseins zeigt sich der agonistische Charakter der Aushandlungen solcher sozialen Kämpfe, für deren Analyse Tullys (1999, 2000) *agonic game* eine sinnvolle Weiterentwicklung der arendtschen Perspektive auf politisches Handeln und Öffentlichkeit darstellt.

Die empirischen Daten zeigten einen komplexen Prozess der Deterritorialisierung der Betroffenen, der im Verlauf des Enteignungsprozesses stattfand. Dieser resultierte aus rigiden Anerkennungsstrukturen, die sich in Kapitel 6 in der beschränkten Möglichkeit der Einflussnahme der Betroffenen auf die Bestimmung der entsprechend begrenzten Kategorie des Betroffenseins und in Kapitel 7 in der Missachtung der lokalen Eigentumsstrukturen nachvollziehen lassen. Letzteres provozierte die Vereinzelung der Nachbarschaften und den Entzug der für die Eigentumsstrukturen zentralen sozialen und territorialen Bezüge. Dieser Prozess bedeutet sowohl die Vernichtung des Privaten, als auch die Verhinderung von Öffentlichkeit, denn viele Betroffene waren nicht mehr in der Lage, einvernehmlich zu handeln und über die Erzeugung von Macht öffentliche Erscheinungsräume zu produzieren. Insbesondere in Verbindung mit der in Kapitel 6 gezeigten begrenzten Kategorie des Betroffenseins, die darüber entschied, welche Lebensformen als entschädigungswert galten, zeigte sich die Dimension des *becoming dispossessed* in der Aberkennung der Gültigkeit von Lebensformen und Wirklichkeiten.

In Anlehnung an Honneth (2016 [1994]) provozierte der Widerspruch, der sich durch diese Strukturen der Nicht-Anerkennung zwischen den Versprechen des Entwicklungsdiskurses des Konsortiums und dem tatsächlichen Verlauf der Enteignung auftat, bei vielen Betroffenen ein Gefühl der Ungerechtigkeit. Erst infolge

9 Schlussfolgerungen

eines insbesondere durch die – als Antwort auf die Vereinzelungspraxis des Konsortiums erfolgte – Zusammenarbeit mit den sozialen Bewegungen ermöglichten Prozesse der politischen und rechtlichen Bewusstseinsbildung und Organisierung der Betroffenen führte dies zur Fähigkeit und Motivation zu widerständigen Handlungen. In diesem Spannungsfeld zwischen Vereinzelung und Kollektivierung wurde die Aushandlung der Bedeutungsstrukturen ausgetragen. Der Kampf um Anerkennung der Betroffenen war somit ein Kampf um Öffentlichkeit, um über die Demonstration der eigenen Gültigkeit und der Einforderung von Intelligibilität und durch die performativen Effekte solcher Widerstandshandlungen Einfluss auf die Aushandlung von Enteignung nehmen zu können. Die empirischen Daten haben entsprechend der Annahmen von Fraser (1993) gezeigt, dass es in der durch die diskursive Ordnung strukturierten bürgerlichen Öffentlichkeit und durch die darin stattfindende Einflussnahme der dominanten Akteur*innen und Einrichtungen zu keiner tatsächlichen Erweiterung der durch ebendiese diskursive Ordnung bedingten Anerkennungsstrukturen kommen kann. Eine Erweiterung der Anerkennungsstrukturen kann demnach nur über einen Gegendiskurs erfolgen. Das Beispiel der Ribeirinh@s und ihres Wiederansiedlungsprojekts zeigte, dass der strukturelle Rahmen einer sogenannten Gegenöffentlichkeit gute Bedingungen für die (Re-)Produktion eines ausgereiften Gegendiskurses bietet, da dieser Rahmen weitestgehende Freiheit vom Einfluss exkludierender Wertezuschreibungen der dominanten diskursiven Ordnung und der für das Großprojekt verantwortlichen Akteur*innen bieten kann. Darüber hinaus verdeutlichte es die Bedeutung der epistemischen Dimension von Bedeutungsstrukturen, wobei die Konfrontation unterschiedlicher Epistemologien sowohl Anerkennung hemmen als im Fall interkultureller Übersetzung und der Überwindung epistemischer Grenzen auch zu einer entscheidenden Erweiterung der Grenzen der Intelligibilität führen kann. B. d. S. Santos (2011) plädiert für die Bemühung solcher interkulturellen Übersetzungen, um im Sinne einer Ökologie des Wissens in politischen Entscheidungsprozessen die gleichberechtigte Berücksichtigung unterschiedlicher epistemischer Überzeugungen zu ermöglichen.

Die Aushandlung von Enteignung ist also ein Kampf um Öffentlichkeit und Deutungshoheit. In diesem Kampf geht es um die Aushandlung von Bedeutungsstrukturen zentraler Begriffe wie Betroffensein und Eigentum. Um an dieser Aushandlung teilnehmen zu können, müssen die jeweiligen Akteur*innen in der Lage sein, Öffentlichkeit zu erzeugen, denn nur in der öffentlichen Sphäre werden über politisches Handeln Sinn und Wirklichkeit und die zugrundeliegenden Bedeutungsstrukturen geschaffen. Die Aushandlung von Enteignung ist somit auch ein Kampf um den Ausschluss aus und das Erscheinen in der Öffentlichkeit. Über Gegenöffentlichkeiten können alternative Diskurse produziert werden, die schließlich in der Lage sind, die bürgerliche Öffentlichkeit und ihre dominante diskursive Ordnung zu konfrontieren. In dieser Konfrontation kann im arendtschen Sinne tatsächliche, pluralistische Öffentlichkeit entstehen. Es zeigt sich darin der agonistische Charakter eines Wettbewerbs zwischen Öffentlichkeiten, der den jeweiligen marginalisierten Gruppen erst über ihre Gegenöffentlichkeit die Teilnahme am agonistischen Spiel ermöglicht und sie ermächtigt, Einfluss auf die durch die Normen bedingten Spielregeln der Anerkennungspolitik zu nehmen und somit eine Erweiterung der

Grenzen der Intelligibilität zu ermöglichen. Die empirische Untersuchung verdeutlichte die ungleichen Kräfteverhältnisse dieses Kampfes, in dem über antagonistische Grenzziehungen Betroffenengruppen von der Teilnahme an der Aushandlung ausgeschlossen und auf diese Weise Räume agonistischer Konfrontationen reduziert wurden. Über punktuellen Widerstand als *acts of citizenship* konnten Betroffene zwar Erscheinungsräume herstellen, in dem sie sich als wahrnehmbare politische Subjekte produzierten und positionierten. Diese Erscheinungsräume blieben jedoch kurzzeitig, sodass sie sich ins Spiel brachten, jedoch nicht den Status gleichberechtigter Verhandlungspartner*innen erreichten. Zwar konnten sie die Anwendung der Spielregeln, jedoch nicht die Regeln selbst beeinflussen. Eine verstetigte Gegenöffentlichkeit konnte nur im Fall der Ribeirinh@s identifiziert werden. Hier konnte in einem aufwendigen Prozess durch Studien, wiederholte Versammlungen und Workshops und schließlich durch die Gründungen des Ribeirinh@rates und der interinstitutionellen Gruppe ein struktureller Rahmen geschaffen werden, der die wiederholte Produktion von Erscheinungsräumen erlaubte. Inwieweit der alternative Diskurs dieser Gegenöffentlichkeit in der Lage sein wird, Einfluss auf die dominante diskursive Ordnung der lokalen Ebene sowie gegebenenfalls höherer Ebenen zu nehmen, bleibt abzuwarten.

Die Aushandlung von Enteignung ist demnach ein grundsätzlich relationaler Konflikt um die materielle und symbolische, also diskursive, Aneignung des Raumes, der weit mehr als den Entzug von Haus und Grund oder sonstigen Ressourcen bezeichnet. So umfasst diese Aushandlung sowohl die Versuche und Strategien enteignender Akteur*innen und die dadurch provozierten Formen diskursiver, epistemischer und psychischer Gewalt als auch die widerständigen Reaktionen Betroffener, die die Anerkennung ihrer selbst und ihrer Wirklichkeiten einfordern und damit enteignende Strukturen herausfordern.

Indem es der Untersuchung von sozialen Konflikten und Widerstand mit deren Einbettung in diskursive Ordnungen eine weitere Analyseebene hinzufügt und darauf basierend in der Lage ist, Machtstrukturen und -dynamiken sowie die Schwierigkeiten und Herausforderungen sozialen Protests in ihrer Komplexität zu begreifen, bestätigt sich die Verknüpfung anerkennungstheoretischer Ansätze mit Butlers weiterentwickelter Performativitätstheorie sowie agonistischen Perspektiven auf politisches Handeln und Öffentlichkeiten in dieser Arbeit als hilfreiches Analysekonzept für die Untersuchung von Umweltkonflikten und *development-induced displacement and resettlement*. Doch auch darüber hinaus erscheint dieser Ansatz allgemein auf enteignende Strukturen und Prozesse anwendbar, die aus ihrer Abstraktheit herausgeholt und hinsichtlich konkreter Akteurskonstellationen und deren Formen der Aushandlung untersucht werden sollen. Über die in dieser Arbeit erstellte Konzeptualisierung von Enteignung als relationalem Begriff beziehungsweise Prozess kann ein Verständnis über die komplexen Wirkungen von Enteignungsprozessen und ihrem wechselseitigen Verhältnis mit der öffentlichen und der privaten Sphäre sowie über die entsprechenden Handlungen enteignender und enteigneter Akteur*innen erlangt werden. Die Verbindung der Konzepte von Performativität und Prekarität zeigt die performative Raumwirksamkeit von Körpern und ihre komplexe Interaktion mit der materiellen und sozialen Umwelt und bietet damit eine interessante Analyseebene für kritische humangeographische Untersuchungen von Widerstand und Protest. Insbesondere Butlers Weiterentwicklung ihres Performativitätskonzepts mit ihrem stärkeren Fokus auf körperlichen Widerstand erweitert ihr zuvor recht rigides Verständnis von diskursiven Ordnungen, indem es erweiterte Handlungsoptionen für die Verschiebung von Bedeutungsstrukturen aufzeigt und verdeutlicht, dass Performativität ein „account of agency" (Butler, 2009, S. i) ist: Trotz oder gerade aufgrund ihrer Einbindung in Strukturen der Alterität werden intelligible Normen und die sie (re-)produzierenden diskursiven Ordnungen **gemacht** und können deshalb auch herausgefordert werden. Gleichzeitig aber unterstreicht das Konzept der Performativität die Unmöglichkeit souveränen Handelns und souveräner Individuen. Indem Butler die Unvorhersehbarkeit politischen Handelns durch dessen grundlegende Einbettung in diese Strukturen und deren Normen begreift, geht sie über den kontingenten Charakter von Arendts politischem Handeln noch hinaus: „Performativity is a process that implies being acted on in ways we do not always fully understand, and of acting, in politically consequential ways" (ebd., S. xii).

Diese Unvorhersehbarkeit der infolge politischen Handelns produzierten performativen Effekte und ihrer Wirkungen bietet Anknüpfungspunkte für zukünftige Untersuchungen sozialen Widerstands gegen Enteignung. In dieser Hinsicht erscheint die Analyse von Machtstrukturen und -dynamiken innerhalb von Widerstandsbewegungen relevant – insbesondere bezüglich ihres Einflusses auf die Erstellung von Gegendiskursen und den politischen Deutungsrahmen sowie auf die Möglichkeit der performativen Positionierung widerständiger Akteur*innen in ihrem sozialen Kampf für Anerkennung. Als Beitrag zum Verständnis der Reproduktion destrukturierter Lebensformen im Kontext von Enteignung lassen sich folgende Punkte festhalten:

- Die Existenz alternativer Eigentumsverständnisse und die Notwendigkeit der Berücksichtigung dieser, ohne die keine Reproduktion von Lebensformen möglich ist:
  Ein relationales Verständnis von Eigentum und Enteignung zeigt die Verknüpfung von Eigentum und Strukturen wechselseitiger Anerkennung, die konstitutiv für eine Subjektentwicklung sind und politische und gesellschaftliche Teilhabe erst ermöglichen. Je nach soziokulturellem Kontext variieren Verständnisse und Strukturen von Eigentum, was die Notwendigkeit der Berücksichtigung epistemischer Unterschiede begründet. Eine Nicht-Anerkennung dieser Eigentumsstrukturen und der Entzug von Rechten bedeuten die Aberkennung des Status eines rechtsfähigen und würdigen Subjekts. Durch die Verletzung der sozialen Integrität und Würde kann dies zur öffentlichen Handlungsunfähigkeit und somit zur politischen Entmündigung der betroffenen Person führen. Die Zerstörung gemeinschaftlicher Strukturen wiederum erschwert entscheidend die Aneignung des neuen Wohnortes.

- Die Notwendigkeit gleichberechtigter Partizipation der Betroffenen in allen sie betreffenden Entscheidungsfindungsprozessen:

Nur umfassende qualitative Untersuchungen und Diskussionen mit Betroffenengruppen können lokale Eigentumsverständnisse und -strukturen aufdecken. Um diskursive und epistemische Bevormundung und Enteignung zu vermeiden, erfordert der Prozess eine umfangreiche partizipative Einbindung der lokalen Bevölkerung in sie betreffende Entscheidungsprozesse. Denkbar wären Autonomien im Sinne der Zuweisung von Entscheidungskompetenzen an soziale Gruppen nach dem Vorbild des Ribeirinh@rates und dem Prozess der sozialen Anerkennung. Dies könnte mithilfe einer Mediation von Institutionen ähnlich dem MPF oder ISA sowie lokalen sozialen Bewegungen ein selbstbestimmtes Einbringen soziokulturell spezifischer epistemischer Überzeugungen und Perspektiven ermöglichen und würde darüber hinaus die Ressourcen der Registrierung und Konzeptentwicklung und die Kosten, die durch politischen Widerstand entstehen würden, einsparen.

Zweifel an einer erfolgreichen Umsetzung entstehen bei diesen Überlegungen hinsichtlich der strukturellen Ungleichheit liberaler Gesellschaften und ihrer bürgerlichen Öffentlichkeiten. Ob Zuweisungen von Handlungskompetenzen ein tatsächlich selbstbestimmtes Handeln der jeweiligen Betroffenengruppen möglich macht, bleibt angesichts der Erfahrungen von Belo Monte, dessen PBA umfangreiche Partizipationsmöglichkeiten der lokalen Bevölkerung vorsah, unwahrscheinlich. Das Beispiel des Ribeirinh@rates zeigt, dass es der soziale Kampf war, der über den Prozess der sozialen Anerkennung erst eine Aneignung des Prozesses und tatsächliche Emanzipation und Ermächtigung ermöglichte. Zuvor wurde ihnen lediglich Anerkennung im Rahmen einer *white justice* gewährt, mit der Fanon (2008 [1967], S. 172) eine den Eliten dienende Gerechtigkeit meint, die unfähig ist, neo- oder postkoloniale Strukturen zu überwinden. Angesichts des kapitalistischen Wesens solcher Großprojekte und ihrer Einbindung in dominante Fortschritts- und Entwicklungsdiskurse ist es unwahrscheinlich, dass über Zuweisungen von Entscheidungskompetenz Praktiken der Bevormundung über den gesamten Enteignungsprozess hinweg ausgeschlossen werden können. Durch ihre grundlegende Einbindung in Strukturen sozialer Ungleichheit bleibt es fraglich, ob im Rahmen von Großprojekten tatsächliche Anerkennung gewährt werden kann oder ob diese nicht allgemein nur über den sozialen Kampf möglich ist; wobei sich hier auch die Frage stellt, inwieweit der soziale Kampf notwendig für Selbstbestimmung ist, wenn die subalternen Gruppen bei frühzeitiger partizipativer Einbindung noch keinen Prozess der Deterritorialisierung erfahren haben.

Letztendlich sind solche Projekte in eine dominante diskursive Ordnung eingebettet. Eine Erweiterung von Anerkennungsstrukturen ist nur über Bedeutungsverschiebungen innerhalb dieser Ordnung möglich, wofür solch ein institutionalisierter Rahmen, der ausgehend von der diskursiven Ordnung geschaffen wurde, möglicherweise nicht die richtige Bühne bietet. Diese Überlegungen und offenen Fragen erfordern weitere Untersuchungen auf diesem Gebiet.

Festzuhalten bleibt für die zivilgesellschaftliche Seite:

- Die Notwendigkeit des Aufbaus von Strukturen der Selbstorganisation:
Wie die empirischen Ergebnisse gezeigt haben, schränkt Enteignung Betroffene grundsätzlich in ihrer öffentlichen und politischen Handlungsfähigkeit ein. Um überhaupt in der Lage für politischen Widerstand zu sein, braucht es ein gesellschaftliches Moralverständnis sowie eine politisch-kulturelle Umwelt, die das Narrativ für den Gegendiskurs und Widerstand bildet. Bestehen schon mit dem Beginn der Implementierung eine Großprojekts gruppenspezifische Strukturen der Selbstorganisation, ermöglichen diese gegenseitige politische und rechtliche Bewusstseinsbildung, um Vorkommnisse während des Enteignungsprozesses kontextualisieren und politisch darauf reagieren zu können. Die gruppenspezifischen Strukturen sollten einen wechselseitigen Austausch betreiben, da systematische Rechtsverletzungen im Zuge von Enteignung strukturellen Ursprungs sind, die alle Gruppen gleichermaßen betreffen. Darüber hinaus erhöhen größere Gruppen ihr jeweiliges Machtpotential. Die Selbstorganisation sollte strukturell unterstützt werden, um verstetigte Gegenöffentlichkeiten zu ermöglichen. Denkbar wäre auch in diesem Fall eine unterstützende und vermittelnde Rolle von Institutionen ähnlich dem MPF oder ISA sowie lokalen sozialen Bewegungen.

Das Projekt Belo Monte bestätigt Butlers und Athanasious (2013) Bezeichnung von Enteignung als Mechanismus der hegemonialen Machtordnung. So zeigt sich am empirischen Beispiel der machtpolitische Aspekt des territorialen Anspruchs, der über solche Projekte ausgeübt wird und hinter dem komplexe ökonomische und politische Interessen stehen. Diese Interessen stehen in grundsätzlichem Widerspruch zu den Interessen Betroffener, ihre Integrität und Würde und ihre Territorialität zu wahren. So bleibt zu befürchten, dass obengenannter Vorschlag einer Erteilung von Entscheidungskompetenz als Vorwand missbraucht werden könnte, die eigenen Ziele durchzusetzen. Die Komplexität der sozialen Folgen einer Intervention in Form eines Großprojekts lässt Zweifel an der grundsätzlichen Durchführbarkeit solcher Großprojekte aufkommen. Selbst im Fall einer erfolgreichen Wiederansiedlung der Ribeirinh@s wird die Anwendbarkeit ihres spezifischen, territorialen Wissens durch die Transformation des Ökosystems verringert sein. Viele ehemalige Ribeirinh@s werden unter dem Verlust ihrer ehemaligen Lebensweise weiterhin in den RUCs oder anderen, vom Fluss weit entfernten Siedlungen wohnen und die schwierigen Lebensbedingungen unterhalb des Staudamms werden – spätestens mit Beginn des Goldabbauprojektes – viele Bewohner*innen dazu zwingen, das Gebiet zu verlassen. Unter der indigenen Bevölkerung der TIs wurden kulturelle Beziehungen durch das infolge des Notfallplans geschaffene Abhängigkeitsverhältnis mit der Stadt nachhaltig destrukturiert. Bei den Betroffenen der Mehrheitsgesellschaft wiederum hängt es von ihrem sozialen Kampf ab, ob sie in der Lage sein werden, sich die Viertel der RUCs durch den Aufbau neuer gemeinschaftlicher Strukturen und wechselseitiger Anerkennungsverhältnisse anzueignen.

Aufgrund dieser empirischen Ergebnisse positioniert sich diese Arbeit entschieden gegen Entwicklungsgroßprojekte und die ihnen zugrundeliegende Entwicklungslogik des *neo-developmentalism*. Es ist insbesondere die soziökologische Komplexität großer Wasserkraftwerke, der eine dezentrale Energiegewinnung, die Renovierung der porösen und verlustreichen brasilianischen Stromtrassen, die Renovierung älterer Wasserkraftwerke oder ein Ausbau der in ihren soziökologischen Auswirkungen deutlich geringeren Solar- oder Windkraftkraftwerken vorzuziehen sind (vgl. Berman und de Souza Jr., 2012; Kahn et al., 2014; Moreira und Kishinami, 2012). So kann performativer Widerstand gegen Enteignung besonders im Fall einer Konfrontation unterschiedlicher Epistemologien zu einer Ermächtigung der entsprechenden Gruppen sowie einer Erweiterung der Anerkennungsstrukturen einer dominanten diskursiven Ordnung führen und die gesellschaftliche Stellung subalterner Bevölkerungsgruppen verbessern. Die Diskussion um den Begriff des Betroffenseins, in der weltweiter Widerstand gegen Staudammprojekte die Übernahme eines breiten Begriffs durch die Weltbank und andere nationale Institutionen bewirkte, demonstriert solch eine diskursive Zunahme von Pluralität. Es bedeutet die Annäherung an einen Zustand, den Mouffe (2016) als einen agonistischen Pluralismus bezeichnet, einen politischen Wettstreit, in dem die unterschiedlichen Modelle und Perspektiven einer Gesellschaft präsentiert und diskutiert werden. Auch fördert dies die epistemologische Debatte, die B. d. S. Santos (2011) als Voraussetzung für und Inhalt einer Ökologie des Wissens erkennt, in der unterschiedliche Formen des Wissens in einen gleichberechtigten Dialog treten und alternative Wissensformen nicht als minderwertig, unproduktiv oder partikular ausgegrenzt, sondern als Bereicherung begriffen werden. Der Fall des Staudammbaus Belo Monte, dem ein verhältnismäßig progressiver PBA unterlag, zeigt jedoch eine mangelhafte Umsetzung solcher Konzepte, die größtenteils auf die oben genannten, widersprüchlichen Interessen zurückzuführen ist. Die an diesem Beispiel erkennbare Schwierigkeit wirkungsvollen performativen Widerstands bekräftigt die Annahme, dass Enteignung immer in gewissem Maße eine Entpluralisierung der Gesellschaft bedeutet. Es sind die in dieser Arbeit gezeigten komplexen, mehrdimensionalen Effekte der Enteignung, die die Vernichtung von spezifischen Lebensweisen, Wissens- und Erkenntnisformen bewirken. Widerstand gegen Enteignung bedeutet demnach immer auch einen Kampf gegen das Verschwinden der Vielfältigkeit in der Welt.

LITERATURVERZEICHNIS

Acosta, A. (2011): Extractivismo y neoextractivismo: Dos caras de la misma maldición. In: Lang, M.; Chávez, D. M. und Jarrín, S. (Hrsg.): Más allá del desarrollo. Quito: Abya Yala; Fundación Rosa Luxemburg, 83–118.

Acselrad, H. (2004): Apresentação – Conflitos Ambientais – a atualidade do objeto. In: Acselrad, H. (Hrsg.): Conflitos ambientais no Brasil. Rio de Janeiro: Fundação Heinrich Böll; Relume Dumará, 7–35.

Acselrad, H. (2010): Ambientalização das lutas sociais – o caso do movimento por justiça ambiental. In: Estudos Avançados 24.68: 103–119.

Acselrad, H.; Herculano, S. und Pádua, J. A. (Hrsg.) (2004): Justiça ambiental e cidadania. Rio de Janeiro: Relume Dumará.

Alimonda, H. (2012): Debating Development in Latin America: From ECLAC to the Brazilian Workers' Party. In: Heinrich-Böll-Stiftung (Hrsg.): Inside a Champion. An Analysis of the Brazilian Development Model. Berlin und Rio de Janeiro: Heinrich-Böll-Stiftung, 18–30.

Althusser, L. (1977): Ideologie und ideologische Staatsapparate: Aufsätze zur marxististischen Theorie. Hamburg: VSA.

Arendt, H. (1975): Macht und Gewalt. 3. Aufl. München: R. Piper & Co Verlag.

Arendt, H. (1998 [1951]): Elemente und Ursprünge totaler Herrschaft: Antisemitismus, Imperialismus, Totalitarismus. München und Zürich: Piper.

Arendt, H. (2006 [1961]): Between past and future: Eight exercises in political thought. Penguin classics. New York: Penguin Books.

Arendt, H. (2015 [1976]): Vita activa oder Vom tätigen Leben. 15. Aufl. München und Zürich: Piper.

Arneil, B. (2001): Women as Wives, Servants and Slaves: Rethinking the Public/ Private Divide. In: Canadian Journal of Political Science/Revue canadienne de science politique 34(01): 29–54.

Baletti, B. (2012): Ordenamento Territorial: Neo-developmentalism and the struggle for territory in the lower Brazilian Amazon. In: Journal of Peasant Studies 39(2): 573–598.

Ban, C. (2013): Brazil's liberal neo-developmentalism: New paradigm or edited orthodoxy? In: Review of International Political Economy 20(2): 1–34.

Banco Nacional do Desenvolvimento (BNDES) (2017): Elaboração de Agenda de Desenvolvimento para o Território de Abrangência do Plano de Desenvolvimento Regional Sustentável do Xingu - ADT XINGU: Sumário Executivo. Online: http://www.bndes.gov.br/SiteBNDES/export/sites/default/bndes_pt/Galerias/Arquivos/produtos/download/aep_fep/chamada_publica_FE-Pprospec0112_Sumario_Executivo_Final.pdf (besucht am 27.03.2018).

Barham, B. L. und Coomes, O. T. (1994): Reinterpreting the Amazon Rubber Boom: Investment, the State, and Dutch Disease. In: Latin American Research Review 29(2), 73–109.

Baxter, B. (2005): A theory of ecological justice. London und New York: Routledge.

Bergmann, J. R. (2010): Ethnomethodologie. In: Flick, U., v. Kardoff, E. und Steinke, I. (Hrsg.): Qualitative Forschung. Reinbek bei Hamburg: Rowohlt-Taschenbuch-Verlag, 118–135.

Berman, C. (2012): O projeto da Usina Hidrelétrica Belo Monte: a autocracia energética como paradigma. In: Novos Cadernos NAEA 15(1), 5–23.

Berman, C. und de Souza Jr., W. C. (2012): Hydropower – The Sustainability Dilemma. In: Gomes Nogueira, M., Naliato, D. A. O.und Perbiche-Neves, G. (Hrsg.): Hydropower – Practice and Application. INTECH Open Access Publisher, 23–40.

Bermejo, R. (2014): Handbook for a sustainable economy. Dordrecht: Springer. Bhandar, B. (2016): Status as Property: Identity, Land and the Dispossession of First Nations Women in Canada. In: darkmatter Journal 14.

Bhandar, B. und Bhandar, D. (2016): Cultures of Dispossession: Rights, Status and Identities. In: darkmatter Journal 14.

Blogueiras Feministas (2013): Linguagem inclusiva de gênero em trabalho acadêmico. Online: https://blogueirasfeministas.com/2013/08/16/linguagem-inclusiva-de-genero-em-trabalho-academico/ (besucht am 04.09.2018).

Böhm, A. (2010): Theoretisches Codieren: Textanalyse in der Grounded Theory. In: Flick, U., v. Kardoff, E. und Steinke, I. (Hrsg.): Qualitative Forschung. Reinbek bei Hamburg: Rowohlt-Taschenbuch-Verlag, 475–485.

Borras, S. M. und Franco, J. C. (2013): Global Land Grabbing and Political Reactions 'From Below'. In: Third World Quarterly 34(9), 1723–1747.

Bradshaw, M. und Stratford, E. (2005): Chapter 5. Qualitative Research Design and Rigour. In: Hay, I. (Hrsg.): Qualitative Research Methods in Human Geography. South Melbourne und New York: Oxford University Press, 67–76.

Bratman, E. Z. (2014): Contradictions of Green Development: Human Rights and Environmental Norms in Light of Belo Monte Dam Activism. In: Journal of Latin American Studies 46(02), 261–289.

Bresser-Pereira, L. C. (2009): From Old to New Developmentalism in Latin America. In: Textos para Discussão da Escola de Economia de São Paulo da Fundação Getulio Vargas 193.

Burchardt, H.-J. und Dietz, K. (2014): (Neo-)extractivism – a new challenge for development theory from Latin America. In: Third World Quarterly 35(3), 468–486.

Butler, J. (2001): Psyche der Macht: Das Subjekt der Unterwerfung. Edition Suhrkamp. Frankfurt am Main: Suhrkamp.

Butler, J. (2009): Performativity, Precarity and Sexual Politics. In: AIBR. Revista de Antropología Iberoamericana 4(3), i–xiii.

Butler, J. (2011): Bodies in Alliance and the Politics of the Street: Vortrag im Rahmen der Reihe "The State of Things", 07. September 2011. Venedig.

Butler, J. (2016a): Anmerkungen zu einer performativen Theorie der Versammlung. 1. Auflage. Berlin: Suhrkamp.

Butler, J. (2016b): Rethinking Vulnerability and Resistance. Hrsg. von BIBACC - Building Interdisciplinary Bridges Across Cultures & Creativities. Online: http://bibacc.org/rethinking-vulnerability-and-resistance-by-judith-butler/ (besucht am 27.03.2018).

Butler, J. und Athanasiou, A. (2013): Dispossession: the performative in the political. Cambridge [etc.]: Polity Press.

Butler, J. und Spivak, G. C. (2011): Sprache, Politik, Zugehörigkeit. 2. Aufl. Transpositionen. Zürich: Diaphanes Callicott, J. B. und Hargrove, E. C. (1990): The Case against Moral Pluralism. In: Environmental Ethics 12(2), 99–124.

Câmara dos Deputados (2012): Constituição da República Federativa do Brasil: Texto constitucional promulgado em 5 de outubro de 1988, com as alterações adotadas pelas emendas constitucionais nos 1/1992 a 68/2011, pelo decreto legislativo no 186/2008 e pelas emendas constitucionais de revisão nos 1 a 6/1994. 35a. ed. [atualizada em 2012]. Bd. n. 67. Série Textos básicos. Brasília: Centro de Documentação e Informação, Edições Câmara.

Carvalho, D. F. und Carvalho, A. C. (2012): Crescimento econômico na fronteira e dinâmica urbana na Amazônia: uma abordagem histórica. In: Novos Cadernos NAEA 15(1), 239–272.

Carvalho, G. O. (2006): Environmental Resistance and the Politics of Energy Development in the Brazilian Amazon. In: The Journal of Environment & Development 15(3), 245–268.

Carvalho, J. M. d. (2005): Cidadania a Porrete. In: Carvalho, J. M. d. (Hrsg.): Pontos e Bordados: Escritos de Historia e Política. Belo Horizonte: Ed UFMG, 307–309.

Castree, N. (2003): Commodifying what nature? In: Progress in Human Geography 27(3), 273–297.

Castro, A. (2014): Mini-manual pessoal para uso não-sexista da língua. Online: https://alexcastro.com.br/sexismo/ (besucht am 04.09.2018).

Castro, E. B. V. d., Hrsg. (2008): Eduardo Viveiros de Castro. Coleção Encontros. Rio de Janeiro, RJ: Beco do Azougue Editorial.

Cavedon, F. d. S. und Vieira, R. S. (2007): Socioambientalismo e justiça ambiental como paradigma para o sistema jurídico-ambiental: estratégia de proteção da sóciobiodiversidade no tratamento dos conflitos jurídico-ambientais. In: Âmbito Jurídico, Rio Grande X.40. Online: http://www.ambito-juridico.com.br/site/index.php?artigo_id=1736&n_link=revista_artigos_leitura (besucht am 27.03.2018).

Cavedon, F. d. S. und Vieira, R. S. (2011): Brazilian 'socioambientalismo' and environmental justice. In: Benidickson, J., Boer, B., Benjamin, A. H. und Morrow, K. (Hrsg.): Environmental law and sustainability after Rio. IUCN Academy of Environmental Law series. Cheltenham, UK und Northampton, MA, USA: Edward Elgar, 66–83.

Centrais Elétricas Brasileiras S.A. (Eletrobrás) (2009a): Aproveitamento Hidrelétrico (AHE) Belo Monte: Estudo de Impacto Ambiental (EIA). Online: http://philip.inpa.gov.br/publ_livres/Dossie/BM/DocsOf/EIA-09/EIA_%202009.htm (27.03.2018).

Centrais Elétricas Brasileiras S.A. (Eletrobrás) (2009b): Complexo Hidrelétrico Belo Monte: Estudo de Impacto Ambiental- E I A. Versão preliminar. Hrsg. von Centrais Elétricas do Norte do Brasil. Brasília-DF. (Besucht am 02.11.2016).

Cernea, M. M., Hrsg. (1985): Putting people first : sociological variables in rural development. New York: Oxford University Press.

Cernea, M. M. (1997): The risks and reconstruction model for resettling displaced populations. In: World Development 25(10), 1569–1587.

Cernea, M. M. und Guggenheim, S. E., Hrsg. (1993): Anthropological approaches to resettlement: Policy, practice, and theory. Boulder, Colo: Westview Press.

Colson, E. und Scudder, T. (1982): From welfare to development: a conceptual framework for the analysis of dislocated people. In: Hansen, A. und Oliver-Smith, A. (Hrsg.): Involuntary migration and resettlement. A Westview special study. Boulder, Colo.: Westview Press, 267–287.

Conklin, W. E. (2014): The Legal Culture of Civilization: Hegel and His Categorization of Indigenous Americans. In: MacDonald, D. B. und DeCoste, M.-M. (Hrsg.): Europe in its own eyes, Europe in the eyes of the other. Cultural studies. Waterloo, Ontario, Canada: Wilfrid Laurier University Press, 55–79.

Conselho de Defesa dos Direitos da Pessoa Humana (CDDPH) (2015): Comissão Especial "Atingidos por Barragens": Resoluções nºs 26/06, 31/06, 01/07, 02/07, 05/07. Brasília. Online: http://www.mabnacional.org.br/sites/default/files/Relat%C3%B3rio%20Final_0.pdf (besucht am 27.03.2018).

Conselho Nacional do Meio Ambiente (CONAMA) (1986): Resolução CONAMA Nº 001, de 23 de janeiro de 1986. Online: http://www.mma.gov.br/port/conama/res/res86/res0186.html%20 (besucht am 28.10.2016).

Conselho Nacional do Meio Ambiente (CONAMA) (1997): Resolução CONAMA Nº 237, de 19 de dezembro de 1997. Online: http://www.mma.gov.br/port/conama/res/res97/res23797.html (besucht am 27. 03. 2018).

Consórcio Construtor Belo Monte (CCBM) (2016): O Consórcio. Online: https://www.consorciobelomonte.com.br/Publico.aspx?id=2 (besucht am 24.11.2016).

Conte, I. I. und Boff, L. A. (2012): Desenvolvimento Contraditório na Amazônia Brasileira: expropriação e crescimento. In: Revista Estudos Amazônicos VIII(2), 83–116.

Cope, M. (2009): Transcripts (Coding and Analysis). In: Kitchin, R. (Hrsg.): International encyclopedia of human geography. Amsterdam: Elsevier, 350– 354.

Cope, M. (2004): Placing Gendered Political Acts. In: Staeheli, L. A., Kofman, E. und Peake, L. (Hrsg.): Mapping women, making politics. New York: Routledge, 71–86.

Corrêa dos Santos, M. (2015): O conceito de "atingido" por barragens - direitos humanos e cidadania. In: Revista Direito e Práxis 6(11), 113–140.

Coulthard, G. S. (2007): Subjects of Empire: Indigenous Peoples and the 'Politics of Recognition' in Canada. In: Contemporary Political Theory 6(4), 437–460.
Cresswell, T. (1996): In place/out of place: Geography, ideology, and transgression. Minneapolis, Mn.: University of Minnesota Press.
Cunha, M. C. d. und Magalhães, S., Hrsg. (2016): Estudo sobre o deslocamento compulsório de ribeirinhos do rio Xingu provocado pela construção de Belo Monte: Avaliação e Propostas. Altamira/PA: Sociedade Brasileira para o Progresso da Sciência (SBPC).
Delamont, S. (2008): Ethnography and participant observation. In: Seale, C., Gobo, G., Gubrium, J. F. und Silverman, D. (Hrsg.): Qualitative research practice. London und Thousand Oaks, Calif.: SAGE, 205–217.
Dowling, R. (2005): Chapter 2. Power, subjectivity, and ethics in qualitative research. In: Hay, I. (Hrsg.): Qualitative Research Methods in Human Geography. South Melbourne und New York: Oxford University Press, 19–29.
Dunker, C. und Katz, I. (2017): Impressões e considerações sobre a formação do Conselho Ribeirinho. In: Grupo de Acompanhamento Interinstitucional (Hrsg.): Conselho Ribeirinhos do Reservatório da UHE Belo Monte. Altamira/PA. 108–110.
Dunn, K. (2005): Chapter 6. Interviewing. In: Hay, I. (Hrsg.): Qualitative Research Methods in Human Geography. South Melbourne und New York: Oxford University Press, 79–105.
Escobar, A. (1992): Imagining a Post-Development Era? Critical Thought, Development and Social Movements. In: Social Text 31/32, 20–56.
Escobar, A. (2010): Latin America at a Crossroads. In: Cultural Studies 24(1), 1–65.
Fals Borda, O. (2002): Participatory (Action) Research in Social Theory: Origins and Challenges. In: Bradbury, H. und Reason, P. (Hrsg.): Handbook of Action Research. London [u.a.]: Sage Publ, 27–37.
Fanon, F. (2008 [1967]): Black Skin White Masks. Get political. London: Pluto Press.
Fatheuer, T. (2012): The Amazon Basin: A Paradigmatic Region Between Destruction, Valorization, and Resistance. In: Heinrich-Böll-Stiftung (Hrsg.): Inside a Champion. An Analysis of the Brazilian Development Model. Berlin und Rio de Janeiro.
Fearnside, P. M. (2006): Dams in the Amazon: Belo Monte and Brazil's Hydroelectric Development of the Xingu River Basin. In: Environmental Management 38(1), 16–27.
Federação de Órgãos para Assistencia Social e Educacional (FASE) (o. J.[a]): O que fazemos: Justiça Ambiental. Online: http://fase.org.br/pt/o-que-fazemos/justicaambiental/ (besucht am 27.03.2018).
Federação de Órgãos para Assistencia Social e Educacional (FASE) (o. J.[b]): O que fazemos: Mulheres. Online: http://fase.org.br/pt/o-que-fazemos/mulheres/ (besucht am 27.03.2018).
Filho, A. C. und Souza, O. B. d. (2009): Atlas of Pressures and Threats to Indigenous Lands in the Brazilian Amazon. São Paulo: ISA.
Fisher, W. F. (2009): Local Displacement, Global Activism: DFDR and Transnational Advocacy. In: Oliver-Smith, A. (Hrsg.): Development & dispossession: The crisis of forced displacement and resettlement. School for Advanced Research advanced seminar series. Santa Fe: School for Advanced Research Press, 163– 179.
Fleury, L. C. und Almeida, J. (2013): A construção da Usina Hidrelétrica de Belo Monte: Conflito ambiental e o dilema do desenvolvimento. In: Ambiente & Sociedade XVI(4), 141–158.
Flick, U. (2007): Qualitative Sozialforschung: Eine Einführung. Reinbek bei Hamburg: Rowohlt-Taschenbuch-Verlag.
Flick, U. (2010): Triangulation in der qualitativen Forschung. In: Flick, U., v. Kardoff, E. und Steinke, I. (Hrsg.): Qualitative Forschung. Reinbek bei Hamburg: Rowohlt-Taschenbuch- Verlag, 309–318.
Flick, U., v. Kardoff, E. und Steinke, I., Hrsg. (2010): Qualitative Forschung: Ein Handbuch. 8. Aufl. Reinbek bei Hamburg: Rowohlt-Taschenbuch-Verlag.

Foucault, M. (1983): The Subject and Power. In: Dreyfus, H. L. und Rabinow, P. (Hrsg.): Michel Foucault, beyond structuralism and hermeneutics. Chicago: University of Chicago Press, 208–226.
Foucault, M. (2012 [1972]): Die Ordnung des Diskurses: Mit einem Essay von Ralf Konersmann. Erw. Ausg., 12. Aufl. Frankfurt am Main: Fischer.
Francesco, A. d. und Carneiro, C. (2016): Relatório sobre Diálogos Ribeirinhos. O. O.
Francesco, A. d., Freitas, A., Baitello, C., und Graça, D. d. S. (2016a): Deslocamento Forçado. In: Cunha, M. C. d. und Magalhães, S. (Hrsg.): Estudo sobre o deslocamento compulsório de ribeirinhos do rio Xingu provocado pela construção de Belo Monte. Altamira/PA: Sociedade Brasileira para o Progresso da Sciência (SBPC), 92–123.
Francesco, A. d., Freitas, A., Baitello, C., und Graça, D. d. S. (2016b): História de ocupação do beiradão. In: Cunha, M. C. d. und Magalhães, S. (Hrsg.): Estudo sobre o deslocamento compulsório de ribeirinhos do rio Xingu provocado pela construção de Belo Monte. Altamira/PA: Sociedade Brasileira para o Progresso da Sciência (SBPC), 30–57.
Franco, P. V. und Cervera, J. P. (2006): Manual para o uso não sexista da linguagem. O que bem se diz... bem se entende. O. O.
Fraser, N. (1993): Rethinking the Public Sphere: A Contribution to the Critic of Actually Existing Democracy. In: Calhoun, C. J. (Hrsg.): Habermas and the public sphere. Cambridge, Mass. und London: MIT Press, 109–142.
Fraser, N. (2003): Social Justice in the Age of Identity Politics: Redistribution, Recognition, and Participation. In: Fraser, N. und Honneth, A. (Hrsg.): Redistribution or recognition? London und New York: Verso, 7–109.
Fraser, N. (2008): Scales of Justice: Reimagining Political Space in a Globalizing World. New directions in critical theory. New York: Columbia University Press und Polity Press.
Fraser, N. (2009): Social Justice in the Age of Identity Politics. Redistribution, Recognition, and Participation. In: Henderson, G. L. und Waterstone, M. (Hrsg.): The geographical thought reader. London: Routledge, 72–89.
Fraser, N. und Honneth, A., Hrsg. (2003): Redistribution or recognition? A politicalphilosophical exchange. London und New York: Verso.
Fundação Nacional do Indio (FUNAI) (2011): Licenciamento Ambiental e Comunidades Indígenas: Programa de Comunicação Indígena – UHE Belo Monte. Online: http://www.funai.gov.br/arquivos/conteudo/cglic/pdf/Cartilha_Licenciamento_Web.pdf (besucht am 27.03.2018).
Fundação Nacional do Indio (FUNAI) (2012): UHE Belo Monte. Componente Indígena. Processo 08620.2339/00: Parecer n° 01/CGGAM/2012. G1 Pará (11.01.2015): No PA, protesto bloqueia entrada para canteiro de obras de Belo Monte. In: Online: http://g1.globo.com/pa/para/noticia/2015/01/no-paprotesto-bloqueia-entrada-para-canteiro-de-obras-de-belo-monte.html (besucht am 14.01.2015).
Gadelha, S. d. C. und Ernandi, J. M. (2011): The University and the Landless Movement in Brazil: The Experience of Collective Knowledge Construction through Educational Projects in Rural Areas. In: Motta, S. C. und Nilsen, A. G. (Hrsg.): Social movements in the global south. Houndmills, Hampshire und New York: Palgrave Macmillan, 131–149.
Gal, S. (2002): A Semiotics of the Public/Private Distinction. In: differences: A Journal of Feminist Cultural Studies 13(1), 77–95.
Gambetti, Z. (2016): Risking Oneself and One's Identity. Agonism revisited. In: Butler, J.; Gambetti, Z. und Sabsay, L. (Hrsg.): Vulnerability in Resistance. Durham and London: Duke University Press, 28–51.
Garzón, B. R. (2015): O Passivo das condicionantes indígenas de Belo Monte. In: Instituto Socioambiental (ISA) (Hrsg.): Dossiê Belo Monte. Não há condições para a Licença de Operação. São Paulo: ISA, 43–71.
Ginane Bezerra, R., Coelho Prates, R., Eggert Boehs, C. G. und Kochinski Tripoli, A. C. (2014): Discourse Strategies to Legitimize the Belo Monte Project. In: International Journal of Business and Social Science 5(12), 181–189.

Glassman, J. (2006): Primitive accumulation, accumulation by dispossession, accumulation by 'extra-economic' means. In: Progress in Human Geography 30(5), 608–625.

Gloy, K. (1985): Bemerkungen zum Kapitel "Herrschaft und Knechtschaft" in Hegels Phänomenologie des Geistes. In: Zeitschrift für philosophische Forschung 39(2), 187–213.

Gomes, F. A. (1972): Transamazônica: A redescoberta do Brasil. São Paulo: Livraria Cultura Editora.

Gómez, A., Wagner, L., Torres, B., Martín, F., Rojas, F. (2014): Resistencias sociales en contra de los megaproyectos hídricos en América Latina. In: European Review of Latin American and Caribbean Studies 97, 75–96.

Gonçalves, B. B., Silva, L. A. und Marés, C. F. (2016): Alternativas jurídicas para a reterritorialização das comunidades ribeirinhas atingidas pela usina hidrelétrica de Belo Monte. In: Cunha, M. C. d. und Magalhães, S. (Hrsg.): Estudo sobre o deslocamento compulsório de ribeirinhos do rio Xingu provocado pela construção de Belo Monte. Altamira/PA: Sociedade Brasileira para o Progresso da Sciência (SBPC), 314–338.

Gramsci, A. (2000): PrisonWritings 1929–1935. In: Forgacs, D. (Hrsg.): The Gramsci Reader. New York: New York University Press, 189–402.

Grosfoguel, R. (2008): Developmentalism, Modernity, and Dependency Theory in Latin America. In: Moraña, M., Dussel, E. D. und Jáuregui, C. A. (Hrsg.): Coloniality at large: Latin America and the postcolonial debate. Latin America otherwise. Durham: Duke University Press, 307–331.

Grupo Carta de Belém (2011): Quem ganha e quem perde com o REDD e Pagamento por Serviços Ambientais? Brasília-DF. Online: http://fase.org.br/wp-content/uploads/2011/11/Carta_de_Belem.pdf (besucht am 27.03.2018).

Grupo de Acompanhamento Interinstitucional (2017): Conselho Ribeirinhos do Reservatório da UHE Belo Monte: Relatório do Processo de Reconhecimento Social. Altamira/PA. Online: http://www.mpf.mp.br/pa/sala-de-imprensa/documentos/2017/relatorio-de-reconhecimento-social-ribeirinhos (besucht am 27.03.2018).

Guedes, S. N. R. und Reydon, B. P. (2012): Direitos de Propriedade da Terra Rural no Brasil: uma proposta institucionalista para ampliar a governança fundiária. In: Revista de Economia e Sociologia Rural 50(3), 525–544.

Habermas, J. (2013 [1962]): Strukturwandel der Öffentlichkeit: Untersuchungen zu einer Kategorie der bürgerlichen Gesellschaft. 13. Aufl. Frankfurt am Main: Suhrkamp.

Haesbaert, R. (2004): O mito da desterritorialização: Do "fim dos territórios" à multiterritorialidade. Rio de Janeiro: Bertrand Brasil.

Hall, A. und Branford, S. (2012): Development, Dams and Dilma: the Saga of Belo Monte. In: Critical Sociology 38(6), 851–862.

Hall, D. (2013): Primitive Accumulation, Accumulation by Dispossession and the Global Land Grab. In: Third World Quarterly 34(9), 1582–1604.

Hart, G. (2006): Denaturalizing Dispossession: Critical Ethnography in the Age of Resurgent Imperialism. In: Antipode 38, 977–1004.

Harvey, D. (2003): The new imperialism. Oxford und New York: Oxford University Press.

Haubrich, D. (2015): Sicher unsicher: Eine praktikentheoretische Perspektive auf die Un-/Sicherheiten der Mittelschicht in Brasilien. 1., Aufl. Urban Studies. Bielefeld: transcript.

Hegel, G. W. F. (1969): Jenaer Realphilosophie: Vorlesungsmanuskripte zur Philosophie der Natur und des Geistes von 1805-1806. Bd. 67. Philosophische Bibliothek. Hamburg: Felix Meiner.

Hegel, G. W. F. (1987 [1807]): Phänomenologie des Geistes. Stuttgart: Reclam.

Hegel, G. W. F. (2015 [1820]): Grundlinien der Philosophie des Rechts: Sonderausgabe auf der Grundlage der "Gesammelten Werke". 1. Aufl. Bd. Band 5. Hauptwerke in sechs Bänden, Hamburg: Felix Meiner

Herrera, J. A. und Pragana Moreira, R. (2013): Resistência e conflitos sociais na Amazônia: a luta contra o empreendimento Hidrelétrico de Belo Monte. In: Campo-Territorio: revista de geografia agrária 8(16), 130–151.

Herrera, M. (2013): A Expansão do Capital por Grandes Projetos: Desafios ao Ordenamento do Território no Município de Altamira-Pará. In: Revista Geonorte 7(1), 1315–1330.

Hildenbrand, B. (2010): Anselm Strauss. In: Flick, U., v. Kardoff, E. und Steinke, I. (Hrsg.): Qualitative Forschung. Reinbek bei Hamburg: Rowohlt-Taschenbuch-Verlag, 32–42.

Hobuss, S. (2013): "Materielles Dasein kommt von anderswo her" - Butler liest Hegel. In: Andermann, K. und Jürgens, A. (Hrsg.): Mythos-Geist-Kultur: Festschrift zum 60. Geburtstag von Christoph Jamme. München: Wilhelm Fink Verlag, 157–167.

Hochstetler, K. (2011): The Politics of Environmental Licensing: Energy Projects of the Past and Future in Brazil. In: Studies in Comparative International Development 46(4), 349–371.

Holifield, R. B. (2010): Actor-Network Theory as a Critical Approach to Environmental Justice: A Case against Synthesis with Urban Political Ecology. In: Holifield, R. B., Porter, M. und Walker, G. P. (Hrsg.): Spaces of environmental justice. Antipode book series. Chichester, West Sussex und Malden, MA: Wiley-Blackwell, 47–69.

Holifield, R. B., Porter, M. und Walker, G. P. (2010): Introduction: Spaces of Environmental Justice– Frameworks for Critical Engagement. In: Ebd. (Hrsg.): Spaces of environmental justice. Antipode book series. Chichester, West Sussex und Malden, MA: Wiley-Blackwell.

Holston, J. (1991): The Misrule of Law: Land and Usurpation in Brazil. In: Society for Comparative Studies in Society and History 33(4), 695–725.

Holston, J. (2008): Insurgent Citizenship: Disjunctions of Democracy and Modernity in Brazil. Princeton, Oxford: Princeton University Press.

Honneth, A. (2003): Redistribution as Recognition: A Response to Nancy Fraser. In: Fraser, N. und Honneth, A. (Hrsg.): Redistribution or recognition? London und New York: Verso, 110–197.

Honneth, A. (2016 [1994]): Kampf um Anerkennung: Zur moralischen Grammatik sozialer Konflikte. 9. Aufl. Bd. 1129. Suhrkamp Taschenbuch Wissenschaft. Frankfurt am Main: Suhrkamp.

Hopf, C. (2010): Qualitative Interviews – ein Überblick. In: Flick, U., v. Kardoff, E. und Steinke, I. (Hrsg.): Qualitative Forschung. Reinbek bei Hamburg: Rowohlt-Taschenbuch-Verlag, 349–360.

Howitt, R. und Stevens, S. (2005): Chapter 3. Cross-Cultural Research: Ethics, Methods, and Relationships. In: Hay, I. (Hrsg.): Qualitative Research Methods in Human Geography. South Melbourne und New York: Oxford University Press, 30–50.

Instituto Brasileiro de Geografia e Estatística (IBGE) (2000): Censo Demográfico 2000: Pará. Online: http://www.ibge.gov.br/home/estatistica/populacao/censo2000/universo.php?tipo=31o/tabela13_1.shtm&uf=15 (besucht am 13.03.2018).

Instituto Brasileiro do Meio Ambiente e dos Recursos Naturais Renováveis (Ibama) (2015): Relatório do Processo de Licenciamento - RPL. Brasília.

Instituto Socioambiental (ISA) (2007): Almanaque Brasil socioambiental. 2a ed. rev., atualizada e ampliada. São Paulo.

Instituto Socioambiental (ISA) (2011): Almanaque Socioambiental: Parque Indígena do Xingu 50 anos. São Paulo.

Instituto Socioambiental (ISA) (2013): De Olho em Belo Monte: 2013, no Pico da Contradição. São Paulo.

Instituto Socioambiental (ISA) (2015a): Atlas dos impactos da UHE Belo Monte sobre a pesca. São Paulo.

Instituto Socioambiental (ISA), Hrsg. (2015b): Dossiê Belo Monte. Não há condições para a Licença de Operação. São Paulo. Online: http://www.socioambiental.org/pt-br/noticias-socioambientais/isa-publica-dossie-belo-monte-nao-hacondicoes- para-a-licenca-de-operacao (besucht am 13.03.2018).

Instituto Socioambiental (ISA) (2015c): Mosaico de Áreas Protegidas da Terra do Meio. São Paulo.

Instituto Socioambiental (ISA) (2016): Sobre o ISA. Online: https://www.socioambiental.org/pt-br (besucht am 13.03.2018).

International Institute for Environment and Development (iied) (o. J.): Markets and payments for environmental services. Online: http://www.iied.org/marketspayments-for-environmental-services (besucht am 02.12.2016).

Isin, E. F. (2008): Theorizing Acts of Citizenship. In: Isin, E, F. und Nielsen, G. M. (Hrsg.): Acts of Citizenship. London and New York: Zed Books, 15–43.

Kahn, J, Freitas, C. und Petrere, M. (2014): False Shades of Green: The Case of Brazilian Amazonian Hydropower. In: Energies 7(9), 6063–6082.

Katz, I. und Oliveira, L. (2016): Impactos em Saúde. In: Cunha, M. C. d. und Magalhães, S. (Hrsg.): Estudo sobre o deslocamento compulsório de ribeirinhos do rio Xingu provocado pela construção de Belo Monte. Altamira/PA: Sociedade Brasileira para o Progresso da Sciência (SBPC), 205–240.

Kearns, R. A. (2005): Chapter 12. Kowing Seeing? Undertaking Observational Research. In: Hay, I. (Hrsg.): Qualitative Research Methods in Human Geography. South Melbourne und New York: Oxford University Press, 192–206.

Khagram, S. (2004): Dams and development: Transnational struggles for water and power. Ithaca, London: Cornell University Press.

Klein, P. T. (2015): Engaging the Brazilian state: the Belo Monte dam and the struggle for political voice. In: The Journal of Peasant Studies, 1–20.

Kolers, A. (2009): Land, conflict, and justice: A political theory of territory. Cambridge: Cambridge University Press.

Kräutler, D. E. (2005): Mensagem de Abertura. In: Oswaldo Sevá Filho, A. (Hrsg.): Tenotã-Mõ. 9–12.

Leroy, J.-P. (2011): Justiça Ambiental. Online: http://www.justicaambiental.org.br/_justicaambiental/pagina.php?id=229 (besucht am 20.01.2017).

Levien, M. (2012): The land question: Special economic zones and the political economy of dispossession in India. In: Journal of Peasant Studies 39(3-4), 933–969.

Levien, M. (2013a): The Politics of Dispossession: Theorizing India's \glq Land Wars\grq. In: Politics & Society 41(3), 351–394.

Levien, M. (2013b): Regimes of Dispossession: From Steel Towns to Special Economic Zones. In: Development and Change 44(2), 381–407.

Levien, M. (2015): From Primitive Accumulation to Regimes of Dispossession: Six Theses on India's Land Question. In: Economic & Political Weekly 1(22), 146–157.

Low, N. und Gleeson, B. (1998): Justice, society, and nature: An exploration of political ecology. London und New York: Routledge.

Lüders, C. (2010): Beobachten im Feld und Ethnographie. In: Flick, U., v. Kardoff, E. und Steinke, I. (Hrsg.): Qualitative Forschung. Reinbek bei Hamburg: Rowohlt-Taschenbuch- Verlag, 384–401.

Magalhães, S. und Cunha, M. C. d. (2016): Considerações Finais. In: Cunha, M. C. d. und Magalhães, S. (Hrsg.): Estudo sobre o deslocamento compulsório de ribeirinhos do rio Xingu provocado pela construção de Belo Monte. Altamira/ PA: Sociedade Brasileira para o Progresso da Sciência (SBPC), 434– 436.

Magalhães, S., Silva, Y. Y. P. d. und Vidal, C. d. L. (2016): Não há peixe para pescar neste verão: Efeitos socioambientais durante a construção de grandes barragens – o caso Belo Monte. In: Desenvolvimento e Meio Ambiente 37.

Magalhães, S. und Hernandez, F., Hrsg. (2009): Painel de Especialistas: Análise Crítica do Estudo de Impacto Ambiental do Aproveitamento Hidrelétrico de Belo Monte: Especialistas vinculados a diversas Instituições de Ensino e Pesquisa identificam e analisam, de acordo com a sua especialidade, graves problemas e sérias lacunas no EIA de Belo Monte. Belém.

Mann, G. (2016): From Countersovereignty to Counterpossession? In: Historical Materialism 24(3) 45–61.

Mansbridge, J. (1993): Feminism and democratic community. In: NOMOS 35, 339–395.

Marin, R. E. A. und A. d. C. Oliveira (2016): Violence and public health in the Altamira region: The construction of the Belo Monte hydroelectric plant. In: Regions and Cohesions 6(1).

Meißner, H. (2012): Butler. Orig.-Ausg. Bd. Grundwissen Philosophie. Stuttgart: Reclam.

Millikan, B. und Garzón, B. R. (2015): Belo Monte desafia os limites da responsabilidade socioambiental e da transparência do BNDES. In: Instituto Socioambiental (ISA) (Hrsg.): Dossiê Belo Monte. Não há condições para a Licença de Operação. São Paulo: ISA, 165–169.

Ministério Público Federal (08.03.2016): MPF pede paralisação de Belo Monte por risco de colapso sanitário. In: Online: http://www.mpf.mp.br/pa/salade-imprensa/noticias-pa/mpf-pede-paralisacao-de-belo-monte-por-risco-decolapso-sanitario (besucht am 17.03.2017).

Ministério Público Federal (2015): Relatório de Inspeção Interinstitucional: áreas ribeirinhas atingidas pelo processo de remoção compulsória da UHE Belo Monte. Altamira/PA. Ministério Público Federal (o. J.): Sobre a Instituição. Online: http://www.mpf.mp.br/conheca-o-mpf/sobre/sobre-a-instituicao (besucht am 13.03.2018).

Moraes, G. B. A. (2012): Participation for what? Public hearings, discourses and the Belo Monte dam. Public Hearings, Discourses and the Belo Monte Dam. In: SSRN Electronic Journal.

Moraes, M. d. (2015): A linguagem inclusiva de gênero é uma ferramenta a favor de todos. Online: http://nossacausa.com/linguagem-inclusiva-de-genero-e-uma-ferramenta-favor-de-todos/ (besucht am 04.09.2018).

Morais, L. und Saad-Filho, A. (2012): Neo-Developmentalism and the Challenges of Economic Policy-Making under Dilma Rousseff. In: Critical Sociology 38(6), 1–10.

Moreira, P. F. und Kishinami, R., Hrsg. (2012): O setor elétrico brasileiro e a sustentabilidade no século 21: oportunidades e desafios. Brasília: Rios Internacionais. Online: http://www.internationalrivers.org/files/attached-files/o_setor_eletrico_brasileiro_e_a_sustentabilidade_no_sec_21-oportunidades_e_desafios_-pdf_leve.pdf (besucht am 16.02.2017).

Moreno, C. (2012): Green Economy and Development(alism) in Brazil: Resources, Climate and Energy Politics. In: Heinrich-Böll-Stiftung (Hrsg.): Inside a Champion. An Analysis of the Brazilian Development Model. Berlin und Rio de Janeiro. 45–59.

Motha, S. (2006): Reconciliation as Domination. In: Veitch, S. (Hrsg.): Law and the politics of reconciliation. Edinburgh Centre of Law and Society series. Aldershot, England und Burlington, VT: Ashgate, 69–91.

Motta, S. C. und Nilsen, A. G. (2011a): Social Movements and/in the Postcolonial: Dispossession, Development and Resistance in the Global South. In: Motta, S. C. und Nilsen, A. G. (Hrsg.): Social movements in the global south. Houndmills, Hampshire und New York: Palgrave Macmillan, 1–31.

Motta, S. C. und Nilsen, A. G., Hrsg. (2011b): Social movements in the global south: Dispossession, development and resistance. Houndmills, Hampshire und New York: Palgrave Macmillan.

Mouffe, C. (2002): Für eine agonistische Öffentlichkeit. In: Basualdo, C. und Enwezor, O. (Hrsg.): Documenta 11. Ostfildern-Ruit: Hatje Cantz, 101–112.

Mouffe, C., Hrsg. (2016): Agonistik: Die Welt politisch denken. 2. Auflage. Edition Suhrkamp. Berlin: Suhrkamp.

Movimento dos Atingidos por Barragens (MAB) (2014): Atingida da propaganda de Belo Monte não recebeu casa. Online: https://www.youtube.com/watch?v= 5lHPMH4lu4k (besucht am 03.02.2017).

Movimento dos Atingidos por Barragens (MAB) (2015): As violações de direitos na remoção dos atingidos por Belo Monte na área urbana de Altamira. In: Instituto Socioambiental (ISA) (Hrsg.): Dossiê Belo Monte. Não há condições para a Licença de Operação. São Paulo: ISA, 107–113.

Movimento Xingu Vivo Para Sempre (Xingu Vivo) (2010): Histórico. Online: http://www.xinguvivo. org.br/2010/10/14/historico/ (besucht am 13.03.2018).

Movimento Xingu Vivo Para Sempre (Xingu Vivo) (2011): Mais de 600 pessoas participaram de pescaria-protesto contra Belo Monte no Xingu. Online: http://www.xinguvivo.org.br/2011/03/14/mais-de-600-pessoas-participaram-de-pescaria-protesto-contrabelomonte-no-xingu (besucht am 08.02.2017).

Movimento Xingu Vivo Para Sempre (Xingu Vivo) (2015-04-11): Nota de repúdio contra despejos ilegais cometidos pela Norte Energia. In: Online: http://www.xinguvivo.org.br/2015/04/11/norte-energia-demole-casas-sem-indenizar-familias-em-altamira/ (besucht am 13.03.2018).

Movimento Xingu Vivo Para Sempre (Xingu Vivo) (2015-04-14): Continua a resistência das mulheres em Altamira – 5. dia. In: Online: http://www.xinguvivo.org.br/2015/ 04/14/continua-a-resistencia-das-mulheres-em-altamira-5-dia/ (besucht am 13.03.2018).

Mukherjee, S., Scandrett, E., Sen, T. und Shah, D. (2011): Generating Theory in the Bhopal Survivor's Movement. In: Motta, S. C. und Nilsen, A. G. (Hrsg.): Social movements in the global south. Houndmills, Hampshire und New York: Palgrave Macmillan, 150–177.

Neto, J. Q. d. M. und Herrera, J. A. (2016): Altamira-PA: novos papéis de centralidade e reestruturação urbana a partir da instalação da UHE Belo Monte. In: Confins [En ligne] 28. Online: http://confins.revues.org/11284 (besucht am 13.03.2018).

Nilsen, A. G. (2011): 'Not Suspended in Mid-Air: Critical Reflections on Subaltern Encounters with the Indian State. In: Motta, S. C. und Nilsen, A. G. (Hrsg.): Social movements in the global south. Houndmills, Hampshire und New York: Palgrave Macmillan, 104–127.

Nóbrega, F. N. (2015): Moradia Digna: Reassentamentos Urbanos Coletivos e Indenizações. In: Instituto Socioambiental (ISA) (Hrsg.): Dossiê Belo Monte. Não há condições para a Licença de Operação. São Paulo: ISA, 103–107.

Norte Energia S.A. (2010): Projeto Básico Ambiental da Usina Hidrelétrica Belo Monte: Planos, Programas e Projetos. Hrsg. von Norte Energia S.A. Norte Energia S.A. (2012): Atenção moradores dos igarapés Ambé, Altamira e Panelas: Norte Energia conclui o cadastramento.

Norte Energia S.A. (2015): Avaliação sobre as percepções dos pescadores da Volta Grande do Xingu sobre possíveis impactos localizados decorrentes da UHE Belo Monte. Online: http://licenciamento.ibama.gov.br/Hidreletricas/Belo%20Monte/Outros%20Documentos/Estudos%20-%20Avaliacao%20de%20possiveis%20impactos%20pescadores%20-%20Altamira%20e%20Vitoria%20do%20Xingu/ RT_SFB_N%C2%BA004_PIPS_01-06-2015_Leme-Praxis_V03.pdf (besucht am 14.02.2017).

Norte Energia S.A. (2016a): Conheça a Norte Energia. Online: http://norteenergiasa.com.br/site/portugues/norte-energia-s-a/ (besucht am 13.03.2018).

Norte Energia S.A. (2016b): Relatório Belo Monte Projeto Básico Ambiental Componente Indígena: Diálogo permanente com as comunidades indígena. Norte Energia S.A. (2016c): UHE Belo Monte. Online: http://norteenergiasa.com.br/site/portugues/usina-belo-monte/ (besucht am 13.03.2018).

Nussbaum, M. C. und Sen, A., Hrsg. (2010 [1993]): The quality of life: A study prepared for the World Institute for Development Economics Research (WIDER) of the United Nations University. Studies in development economics / WIDER. Oxford: Clarendon.

Oliveira, A. d. C. (2013): Consequências do neodesenvolvimentismo brasileiro para as políticas de crianças e adolescentes: reflexões sobre a implantação da Usina Hidrlelétrica de Belo Monte. In: R. Pol. Públ., São Luís 17(2), 289–302.

Oliveira, A. d. C. und Pinho, V. A. d. (2013): Rodas de direito: Diálogo, empoderamento e prevenção no enfrentamento da violência sexual contra crianças e adolescentes: Relatório final do diagnóstico rápido participativo: Enfrentamento da da violência sexual contra crianças e adolescentes no Município de Altamira – Pa. Altamira/PA.

Oliver-Smith, A. (2001): Displacement, Resistance and the Critique of Development: From the Grass Roots to the Global. Final Report Prepared for ESCOR R7644, the Research Programme on Development Induced Displacement und Resettlement. Oxford.

Oliver-Smith, A., Hrsg. (2009): Development & dispossession: The crisis of forced displacement and resettlement. 1st ed. School for Advanced Research advanced seminar series. Santa Fe: School for Advanced Research Press.
Oswaldo Sevá Filho, A., Hrsg. (2005): Tenotã-Mõ: Alertas sobre as conseqüências dos projetos hidrelétricos no rio Xingu. 1000. Aufl.
Palmquist, H. (2015): Remoção forçada de ribeirinhos por Belo Monte provoa desastre social em Altamira. In: Instituto Socioambiental (ISA) (Hrsg.): Dossiê Belo Monte. Não há condições para a Licença de Operação. São Paulo: ISA, 122–127.
Park, P. (2002): Knowledge and Participatory Research. In: Bradbury, H. und Reason, P. (Hrsg.): Handbook of Action Research. London [u.a.]: Sage Publ, 81–90.
Partido dos Trabalhadores (PT) (2002): O Lugar da Amazônia no Desenvolvimento do Brasil: Programa de Governo 2002 Coligação Lula Presidente. Online: http://novo.fpabramo.org.br/uploads/olugardaamazonianodesenvolvimento.pdf (besucht am 24.10.2016).
Pateman, C. (1989): The disorder of women: Democracy, feminism, and political theory. Stanford, Calif.: Stanford University Press.
Peet, R. (2006): Modern geographical thought. Malden: Blackwell Publishing.
Porto, M. F. (2012a): Complexidade, processos de vulnerabilização e justiça ambiental: Um ensaio de epistemologia política. In: Revista Crítica de Ciências Sociais 93, 31–58.
Porto, M. F. (2012b): Movements and the Network of Environmental Justice in Brazil. In: Environmental Justice 5(2), 100–104.
Presidência da República (1941): Decreto-Lei 3.365 de 21 de Junho de 1941. Dispõe sobre desapropriações por utilidade pública. Online: http://www.planalto.gov.br/ccivil_03/decreto-lei/Del3365.htm (besucht am 13.03.2018).
Presidência da República, Casa Civil, Subchefia para Assuntos Jurídicos (1992): Lei Nº 8.437, de 30 de Junho de 1992. Dispõe sobre a concessão de medidas cautelares contra atos do Poder Público e dá outras providências. Online: http://www.planalto.gov.br/ccivil_03/_Ato2007-2010/2009/Lei/L12016.htm#art29 (besucht am 13.03.2018).
Presidência da República, Casa Civil, Subchefia para Assuntos Jurídicos (1993): Lei Nº 8.629, de 25 de Fevereiro de 1993. Online: http://www.planalto.gov.br/ccivil_03/leis/L8629.htm (besucht am 13.03.2018).
Presidência da República, Casa Civil, Subchefia para Assuntos Jurídicos (2002): Lei No 10.406, de 10 de Janeiro de 2002. Código Civil. Online: http://www.planalto.gov.br/ccivil_03/leis/2002/L10406compilada.htm (besucht am 13.03.2018).
Presidência da República, Casa Civil, Subchefia para Assuntos Jurídicos (2007): Decreto Nº 6.040, de 7 de Fevereiro de 2007. Institui a Política Nacional de Desenvolvimento Sustentável dos Povos e Comunidades Tradicionais. Online: http://www.planalto.gov.br/ccivil_03/_ato2007-2010/2007/decreto/d6040.htm (besucht am 08.02.2017).
Radcliffe, S. A. (1993): Women's Place/El Lugar de Mujeres: Latin America and the Politics of Gendered Identity. In: Keith, M. und Pile, S. (Hrsg.): Place and the politics of identity. London und New York: Routledge, 115–138.
Rede Brasileira de Justiça Ambiental (o. J.): Sobre a RBJA. Online: https://redejusticaambiental.wordpress.com/sobre/ (besucht am 13.03.2018).
Riescher, G. (2003): "Das Private ist politisch": Die politische Theorie und das Öffentliche und das Private. In: Freiburger FrauenStudien 13, 59–77.
Rose, G. (1997): Situating knowledges: Positionality, reflexivities and other tactics. In: Progress in Human Geography 21(3), 305–320.
Rothfuß, E. und Dörfler, T., Hrsg. (2013): Raumbezogene qualitative Sozialforschung. Wiesbaden: Springer Fachmedien Wiesbaden.
Routledge, P., Cumbers, A. und Nativel, C. (2013): Global Justice Networks: Operational Logics, Imagineers and Grassrooting Vectors. In: Nicholls, W., Beaumont, J. und Miller, B. A. (Hrsg.): Spaces of contention. Farnham, Surrey: Ashgate, 261–284.

Russau, C. (2012): Lula "Superstar" - Why the Brazilian Development Model is a Huge Success Abroad. In: Heinrich-Böll-Stiftung (Hrsg.): Inside a Champion. An Analysis of the Brazilian Development Model. Berlin und Rio de Janeiro.

Said, E. W. (1995): The politics of dispossession: The struggle for Palestinian self-determination, 1969–1994. 1st Vintage Books ed. New York: Vintage.

Santi, T. C. d. S. (2017): Apresentação. In: (Hrsg.): Conselho Ribeirinhos do Reservatório da UHE Belo Monte. Altamira/PA. 5–12.

Santos, B. d. S., Hrsg. (2010a): Epistemologias do Sul. 2. ed. Bd. 2. Série Conhecimento e instituições. Coimbra: Almedina [u.a.]

Santos, B. d. S. (2010b): Para além do Pensamento Abissal: das linhas globais a uma ecologia de saberes. In: Santos, B. d. S. (Hrsg.): Epistemologias do Sul. Bd. 2. Série Conhecimento e instituições. Coimbra: Almedina [u.a.], 23–72.

Santos, B. d. S. (2011): Epistemologias del Sur. In: Utopía y Praxis Latinoamericana - Revista Internacional de Filosofía Iberoamericana y Teoría Social 16(54), 17– 39.

Santos, L. Q. und Gomes, E. B. (2015): Suspensão de Segurança, neodesenvolvimentismo e violações de direitos humanos no Brasil. Editora Monalisa. Online: http://terradedireitos.org.br/wp-content/uploads/2016/02/suspensao-eseguranca.pdf (besucht am 23.11.2016).

Santos, M. C. d. und Dahmer Pereira, T. (2010): O conceito de "atingido" em disputa. Dilemas e possibilidades de afirmação de direitos. II Encontro da Sociedade Brasileira de Sociologia da Região Norte, 30.11.-03.12.2010. Belém do Pará.

Santos, M. (2007 [1987]): O espaço do cidadão. 7. ed. Bd. 8. Coleção Mílton Santos. São Paulo: EDUSP. Schlosberg, D. (2007): Defining environmental justice: Theories, movements, and nature. Oxford und New York: Oxford University Press.

Schurr, C. und Segebart, D. (2012): Engaging with feminist postcolonial concerns through participatory action research and intersectionality. In: Geographica Helvetica 67(3), 147–154.

Schwartzman, S., Alencar, A., Zarin, H. und Santos Souza, A. P. (2010): Social Movements and Large-Scale Tropical Forest Protection on the Amazon Frontier: Conservation From Chaos. In: The Journal of Environment & Development 19(3), 274–299.

Schwartzman, S., Boas, A. V., Ono, K. Y., Fonseca, M. G., Doblas, J., Zimmerman, B., Junqueira, P., Jerozolimski, A., Salazar, M., Junqueira, R. P. und Torres, M.. (2013): The natural and social history of the indigenous lands and protected areas corridor of the Xingu River basin. In: Philosophical Transactions of the Royal Society B: Biological Sciences 368.

Schwartzman, S. und Andreassen, J. (2012): Shelton Davis – Indigenous Rights and the Environment in the Amazon. In: Tipit´ı: Journal of the Society for the Anthropology of Lowland South America 9(2).

Scudder, T. (2009): Resettlement Theory and the Kariba Case: An Anthropology of Resettlement. In: Oliver-Smith, A. (Hrsg.): Development & dispossession: The crisis of forced displacement and resettlement. School for Advanced Research advanced seminar series. Santa Fe: School for Advanced Research Press, 25–47.

Seale, C., Gobo, G., Gubrium, J. F. und Silverman, D., Hrsg. (2008): Qualitative research practice. London und Thousand Oaks, Calif.: SAGE.

Secretaria de Governo (26.08.2015): Secretaria-Geral assume gestão da Casa de Governo em Altamira no Pará. Secretaria do Patrimônio da União (2015): Carta-Imagem de Áreas de Aptidão Para Relocação de Populações Ribeirinhas no Reservatório da UHE de Belo Monte. Brasília-DF.

Siffert, N., Cardoso, M., Magalhães, W. d. A. und Lastres, H. M. M. (2014): Um olhar territorial para o desenvolvimento: Amazônia. Hrsg. von Banco Nacional do Desenvolvimento (BNDES). Rio de Janeiro. Online: http://www.bndes.gov.br/SiteBNDES/export/sites/default/bndes_pt/Galerias/Arquivos/conhecimento/livro_Amazonia_Olhar_Territorial/livro_Amazonia_olhar_territorial_para_desenvolvimento_BNDES.pdf (besucht am 13.03.2018).

Silva, D. C. d., Bezerra, T. S. L., Santos, J. B. und Herrera, J. A. (2013): Política desenvolvimentista e desterritorialização na Amazônia: a construção da Hidrelétrica de Belo Monte e o desrespeito às comunidades ribeirinhas do Xingu, na Amazônia Paraense. In: Cadernos de Agroecologia 8.2.
Sistema de Informações de Indicadores Sociais do Estado do Pará (SIIS) (2010): Abrangência: Altamira: Demografia. Online: https://www2.mppa.mp.br/sistemas/gcsubsites/upload/53/altamira(5).pdf (besucht am 24.04.2017).
Smith, F. M. (1996): Problematising Language: Limitations and Possibilities in 'Foreign Language' Research. In: Area 28(2), 160–166.
Sociedade Paraense de Defesa dos Direitos Humanos (SDDH) (15.04.2015): Ação Ilegal da Polícia Militar em Altamira.
Soeffner, H.-G. (2010): Sozialwissenschaftliche Hermeneutik. In: Flick, U., v. Kardoff, E. und Steinke, I. (Hrsg.): Qualitative Forschung. Reinbek bei Hamburg: Rowohlt-Taschenbuch- Verlag, 164–175.
Sparke, M. (2008): Political geography – political geographies of globalization III: resistance. In: Progress in Human Geography 32(3), 423–440.
Sparke, M. (2013): From Global Dispossession to Local Repossession: Towards a Worldly Cultural Geography of Occupy Activism. In: Duncan, J. S., Johnson, N. C. und Schein, R. H. (Hrsg.): A companion to cultural geography. Blackwell companions to geography. Malden, MA: Blackwell Pub., 387–408.
Spivak, G. C. (1994): Can the Subaltern Speak? In: Williams, P. und Chrisman, L. (Hrsg.): Colonial discourse and post-colonial theory. New York: Columbia University Press, 66–111.
Spivak, G. C. (2008): Weitere Überlegungen zur kulturellen Übersetzung. Online: http://eipcp.net/transversal/0608/spivak/de (besucht am 13.03.2018).
Taylor, C. (1994): The Politics of Recognition. In: Taylor, C. und Gutmann, A. (Hrsg.): Multiculturalism. Princeton, N.J.: Princeton University Press.
Terminski, B. (2015): Development-induced displacement and resettlement: Causes, consequences, and socio-legal context. Stuttgart: ibidem-Verlag.
The International Finance Corporation (2002): Handbook for a Resettlement Action Plan. Washington, DC. Online: http://www.ifc.org/wps/wcm/connect/22ad720048855b25880cda6a6515bb18/ResettlementHandbook.PDF?MOD=AJPERES (besucht am 27.03.2018).
Tonn, C. (2004): ‚Eigentum' und Selbstbewußtsein: Untersuchung einer Metapher bei Kant und Hegel. Inaugural-Dissertation zur Erlangung der Doktorwürde der Philosophischen Fakultät der Rheinischen Friedrich-Wilhelms-Universität zu Bonn. Bonn. Online: http://hss.ulb.uni-bonn.de/2004/0419/0419.pdf (besucht am 27.03.2018).
Tully, J. (1999): The agonic freedom of citizens. In: Economy and Society 28(2), 161–182.
Tully, J. (2000): Struggles over Recognition and Distribution. In: Constellations 7(4), 469–482.
UHE Belo Monte (08.08.2014): Famílias são realocadas para os novos bairros construídos pela Norte Energia. Online: https://www.youtube.com/watch?v=bSog60LGEYw (besucht am 27.03.2018).
Umbuzeiro, A. U. B. und Umbuzeiro, U. M. (2012): Altamira e sua história. 4. Aufl. Belém do Pará: Ponto Press Ltda. United Nations Environment Programme (o.J.): The World Commission on Dams. Online: http://www.unep.org/dams/WCD/ (besucht am 15.08.2015).
United Nations Framework Convention on Climate Change (2017): REDD+ Web Platform. Online: http://redd.unfccc.int/ (besucht am 27.03.2018).
Vainer, C. B. (2004): Águas para a vida, nao para a morte. Notas para uma história do movimento dos atingidos por barragens no Brasil. In: Acselrad, H., Herculano, S. und Pádua, J. A. (Hrsg.): Justiça ambiental e cidadania. Rio de Janeiro: Relume Dumará 185–216.
Vainer, C. B. (2007): Recursos hidráulicos, questoes sociais e ambientais. In: Estudos Avancados 21(59), 119–137.

Vainer, C. B. (2009): Extraído d'"O conceito de atingido. Uma revisão do debate e diretrizes". In: Magalhães, S. und Hernandez, F. (Hrsg.): Painel de Especialistas: Especialistas vinculados a diversas Instituições de Ensino e Pesquisa identificam e analisam, de acordo com a sua especialidade, graves problemas e sérias lacunas no EIA de Belo Monte. Belém. 213–229.

Villas-Boas, A., Francesco, A. d.; Postigo, A., Rojas, B., Carneiro, C., Graça, D. d. S., Doblas, J., Salazar, M. und Almeida, M. (2016): Planejamento Territorial. In: Cunha, M. C. d. und Magalhães, S. (Hrsg.): Estudo sobre o deslocamento compulsório de ribeirinhos do rio Xingu provocado pela construção de Belo Monte. Altamira/PA: Sociedade Brasileira para o Progresso da Sciência (SBPC), 339–360.

Waldron, J. (1992): Superseding Historic Injustice. In: Ethics 103(1), 4–28.

Walker, G. P. (2010): Beyond Distribution and Proximity: Exploring the Multiple Spatialities of Environmental Justice. In: Holifield, R. B., Porter, M. und Walker, G. P. (Hrsg.): Spaces of environmental justice. Antipode book series. Chichester, West Sussex und Malden, MA: Wiley-Blackwell, 24–46.

Walker, G. P. (2012): Environmental justice. London und New York: Routledge. Wallstreet Online (o.J.): Währungsrechner. Online: http://www.wallstreet-online.de/waehrungsrechner (besucht am 27.03.2018).

Watson, A. und Till, K. E. (2010): Ethnography and Participant Observation. In: DeLyser, D., Herbert, S., Aitken, S. und Crang, M. (Hrsg.): The SAGE handbook of qualitative geography. Los Angeles und London: SAGE, 121–137.

Weißermel, S. (2015): Consequências das condicionantes de remoção para os atingidos no âmbito do Reassentamento Urbano Coletivo. In: Instituto Socioambiental (ISA) (Hrsg.): Dossiê Belo Monte. Não há condições para a Licença de Operação. São Paulo: ISA, 136–139.

Weltbank (1994): Resettlement and development: the Bankwide review of projects involving involuntary resettlement 1986–1993. Washington, DC. Online: http://documents.worldbank.org/curated/en/130891468136498228/pdf/multi-page.pdf (besucht am 27.03.2018).

Weltbank (2001): OP 4.12 - Involuntary Resettlement. Online: https://policies.worldbank.org/sites/ppf3/PPFDocuments/090224b0822f89db.pdf (besucht am 27.03.2018).

Wet, C. d., Hrsg. (2006): Development-induced Displacement: Problems, Policies and People. Bd. 18. Studies in Forced Migration. New York, Oxford: Berghahn Books.

World Commission on Dams (2003): Dams and development: A new framework for decision-making: the report of the World Commission on Dams. Updated 2003 ed. London und Sterling, VA: Earthscan.

Young, I. M. (2009): Five faces of oppression. In: Henderson, G. L. und Waterstone, M. (Hrsg.): The geographical thought reader. London: Routledge, 55–71.

ANHANG

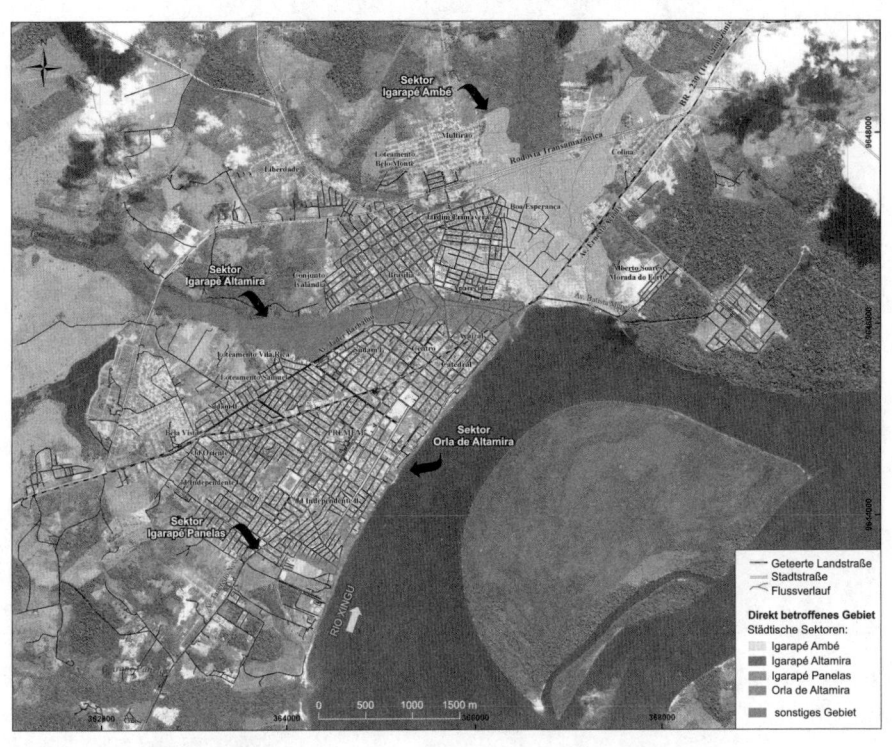

Abbildung A 1: Altamira vor Beginn der Umsiedlungen und die städtischen Sektoren des von Überflutung „direkt betroffenen Gebietes" (ADA Urbana) (verändert nach Eletrobrás, 2009b, S. 21)

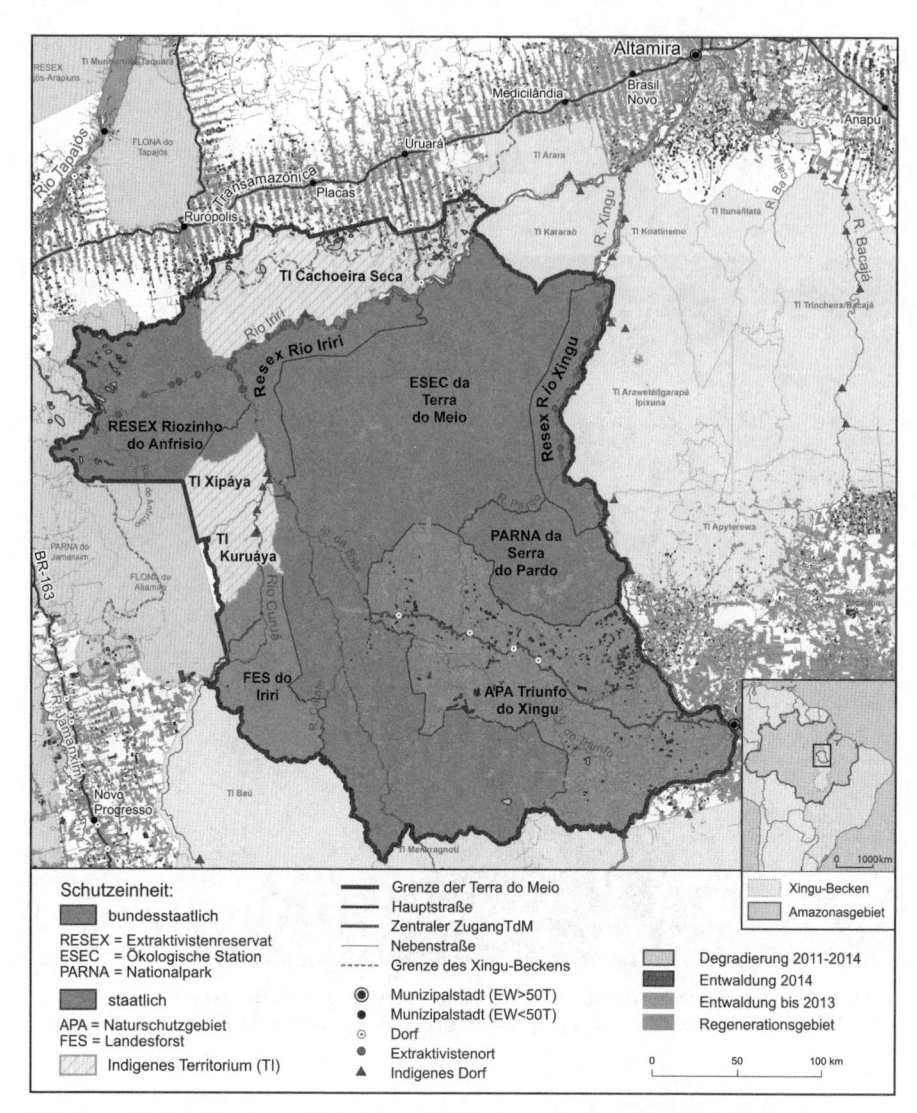

Abbildung A 2: Das Schutzmosaik der Terra do Meio (verändert nach ISA, 2015)

Anhang 283

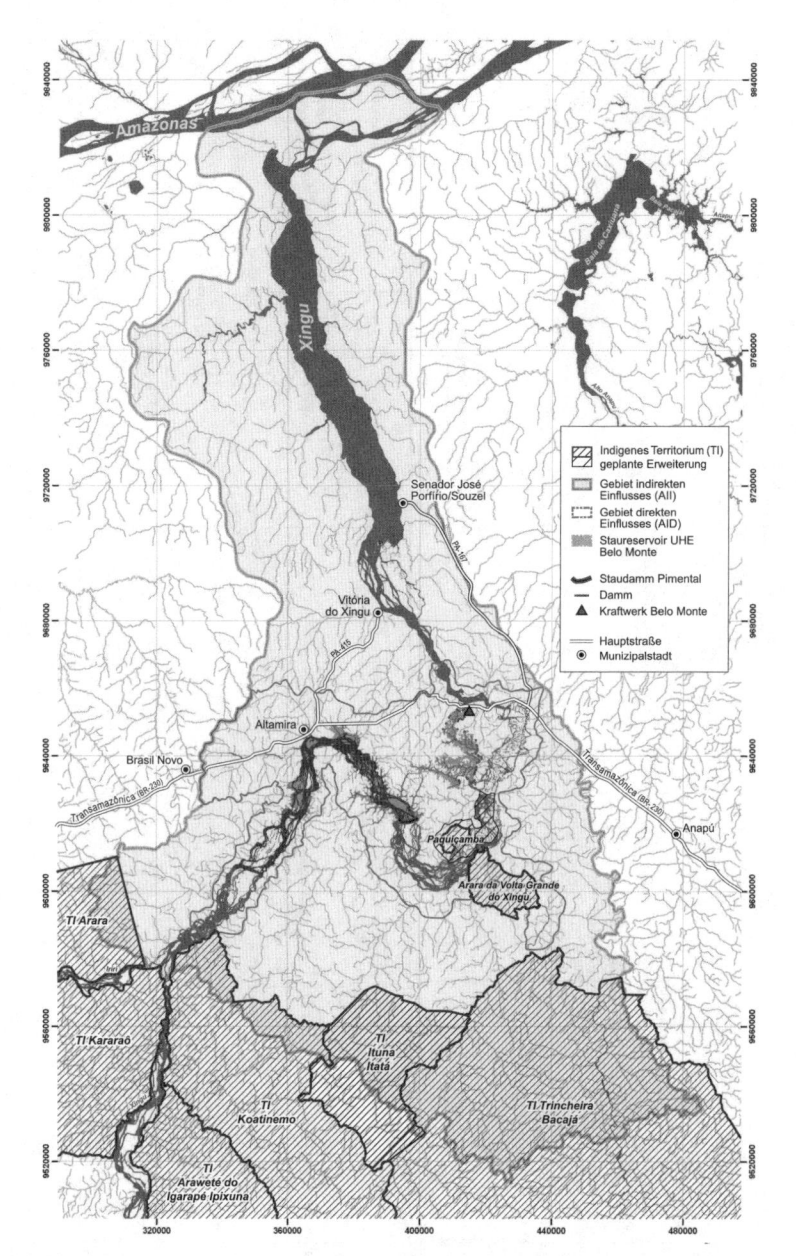

Abbildung A 3: Die Einteilung in das von Belo Monte direkt betroffene Gebiet sowie die Gebiete direkten und indirekten Einflusses (verändert nach Eletrobrás, 2009, S. 56)

Zeitleiste des Lizensierungsverfahrens

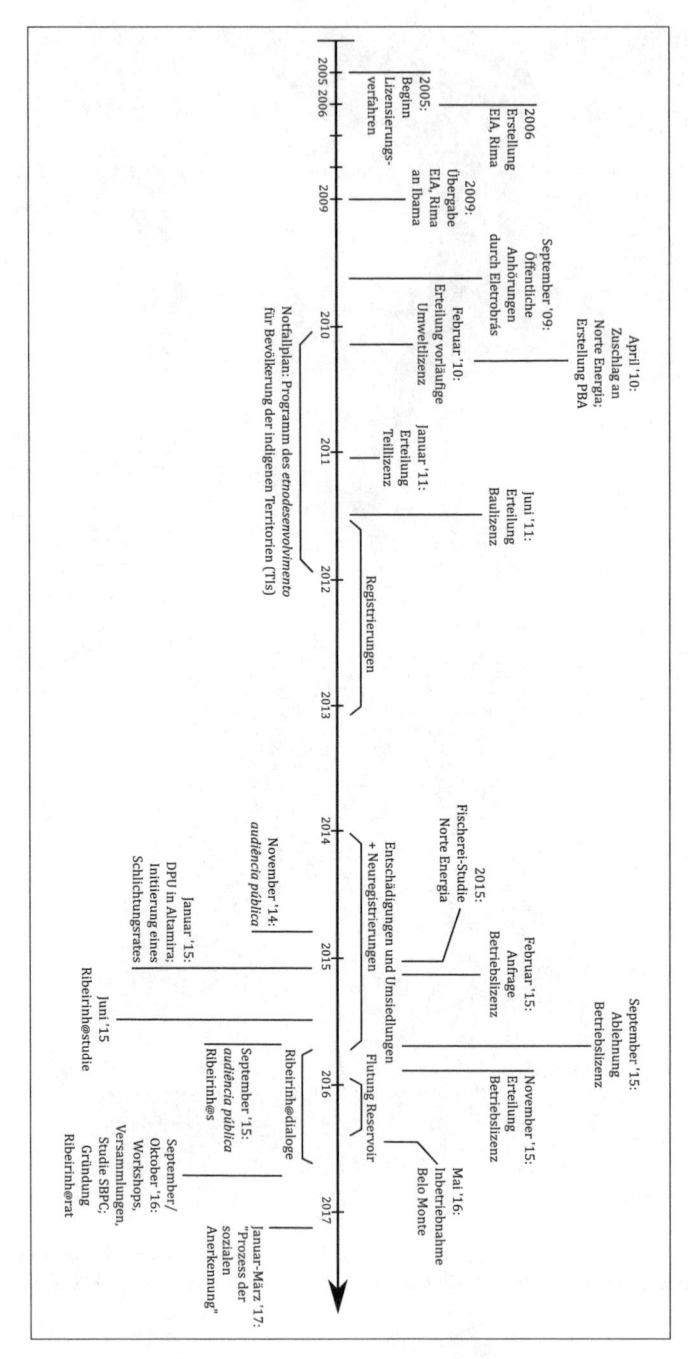

- **2005–2006:** Beginn Lizensierungsverfahren
- **2005:** Erstellung EIA, Rima
- **2006:** Erstellung EIA, Rima
- **2009:** Übergabe EIA, Rima an Ibama
- **September '09:** Öffentliche Anhörungen durch Eletrobrás
- **April '10:** Zuschlag an Norte Energia; Erstellung PBA
- **Februar '10:** Erteilung vorläufige Umweltlizenz
- **Januar '11:** Erteilung Teillizenz
- **Juni '11:** Erteilung Baulizenz
- Notfallplan: Programm des *etnodesenvolvimento* für Bevölkerung der indigenen Territorien (TIs)
- Registrierungen
- **November '14:** *audiência pública*
- **Januar '15:** DPU in Altamira; Initiierung eines Schlichtungsrates
- **2015:** Fischerei-Studie Norte Energia
- **Februar '15:** Anfrage Betriebslizenz
- Entschädigungen und Umsiedlungen + Neuregistrierungen
- **Juni '15:** Ribeirinh@studie
- **September '15:** Ablehnung Betriebslizenz
- **September '15:** *audiência pública* Ribeirinh@s
- Ribeirinh@dialoge
- **November '15:** Erteilung Betriebslizenz
- Flutung Reservoir
- **Mai '16:** Inbetriebnahme Belo Monte
- **September/Oktober '16:** Versammlungen, Workshops, Studie SBPC; Gründung Ribeirinh@rat
- **Januar–März '17:** "Prozess der sozialen Anerkennung"

Abbildung A 4: Überblick über relevante Ereignisse während des Lizensierungsverfahrens. Proteste, die über das gesamte Lizensierungsverfahren hinweg stattfanden, sind hier nicht abgebildet (eigener Entwurf)

Tabelle 2: Liste der Interviewten (Gsp=informelles Gespräch, Int=Interview, GInt=Gruppeninterview, TB=teilnehmende Beobachtung)

Abkürzung	Funktion	Aufbereitung	Datum
Int1	Koordinatorin FVPP	Transkript	06.03.13
Int2	Koordinatorin Xingu Vivo	Transkript	05.03.13
Int3a		Transkript	07.10.15
Gsp3b		Gesprächsprotokoll	19.12.17
GInt3	Gruppendiskussion (Ort: Xingu Vivo) a) Andreia Barros, DPE Pará	Gesprächsprotokoll	27.10.14
Int5	Indigene Aktivistin, liderança (Ethnie Juruna)	Transkript	04.03.13
TB5	Audiência Pública (Ort: ACIAPA, Altamira) a) Indigene Aktivistin (Ethnie Xipaia), FUNAI Altamira b) Betroffene Bewohnerin baixão c) Fischer d) Gabriela, Betroffene Bewohnerin Açaizal e) Indigene Ribeirinha, Präsidentin Tyoporemô	Transkript	12.11.14
Int10	Reg. Koordinator MAB	Transkript	02.03.13
Int11		Transkript	22.10.14
TB13	1. Treffen Schlichtungsrat (Ort: Centro de Convenções, Altamira)	Gesprächsprotokoll	13.01.15
Int14	Fórum da Amazônia Oriental (FAOR), Xingu Vivo Belém	Audio	14.10.14
TB15	Treffen zwischen INKURI, Norte Energia, APOENA (Ort: Norte Energia, Altamira)	Gesprächsprotokoll	14.01.15
TB16	Treffen betroffener Frauen (Ort: Xingu Vivo)	Teiltranskript	26.01.15
TB17	2. Treffen Schlichtungsrat (Ort: Centro de Convenções, Altamira)	Teiltranskript	02.02.15
Int18	Koordinatorin FVPP	Audio	10.03.15
TB18	Treffen betroffener Frauen (Ort: Xingu Vivo)	Teiltranskript	24.02.15
Int19a	Aktivistin, assoziiert mit Xingu Vivo	Transkript	02.03.15
Gsp19b		Gedächtnisprotokoll	28.02.15
Int20	Priester und Aktivist Xingu Vivo	Transkript	18.03.15
Int21a	Betroffene und Aktivistin Xingu Vivo	Transkript	18.03.15
Gsp21b		Transkript	25.03.15
Gsp21c		Audio	13.03.17
Gsp21d		Audio	27.03.17
TB21	Versammlung bzgl. Indigenen- und Ribeirinh@-Viertel „Pedral" (Ort: RUC Jatobá) (MPF, DPU, ICMBio)	Audio	03.03.15
GInt22	a) Reg. Koordinatorin MAB b) Reg. Koordinator MAB	Transkript	19.03.15
TB22	Demonstration der Frauengruppe	Bildmaterial	06.03.15

Fortsetzung Tab. 2

Abkürzung	Funktion	Aufbereitung	Datum
TB23	Demonstration MAB	Audio, Bild- und Videomaterial	11.03.15
	b) Ribeirinho/Bewohner Ilha da Fazenda 1	Teiltranskript	
	f) Ribeirinho/Bewohner Ilha da Fazenda 2	Teiltranskript	
GInt23	g) Ribeirinho/Bewohner Ilha da Fazenda 3	Transkript	
	h) Ribeirinho/Bewohner Ilha da Fazenda 4	Transkript	
Int25	Präsident INKURI (Ethnie Curuáia)	Transkript	25.02.15
GInt28	Indigene Ribeirinha, Präsidentin Tyoporemô	Teiltranskript	17.11.14
Int29		Transkript	04.03.15
Int32	Indigene liderança in der TI Paquiçamba (Ethnie Juruna)	Transkript	12.12.14
GInt32	Betroffene Ribeirinh@s (Eröffnung neues Gebäude Colônia de Pescadores Z-57)	Transkript	25.09.15
TB33	Vorbereitungstreffen audiência pública Ribeirinh@s	Gesprächsprotokoll	28.09.15
	a) Thais Santi, MPF		
	b) Repräsentant Ibama		
	c) Sônia Magalhães, UFPA		
TB34	Audiência pública Ribeirinh@s	Teiltranskript, Bild- und Videomaterial	
	a) Präsident INKURI		
	b) Ribeirinho		
	c) Repräsentant indigener Fischer*innen		
	d) Indigener Ribeirinho	Transkript	29.09.15
	e) Ribeirinha		
	f) Präsident Ilha da Fazenda		
	g) Ribeirinha		
	h) Präsidentin Tyoporemô		
	i) Repräsentant Ibama		
	j) Thais Santi, MPF		
	k) Ribeirinho		
TB35	Treffen des Forums zur Verteidigung Altamiras	Audio	27.02.15
Int36	Indigene Aktivistin (Ethnie Xipaia), indigene Bildungsarbeit	Transkript	26.02.15
Int39	Indigener Bewohner RUC Água Azul	Transkript	07.03.15
Int41	Bewohnerin RUC Jatobá	Gesprächsnotizen	25.10.14
GInt41	Bewohner*innen RUC Jatobá		
Int42	Bewohnerin RUC Jatobá, Aktivistin MAB	Teiltranskript	14.12.14
Gsp42	Bewohnerin RUC Jatobá, Aktivistin MAB	Gedächtnisprotokoll	09.03.15

Fortsetzung Tab. 2

Abkürzung	Funktion	Aufbereitung	Datum
Gsp43	Kürzlich Zugezogene RUC Jatobá	Gedächtnisprotokoll	
Int44	Bewohner RUC Jatobá	Audio	22.01.15
Int46	Ribeirinho in der Colônia de Pescadores Z-57	Transkript	24.10.14
Gsp47	Ribeirinh@s (Besuch der Insel) a) Maria b) Naldo	Teiltranskript	23.11.14
GInt48	Nachbarschaft von Maria und Naldo, Ribeirinh@s (Ort: Invasão dos Padres, baixão Altamira)	Gesprächsprotokoll	14.03.15
GInt49	Besuch Haus im Viertel Invasão dos Padres (baixão Altamira) a) Maria b) Naldo c) Tochter	Transkript	14.03.15
Int50	Maria, Ribeirinha (Besuch Insel)	Transkript	19.09.15
Gsp51	Nachbarschaft von Maria und Naldo (ehem. Invasão dos Padres, Besuch neues Viertel) a) Maria b) Naldo c) Nachbar	Gesprächs- und Gedächtnisprotokoll	30.09.15
GInt53	Präsident Colônia de Pescadores Z-57 und zwei weitere Fischer	Transkript	08.12.14
Int54	Präsident Colônia de Pescadores Z-57	Transkript	28.09.15
GInt55	Zwei Fischer in einem Verkaufsstand nahe des Hafens	Transkript	08.12.14
Gsp57	Sérgio, ehem. Präsident Gemeinschaft Santo Antônio	Gedächtnisprotokoll	28.02.15
Int57		Transkript	02.03.15
Gsp59	Ehem. Fischer, Bewohner RUC Jatobá	Gedächtnisprotokoll	16.09.15
Int61	Gabriela, Bewohnerin Açaizal	Transkript	09.10.14
Gsp61		Gedächtnisprotokoll	05.03.15
Gsp63	Bewohner*innen Açaizal (Rundgang) a) Gabriela b) Gabriela und indigene Aktivistin	Gedächtnis- und Gesprächsprotokoll	22.11.14
Int64	Indigener Bewohner Açaizal	Transkript	13.12.14
Int65			04.03.15
Gsp70	Ehem. Bewohner*innen Baixão do Tufi (baixão, Altamira), Zugezogene RUC Jatobá	Gesprächsprotokoll	21.01.15
Gsp71	Bewohnerin Baixão do Tufi		
Gsp75	Bewohner Baixão do Tufi		
Int76	Ribeirinho	Transkript	22.01.15
Gsp78	Bewohnerin und Kioskbesitzerin RUC São Joaquim	Gedächtnisprotokoll	30.01.15
Int80	Isolierter Bewohner (baixão, Altamira)	Transkript	22.03.15
GInt82	Vereinigung der barqueir@s (Ort: Porto 6, Altamira) a) Präsident der Vereinigung b) Mitglied	Transkript	23.09.15

Fortsetzung Tab. 2

Abkürzung	Funktion	Aufbereitung	Datum
Int84	Präsident der Vereinigung der carroceir@s	Transkript	03.10.15
Int87	Dom Erwin Kräutler, ehem. Bischof Bistum Xingu	Teiltranskript	28.02.13
Int88	Angestellter FUNAI Altamira	Transkript	19.11.14
Int89	Mitarbeiter CIMI Altamira	Transkript	27.10.14
Int90	Thais Santi, MPF	Teiltranskript	27.10.14
Int93		Transkript	08.10.15
Int96	Rainério Meireles, Minister Planungsministerium Altamira	Teiltranskript	21.01.15
Int100	Mitarbeiterin APOENA	Transkript	24.02.15
Int102	Francisco Nóbrega, reg. Koordinator DPU Altamira	Transkript	05.03.15
Int104	Koordinator VERTHIC	Transkript	17.03.15
Int106	Rute Barros Souza, Ministerin Ministerium für Arbeit und Soziales Altamira	Audio, Gesprächsprotokoll	18.03.15
GInt107	Ricardo Márcio Martins Alves, Superintendent Abteilung Sozioökonomie Norte Energia	Teiltranskript	17.09.15
Int108	Rita Cristina de Oliveira, DPU Altamira	Transkript	22.09.15

STICHWORTVERZEICHNIS

accumulation by dispossession 15, 17, 21, 23, 25, 27–31, 33, 49, 52, 55, 74, 275
accumulation by extra-economic means 15, 17, 25, 29, 33
ADA 110, 134f., 144, 155, 157
Agonismus 79, 83, 91, 94, 256, 260–262, 266
    agonic game 83, 184, 262
    agonistisches Spiel 231, 253, 256 f., 260–262
Alltagswelt 93, 96, 99 f., 104,
Alterität 23, 39 f., 44, 49–51, 54, 56, 59 f., 89, 184, 236, 241, 258, 261, 265
Amazonasgebiet 15 f., 110 f., 113–117, 129, 149
Aneignung 15 f., 26, 28, 31, 34–38, 41 f., 49, 52–54, 57, 59 f., 74, 76, 89, 91, 129, 161, 180, 187 f., 196, 204, 209, 218, 225, 229, 231, 236 f., 245, 248, 251, 254–256, 261, 264–266
Anerkennung 15 f., 19, 21–24, 35–43, 45, 48 f., 52–54, 59–70, 74–77, 79–84, 86 f., 89–92, 102, 111, 133, 136, 141, 145, 147, 149, 152, 155, 158, 160–163, 165, 170 f., 174, 184, 186, 193, 200, 203 f., 209, 212 f., 216–220, 222, 228–237, 239–242, 244–246, 248, 250 f., 253–259, 261, 264–266, 276
Anerkennungsstrukturen 16, 22, 38, 54, 72, 89, 91, 162, 229, 233, 239 f., 248, 250, 258, 262 f., 266, 268
Antagonismus 184, 256, 262
    antagonistische Grenzziehungen 257, 264
Anti-Staudammbewegung 24, 32, 79 f., 133
baixão 167, 169, 171, 173, 176, 177 f., 182, 202, 206, 210, 212–216, 218, 235, 237, 243, 245, 247
becoming dispossessed 50, 52, 60, 89, 236, 261 f.
Bedeutungsstrukturen 16, 21 f., 35, 89–91, 93, 163, 205–207, 231, 233, 240, 244, 248 f., 255–258, 261, 263, 265

Bedeutungsverschiebungen 16, 57, 90, 232, 248, 256, 258, 266
Bedeutungszuweisungen 35, 50, 93, 95, 100
being dispossessed 50, 52, 60, 89, 184, 261
beiradão 20, 111, 154, 170, 189, 207, 213, 218, 227, 230, 237,274
Belo Sun 135 f., 155
Besitz 25, 28–30, 35–38, 43, 45–49, 55, 74, 84, 129 f.
    Besitzergreifung 37 f.
Betroffensein 21 f., 24, 35, 70 f., 79–81 133–139, 141, 144 f., 147, 149, 152, 160, 163, 165, 224, 231, 233, 246, 248, 255, 261–263,
Bevormundung 32, 53f., 59, 71 f., 90, 235, 251, 254, 266
citizenship 41, 52, 73, 82–86, 128, 236, 243 f., 264
Dekolonisierung 55, 86
Demokratie 71, 77f., 79, 83,
Deutungshoheit 16, 53, 71, 76, 90, 160 f., 163, 184, 231 f., 251, 255, 263,
Deutungsmacht 161, 204, 250, 255, 257,
Deutungsrahmen 62, 76, 241, 265
developmentalism 15, 17, 20, 33, 70, 114–116, 118, 160, 268
development-induced displacement and resettlement 15–18 f., 21 f., 25, 31, 261, 264,
Dichotomisierung 76, 78
Differenz 47, 52, 64, 88, 93
diskursive Ordnung 15 f., 50, 55 f., 89 f., 117–119, 162, 216, 231, 235, 239–241, 247, 249 f., 253, 263 f., 264
Disponibilisierung 57
disposability 53, 55, 235
Diversität 59, 72–75, 77 f., 82, 86, 110, 118, 133, 217, 234, 254,
EIA 120–124, 127, 130, 133–136, 144, 150, 155, 167,
Eigentum 15, 21–25, 30, 35–39, 41–43, 45–49, 51, 55, 60, 84, 89, 91, 129, 131, 163, 165, 170 f., 174, 179, 180, 204–206, 209, 218, 230, 231, 233–235, 237, 239, 248, 251, 256, 261, 263, 265,

Eigentum an der eigenen Person 47,
Eigentumsstrukturen 16, 91, 178, 184, 213, 231, 234, 237, 262, 265,
Emanzipation 63, 87, 96, 196, 229, 243, 249, 266
Enteignung 13, 15 f., 20–26, 29–32, 34–36, 38–43, 47–54, 56, 59 f., 80, 82, 87, 89 f., 100, 111, 130, 133, 154, 160 f., 166, 168, 183–185, 206, 208, 212, 216, 221 f., 227, 230, 232–234, 236, 240, 244, 246, 254–257, 261–268
    dualer Enteignungsbegriff 272
    Enteigenbarkeit 51, 251
Entmündigung 54, 81, 171, 263
Entwirklichung 16, 52, 55, 90, 239
Epistemologie 21, 23, 54 f., 71–73, 78 f., 92, 94, 118, 163, 205 f., 209, 213, 217, 228, 230–232, 235, 247, 251, 255, 261, 263, 266
    epistemische Gewalt 54, 73, 87, 222, 229, 245, 251, 255, 261
    epistemische Grenzen 206, 213, 222, 235, 240, 261
    epistemische Überzeugungen 70, 119, 209, 219, 221, 228, 231, 239, 252, 254, 261, 264
Ermächtigung 71, 73, 75, 84, 94, 96, 105, 196, 199, 222, 229, 249, 252 f., 256, 261, 264, 266
Erscheinungsraum 43 f., 44, 236, 238, 240, 242, 245
ethnographische Feldforschung 97 f., 104
Fortschritt 65, 113 f., 217, 225
freier Wille 36 f., 39, 41, 48, 57, 90
Freiheit 35, 37, 39–42, 44, 47, 49, 65, 83, 86 f., 90, 207, 261
Fremdbestimmung 54, 59, 90, 251
Gegendiskurs 231 f., 241, 249, 252, 256, 261, 263, 265
Gerechtigkeit 31 f., 53, 60 f., 64, 66 f., 70 f., 73–75, 77, 79, 82, 85 f., 92, 130, 134, 161, 168, 199, 201, 229, 241 f., 250, 253 f., 260, 264
Gesellschaftsordnung 71, 75, 118
Gewalt 36, 43, 53, 59, 86, 133, 143, 161, 173, 179, 191, 199–202, 234 f., 242 f., 245
    psychische Gewalt 148, 236 f., 262
    epistemische Gewalt 54, 73, 87, 222, 229, 245, 251, 255, 261
Grenzziehung 67 f., 72, 256, 262

(Entwicklungs-)Großprojekte 20–25, 30 f., 33, 42, 79 f., 86, 113, 114–116, 118–120 f., 128, 134–136, 139–141, 160, 163, 166, 168, 190 f., 194 f., 203, 206, 209, 217, 234, 241, 264 f.
Handlungsfähigkeit 50, 91, 138, 200, 204, 229, 236 f., 246, 265
Handlungsmacht 22, 204, 244, 248, 257
Herrschaft und Knechtschaft 39 f., 51, 90, 251, 260
Identität 37 f., 40, 49 f., 60, 68, 71, 76, 80, 87, 91, 161, 174, 204, 207 f., 229, 231, 237, 248, 252
Integrität 42, 62, 85 f., 92, 111, 165, 174, 180, 184, 217, 235 f., 246, 265
Intelligibilität 52, 78, 89, 232, 240, 244, 257, 261 f.
    Normen der Intelligibilität 50 f., 54, 84, 90, 248, 250
    intelligibel 50 f., 54–56, 76, 89, 230
Invisibilisierung 148, 151, 158, 162, 228, 240, 248, 253
Irritationen 59, 205, 243 f.
IWF 27, 29
Kapitalakkumulation 26, 28, 46 f., 70
Kapitalismus 25 f., 28 f., 46 f., 72, 208
Kautschuk 110–114, 117, 135, 149, 169
Kollektivität 75, 77, 138, 174–176, 178, 185, 190, 192, 200, 204 f., 227, 229, 231, 234, 260 f.
Kolonialisierung 36, 52, 72, 84, 129
Kommodifizierung 28, 46 f., 74, 117
Konflikte 21, 35, 38–40, 54, 60 f., 63–66, 68–72, 76–79, 82–85, 91 f., 112, 114, 138, 148, 161, 194, 206, 213, 231, 238 f., 245, 254 f., 260, 262
Kontingenz 44, 56, 242, 252, 257, 263
Kontrolle 53, 74, 76, 95 f., 115, 121, 150, 153, 173, 236 f., 243
Körperlichkeit 37, 39 f., 48 f., 50, 56–58, 84, 91, 97, 143, 183, 211, 222, 230, 236, 256, 259, 263
Macht 22, 27, 30, 32–24, 35, 43 f., 47, 50 f., 55 f., 59, 64, 72, 76, 78, 80, 83 f., 90, 93–97, 100, 105, 144, 148, 158, 161, 184 f., 195, 200, 204 f., 233, 238 f., 241, 244–246, 249 f., 254, 256–258, 260, 263, 265
Marginalisierung 52, 57, 64, 71, 92, 117 f., 184, 213, 239, 242, 248, 253, 256
misframing 67 f.
misrepresentation 67 f.

Modernisierung 74, 113 f., 118
Moral 61 f., 65 f., 79, 134, 194, 235, 241, 265
Narrativ 200 f., 229, 265
neo-developmentalism 116, 160, 266
Neo-Extraktivismus 31, 75, 115
Normalisierung 53
Öffentlichkeit 22 f., 43–49, 52 f., 56, 58 f., 69, 74, 78, 82, 90, 119, 127, 143, 145, 159, 161–163, 184, 204, 216, 229, 231–233, 238–250, 253, 255–257, 259–264
    bürgerliche Öffentlichkeit 70, 248 f., 256 f., 260 f.
    Gegenöffentlichkeit (subalterne) 92, 249–253, 255–258, 260–262
    agonistische/pluralistische Öffentlichkeit 43, 91, 240, 249, 256, 257, 261
ontopology 53, 216
ordnungsgemäßer Platz 53 f., 56 f., 85, 197, 200, 204, 216, 231, 236, 244, 251
Organisierung 138, 185, 192, 196, 198, 204 f., 249, 261
participatory action research 95 f., 105
Partizipation 47, 67, 69–71, 73 f., 77, 83, 92, 140 f., 168, 183–187, 222 f., 225, 238, 253, 263, 265
partizipatorische Parität 67, 69, 84, 91 f., 239 f., 248 f., 253
PBA 121 f., 130, 133–137, 139, 141, 144, 149–151, 155, 158, 161–163, 165–175, 182 f., 187, 191, 213, 216 f., 233–235, 247, 258, 264, 266
    PBA-CI 140, 142 f., 145, 147, 163, 189
Performativität 48 f., 55–59, 68, 78, 84, 90 f., 163, 204 f., 222, 230, 240, 243 f., 247, 253, 255, 257, 259, 262 f.
    performative Effekte 23, 56, 59 f., 89, 91, 163, 205 f., 243–248, 258, 261
Pluralismus (agonistischer) 78, 82 f., 94, 266
Pluralität 43 f., 60, 76–78, 236, 239, 250, 256, 266
Polis 23, 43, 45, 91, 236, 239
politisches Handeln 42, 59, 61, 69, 82, 91, 240 f., 245, 249, 256, 259–262
politisches Spiel 56, 82 f.
Positionalität 93 f.
posse 129
possessiver Individualismus 49, 54 f., 165, 218, 234, 239

Prekarisierung 55, 130, 184, 197, 204, 216, 231, 236, 253
    prekär(e Gruppen/Körper etc.) 30, 52 f., 56–59, 71, 85, 97, 161, 173, 177, 179, 182, 186, 188 f., 197, 200 f., 207, 222, 230, 236, 242 f., 245, 247, 251, 253
Prekarität 48, 171, 242, 259 f., 262
primitive Akkumulation 25 f., 28–30, 33, 49, 53, 116
privater Raum/Bereich 35, 42 f., 45–49, 52, 57 f., 69 f., 74, 84, 91 f., 97, 171, 184, 186 f., 197, 200, 204, 218, 231, 235–240, 242–245, 248, 255, 259 f., 262
Privatbesitz 28, 45, 47, 74, 129
Privateigentum 45–47
Programm Mittleres Xingu 140 f., 143, 146 f.,
psychosoziale Dimension 41, 54, 90, 236 f.
public-private-divide 45, 48, 57, 84, 245
Raumaneignung 31, 57, 60, 76, 91, 161, 180, 187 f., 196, 198, 231, 237, 245, 253, 255, 262 f.
Rechte 26, 28, 33, 36 f., 42, 44 f., 52 f., 57 f., 61, 68, 74 f., 81, 84–86, 89, 111, 118, 121, 127 f., 141, 143 f., 158, 160, 162 f., 165, 189, 191, 195, 198 f., 202–204, 217, 219, 225, 227 f., 234, 236, 241, 243, 247, 263
Reflexivität 39, 51, 94, 97, 103
Selbst 38, 41, 51, 60
    -achtung 61 f., 235
    -bestimmung 33, 50, 54, 57, 65, 87, 116, 229, 251, 264
    -bewusstsein 36 f., 39, 41, 44, 51, 201
    -beziehung 61 f.
    -definition 228 f., 251 f., 254
    -identifikation 228 f.
    -positionierung 247 f., 251, 254
    -schätzung 61 f.
    -vertrauen 61 f., 65
    -verwirklichung 61, 63–65
sesmaria 129
Signatur 39–41, 49, 51, 89
socioambientalismo 32, 70, 73 f., 79 f., 82, 92
Souveränität 35, 44, 49, 56, 60, 89, 114, 234, 241, 257, 263
soziale Konflikte 38, 61, 63 f., 68, 72, 74, 76, 83, 238
(Inter-)Subjektivität 36–39, 41, 43 f., 55, 60, 64 f., 67–70, 75, 87, 89–91, 93 f.,

96 f., 99–102, 104, 174, 184, 229, 235, 241 f., 244, 249
Subjektbildung 37, 39 f., 48, 50 f., 59, 174, 263
subversive Effekte 55
Terra do Meio 111, 113, 282
Territorium 53, 75–77, 110 f., 113, 119, 121–123, 135 f., 139, 141, 219, 234, 227 f., 230, 237, 249, 255
   Deterritorialisierung 77 f., 174, 184, 189, 222, 237, 255, 260, 264
   Reterritorialisierung 56 f., 228, 230, 243
   Territorialisierung 60, 76 f.
   Territorialität (terr. Referenzen) 76 f., 144, 150, 184, 217–219, 222, 229–231, 233 f., 236–239, 243, 254 f., 260, 265
traditionelle Bevölkerung 25, 75, 80, 111–113, 118, 139, 141, 144, 149–151, 158, 163, 233, 235, 250, 253
Transamazônica 109 f., 112–115, 125 f., 129, 139, 143, 145, 152, 158, 169 f., 175, 206, 244
Überakkumulation 26
Umweltgerechtigkeit 60, 70 f., 73–75, 77, 79, 82, 86, 92, 253, 260
Ungerechtigkeit 53, 61, 64, 67, 71, 73, 75, 77, 86, 92, 161, 241 f., 253, 260
Ungleichheit 31, 69 f., 75, 84, 86, 91 f., 163, 232 f., 239, 244, 253, 256, 264
Unterwerfung 39, 51, 57
usucapião 129 f., 170
victimhood 54, 87
Vulnerabilität 50, 57, 67, 71, 86, 131, 133, 141, 186, 190, 244
Wahrheiten 50, 76, 78, 83, 90, 93, 96, 117 f., 142, 220, 224, 226, 231
Weltbank 22, 27, 29, 32, 78, 80 f., 115, 119, 266
Wert(los)igkeiten 53, 217, 235 f.
(soziale) Wertschätzung 63 f., 67, 85, 212, 235
Widerstand 21–23, 31–33, 49, 54, 56 f., 59, 61, 63 f., 68, 72, 74, 78, 79 f., 82, 89–92, 98–102, 126, 128, 147, 163, 176, 185, 193–195, 199, 204, 214, 229 f., 233, 238, 241 f., 246 f., 255, 258, 260–266
Wirklichkeit 22 f., 43 f., 49 f., 53, 62, 89–91, 93, 96 f., 160–163, 200, 205, 208, 216 f., 221 f., 224, 233, 235 f., 239–241, 248–252, 254–257, 259–262
Wissen 38, 54, 69, 72 f., 74, 78, 82, 92 f., 95, 99, 111, 149–151, 156, 159, 161, 193, 206, 208, 217–222, 225, 235, 252–255, 258, 261, 265 f.
WTO 27, 29, 78